# 마크롤 가비에로의 모험

**LA NIEVE DEL ALMIRANTE** © 1986
**ILONA LLEGA CON LA LLUVIA** © 1988
**UN BEL MORIR** © 1989
by Alvaro Mutis

이 도서의 국립중앙도서관 출판시도서목록(CIP)은
e-CIP 홈페이지(http://www.nl.go.kr/cip.php)에서 이용하실 수 있습니다.
(CIP제어번호: CIP2010000437)

세계문학전집
024

Alvaro Mutis : La Nieve del Almirante
· Ilona llega con la lluvia · Un bel morir

# 마크롤 가비에로의 모험

알바로 무티스 소설

송병선 옮김

문학동네

# 제독의 눈

에르네스토 볼케닝

(1908년 안트베르펜~1983년 보고타)


어둠 한 점 없는 그의 우정과

잊을 수 없는 그의 교훈을 기억하고 기리며

해야 할 일을 하면서
낚시꾼들은 모두 자기 자신을 위해 낚는다.
하찮은 피라미를 올린 그물의 첫번째 낚시꾼은
경솔하게도 질병이라는 바닥의 진흙을 끌어올리고,
어떤 이는 자신을 위협하는 절망을 향해
그물을 펼친다.
그이는 강가에서 쓰라린 회한의 잔해를 모으고 있다.

—에밀 베르하렌, 「낚시꾼들」

나는 마크롤 가비에로의 글과 편지, 그리고 기록과 이야기와 회고록은 이제 모두 내 손을 거쳐갔다고 생각하고 있었다. 그리고 그의 일생에 관해 내가 얼마나 관심을 보이고 있는지 알고 있는 사람들이, 그의 불행한 방랑에 관한 기록까지 이미 샅샅이 찾아냈다고 생각하고 있었다. 그러나 아직도 운명은 내가 전혀 기대하지 않은 순간에 이상하고 흥미로운 깜짝 선물을 준비해두고 있었다.

바르셀로나의 '고딕 지구'를 산책할 때 느끼는 비밀스러운 기쁨 중 하나는 중고 서점들을 방문하는 것이다. 내가 보기에 그 서점들은 세상에서 가장 많은 책을 보유하고 있고, 서점 주인들은 아직도 빈틈없는 전문성과 예리한 직관, 그리고 해박한 지식을 지니고 있는 것 같다. 바로 오늘날 멸종 위기에 처한, 진정한 서점 주인으로서의 가치를 유지하고 있는 것이다. 며칠 전 보티예르스 거리를 걸어가는데 고서적 전문서점의 쇼윈도가 내 관심을 사로잡았다. 그 서점은 대개는 닫혀 있었지만, 탐욕스러운 수집가들에게는 정말 특별한 작품들을 제공하는 곳이었다. 그런데 그날은 서점이 열려 있었다. 나는 잊힌 의식(儀式)을 집행하는 성역에 들어가듯 경건한 마음으로 걸어 들어갔다. 너저분하게 쌓인 책더미와 지도들 뒤에서 젊은 남자가 나를 맞이했다. 예전처럼 한 글자 한 글자 정성 들여 지도 목록을 작성하고 있던 청년은 과거 레반트 지역 유대인처럼 짙고 검은 턱수염을 하고 있었다. 피부는 아이보리색에, 우수에 찬 검은 눈은 약간 놀란 표정을 짓고 있었다. 그는 내게 살며시 미소 짓더니, 훌륭한 서점 주인이 으레 그렇듯 책장에 꽂힌 책들을 살펴보라 하면서 가능한 한 내 눈에는 띄지 않으려고 애썼다. 사고 싶은 책 몇 권을 한쪽에 놓는 순간, 뜻하지 않게 자줏빛 가죽 장정의 멋진 판본이 하나 눈에 들어왔다. 바로 내가 몇 년 전부터 찾고 있던 P. 레몽의 책이었다. '오를레앙 공작 루이의 살해에 관한 파리 재판관의 조사서'라는 제목만으로도 내 가슴은 이미 설레고 있었다. 그것은 1865년에 파리의 샤르트르 신학교 도서관에서 출판된 것이었다. 오래전에 포기해버렸는데, 갑작스러운 행운이 오랜 세월의 기다림을 보상해준 셈이었다. 나는 책을 열어보지도 않고 덥석 집어서 텁수룩한 수염의 젊은이에게 책값이 모두 얼마냐고 물었다. 그는 우렁차면서도 단호하고 분명하게, 자존심 강한 고서적 상인들 특유의 말투로 가격을 불렀다. 나는 주저하지 않고 이미 골라놓은 책들과 함께 값을 치른 후 구입한 책을 들고 나왔다. 라몬 베렝게르 3세*의 동상이 있는 작은 광장의 벤치에서 홀로 천천히, 그리고 실컷 책을 음미하기 위해서였다. 책장을 대충 넘기다 보니 뒤표지에 커다란 주머니가 붙어 있었다. 레몽 교수의 훌륭한 작품을 보완해주는 지도와 가계도를 넣기 위한 것이었다. 그런데 주머니에는 지도와 가계도 대신 두툼한 종이뭉치가 들어 있었다. 대부분 장밋빛과 노란색 혹은 하늘색의 종이로, 얼핏 상업어음이나 회계장부처럼 보였다. 자세히 살펴보니 아주 작은 글씨로 빼곡히 덮여 있는데, 필체는 약간 떨리고 불안정한 느낌을 주었다. 글씨는 자주색 연필로 쓰여 있고 간간이 저자의 침이 묻어 지워지지 않도록 진하게 적혀 있기도 했다. 페이지 양면에 적혀 있는 그 글씨들은 원래 인쇄되어 있던 글자들을 피해 최대한 조심스럽게 쓰여 있는데, 그 인쇄된 글자로 인해 그것이 여러 종류의 상업서식이라는 것을 확인할 수 있었다. 갑자기 한 구절이 내 눈을 사로잡았고, 그 때문에 나는 '대담무쌍한' 부르고뉴 공작**의 지시로 행해진 살인, 즉 프랑스 왕 샤를 6세의 동생인 오를레앙 공작 루이에 대한 반역적 암살에 관한 프랑스 역사가의 세밀한 연구는 잊고 말았다. 나는 마지막 페이지의 마지막 부분에서 초록색 잉크로 보다 차분하게 쓴 필체의 글을 읽었다.

"마크롤 가비에로가 슈란도 강을 여행하는 도중에 씀. 플로르 에스테베스를 어디서 찾을지 모르지만, 그녀에게 주기 위한 것임. 안트베르펜의 플랑드르 호텔에서."

---

\* 바르셀로나의 백작. 바르셀로나 라예타나 거리에는 그의 이름을 딴 광장이 있는데, 그곳에 조각가 호셉 이모나가 제작한 말을 탄 그의 동상이 있다.
\*\* 발루아 가문 출신의 제2대 부르고뉴 공작으로 투르크 군에 포로로 잡혔을 때 보인 용맹함으로 '대담무쌍한 장'이라는 별칭을 얻었다.

그 책에는 같은 연필로 너무 많이 밑줄이 그어져 있었고 메모도 많이 되어 있었기 때문에, 마크롤 가비에로가 이 종이들을 그 책과 함께 보관하기 위해, 보다 중대하고 학술적인 목적을 위해 제작된 주머니에 넣었다고 추측하는 건 전혀 어려운 일이 아니었다.

비둘기들이 마요르카의 정복자이며 엘시드의 사위인 베렝게르의 고귀한 외모를 계속 더럽히는 동안, 나는 칙칙하고 얼룩덜룩한 그 종이들을 읽기 시작했다. 일기 형식으로 되어 있는 그 종이에서 가비에로는 자기의 재난과 기억과 생각, 꿈과 환상을 이야기하면서, 고지에서 내려오는 많은 사람, 그러니까 헤아릴 수 없이 광활한 밀림의 식물들이 만들어낸 어둠 속으로 자취를 감추고자 하는 사람들과 뒤섞여 강의 상류로 여행하고 있었다. 많은 사건들이 보다 견고한 글씨로 쓰여 있었고, 거기서 나는 가비에로를 싣고 가던 배의 엔진 진동이 그 떨리는 글씨들의 주범이었다는 것을 쉽게 추측할 수 있었다. 처음에는 그런 기후에서 너무나 흔하게 일어나고 어떤 치료나 의약품도 듣지 않는 열병 때문일 것이라고 생각했다.

자신의 불행한 운명을 증언하는 수많은 글처럼 이 '가비에로의 일기'에도 온갖 다양한 장르의 글들이 복잡하게 섞여 있다. 중요하지 않은 일상적인 사건들을 서술하는 데서부터 그의 인생철학이라고 할 수 있는 신비로운 가르침을 열거하는 데 이르기까지 모든 것이 망라되어 있는 것이다. 이 원고를 수정하려는 시도는 아마도 너무나 순진하고 어리석은 행위였을 것이며, 그의 본래 목적에도 별로 도움될 게 없었을 것이다. 사실 그의 목적은 매일 단조롭고 쓸모없는 여행을 하면서 자신의 경험을 기록하고, 그런 기록자로서의 작업을 통해 따분함을 해소하는 것이었다.

그러나 이 일기 제목 '제독의 눈'이 어느 가게의 이름이라는 사실은 매우 합당해 보인다. 가비에로가 그곳에서 그 가게의 주인 플로르 에스테베스의 보호를 받으며 상대적으로 편안한 마음으로 오랜 시간을 보낼 수 있었기 때문이다. 플로르 에스테베스는 그를 누구보다도 잘 이해했으며, 다소 황당한 그의 꿈과 복잡하게 얽혀 있던 그의 존재마저도 함께 나눈 여자였다.

또한 나는 가비에로의 일기를 읽는 독자들이, 그의 일기에서 언급되는 사건과 사람들과 이래저래 관련된 가비에로의 소식을 궁금해할지도 모른다는 생각이 든다. 그래서 이 책의 끝 부분에 이전에 출판되었던 우리 주인공의 몇몇 연대기를 추가했는데, 내가 보기에 이제 그것은 정말로 있어야 할 자리에 있게 된 것 같다.

# 가비에로의 일기

## 3월 15일

보고서를 보면 산맥의 기슭에 이를 때까지 강에서는 대체로 배가 다닐 수 있다고 쓰여 있었다. 물론 그건 그렇지 않았다. 우리는 디젤 엔진으로 움직이는, 바닥이 평평한 바지선을 타고 있다. 물결을 거슬러 올라가면서 엔진은 집요하게 콜록콜록댄다. 뱃머리에는 쇠로 만든 받침대들이 돛베 지붕을 지탱하고 있는데, 그 받침대에는 네 개의 그물침대가 걸려 있다. 두 개는 좌측에, 또 다른 두 개는 우측에 매달려 있다. 배에 승객들이 타고 있을 때는 배의 한가운데에 있는 야자수 잎사귀 위에 떼 지어 모인다. 그 잎사귀가 금속갑판의 뜨거운 열기에서 사람들을 보호해주기 때문이다. 그들의 발자국은 텅 빈 창고에서 귀신 같은 기괴한 메아리를 낸다. 우리는 시시각각 멈춰 서서, 물살의 변덕에 따라 갑자기 생겼다가 이내 사라지는 모래톱에 좌초되었던 바지선을 다시 강물에 띄운다. 그물침대 네 개 중 두 개는 에스파냐 항에서 배에 오른 우리 승객 두 명의 것이고, 나머지 두 개는 기술자와 키잡이의 것이다. 선장은 뱃머리에 있는 알록달록한 파라솔 아래에서 잠을 잔다. 그는 태양의 위치에 따라 그 파라솔을 돌린다. 그는 항상 반쯤 취한 상태다. 꾸준히 적당량의 술을 마시면서 늘 자연스럽게 그런 상태를 유지한다. 그래서 그는 술에 취한 상태와 한 번도 완전히 깬 적 없는 비몽사몽간을 번갈아 오가며, 결코 거기에서 헤어나지 못한다. 그의 지시는 우리의 여정과는 아무런 관련이 없고, 그래서 나를 항상 화나고 당황하게 만든다.

"자, 기운 내! 바람을 잘 보란 말이야! 치열하게 싸워! 어둠은 떨쳐버려! 물은 우리 거란 말이야! 다림줄을 태워버려!"

그렇게 그는 하루 종일, 그리고 밤에도 상당한 시간을 계속 떠들어댄다. 기술자나 키잡이는 그따위 잠꼬대에 전혀 관심을 기울이지 않는다. 하지만 그 잠꼬대로 인해 그들은 항상 잠에서 깨어나 정신을 바짝 차리면서, 슈란도의 계속되는 위험을 피해나가는 기술을 발휘한다. 기술자는 원주민이다. 그는 너무나 말이 없어 벙어리처럼 보이기도 한다. 단지 그는 해석하기 힘든 언어들을 뒤섞어서 키잡이와 가끔씩 대화를 할 뿐이다. 그는 맨발이며, 가슴에도 옷을 걸치지 않는다. 그는 기름이 가득 묻은 청바지를 입고 있는데, 그 반들반들한 바지는 통통한 배 아래로 꽉 매어져 있다. 배꼽은 탈장된 것처럼 볼록 튀어나왔다. 엔진이 제대로 돌아가도록 배꼽 주인이 죽어라 애를 쓰는 동안, 그 배꼽은 늘어나기도 하고 수축되기도 한다. 그와 엔진의 관계는 성스러운 변화를 가장 분명하게 보여준다. 다시 말하면, 둘은 하나가 되고, 바지선이 앞으로 나아가기를 열망하면서 함께 존재한다. 키잡이는 무한한 모방 능력을 지닌 사람이다. 그의 얼굴 생김새와 제스처, 그리고 목소리를 비롯한 다른 개인적 특징들은 그를 너무나도 완벽하게 존재하지 않는 사람으로 보이게 하기 때문에 그는 전혀 우리의 기억에 남아 있지 않다. 그는 미간이 아주 좁았고, 나는 찰스 디킨스의 『어린 도릿』에 나오는 사악하고 못된 리고 블랑두아 씨*를 떠올려야만 비로소 그를 기억할 수 있을 뿐이다. 그러나 이런 불후의 작품도 오랫동안 도움이 되지는 못한다. 내가 키잡이를 쳐다보면, 디킨스의 등장인물은 자취를 감추기 때문이다. 이상한 새와 같다. 텐트 아래에 있는 내 여행 동료는 조용한 금발의 거구이다. 그는 거의 이해할 수 없는 슬라브어 악센트로 단어들을 씹어버리고, 키잡이가 터무니없는 가격으로 파는 더러운 담배를 끊임없이 피운다. 내가 아는 바로는, 그는 나와 동일한 곳으로 간다. 그곳은 배에 선적된 목재를 가공하는 공장이다. 아마도 내가 목재 운반을 책임지게 될 것이다. '공장'이란 말을 들으면 승무원들은 즐거워하지만, 나는 전혀 유쾌해지지 않고 막연한 의심의 희생자가 된다. 밤에는 콜먼 램프가 우리를 환히 비추고, 색깔과 형태가 너무나 다양한 커다란 벌레들이 램프에 부딪힌다. 그래서 나는 가끔씩 그 벌레들이 나타나는 순서는 미스터리한 교육적 목표로 정리되었다는 인상을 받는다. 나는 잠에 쓰러질 때까지 빨갛게 타오르는 촛불 아래서 책을 읽는다. 그런 점에서 책읽기는 즉각적인 효과를 발휘하는 강력한 약과 같다. 오를레앙 공작의 무분별한 경

---

* 소설 속의 악당으로 클레넘 부인의 집을 갈취하려고 한다.

솔함이 깊은 잠에 빠지기 전에 잠시 나를 사로잡는다. 엔진은 시시각각 리듬을 바꾸면서 항상 우리를 불안한 상태에 놓아둔다. 어느 순간에라도 엔진이 영원히 멈출 수 있다는 두려움 때문이다. 물살은 갈수록 거칠고 변덕스러워진다. 이 모든 것이 부조리하다. 그리고 나는 내가 왜 이 사업에 뛰어들었는지 그 이유를 절대로 알 수 없을 것이다. 여행을 시작할 때면 항상 똑같이 이런 일이 일어난다. 그런 다음 무관심해지면서 마음이 진정되고, 그러면 모든 것이 제대로 돌아간다. 나는 초조한 마음으로 그런 무관심의 시간이 오기를 기다린다.


## 3월 18일

내가 얼마 전부터 두려워하던 일이 마침내 벌어졌다. 스크루가 하상(河床)의 밑바닥과 부딪쳐 축이 휘어지고 말았던 것이다. 놀랄 정도로 배가 흔들렸다. 우리는 석판색의 모래강변으로 배를 대야 했다. 내가 축을 가열해야만 똑바로 펼 수 있다고 선장을 설득하는 동안, 그들은 폭염 속에서 가장 멍청하고 쓸모없는 작업을 하면서 몇 시간을 보냈다. 모기떼가 우리 머리 위에 자리 잡았다. 다행히 우리는 그 재앙에서 무사했지만 금발의 거인만은 예외였다. 그는 마치 자기를 끊임없이 괴롭히는 고통이 어디서 오는지 모르는 것처럼, 화를 애써 눌러 참으며 모기떼의 공격을 견뎠다.

땅거미가 지자 예기치 않게 원주민 가족이 나타났다. 남자와 여자, 그리고 여섯 살가량 된 남자아이와 네 살 먹은 여자아이였다. 모두가 완전히 벌거벗고 있었다. 그들은 파충류처럼 무관심하게 불을 쳐다보았다. 남자뿐만 아니라 여자도 완벽하게 아름답다. 남자는 어깨가 넓고, 팔과 다리는 천천히 움직이면서 완벽하게 균형잡힌 그의 몸을 강조하고 있다. 여자는 남자처럼 키가 훤칠하고, 가슴은 크지만 단단해 보이고, 허벅지는 작고 우아하게 동그란 엉덩이로 변하고 있다. 그들의 몸을 덮은 얇은 지방층은 관절의 뼈마디를 부드럽게 에워싸고 있다. 두 사람의 머리는 바가지 모양이다. 그 머리카락은 염색할 때 쓰는 어느 식물에서 추출한 액을 발라 검게 염색한 듯하고, 움직이지 않고 제자리에 고정된 채 석양에 반짝인다. 그들은 자기들 말로 몇 가지 질문을 하지만, 아무도 그 말을 알아듣지 못한다. 그들의 치아는 뾰족하게 줄질되어 있고, 목소리는 꾸벅꾸벅 졸고 있는 새의 조용한 울음소리 같다. 밤이 깊어서야 우리는 축을 똑바로 펴는 데 성공했지만, 아침이 되어야만 그것을 제자리에 놓을 수 있을 것이다. 원주민들은 강가에서 물고기 몇 마리를 잡아서 강둑 끝으로 가서 먹었다. 그들은 어린애 같은 목소리로 새벽까지 두런댔다. 나는 잠이 들 때까지 책을 읽었다. 밤에도 더위는 식지 않고, 나는 그물침대에 누워 오를레앙 공작의 바보 같은 경솔함에 관해 오랫동안 생각한다. 또한 그를 살해한 '지파(支波) 가문'의 다른 친족들에게서 반복될 인격적 특징에 대해서도 생각한다. 그들은 다른 혈통 출신이지만, 중죄를 범하거나 씩씩한 모험을 하고, 음모를 꾸며 위험한 기쁨을 즐기고, 끊임없이 돈을 탐내며 변함없이 불충하다는 점에서는 동일하다. 상이한 배경을 지닌 공작들에게서 볼 수 있는 그런 불변의 행실이 왜 거의 우리 시대에 이르기까지 그토록 끊임없이 나타나는지 생각해봐야만 할 것 같다. 물이 배의 평평한 쇠 바닥을 치며 단조로운 소리를 낸다. 이유는 알 수 없지만 그 소리를 들으니 마음이 놓인다.


## 3월 21일

다음날 새벽에 원주민 가족이 배에 올라탔다. 우리가 스크루를 달기 위해 물 속에서 분투하는 동안, 그들은 야자수 잎사귀 위에 서 있었다. 하루 종일 움직이지도 않고 말 한 마디도 하지 않은 채 그곳에 있었다. 남자와 여자의 신체 어디에도 털이 없다. 여자는 방금 열린 과일과 같은 음부를 가지고 있고, 남자의 성기는 끝이 뾰족하게 끝나는 긴 포피로 덮여 있다. 그것은 마치 뿔이나 박차처럼 보인다. 그러니까 성욕이라는 생각과는 전혀 관련이 없고, 최소한의 관능적인 의미조차 없는 것처럼 보인다. 가끔씩 그들은 미소 지으면서 뾰족한 이빨을 보여주지만, 이빨 때문에 친절하다거나 상냥하고 소박하다는 인상을 주지는 못한다.

키잡이는 이 지역에서는 원주민이 백인들의 배를 타고 강으로 여행하는 것이 매우 일반적인 일이라고 설명한다. 그들은 보통 아무런 설명도 하지 않고 어디서 내릴 것이라고도 절대로 말하지 않는다. 그리고 어느 날 갑자기 왔던 것처럼 갑자기 사라진다. 그들은 평화로운 성격이며, 자기 것이 아닌 것은 절대로 취하지 않으며, 다른 승객들과 음식을 함께 나눠먹지도 않는다. 그들은 풀과 날생선, 그리고 익히지 않은 파충류를 먹는다. 어떤 사람은 쿠라레*를 묻힌 화살을 갖고 승선

24

한다. 쿠라레는 즉각적으로 효과를 일으키는 독인데, 그것을 제조하는 방법은 그들이 절대로 밝히지 않는 비밀이다.

　그날 밤 나는 깊은 잠에 빠져 있다가, 이내 썩은 진흙 같은 고약한 냄새에 둘러싸이고 말았다. 그것은 발정기의 뱀처럼 달면서도 도저히 참을 수 없는 악취였다. 나는 눈을 떴다. 원주민 여자가 나를 뚫어지게 바라보면서 도발적인 미소를 짓고 있었다. 그 미소에는 약간의 육식성이지만 동시에 불쾌할 정도로 순진한 무언가가 담겨 있었다. 그녀는 자기 손을 내 성기에 놓더니 나를 애무하기 시작했다. 그러고는 내 옆에 누웠다. 그녀 안으로 들어가자, 나는 부드러운 밀랍 안으로 가라앉는 듯한 느낌을 받았다. 그 밀랍은 아무런 저항도 하지 않고 움직이지 않은 채 식물처럼 온순했고, 그래서 나는 마음대로 나를 움직일 수 있었다. 내 잠을 깨운 냄새는 그 부드러운 육체가 가까워질수록 더욱 강렬해졌고, 그녀의 보드라운 육체는 다른 여자들의 감촉과 전혀 달랐다. 억제할 수 없는 구역질이 내 몸 안에서 커지고 있었다. 나는 서둘러 급히 끝냈다. 그렇게 끝내지 않으면, 절정에 도달하기 전에 토할 것만 같았기 때문이다. 그녀는 아무 말 없이 내 곁을 떠났다. 그러는 동안 슬라브 사람의 그물침대에는 두 육체가 엉켜 있었다. 원주민 남자는 그의 안으로 파고들면서 위험에 빠진 새처럼 희미한 비명을 지르고 있었다. 한편 거구도 자기 차례가 되자 그의 안으로 파고들었고, 원주민 남자는 계속해서 인간의 것 같지 않은 희미한 비명을 질렀다. 나는 뱃머리로 가서 있는 힘을 다해 내 몸에 달라붙어 있던 썩은

---

* 마전속 식물의 즙으로 만든 독이며 흔히 화살에 묻혀서 사용한다.

진흙의 고약한 냄새를 씻어버리려고 했다. 나는 안도감을 느끼며 토했다. 아직도 그 악취가 순간순간 코에 느껴진다. 그 냄새가 오랫동안 내 곁을 떠나지 않을까 걱정스럽다.

　그들은 배 한가운데에 그렇게 계속 서 있었다. 그들은 우듬지를 멍하니 바라보고 있었고, 월계수 잎사귀와 비슷한 나뭇잎을 짓이겨서 만든 것을 쉴새없이 씹고 있었다. 또한 비범한 기술로 잡은 생선이나 도마뱀의 살 같은 것도 씹고 있었다. 슬라브 사람은 어젯밤에 원주민 여자를 자기 그물침대로 데려갔고, 오늘 아침에는 그를 껴안고 자고 있던 원주민 남자와 다시 새 날을 맞았다. 선장은 두 사람을 갈라놓았다. 불분명한 발음으로 그가 설명했듯이, 품위나 체면상 그런 것이 아니었다. 다른 승무원들이 그런 예를 따를 수 있고, 그러면 틀림없이 아주 위험한 문제에 휩싸일 수도 있기 때문이었다. 여행은 길며, 밀림은 그곳에서 태어나지 않은 사람들의 행동에 억제할 수 없는 힘을 행사한다고 그는 덧붙였다. 그런 말은 그들을 민감하게 만들고, 위험이 배제되지 않은 환희의 상태로 나아가게 하는 경향이 있다. 슬라브 사람이 무어라 중얼거렸지만, 나는 그게 무슨 말인지 알아들을 수 없다. 그는 키잡이가 준 커피 한 잔을 마신 후 조용히 자기 그물침대로 되돌아갔다. 나는 그들이 과거에 만난 적이 있다고 추측한다. 나는 이 거구의 유순한 태도를 믿지 않는다. 그의 눈에는 가끔씩 피로에 지친 슬픈 광기가 나타난다.

## 3월 24일

우리는 밀림의 광활한 공터에 도착했다. 많은 날이 지난 후, 마침내 온화하고 자비롭게 아주 천천히 움직이는 하늘과 구름을 본다. 더위는 더 심하지만, 숨 막힐 듯이 빽빽한 밀림처럼 억압적이지는 않다. 커다란 나무들의 푸르고 어둑어둑한 둥근 지붕 아래서 빽빽한 밀림은 무자비하고 완고한 힘이 되어 우리의 기운을 약화시킨다. 모터 소리는 공중으로 날아가고, 배는 물살과 필사적으로 전투를 벌일 필요 없이 부드럽게 미끄러진다. 행복과 비슷한 것이 내 안에 자리 잡는다. 다른 사람들 역시 안도감을 느낀다는 것을 쉽게 감지할 수 있다. 그러나 저쪽에, 그러니까 밀림 저 안쪽에는 몇 시간 안에 우리를 삼켜버릴 어두운 식물들의 벽이 다시 모습을 이루기 시작한다.

나는 이 햇빛 속에서 상대적으로 조용한 평화로운 막간을 이용해, 나를 이 여행으로 내몰았던 것이 무엇이었는지 점검해본다. 나는 '제독의 눈'에서 목재에 대한 이야기를 처음 들었다. 큰 산맥 속에 있던 플로르 에스테베스의 가게였다. 나는 그녀와 몇 달을 함께 살면서 다리의 궤양을 치료하고 있었다. 궤양은 삼각주에 있던 맹그로브 습지에서 독파리에 물려 생긴 것이었다. 플로르는 거리를 두면서도 확고한 애정으로 나를 보살폈고, 우리는 밤마다 사랑을 나누었다. 나는 한쪽 다리를 마음대로 사용할 수 없었지만, 그런 장애를 극복하면서 우리는 우리를 억누르는 무거운 짐처럼 우리 각자가 짊어지고 다니던 과거의 불행에서 구원되고 해방되는 느낌을 받았다. 나는 플로르의 가게와 고원지대에서 보냈던 나날들을 지난 일기 어딘가에 적어놓았다고 믿는다. 그곳에 한 트럭 운전사가 왔다. 그는 평원에서 구입한 소를 가득 싣고 손수 운전하고 있었다. 그는 밀림 끝에 있는 제재소에서 목재를 구입할 수 있으며, 슈란도 강을 따라 내려가면 지금 큰 강가에 짓고 있는 군부대에 아주 높은 가격으로 팔 수 있다는 이야기를 해주었다. 곪은 부위가 다 낫자, 플로르가 준 돈을 가지고 나는 밀림으로 내려왔다. 하지만 이런 모든 사업에는 불확실한 것이 있으리라고 의심했다. 산맥은 추웠고, 항상 안개가 끼어 있었다. 안개는 난쟁이 같고 털이 북슬북슬한 초목 사이를 지나가는 참회자들의 행렬처럼 움직였다. 나는 더이상 지체할 수 없이 저지대의 뜨거운 기후 속에 빠져들고 싶다는 욕망을 느꼈다. 나는 안트베르펜으로 향하는 튀니지 국적의 화물선을 타고 항해하자는 제안이 담긴 계약서를 받았었다. 그 배는 안트베르펜에서 약간 수리되고 개량되면서 바나나 수송선으로 바뀔 예정이었다. 하지만 나는 그 서류에 서명을 하지 않고 되돌려 보냈다. 틀림없이 선주들은 내 결정을 궁금해했을 것이다. 그들은 나의 옛 친구들이었고, 언젠가는 기억할 만한 가치가 있을 다른 모험과 불행을 함께했던 동료들이었다.

이 배에 오르면서 나는 제재소에 관해 물었지만, 아무도 그것이 정확히 어디에 있는지 알려주지 못했다. 심지어 그것이 존재하는지도 모르고 있었다. 내게는 항상 똑같은 일이 일어났다. 내가 추진하는 사업들은 불확실성, 즉 사기와 잔꾀의 낙인이 찍힌 저주와도 같은 것을 지니고 있었다. 그리고 나는 이곳에 있다. 모든 게 어떻게 끝나버릴지 알면서도 바보처럼 상류로 가고 있다. 그렇게 나는 아무것도 기다리지 않는 밀림으로 가고 있다. 천편일률적인 밀림과 이구아나의 굴속과 같은 기후는 나를 병들게 하고 슬프게 만든다. 바다에서 멀리 떨어진 밀림에는 여자도 없고, 그곳에 사는 사람들은 정신지체아 같은 언어를 말한다. 그러는 동안 압둘 바슈르는 나를 기다리면서, 아마도 내가 죽었다고 생각할 것이다. 그는 보스포루스* 바닷가에서 수많은 밤을 함께 보낸 동료이며, 발렌시아와 툴루즈에서 쉽게 돈을 벌기 위해 잊지 못할 수많은 노력을 함께한 친구이다. 나는 처음부터 잘못된 이런 결정을 비롯해서, 내 인생의 역사를 이루는 이런 막다른 길과 재앙이 왜 자꾸 반복되고 또 반복되는지 몹시 궁금하다. 행복을 찾으려는 열정적인 소망은 항상 배신당한 채 그릇된 방향으로 나아갔으며, 늘 완전히 패배하고 싶다는 마음으로 끝난다. 그런 끊임없는 패배를 바라지 않았더라면, 내 소망은 반드시 이루어질 수 있었을지도 모른다. 나는 마음속 깊이 그런 사실을 알고 있지만 좌절감을 막을 수는 없다. 누가 그걸 이해할까? 이제 우리는 다시 위협적이고 경계의 눈초리를 거두지 않는 초록의 밀림 터널로 들어가려고 한다. 이미 불행의 냄새, 그러니까 구질구질하고 맛없는 냄새가 내 코에 와 닿는다.


3월 27일


오늘 아침 우리는 군인들이 점유한 부락에 몇 개의 살충제 드럼통을 내려놓기 위해 정박했다. 그러자 원주민들이 배에서 내렸다. 거기

---

* 흑해와 마르마라 해를 연결하는 해협.

서 나는 내 그물침대의 이웃이 이바르라는 이름으로 불린다는 것을 알았다. 원주민 커플은 강변에서 작별하면서 새 같은 목소리로 "이바르, 이바르"라고 쨋쨋거렸다. 그러는 동안 그는 개신교 목사처럼 달콤하고 부드럽게 미소 지었다. 밤이 되자 우리는 그물침대에 누웠다. 그리고 벌레를 피하기 위해 콜먼 램프를 켜지 않았다. 나는 독일어로 그에게 어느 나라 사람이냐고 물었고, 그는 에스토니아의 파르누 출신이라고 대답했다. 우리는 아주 늦은 시간까지 이야기했다. 여러 곳에 대한 기억과 경험을 교환했는데, 우연히도 그 장소들은 우리 두 사람 모두 알고 있는 곳이었다. 자주 그렇듯 언어는 이내 우리가 상상했던 사람과 전혀 다른 사람을 들춰낸다. 나는 그가 극도로 차갑고 냉혹하며 사색적이라는 인상을 받는다. 그의 말투 속에는 자기 동료를 몹시 업신여기는 태도가 숨겨져 있다. 그런 허위성은 그가 가장 먼저 인정한다. 몹시 조심해야 힐 남자디. 그가 원주민 커플과의 관능적인 일화를 들려주었지만, 그것은 겸손함이나 사회적 관습 같은 것에 등을 돌렸을 뿐만 아니라 가장 기본적이고 단순한 애정에도 등을 돌린 사람의 차갑고 냉소적인 보고서 같았다. 그는 자기 역시 제재소로 가고 있다고 말한다. 내가 그걸 '공장'이라고 부르자, 그는 그 시설이 실제로 어떻게 이루어져 있는지 모호하게 설명하기 시작했고, 그런 설명은 나를 더욱 절망과 불확실성으로 빠져들게 했다. 산맥의 기슭에 있는 그 계곡에서 무엇이 날 기다리고 있는지 누가 알겠는가? 이바르. 그런데 꿈속에서 나는 왜 그 이름이 그토록 귀에 익은 것인지 깨달았다. 이바르는 '모닝 스타' 호에서 갑판장의 칼에 찔려 죽은 선실보이였다. 갑판장은 그들이 배에서 내려 푸앵트아피트르*의 사창가에 갔을 때, 선실보이가 자기 시계를 훔쳤다고 주장했었다. 클라이스트[**]의 대사를 달달 외우고 있던 이바르는 쌀쌀한 밤마다 어머니가 짜준 스웨터를 입고 자랑스러워했다. 꿈속에서 그는 따스하고 순진한 미소로 나를 맞이했고, 내 그물침대의 이웃이 다른 사람이 아니라는 것을 설명하려고 했다. 나는 즉시 그의 용건이 무엇인지 알았다. 그래서 나는 아주 잘 알고 있으며, 절대로 혼동할 염려가 없다고 자신 있게 말해주었다. 상대적으로 시원한 시간인 새벽에 나는 이 일기를 쓴다. 오를레앙 공작의 살인에 관한 기나긴 조사가 나를 따분하게 만들기 시작한다. 이런 날씨 속에서는 단지 가장 초보적이고 야비한 욕망만이 살아남으며, 그것만이 우리를 덮치고 있는 우둔함의 홍수 사이로 길을 열어줄 수 있다.

그러나 이렇게 되풀이되는 실패, 그러니까 되풀이하여 어리석게도 운명의 탓이라고만 여겨왔던 실패를 생각하면서, 나는 갑자기 또 다른 삶이 내 옆으로 거침없이 지나가고 있다는 것을 깨달았다. 그리고 또 다른 삶이 바로 내 옆에 있었는데, 나는 그것을 알지 못했다. 그것은 그곳에 있고, 계속 거기에 있다. 그 삶은 내가 그 길모퉁이를 거부했거나 또 다른 가능한 출구를 잊어버렸던 모든 시간으로 이루어져 있었다. 그렇게 이 모든 시간은 내 운명이 될 수도 있었던 또 다른 운명의 맹목적인 기류를 이루고 있었고, 어느 정도 저쪽 맞은편 제방, 그러니까 나의 일상적인 삶과 평행으로 흘러가지만 내가 한 번도 가

---

[*] 카리브해에 있는 과들루프 섬의 최대 도시.
[**] 19세기 독일의 극작가. 현대생활과 문학의 문제들을 예견한 작가로 프랑스와 독일의 사실주의와 실존주의, 그리고 표현주의 문학운동에 모두 영향을 미쳤다.

보지 않은 곳에 계속 머무르고 있다. 나와 상관없는 것일지라도, 그 강물은 모든 꿈과 환상과 계획과 결정을 휩쓸며 흘러간다. 그런 꿈과 환상과 계획과 결정은 지금의 이런 불안과 마찬가지로 완전히 나의 것이며, 거의 우발적으로 일어나는 역사의 모든 사건들을 형성할 수도 있었다. 그 역사는 내가 살아왔던 역사와 동일할지도 모르지만, 이곳에서 일어났던 것이 아니라 저곳에서 계속 존재하는 사건들로 가득하다. 그것들은 나에 관해 아무것도 모르면서 내 이름을 부르는 유령의 피처럼 내 옆을 지나가고 있다. 다시 말해서 사건과 등장인물은 나의 역사와 완전히 다르지만, 만일 나 역시 그런 역사의 주인공이었다면 그 역사를 나의 일상적이고 서투른 불안과 비탄으로 물들일 수도 있었을 것이다. 또한 마지막 시간이 다가오면, 나는 완전히 잃어버렸거나 놓쳐버렸다는 아쉬움으로 가득한 또 다른 삶이 내 눈앞으로 지나가야지, 실제의 삶이 지나가서는 안 된다고 생각한다. 실제 삶을 이루고 있는 내용은 이런 생각, 즉 화해의 마지막 점검을 할 가치가 없기 때문이다. 나는 마지막 순간에 나를 편안하게 만드는 장면을 보고 싶지 않다. 아니면 나의 첫번째 순간의 장면을 보고 싶지 않은 것일까? 이것은 다음 기회에 사색해봐야 할 일이다. 검고 큰 나비가 털이 텁수룩한 날개로 램프의 유리 갓을 쳐대면서 내 주의력을 마비시키기 시작했다. 그러자 나는 즉시 참을 수 없는 황당한 공포의 상태로 내몰렸다. 식은땀에 젖어 나는 그 나비가 램프 주위를 펄럭거리며 날아다니는 것을 그만두기를, 자신이 왔고 자신이 있어야만 할 밤으로 도망치기를 바란다. 나의 일시적인 주의력 마비 상태를 눈치 채지 못한 이바르는 램프의 불을 꺼버리고 깊은 숨을 쉬면서 잠 속으로 빠져든다.

나는 그의 무관심이 부럽다. 그에게도 존재의 숨겨진 한쪽 구석에, 알수 없는 공포가 자리하고 있는 틈새가 있을까? 나는 그렇다고 생각하지 않는다. 그래서 그는 위험한 사람이다.


## 4월 2일

고장난 부분을 수리하기 위해 강둑으로 가다가 우리는 순식간에 형성된 모래톱 위에 다시 좌초되었다. 어제 말라리아를 치료하기 위해 국경 주둔부대로 가던 두 명의 병사가 배를 탔다. 그들은 야자수 잎사귀 위에 누워 고열로 몸을 떤다. 그들은 한 번도 소총을 손에서 놓지 않는다. 소총은 단조로운 소리를 내며 규칙적으로 금속 바닥을 때리고 있다.

나는 삶의 법칙이 사실 아무 소용이 없다는 것을 알고 있으면서도, 법칙을 세운다. 그것은 내가 가장 좋아하는 정신 훈련 중 하나이다. 기분이 더 좋아지고, 내 안의 무언가를 정돈한다는 생각이 든다. 예수회 학교에서 보냈던 인생의 낡은 찌꺼기들은 아무짝에도 소용없고 그 어느 곳으로도 나를 이끌지 못하지만, 자비로운 마술과도 같은 면이 있어, 삶의 토대가 무너진다고 느낄 때 나를 감싸준다. 그럼 한번 살펴보자.

시간에 대한 생각, 즉 과거와 미래가 유효한지, 아니 정말로 존재하는지를 알아내려는 노력은 아무리 친한 사람이라도 이해할 수 없는 미로로 우리를 이끈다.

매일 우리는 다른 사람이다. 그러나 다른 이들에게도 똑같은 일이 일어난다는 사실을 우리는 항상 잊어버린다. 이것이 아마도 사람들이 고독이라고 부르는 것이리라. 그게 아니면, 그것은 엄숙하고 장엄한 우둔함이다.

여자에게 거짓말을 할 때, 우리는 의탁할 곳이 하나도 없는 힘없는 아이가 된다. 식물처럼, 혹은 밀림의 폭풍처럼, 아니면 큰 소리를 내는 물처럼, 여자는 가장 알 수 없는 하늘의 의도를 자양분으로 삼는다. 이런 것은 일찍 아는 게 낫다. 그렇지 않으면 굉장한 놀라움이 우리를 기다린다.

잠을 자고 있는 누군가를 칼로 찌르는 것. 피가 나지 않는 휑뎅그렁한 입술의 상처. 현기증, 임종 때의 가래 끓는 소리, 마지막 침묵. 이해할 수 없고 불규칙적이며 무관심하고 정확한 삶이 우리를 향해 겨냥하는 몇 가지 확실한 진실.

어떤 것은 갚아야만 하지만, 어떤 것은 영원히 빚으로 남는다. 우리는 그렇게 믿고 있다. 함정은 '……해야만 한다'라는 동사에 숨어 있다. 우리는 계속해서 갚으면서 동시에 빚지고 있지만, 종종 그런 사실조차 알지 못한다.

심판하고 법을 제정하고 통치하는 사람들을 떠올릴 때 생각나는 유일한 이미지는 벼랑 위에서 소리를 지르면서 먹이를 찾아 선회하는 매들이다. 빌어먹을 놈들.

사막의 카라반은 그 어떤 것을 상징하지도, 대표하지도 않는다. 우리의 실수는 카라반이 어딘가를 향해 가거나 어딘가에서 오고 있다고 생각하는 데 있다. 카라반은 단지 한 장소에서 다른 장소로 옮기는 것만으로 그 의미를 다한다. 그 사실을 카라반을 이루는 동물들은 알고 있지만, 낙타를 모는 사람들은 모른다. 영원히 그럴 것이다.

약점 건드리기. 사람들만이 할 수 있는 그런 일은 그 어떤 동물도 할 수 없는 천박한 행위다. 예언자와 점쟁이의 어리석기 짝이 없는 말. 그들은 협잡꾼이나 수다쟁이에 불과하지만, 사람들은 너무나 쉽게 그들의 말에 귀를 기울이고 의지한다.

우리가 죽음에 관해 말하는 모든 것, 혹은 죽음이라는 주제에 관해 우리가 접근하고자 하는 모든 것은 전적으로 쓸모없는 작업이다. 차라리 입 다물고 기다리는 편이 낫지 않을까? 사람들에게 죽음에 관해 설명해달라고 요구하지 말라. 그들은 마음속 깊이 죽음을 필요로 하고 있을 것이며, 아마도 죽음의 왕국에만 발을 딛고 있는 사람들일지도 모른다.

폭포의 급류 아래에 있는 여인의 몸, 기쁨과 놀라움으로 가득한 여인의 짧은 비명, 붉은 커피 알과 사탕수수 과육, 그리고 강물에 휩쓸려가며 허우적대는 벌레들. 이것은 결코 다시 반복할 수 없는 훌륭하고 모범적인 행복이다.

트리폴리 근처의 절벽에 우뚝 서 있는 '로도스 기사의 성' 유적에는 익명의 무덤이 있는데, 거기에는 "이곳이 아니었다"라는 비문이 적혀 있다. 하루도 빼놓지 않고 나는 그 말에 대해 생각했다. 그 말은 너무나 분명할 뿐만 아니라, 동시에 우리가 참고 견뎌야 하는 모든 미스터리를 포함하고 있다.

정말로 우리는 우리에게 일어난 일의 대부분을 잊는 것일까? 오히려 과거의 부분들이 우리가 바보처럼 포기했던 운명을 향해 새롭게 출발하게 만들어주는 씨앗이며 이름 없는 동기로 사용되는 것은 아닐까? 유치한 위안이다. 그래, 잊도록 하자. 그게 차라리 낫다.

진부한 지혜의 말들, 즉 무위도식하면서 강물이 흐름을 바꿔주기만을 어쩔 수 없이 기다리는 가운데 태어난 무의미한 가짜 보석들을 하나씩 실로 엮는다. 이런 빌어먹을 기후와는 죽을힘을 다해 맞서야 한다. 하지만 말들을 엮는 행위는 그런 힘든 작업에 필요한 기운을 더욱더 빼앗는 결과가 되었다. 나는 '기사단의 옛 거리'의 음침한 구석에서 오를레앙 공작을 공격했던 사람들의 목록과 간략한 생애에 대하여 다시 읽어보고, 나중에 하느님에게, 혹은 인간의 손에 벌을 받는다는 사실을 알게 된다. 하느님뿐만 아니라 인간과도 관련된 일이었기 때문이다.


## 4월 7일

그제 군인 한 명이 죽었다. 모래톱이 막 흩어지고, 엔진은 다시 작동하기 시작했다. 그런데 그때 갑자기 소총 하나가 쿵쿵거리는 소리를 멈추었다. 키잡이는 나를 불러 꼼짝하지 않고 있는 몸을 살펴보고자 하니 도와달라고 했다. 야자수 잎사귀를 흠뻑 적시고 있던 땀 웅덩이 한가운데서, 그 병사의 눈은 빽빽한 밀림을 쳐다보고 있었다. 그의 동료는 죽은 병사의 소총을 잡고서 아무 말도 하지 않은 채 그를 바라보고 있었다. "지금 당장 묻어야 해요." 키잡이는 자기가 무슨 말을 하고 있는지 잘 알고 있는 사람의 말투로 말했다. 그러자 동료 병사가 대답했다. "안 됩니다. 그를 부대로 데려가야 합니다. 그곳에 그의 물건들이 있고, 우리 중위님이 그에 관한 보고서를 작성해야 합니다." 키잡이는 아무 말도 하지 않았지만, 그의 말이 옳다는 것은 시간이 증명해줄 것이다. 우리는 그 시체를 묻기 위해 강가로 배를 접근시켰다. 시체는 이미 엄청나게 부풀어올랐고, 악취를 풍기고 있어서 콘도르들이 구름처럼 몰려들었다. 목둘레는 오렌지색 깃털로 장식하고 핑크색 깃털로 두툼한 왕관을 쓰고서 반짝이는 새까만 몸을 자랑하는 콘도르떼의 왕은, 이미 선미의 텐트를 지탱하고 있던 골조 위에 자리를 잡고 있었다. 카메라 조리개처럼 규칙적으로 하늘색의 피막을 내리떨어뜨리면서 눈을 깜빡거렸다. 우리는 그 콘도르가 먼저 시체를 쪼아먹지 않는다면, 다른 콘도르들은 절대로 가까이 오지 않으리란 것을 알고 있었다. 우리가 강둑과 밀림이 만나는 곳에 무덤을 파자, 놈은 어느 정도의 경멸감을 띤 의연한 표정으로 망루에서 우리를 쳐다보았다. 우리는 위엄 있고 아름다운 그 콘도르가, 급히 서두른 장례식에서 으리으리하고 군인다운 오만한 분위기와 그곳의 조용함이 조화를 이루도록 해주었다는 사실을 인정해야만 한다. 실제로 그곳은 평평한 배 바닥을 찰싹찰싹 때리는 강물 소리만이 적막을 깨는 아주 조용한 장소였다.

우리는 인간의 작품처럼 보일 정도로 일정한 간격을 두고 규칙적으로 나타나는 개간지 지역을 지났다. 강은 갈수록 잔잔해졌고, 우리가 앞으로 나아가는 데 강물은 거의 저항하지 않는 것처럼 보였다. 살아남은 병사는 위기를 극복하고 군인답게 체념하면서 하얀 키니네 알약을 먹는다. 이제 그는 두 사람분의 무기를 책임지면서 한시도 손에서 놓지 않는다. 그는 선장의 파라솔 아래서 우리와 대화를 나누고, 전위부대에 관한 이야기와 어떻게 그들이 국경을 넘어 이웃국가의 병사들과 함께 지냈는지 들려준다. 또한 언제나 양쪽에서 몇 명의 사망자를 내야 끝나는 공휴일 술집에서의 싸움과, 거기서 죽은 사람들이 어떻게 마치 임무 수행중에 죽은 사람들처럼 군사 의식을 치르며 매장되었는지 말해준다. 고지 출신 사람들의 교활함을 지니고 있는 그는 말을 할 때 바람 들어간 's' 소리를 냈는데, 너무 빨리 말해서 제대로 알아들을 수가 없었다. 하지만 우리는 의사를 전달하기보다는 오히려 숨기기 위한 의도로 말하던 그 언어의 리듬에 익숙해졌다. 이바르가 국경부대와 관련하여 어떤 장비를 갖추고 있으며 얼마나 많은 병사가 주둔하고 있는지 자세히 묻자, 그 병사는 눈을 살며시 감더니 음흉한 미소를 지으면서 질문과 전혀 상관 없는 대답을 한다. 어쨌거나 그는 우리에게 많은 호감을 느끼는 것 같지 않으며, 나는 그가 자신의 동의 없이 동료를 물은 것에 대해 우리를 용서하지 않고 있다고 생각한다. 그러나 거기에는 보다 더 간단한 이유가 있다. 군사훈련을 받은 사람들이 으레 그렇듯, 그에게 시민들은 군인이 보호하고 참아야만 하는 둔한 장애물의 일종이며, 항상 수상한 거래를 하고 극악무도한 바보 같은 일을 일삼는 사람들이기 때문이다. 그에게 시민들은 지휘할 줄도 모르고 복종할 줄도 모르는 사람들이다. 다시 말하면, 무질서와 불안을 일으키지 않고는 이 세상을 어떻게 살아가야 하는지 알지 못하는 사람들이다. 그의 사소한 제스처 하나까지도 우리에게 항상 그런 사실을 말해주고 있다. 내심 나는 질투를 느낀다. 비록 나는 그의 흔들 수 없는 체제를 잠식하려고 꾸준히 애쓰고 있지만, 그것이 바로 밀림의 조용한 황폐함에서 그를 지켜주고 있다는 사실을 인정해야만 한다. 반면에 우리에게는 밀림의 불길한 조짐이 갈수록 분명하게 나타나고 있다.

키잡이가 만드는 음식은 간단하고 단조롭다. 형체를 알 수 없게 반죽이 되어버린 밥과 말린 쇠고기를 곁들인 블랙 빈, 그리고 튀긴 바나나가 전부이다. 그런 다음 컵에 커피 비슷한 것을 담아주었는데, 실제로 그것은 뭐라고 맛을 규정할 수 없는, 물 탄 구정물이라는 편이 나았다. 컵 바닥에는 정제되지 않은 설탕 몇 조각이 들어 있었고, 벌레의 날개와 음식 찌꺼기와 정체를 알 수 없는 조각들 같은 불안한 침전물이 가라앉아 있었다. 술은 한 번도 나오지 않았다. 단지 선장만이 항상 아과르디엔테*가 든 수통을 들고 다니면서 무자비하게 규칙적으로 몇 모금씩 마신다. 하지만 그는 한 번도 다른 여행자들에게 술을 권하지 않는다. 승객들 역시 한 모금도 마시고 싶어하지 않는다. 술 주인이 내뿜는 냄새로 판단하건대, 내륙 지방의 어느 농장에서 몰래 제조한 가장 싸구려 밀주임이 틀림없다. 그것을 마시면 어떤 효과가 나타날지는 너무나 분명하다.

저녁을 먹은 후, 병사가 이야기를 끝내자 모두 흩어졌다. 나는 시원한 공기를 기다리면서 뱃머리에 남아 있었다. 선장은 양다리를 뱃전 위로 흔들거리면서 파이프 담배를 즐기고 있었다. 담배 연기도 모기를 쫓는다는데, 그가 피우는 물건에서는 담배 냄새와 조금도 비슷하지 않은 지독하고 역한 냄새가 났기 때문에 그것이 모기를 쫓아낸다

---

* 사탕수수로 만든 독한 술.

해도 전혀 놀랄 일은 아니었다. 그런데 그는 말을 하고 싶은 눈치였다. 그건 그에게서 그리 흔히 볼 수 있는 현상이 아니었다. 그는 자기 이야기를 내게 들려주기 시작했다. 마치 병사의 수다가, 여행중에 아주 흔히 발견되는 일종의 전염 과정처럼 그의 입을 열게 만든 것 같았다. 그는 귀에 거슬리는 목소리로 아무 의미도 없는 길고 어정버정하는 에두른 말투로 뒤죽박죽 혼잣말을 했고, 나는 그 혼잣말에 관심을 기울이지 않을 수 없었다. 내가 잘 알고 있는 일화들이었다. 아니, 오히려 과거에 내가 살았던 삶에서 나온 이야기처럼 느껴졌다.

그는 밴쿠버에서 태어났다. 그의 아버지는 광부였는데 후에 어부가 되었다. 원주민이던 그의 어머니는 아버지와 함께 도망쳤다. 어머니의 형제들은 여러 주 동안 그들을 뒤쫓았다. 어느 날 마침내 그의 아버지는 알고 지내던 술집 주인을 시켜 그 형제들이 술에 취하게 했다. 그리고 그들이 밖으로 나오자 마을 근교에서 기다리고 있다가 죽여버렸다. 원주민 여자는 자기 남자의 행동이 훌륭했다면서 받아들였고, 며칠 후 두 사람은 가톨릭 선교회에서 결혼했다. 부부는 이리저리 떠돌아다니며 살았다. 그가 태어나자 그의 부모는 그를 선교회의 수녀들에게 맡겼다. 그리고 다시는 돌아오지 않았다. 열다섯 살이 되자, 그는 선교회에서 도망쳐 낚싯배의 주방 보조원으로 일하기 시작했다. 그후 그는 알래스카로 연료를 운반하는 유조선에서 일한 다음 바로 그 배를 타고 카리브해를 여행했고, 몇 년 동안 트리니다드와 남아메리카의 해안 도시를 오가면서 항공유를 수송했다. 선장은 그를 몹시 귀여워하여 그에게 몇 가지 초보적인 항해술을 가르쳐주었다. 선장은 한쪽 다리가 없는 독일 사람이었다. 그는 잠수함의 지휘관이었는데 가족이 없었다. 그는 아침부터 샴페인과 약한 맥주를 혼합한 술을 마시면서, 검은 빵으로 만든 샌드위치와 청어, 로크포르치즈, 연어, 혹은 안초비를 먹었다. 어느 날 아침 그는 선실 바닥에 쓰러져 죽은 채로 발견되었다. 그는 철십자훈장을 손에 꼭 쥐고 있었다. 베개 밑에 간직하고 있다가 술에 흠뻑 취했을 때마다 자랑스럽게 보여주던 것이었다. 그때부터 청년에게 서인도제도의 항구들을 돌아다니는 기나긴 순례가 시작되었다. 그러다가 그는 수리남의 수도 파라마리보에 도착했고, 그곳에서 흑인 피와 네덜란드 사람, 혹은 인도인의 피가 섞인 사창가의 흑인 혼혈 포주와 살림을 차렸다. 그녀는 엄청나게 뚱뚱했는데, 선천적으로 쾌활한 성격에 집에서는 항상 어린 창녀들이 만든 얇은 시가를 피웠다. 그녀는 잡담과 험담을 몹시 좋아했으며, 존경스러운 솜씨로 사업을 운영했다. 그는 녹은 설탕과 레몬을 넣은 럼주에 취미를 붙였다. 또 가게 입구에 설치된 당구대 세 개를 관리했는데, 고객에게 편의를 제공하기보다는 당국자들의 관심을 분산시키기 위한 것이었다. 두 사람은 몇 년을 함께 살았다. 그들은 서로 잘 이해했으며, 너무나 모범적일 정도로 서로 보완이 되어서, 모든 섬 주민들의 대화 주제가 되었다. 그런데 어느 날 중국 소녀가 그 집에서 일하기 위해 왔다. 소녀의 부모는 여주인에게 그녀를 팔았고, 받은 돈으로 자메이카에 정착하러 갔다. 두세 번 엽서가 왔을 뿐, 그후로는 그들에 관해 아무런 소식도 들을 수 없었다. 소녀는 아직 열여섯 살도 되지 않았는데, 조그마하고 조용했으며, 퀴라소의 말 몇 마디만 간신히 알고 있었다. 그녀는 그의 눈에 들었고, 그는 포주의 묵인과 괴로운 시선을 받으며 몇 번에 걸쳐 그녀를 자기 방으로 데려갔다. 결국 그 중국 소녀를 뜨겁게 사랑하게 되었고, 그녀와 함께 도망치면서 여주인이 가지고 있던 몇 개의 보석과 당구장 현금상자에 있던 약간의 돈을 훔쳐갔다. 그들은 잠시 카리브해를 돌아다니다가, 그가 창고 조수로 일하고 있던 스웨덴 화물선을 타고 함부르크로 갔다. 저축했던 약간의 돈이 함부르크에서 모두 바닥나자, 그녀는 상크트 파울리의 어느 카바레에서 일을 하기로 계약했다. 그녀는 다른 두 여자와 함께 일종의 복잡하고 에로틱한 체조를 연기했다. 세 여자는 조그만 무대로 올라가 손님들을 흥분시키는 팬터마임을 지칠 줄 모르게 공연하면서 많은 시간을 보냈다. 공연을 하는 동안 그녀들은 무감각했다. 얼굴에는 로봇과 같은 미소가 새겨져 있었고, 몸은 피로를 모르는 곡예사처럼 유연성을 간직하고 있었다. 중국 소녀는 후에 거인증을 앓고 있는 거대한 몸집의 타타르 사람과 함께 스케치 식의 짧은 곡을 맡게 되었고, 창백한 클라리넷 연주자는 그 커플에게 할당된 곡에 대해 음악평을 했다. 어느 날 선장—당시 그는 그렇게 불렸다—은 헤로인 밀수에 연루되어 함부르크를 떠나야만 했다. 소녀 역시 경찰에 체포되지 않기 위해 도망쳐야만 했다.

그런 다음 선장은 도저히 이해할 수 없는 이야기를 들려주었다. 카디스와 선박신호기 제작과 관련된 이야기였다. 거의 눈치 챌 수 없게 개조된 그 신호 깃발을 이용해 그는 불법 화물을 적재하여 운송하는 배들이 서로 통신하게 해주었던 것이다. 나는 그 불법 화물이 무기인지, 레반트의 노동자들인지, 혹은 가공되지 않은 우라늄 광석인지 알 수 없었다. 이 이야기에도 역시 여자와 관련된 부분이 있었다. 한 여자가 비밀을 누설했고, 경찰이 변조된 깃발을 제작하던 작업장을 급습했다. 나는 어떻게 이 남자가 제때에 도망칠 수 있었는지 이해할 수 없었다. 어쨌든 그는 아마존 강의 중심지인 파라 주의 벨렘에 상륙했고, 그곳에서 준보석들을 매매했으며, 강의 상류로 여행하면서 온갖 거래에 종사했다. 이 시기에 그는 돌이킬 수 없는 알코올중독에 빠져 있었다. 그는 노후한 군용 장비를 경매로 파는 군부대에서 바지선을 구입하여, 밀림을 종횡으로 교차하면서 어지러울 정도의 미로를 형성하는 지류들로 항해했다. 비록 그는 능력을 둔화시키는 알코올의 안개 속에 있었지만, 모든 논리를 벗어나는 설명할 수 없는 이유로 인해 한 치의 실수도 없는 방향감각을 유지했고, 부하들에게도 통제력을 잃지 않았다. 부하들은 그에게 두려움과 무조건적인 믿음이 뒤섞인 감정을 느꼈고, 그는 교활한 인내심을 가지고 파렴치하게 그런 감정을 이용했다.

## 4월 10일

기후는 점점 바뀌어가고 있다. 우리는 산맥의 기슭에 접근하고 있음이 틀림없다. 물살은 더욱 거세고 하상은 더욱 좁아지고 있다. 아침마다 새들의 노랫소리가 점점 가까이 들리고 더 친숙해진다. 식물들의 향내는 더욱 진해지고 있다. 우리는 솜처럼 부드러운 밀림의 습기에서 벗어나고 있다. 밀림의 습기는 감각을 무디게 만들고, 우리가 감지하려는 모든 소리와 냄새와 모양을 왜곡한다. 밤마다 갈수록 더 시원하고 가벼운 바람이 불어온다. 전날 밤 우리는 끈적끈적하면서도 점점 꺼져가는 밀림의 훈기 때문에 잠을 이룰 수 없었다. 오늘 새벽 나는 아주 특별한 집단에 속하는 꿈을 꾸었다. 커피 농장과 바나나 숲이 있으며, 많은 양의 물이 조용히 흐르는 강이 있고, 밤마다 쉬지 않고 비가 내리는 곳에 가까이 갈 때면 항상 꾸는 꿈이다. 그 꿈은 행복을 예고하고 기쁨을 예견하는 것처럼 내게 특별한 기운을 선사한다. 물론 그 기쁨은 순간적인 것이어서, 이내 내가 너무나 잘 알고 있는 불가피한 패배의 분위기로 변한다. 그러나 아주 잠깐 동안만 머무르는 그런 순간은 내게 최고의 시절들을 내다보게 해주기에 충분하다. 그것만으로도 내 인생을 이루고 있는 계획들의 무질서한 붕괴와 불행한 모험들 속에서 나를 지탱하기에 충분하다. 꿈속에서 나는 여러 국가의 운명이 교차되는 역사적인 순간에 참여한다. 거기서 나는 아주 중대한 순간에 의견을 제시하고, 내 의견으로 인해 사건의 흐름이 완전히 바뀐다. 꿈속에서 나는 결정적인 역할을 하고, 내가 제안하는 해결책은 너무나 현명하고 올바르다. 그래서 그것은 나 자신의 힘을 믿는 원천이 되어 어둠을 휩쓸어버리고, 기운이 충만한 자신을 즐길 수 있도록 나를 이끈다. 그 꿈의 회복력은 너무도 강렬해서 잠을 깨고 나서도 며칠간 지속된다.

나는 워털루 전투가 끝난 날 벨기에의 즈나프나 그 주변에 있던 플랑드르 양식의 별장에서 나폴레옹과 만나는 꿈을 꾸었다. 황제는 어안이 벙벙해 있는 측근들을 비롯해 시민들과 함께 있다. 그는 망그러질 것 같은 가구가 몇 개 있는 좁은 방을 큰 걸음으로 오가고 있다.

그는 건성으로 내게 인사하고, 계속해서 흥분된 발걸음을 옮긴다. "폐하, 어떻게 하실 계획이십니까?"라고 나는 그를 오래전부터 알고 있는 사람처럼 따스하면서도 확고한 어조로 묻는다. "나는 영국인들에게 항복할 것이다. 그들은 훌륭한 병사들이다. 영국은 항상 나의 적이었지만, 그들은 나를 존경한다. 나의 안전과 내 가족의 안전을 보장할 수 있는 유일한 사람들이 바로 그들이다." "폐하, 그것은 중대한 실수가 될 것입니다." 나는 변함없는 목소리로 대답한다. "영국인들은 약속을 지키지 않으며 신용할 수도 없는 사람들입니다. 그들의 해상 전쟁은 비열한 책략과 세상을 비웃는 해적질로 가득합니다. 그들은 섬사람들이라서 믿을 수가 없습니다. 세상을 모두 적으로 보는 사람들입니다." 그러자 나폴레옹은 웃으면서 내게 대답한다. "혹시 내가 코르시카 섬 출신이라는 것을 잊었느냐?" 나는 내 실수로 비롯된 혼란스러운 감정을 이겨내고, 계속해서 남아메리카나 카리브해의 섬들로 망명하는 것이 바람직하다고 주장한다. 그러자 거기 있던 다른 사람들도 이 논쟁에 참여한다. 황제는 망설이지만 결국 내 제안으로 방향을 돌린다. 우리는 스톡홀름과 비슷한 항구로 가고, 그곳에서 양쪽의 커다란 바퀴로 움직이며 아직도 증기기관을 돕기 위한 돛을 달고 있는 증기 외륜선을 타고 남아메리카로 항해한다. 나폴레옹은 그 이상하게 생긴 선박을 아주 새로운 것이라고 신기해하고, 나는 남아메리카에서는 이미 오래전부터 그런 배들이 사용되고 있으며, 아주 빠르고 안전하기 때문에 영국인들이 결코 우리를 따라잡지 못할 것이라고 말한다. "이 배를 뭐라고 부르느냐?" 나폴레옹이 호기심과 의심이 뒤섞인 말투로 묻는다. "'수크레 원수'입니다, 폐하." 나는 대답한다. "그가 어떤 군인이냐? 한 번도 그의 이름을 들어본 적이 없다." 나는 아야쿠초 전투에서 있었던 수크레 원수*의 이야기와 베루에코스

산에서 그가 배신자들에게 암살되었다는 이야기를 들려준다. "나를 그곳으로 데려가고 있는 것인가?" 나폴레옹은 노골적인 불신의 시선으로 나를 바라보면서 심하게 나무란다. 그는 자기 장교들에게 나를 체포하라고 지시하고, 장교들은 즉시 붙잡으려고 한다. 그런데 그때 배의 엔진에서 굉음이 나고, 그들은 당황해하며 굴뚝에서 나오는 시커멓고 진한 연기를 바라본다. 나는 잠에서 깨어난다. 자유의 몸이 되었다는 안도감과 황제에게 적절한 때에 조언을 했고, 그래서 그가 세인트헬레나 섬에서 가난과 치욕의 세월을 살지 않도록 막았다는 만족감이 내 안에 잠시 지속된다. 이바르는 놀란 눈으로 나를 바라보고, 나는 내가 이해할 수 없는, 그를 불안하게 만드는 미소를 짓고 있다는 사실을 깨닫는다. 우리는 우리 자신도 알아차리지 못한 채 최고의 수송 수단을 보유하고 있었던 것이었다. 엔진은 더욱 강하게 돌아갔다. 바로 그 소리가 내 잠을 깨운 것이다. 바지선은 마치 기지개를 켜듯이 흔들거리며 비틀거렸다. 한 무리의 앵무새들이 즐겁게 소리를 지르며 하늘을 가르더니, 무한한 기회와 행운을 약속하듯 저 멀리 사라진다.

병사는 우리가 곧 주둔기지에 도착할 것이라고 알려준다. 나는 키잡이와 에스토니아 사람의 얼굴에서 불안감과 애써 감춘 불확실성의 섬광을 본 것 같았다. 이 두 사람 사이에서는 무언가가 구체화되고 있

---

\* 안토니오 호세 데 수크레(1795~1830). 남아메리카 독립전쟁의 지도자. 시몬 볼리바르의 절친한 친구였다. 1824년 12월 9일의 아야쿠초 전투에서 스페인군에게 결정적으로 승리하면서 페루와 알토페루의 독립을 확실하게 만든다. 이후 다른 독립지도자들과 함께 알토페루에 볼리비아라는 신생국을 설립하면서 남아메리카 독립전쟁에 종지부를 찍는다. 1826년에 볼리비아의 대통령으로 선출되며, 1830년에 콜롬비아의 파스토 근처에서 암살된다.

었다. 그들은 의심스러운 사업과 밀매에 함께 참여한 동료들이었다. 선장은 이제 꽤 제정신으로 돌아왔고, 그들은 조그만 목소리로 병사와 무언가를 속삭이고 있었다. 세 사람은 뱃머리에 누워 얼굴을 차갑게 적시기 위해 물을 퍼붓고 있었다. 그 틈을 이용해 나는 선장에게 그들에 관해 아는 게 있느냐고 물었다. 그러자 그는 나를 한참 쳐다보더니 단지 이렇게만 말했다. "요 며칠 내로 그들은 땅 아래 묻히게 될 것이오. 사람들은 이미 그들 생각보다 훨씬 더 그들에 관해 많이 알고 있소. 두 사람이 함께 이곳을 항해하는 게 처음이 아니오. 나는 그들과 지금 당장 빚을 청산할 수 있지만, 다른 사람이 그 빚을 청산해주길 더 바라오. 빌어먹을 작자들이오. 그러니 그들에 관해서는 걱정 마시오." 나는 인생의 상당 부분을 그들과 같은 부류의 불쌍한 작자들을 대하면서 써버렸기 때문에, 내가 느끼는 것은 걱정이 아니라 지겨움이었다. 나는 수없이 반복되어 피곤한 이야기가 다시 한 번 더 다가오는 것을 보고 있었다. 그것은 바로 인생의 역경을 헤쳐나가려 애쓰고, 자신들이 모든 걸 알고 있다고 생각하다가 얼굴에 놀라움의 표정을 새기며 죽는 교활한 사람들의 이야기이다. 그리고 마지막 순간에 그들은 항상 자신들에게 일어난 일이 그들이 전혀 이해하지 못했고, 결코 자신들의 손에 쥘 수 없었던 것임을 분명하게 깨닫는다. 그건 오래된 이야기, 아주 낡고 지겨운 이야기이다.

## 4월 12일

점심 때 우리는 귀를 멍하게 하는 엔진 소리를 들었다. 몇 분 후에 융커 수상비행기가 바지선 주위를 날기 시작했다. 그 비행기는 이 지역에서 항공이 누렸던 영웅적인 시절의 모델이다. 나는 아직도 그런 비행기가 있으리라고는 생각조차 못했다. 그건 동체가 골함석으로 된 6인승 비행기이다. 수상비행기는 가끔씩 탕탕 하는 엔진 소리를 내면서, 마치 엔진이 고장 난 것처럼 수면을 스칠 듯이 강하하곤 한다. 십오 분 후 그 비행기는 멀리 사라졌다. 그러자 수상비행기가 우리 주위를 빙빙 날아다닐 때 긴장하면서 경계의 눈초리를 늦추지 않았던 키잡이와 그의 친구는 안도의 한숨을 내쉬었다. 우리는 늘 먹던 음식을 먹은 후 낮잠을 자고 있었다. 그때 융커 수상비행기가 갑자기 우리 앞 수면에 착륙하더니 바지선으로 다가왔다. 카키색 셔츠를 입은 채 베레모를 쓰지 않고 계급장도 달지 않은 장교 한 사람이 물갈퀴 판으로 내려오더니, 우리에게 한 장소를 가리키면서 그곳으로 배를 대라고 지시했다. 그의 말투는 권위적이었고, 좋은 일을 예고하는 투는 전혀 아니었다. 우리는 속력을 반으로 줄여 천천히 움직이고 있는 융커의 뒤를 따라, 그가 지시하는 대로 했다. 우리가 강독에 배를 정박시키자, 즉시 두 명의 군인이 바지선으로 뛰어내렸다. 그들은 허리에 권총을 차고 있었으며, 계급장을 달고 있지는 않았지만, 행동과 목소리로 볼 때 장교라는 것을 추측할 수 있었다. 융커기의 조종사는 손가락 끝이 찢어진 비행 장갑을 아직도 끼고 있었고, 셔츠에는 공군의 은색 날개 배지를 달고 있었다. 그는 조종석에 그대로 있었다. 그러는 동안 두 장교는 우리에게 서류를 가져오고 배 끝의 텐트 아래에 있으라고 명령했다. 병사는 즉시 자신의 상관들과 합류했고, 그들 중 하나가 죽은 병사의 소총을 인도받았다. 우리에게 정박을 명령했던 장교는 손에 우리의 서류를 들고서, 서류는 쳐다보지도 않은 채 우리를 심문하기 시작했다. 그는 이미 선장과 기술자를 알고 있다는 표정이었다. 선장에게는 어디로 가느냐는 질문만 했다. 그러자 선장은 제재소로 간다고 대답하고 수통에서 술 한 모금을 마신 후 자기 파라솔 아래로 몸을 피했다. 기술자는 엔진실로 돌아갔다. 키잡이와 이바르에 관한 심문은 훨씬 더 자세했는데, 이들이 갈수록 모호하게 대답하고 점점 더 겁먹은 표정을 짓자 다른 장교와 병사가 총총걸음으로 다가와 용의자들 바로 뒤에 자리를 잡았다. 그들이 물로 뛰어들지 못하게 하려는 것이 분명했다. 그들에 대한 심문이 끝나자 나에게 다가와 이름과 여행 목적을 물었다. 나는 내 이름을 말했다. 그러자 내가 계속 말하도록 놔두지 않고 선장이 나 대신 대답했다. "저와 함께 제재소로 갑니다. 믿어도 좋은 사람입니다." 장교는 내게서 눈을 떼지 않았다. 선장의 말은 그다지 귀담아 듣지 않는 것 같았다. "무기를 지니고 있소?" 그는 명령을 내리는 데 익숙한 사람처럼 직설적인 말투로 내게 물었다. "없습니다." 나는 작은 소리로 대답했다. "돈을 가지고 있소?" "예…… 조금 있습니다." "얼마나 가지고 있소?" "이천 페소입니다." 그는 내가 사실대로 말하지 않는다는 것을 눈치 챘다. 그런 다음 내게 등을 돌리면서 명령했다. "이 두 놈을 비행기에 태워." 키잡이와 에스토니아 사람은 약간 저항하는 제스처를 취했지만, 등뒤에서 총구를 느끼고는 순순히 복종했다. 그들이 객실로 들어가려고 하자 장교가 소리쳤다. "손을 등뒤에 묶어. 개 같은 놈들!" "묶을 밧줄이 없습니다, 소령님." 다른 장교가 변명했다. "그럼 허리띠로 묶어, 빌어먹을 놈아!" 병사가 그들에게 총구를 겨누고 있는 동안, 장교는 선실 바닥에 총을 놓고 검거된 사람들의 허리띠를 풀어 그들을 묶었다. 두 사람은 바지가 흘러내리지 않도록 기괴한 자세를 취했지만, 그곳에 있는 사람들은 어떤 반응도 보이지 않았다. 그들이 수상비행기에 타자, 조종사는 계기판 앞에 앉았다. 소령은 서서 우리를 뚫어지게 바라보았다. 그러더니 선장을 쳐다보고는 군대식의 명령조가 아닌 중립적인 말투로 말했다. "선장, 난 어떤 문제도 원하지 않소. 당신은 여기서 어떻게 해야 말썽을 일으키지 않고 문제를 처리할 수 있는지 잘 알고 있소. 계속 그렇게 하시오. 그러면 우리는 평소처럼 잘 지내게 될 것이오. 그리고 당신은……" 그는 신병을 다루듯이 나를 손가락으로 가리켰나. "당신 일이 모두 끝나면 이곳을 떠나시오. 우리는 외국인에게 아무런 반감도 갖고 있지 않지만, 여기 오는 외국인이 적을수록 우리에겐 좋소. 당신 돈을 조심하시오. 이천 페소를 가지고 있다는 말은 당신 어머니에게나 하시오. 내게 거짓말할 생각은 하지 마시오. 당신이 얼마나 갖고 있는지는 상관없지만, 여기는 아과르디엔테를 사기 위해 십 센타보*를 훔치려고 사람을 죽일 수도 있는 곳이라는 걸 알아두시오. 제재소에 관해서는 당신 스스로 알게 될 거요. 가능한 한 빠른 시간 내에 당신이 슈란도 강을 내려오는 것을 보고 싶소. 이게 전부요." 그는 작별 인사도 없이 우리에게 등을 돌리고 조종사 옆으로 올라가

---

* 100센타보는 1페소.

더니, 아귀가 잘 맞지 않을 때 나는 금속성의 굉음을 내면서 비행기 문을 쾅 닫았고, 그 소리는 강 양쪽으로 울려 퍼졌다. 융커기는 나무 우듬지를 거의 스치듯 하면서 천천히 힘들게 올라가더니, 저 멀리 사라졌다.

선장은 소령의 말을 들은 것 같지 않았다. 그는 아무 말도 하지 않은 채 계속해서 그물침대에 앉아 있었다. 그런 다음 나를 향해 고개를 들더니 이렇게 말했다. "우리는 목숨을 구했소, 친구. 간신히 목숨을 구했소. 왜 그런지는 나중에 얘기해주겠소. 나는 저 사람이 다시 주둔기지로 돌아온 사실을 전혀 모르고 있었소. 그는 이곳의 모든 사람들을 알고 있소. 그는 참모본부로 발령을 받았고, 나는 그가 다시는 돌아오지 않을 것이라고 믿었소. 그래서 저 두 사람을 데려오는 모험을 감행했던 것이오. 왜 우리까지 체포하지 않았는지는 나도 모르겠소. 그는 저들보다 체포할 만한 이유가 없는 사람들도 많이 체포했소. 다음 정박지에서 키잡이를 구할 수 있는지 한번 봐야겠소. 나는 더이상 그런 힘든 일을 할 수 없소. 당신은 먹을 것이 어디에 있는지 알고 있을 것이오. 난 많이 먹지 않으니, 당신이 알아서 당신 음식을 준비해야만 할 것이오. 내 음식은 걱정하지 마시오. 기술자 역시 스스로 그 문제를 해결할 수 있소. 어쨌거나 그는 엔진을 살펴야 하기 때문에 음식을 만들 수는 없소. 그는 자기의 음식을 가져와서, 저 아래서 자기 방식대로 요리하오. 자, 그럼 갑시다." 기술자는 뱃머리로 돌아가 키잡이의 자리를 차지했다. 그는 배를 뒤로 후진시키더니 강 한가운데에 위치하게 하고 강을 타고 올라갔다. 해가 떨어지기 시작하면서, 나는 키잡이와 이바르로 인해 생겼던 긴장감이 사라지고 있다는 것을 깨닫는다. 더불어 두 사람이 서로 시선을 교환하면서 만들어낸 난해하고 악의에 찬 분위기, 속삭임, 그리고 불안하고 타락한 그들의 존재도 사라진다. 선장에 대한 기술자의 맹목적인 충성과 침묵, 그리고 이미 오래전에 수명을 다해 고철이 됐어야만 했을 엔진을 계속 움직이게 하는 업무에 헌신을 다하는 모습을 보자, 나는 그가 영웅적인 금욕 행위를 실천에 옮기고 있다는 인상을 받는다.


## 4월 13일

밀림은 우리를 깊은 잠에 빠뜨린다. 잠과 시간적 거리로 인해 이미 기억에서 지워져버린 세상과의 만남은 오히려 내게 기운을 북돋워주었다. 비록 소령의 말과 단호한 경고 속에는 위험 신호가 들어 있었지만. 사실상 위험 그 자체는 나를 과거의 일상으로 되돌아가게 해주고, 나의 방어력을 촉진하고, 쉽게 예측할 수 있는 어려움과 맞서 싸우는데 필요한 경계심을 작동시킨다. 그런 위험은 무관심한 태도를 떨쳐버리게 하고, 내 안에 똬리를 틀고 있던 비정하고 무기력한 망각의 구렁에서 놀랄 만큼 순순히 빠져나오게 해주는 자극이 된다.

식물들은 갈수록 듬성듬성해지고 가늘어진다. 나는 대부분의 낮 시간 동안 하늘을 볼 수 있다. 적도 지역에 있는 별들처럼 밤이 되면 별들은 더 가깝고 친숙하게 느껴진다. 그 별들은 우리를 보호하고 보살펴주는 빛을 발산하고, 이 세상의 사물들은 피할 수 없이 규칙적으로 그들의 길을 가고 있으며, 시간의 아이들과 운명에 순순히 복종하는 아이들, 그리고 우리 인간들을 지켜주고 있다는 확신을 주면서 우리를 편안하게 만들어준다. 그런 확신은 순간적이지만, 우리의 기운을 회복시켜주는 밤 시간에는 항상 우리 곁을 떠나지 않는다. 영수증과 세관서류도 이제 바닥이 나고 있다. 나는 이것들을 창고에서 발견했는데, 선장은 내가 여기에 이 지겨운 여행의 탈출구로 일기를 쓰도록 허락해주었다. 잘 지워지지 않는 연필도 거의 끝에 이르고 있다. 선장은 내일 도착할 군사기지에서 종이와 새 연필을 공급받을 수 있을 것이라고 설명한다. 나는 권위적인 소령에게 너무나 단순하고 너무나 개인적인 부탁을 하는 내 모습을 상상할 수 없다. 그의 목소리는 아직도 내 귀에서 떠나지 않는다. 그의 말이 아니라, 발포 소리처럼 짧고 분명한 금속성의 단호한 말투가 그렇다는 것이다. 그런 말투를 들으면 우리는 무방비 상태가 되고 의지할 곳이 없어지며, 맹목적으로 복종하고 침묵을 지키게 된다. 나는 이것이 내게는 새로운 것임을 눈치챈다. 그리고 바다에서 선원으로 생활하거나 육지에서 다양한 직업을 가지고 변신을 꾀했던 삶에서도 결코 겪어보지 못했던 시험이라는 것도 깨닫는다. 이제 나는 그 엄청난 기갑부대의 임무가 어떻게 이루어지는 것인지 깨닫는다. 그러면서 바로 우리가 용기라고 말하는 것은 단지 그런 어투에서 나오는 어쩔 수 없으며 감정이 배제된 압도적인 명령의 힘에 무조건 굴복하는 것과 다르지 않다고 생각한다. 이 점에 관해서는 더 생각해봐야 할 것 같다.

## 4월 14일

  그날 새벽 우리는 군사기지에 도착했다. 나무로 만든 조그만 선착장에 매여 있는 융커기는 물살에 휩쓸려 이리저리 흔들린다. 동체는 골함석으로 만들어졌고 기수(機首)는 검게 칠해져 있다. 프로펠러 엔진에 날개가 반쯤 녹슬어 있는 구식의 비행기는 시대에 한참 뒤떨어져 있다. 그것은 너무나 이상한 존재라, 나중에 나는 그것을 내 기억의 어디쯤에 두어야 할지 알 수 없을 것이다. 기지는 하상을 따라 평행으로 지어진 건축물로, 지붕은 함석이고 벽의 격자창에는 금속 방충망이 쳐 있다. 중앙에는 조그만 본부 사무실이 있고, 그 앞에는 병사들의 군기를 잡기 위해 하루 종일 쓸게 하는 평평한 연병장이 있으며, 연병장 한가운데의 깃대에서는 깃발이 펄럭이고 있다. 그 본부건물 양쪽으로는 군내용 그물침대가 걸려 있다. 각자 하나씩의 그물침대가 걸린 장교용의 조그만 칸막이 방들도 눈에 띈다. 하사가 우리를 맞이한 후 사령부로 안내했다. 소령은 마치 우리를 한 번도 만난 적이 없는 것처럼 인사를 건넸다. 정중하다거나 군인다운 태도가 바뀐 것은 아니었지만, 지금은 무관심하고 거리감 있는 태도를 견지하고 있었다. 그런 태도는 그의 적개심을 일깨울지도 모른다는 우리의 두려움을 다소 누그러뜨리면서, 동시에 그의 경계심은 약화되지 않았으며 단지 부대의 일상적인 활동 지역을 살펴보기 위해 약간 눈을 다른 곳으로 돌리고 있을 뿐이라는 것을 의미하고 있었다.

  우리는 오른쪽 날개 끝 부분에 자리를 잡았다. 기술자는 바지선으로 돌아가 엔진 옆에 있는 자기 그물침대에서 잠을 자려고 했다. 건물

뒤 야외에 놓인 긴 테이블에서 우리는 병사들과 함께 식사를 했다. 강에서 잡은 물고기 몇 마리를 맥주와 함께 먹을 수 있는 기회가 생기자, 그 식사는 내게 뜻하지 않은 만찬처럼 느껴졌다. 식사가 끝난 후, 우리와 함께 여행했던 병사가 인사를 하러 왔다. 우리는 그 병사가 건네준 담배에 불을 붙여 물었다. 아주 독한 담배를 맛보기 위해서라기보다는 모기를 쫓기 위해서였다. 우리는 융커기에 올라탔던 죄수들에 관해 물었다. 그는 대답하지 않고 하늘을 쳐다보더니, 다시 땅으로 시선을 내렸다. 더이상 설명이 필요 없는 표정이었다. 그는 잠시 침묵을 지키더니 아무런 감정 없는 어조를 띠려고 노력하면서 말했다. "처형을 하면 시끄럽고, 서류들을 많이 작성해야 합니다. 반면에 바닥이 아주 질퍽질퍽한 밀림에 떨어지면, 그 충격으로 그들은 자신들의 묘 구멍을 파게 됩니다. 아무도 더이상 묻지 않고, 이내 잊어버리고 맙니다. 여기서는 할 일이 아주 많습니다." 선장은 밀림을 쳐다보면서 담배를 빨았고, 자기 수통을 어루만졌다. 그 모든 불행의 주문(呪文)을 가지고 다니는 사람이 자기 자신이라는 것을 확신하는 듯했다. 바람직하지 못한 사람들을 제거하는 이런 간략한 방법이 그에게는 전혀 새로운 것이 아니었다. 하지만 나는 고백하건대, 첫번째 오한이 등을 타고 흐른 후 이내 그 일을 잊어버렸다. 이제 나는 다시 그 일을 생각하고, 우리의 목숨이 위험해질 때면 가장 먼저 동정심이 무뎌진다는 것을 깨닫는다. 우리가 그토록 고귀하다고 칭찬하는 인간의 결속과 단결은 한 번도 내게 구체적인 의미를 주지 못했다. 우리는 공포의 순간에 그것을 떠올린다. 그리고 우리가 다른 사람에게 제공할 수 있는 도움이 무엇인지를 생각하는 것이 아니라, 다른 사람이 우리를 어떻게 도와줄 수 있는지 생각한다. 우리의 여행 동료는 잘 자라며 작별 인사를 했고, 우리는 잠시 별이 총총 떠 있는 하늘과 보름달을 쳐다보았다. 하늘과 달이 너무나 가까이 떠 있어 마음을 동요시켰기 때문에, 우리는 침실로 가서 우리의 그물침대에서 잠을 자기로 했다. 나는 우리 친구에게 약간의 종이와 새 연필을 구해줄 수 있느냐고 물었다. 그는 잠시 후에 종이와 연필을 가지고 돌아왔다. 그리고 도저히 해독할수 없는 미소를 지으면서 내게 설명했다. "소령님이 보내셨습니다. 당신이 기록해야만 하는 것을 적을 뿐, 원하는 걸 적지는 말라고 부탁하셨습니다." 그가 개인 감정을 섞지 않고 충실하게 그 메시지를 반복하고 있다는 것은 너무나 분명했다. 그런 태도는 그 메시지의 내용을 더욱 신비스럽게 만들었다. 밤이 침묵을 지키고 익숙해졌던 엔진 소음이 들리지 않자, 나는 잠시 잠을 이룰 수가 없다. 나는 잠을 자기 위해 글을 쓴다. 우리가 언제 떠날지 나는 모른다. 빠르면 빠를수록 좋을 거라고 믿는다. 여기는 내가 있을 장소가 아니다. 이 세상에서 내가 있었던 모든 장소 중에서, 그러니까 너무나 많아 몇 개인지 이미 셀수 없는 그 모든 장소 중에서, 모든 게 내게 적대적이고 이질적이며, 내가 어떻게 다뤄야 할지 모르는 위험으로 가득 찬 곳은 이곳이 유일하다. 나는 절대로 이런 경험을 다시 하지 않겠다고 맹세한다. 이런 경험은 더이상 필요 없다.

## 4월 15일

오늘 아침 우리가 떠날 준비를 하고 있는데, 새벽에 조종사와 소령을 싣고 떠났던 수상비행기가 돌아왔다. 기술자는 디젤 엔진을 데우기 시작했고, 선장은 기지에서 제공한 새로운 키잡이와 함께 창고에 식료품을 싣고 있었다. 병사 한 명이 강변에서 나를 불렀다. 소령이 나와 이야기를 하고 싶다는 것이었다. 선장은 나를 의심과 두려움이 섞인 눈으로 쳐다보았다. 그 순간 그는 나보다 자기 자신을 더 생각하고 있음이 분명했다. 내가 본부로 걸어 들어가자 소령이 집무실에서 나왔다. 그는 손으로 내 팔을 잡고 연병장을 한 바퀴 돌고 싶다는 제스처를 했다. 나는 그를 따라갔다. 세심하게 다듬었지만 멋지지는 않은 검은 콧수염으로 장식한 까무잡잡한 보통 얼굴의 소령은 나를 비웃으면서도 보호하는 것 같은 표정을 지었다. 따뜻하거나 친절하지는 않았지만, 어느 정도 나를 믿는다는 분위기를 풍기고 있었다.

"그러니까 제재소들이 있는 곳까지 올라가기로 결정했소?" 그는 담배에 불을 붙이면서 말했다.

"제재소들이라고요? 저는 하나밖에 없다고 들었습니다."

"아니요, 여러 개가 있소." 그는 대답하면서 멍한 눈길로 바지선을 쳐다보았다.

"좋아요. 그렇다고 해도 큰 변화는 없을 겁니다. 중요한 것은 목재를 구입해서 강 아래로 내려오는 것입니다." 이렇게 대답하는 동안 내 위장에서는 익히 알고 있던 불쾌한 느낌이 올라오고 있었다. 그것은 내 소망의 크기에 따라 조정하려고 애썼던 현실의 장애물과 내가 마주치기 시작하고 있다는 것을 말해주었다.

우리는 연병장을 한 바퀴 돌았다. 소령은 마치 인생의 마지막 담배라도 되듯이 천천히 음미하면서 담배를 피웠다. 산책이 끝나자 그는 발길을 멈추고는, 나를 뚫어지게 쳐다보면서 말했다. "당신은 최선을 다해 목재 구입 문제를 해결할 것이오. 그건 내 문제가 아니오. 하지만 한 가지만 알려주고 싶소. 그건 바로 당신이 여기에 오래 머물 사람이 아니라는 것이오. 당신은 이곳과 다른 장소에서, 그리고 다른 기후와 다른 인종이 사는 나라에서 온 사람이오. 밀림에는 미스터리가 전혀 없소. 사람들이 일반적으로 생각하는 것과는 다르오. 밀림의 가장 큰 위험이 바로 그것이오. 당신이 본 것이 바로 더도 덜도 아닌 밀림 그 자체요. 바로 당신이 보고 있는 것처럼 단순하고 직접적이고 한결같으며 심술궂소. 여기서는 지성이 무뎌지고, 시간은 혼동되며, 법은 잊히고, 아무도 기쁨을 모르며, 모든 곳이 슬픔 천지요." 그는 잠시 쉬더니 담배 한 모금을 들이마시고는 말을 하면서 동시에 연기를 내뱉었다. "당신이 죄수들에 관한 소식을 들었다는 사실을 알고 있소. 그들 각자는 수많은 페이지의 기소장을 채울 수 있는 충분한 전력이 있는 사람들이오. 물론 그 기소장은 절대로 작성되지 않을 것이오. 에스토니아 사람은 원주민들을 다른 곳에 팔았소. 팔 수 없는 사람들에게는 독약을 먹여 강물에 집어던졌소. 그후에는 코카와 양귀비 재배업자들에게 무기를 팔았고 우리에게 그들의 농장과 주둔지가 어디인지 정보를 제공했소. 그는 아무 이유도 없이, 그리고 아무런 분노도 없이 사람들을 죽였소. 단지 사람을 죽이려는 목적으로만 그랬던 것이오. 키잡이도 에스토니아 사람에 못지않지만, 좀더 노련했소. 몇 달

58

전에야 비로소 우리는 그가 원주민 대학살에 가담했다는 것을 확인할 수 있었소. 그 학살은 원주민들이 정부에게서 받은 토지를 누군가에게 팔기 위해 벌인 것이었소. 어쨌든 당신에게 이 두 작자에 관해 더 많은 것을 이야기해줄 필요는 없을 것 같소. 범죄 역시 지겹고 따분하며, 거의 변형된 형태가 존재하지 않으니 말이오. 내가 당신에게 설명하고 싶은 것은, 만일 내가 그들을 호위해서 가장 가까운 법정으로 보낸다면 적어도 가는 길만 열흘이 걸린다는 사실이오. 또한 여섯 명의 병사가 위험에 빠질 수도 있소. 그들은 뇌물 음모에 빠질 위험이 있으며, 그럴 경우 후에 목숨을 잃을 수도 있소. 혹은 마약 농장에 있는 범죄인의 공범에게 살해될 수도 있소. 여섯 명의 병사는 내게 아주 귀중한 인력이오. 없어서는 안 될 병사들이오. 어느 순간에 그들은 우리 부대원들이 죽느냐 사느냐를 결정할 수도 있는 의미 있는 병력이오. 게다가 재판관들은…… 그렇소, 아마 당신은 상상할 수 있을 것이오. 내가 구태여 말할 필요는 없을 것 같소. 내가 이런 이야기를 들려주는 것은 내 자신을 변명하기 위해서가 아니라, 이곳의 사물과 사건들이 어떤 식으로 이루어지는지 당신이 생각할 수 있도록 하기 위해서요." 그는 다시 말을 쉬었다. "당신을 보니 이미 선장과 친구가 된 것 같소. 그렇지 않소?" 나는 고개를 끄덕였다. "선장은 마실 술만 있다면 아주 좋은 사람이오. 하지만 술이 없으면 전혀 다른 사람으로 돌변하오. 그런 일이 일어나지 않도록 조심하시오. 그럴 경우 그는 이성을 잃고 최악의 야만적 행위를 저지를 수도 있소. 그런 다음에는 아무것도 기억하지 못하오. 또한 나는 당신이 군대의 삶이나 제복을 입은 사람들의 삶을 별로 좋아하지 않는다는 것을 눈치 챘소. 당신이 전적으로 옳지 않은 것은 아니오. 나는 당신이 왜 그런지 잘 이해하고 있소. 하지만 누군가는 특정한 직업을 가져야만 하고, 그래서 우리 군인들이 존재하는 것이오. 나는 북쪽에서 장교 과정을 이수했소. 프랑스에서 합동군사파견단으로 이 년간 체류했소. 군대의 삶은 어디나 똑같소. 나는 당신이 어떤 삶을 살았는지 알고 있으며 아마 내 동료들을 만난 적이 있을 것이라고 생각하오. 군대에 있지 않을 때는 우리도 좀더 너그러워진다오. 우리의 일을 수행하기 위해 우리가 받은 훈련 때문에…… 당신이 보는 것처럼 되는 것이오." 우리는 선창가 맞은편에 서 있었다. "좋소. 더이상 당신의 발길을 붙잡지 않겠소. 조심해서 여행하시오. 당신들이 데려가는 키잡이는 믿어도 좋은 사람이오. 돌아가는 길에 그를 이곳에 내려주시오. 그리고 아무도 믿지 말고, 군대에게는 많은 것을 바라지 마시오. 우리는 다른 일로 정신이 없소. 우리는 외국인 봉상가들에게 관심을 쏟을 여유가 없소. 아마 당신은 내 말을 이해할 것이오." 그는 내게 손을 내밀었다. 그의 손을 잡으며 나는 우리가 처음으로 악수했다는 것을 알았다. 우리는 선창으로 갔다. 내가 바지선을 타자, 그는 내 어깨를 손바닥으로 툭툭 치면서 조그만 소리로 말했다. "아과르디엔테가 떨어지지 않도록 항상 신경 쓰시오." 그는 손을 흔들어 선장과 작별을 하고 자기 사무실을 향해 걸어갔다. 느리면서도 유연한 발걸음이었고, 몸은 곧으면서 약간 경직되어 있었다. 우리는 강 한복판으로 움직였고 다시 강물을 거슬러올라가기 시작했다. 군 막사는 점점 멀어지더니 이내 밀림의 끝과 뒤섞여버렸다. 가끔씩 융커기의 기체에 반사된 햇빛이 우리에게 불길한 경고를 하듯 막사를 가리키고 있었다.

## 4월 17일

새로 고용한 키잡이의 이름은 이그나시오이며, 얼굴은 창백한 주름으로 뒤덮여 있어서 마치 갓 만들어진 미라처럼 보인다. 그는 몇 개 남지 않은 이빨 사이로 침을 튀기며 쉬지 않고 말한다. 다른 사람에게 말하는 것이 아니라 자기 혼자 끝없이 중얼거리는 것 같다. 그는 오래전부터 알고 있던 선장을 존경하고, 따라서 기술자와도 일종의 우정을 간직하고 있다. 그는 기술자에게 먼저 말을 걸고, 기술자는 유순한 본성과 무진장한 재능을 이용하여 자기 주변의 삶과 엔진의 예측 불가능한 행동을 연결시킨다. 엔진은 갑작스럽게 변하면서 시시각각 우리의 계획이 결정적으로 좌절될지도 모른다고 위협한다.

나는 앞으로 풍경과 기후가 갈수록 더운 지방과 비슷해질 것이라고 생각했지만 그것은 오판이었다. 저녁에 우리는 다시 밀림으로 들어갔다. 높은 우듬지들과 한쪽 강변에서 다른 쪽 강변으로 교차하는 넝쿨나무들로 주변은 컴컴하다. 엔진은 성당의 종소리처럼 메아리친다. 새들과 원숭이들과 벌레들은 끝없이 소리치며 울어댄다. 어떻게 잠을 자야 할지 모르겠다. "제재소들, 제재소들." 나는 바지선의 뱃머리에 부딪히는 강물의 리듬에 맞춰 이렇게 되뇐다. 이것은 내게 일어날 운명이었다. 그 누구도 아닌 바로 나에게 일어날 일이었다. 죽을 때까지 결코 깨닫지 못하는 일들이 있다. 한 사람이 살아오는 동안 그런 것들이 축적되어 모습을 드러내면, 바보들은 그것을 운명이라고 부른다. 가련한 위안일 뿐이다.

오늘 낮잠을 자는 동안 나는 몇몇 장소에 대한 꿈을 꾸었다. 내가 오랫동안 허무하게 많은 시간을 보냈던 장소들이다. 그곳들은 비밀스러운 의미로 가득 차 있다. 바로 거기서 내게 무언가를 가르쳐주려는 신호가 나온다. 그런 장소를 꿈꾸었다는 사실 자체가 예언일 수 있지만, 나는 내 운명을 가르쳐주고 있는 그 메시지를 해석할 수 없다. 아마도 그 장소들을 열거하면 그것들이 내게 무엇을 말하려고 하는지 알 수 있을 것이다.

부르보네 지방 어느 작은 도시의 기차역 대합실. 기차는 밤 열두시가 넘어서 지나갈 것이다. 가스난로는 대합실을 따뜻하게 하기에 충분하지 않으며, 난로가 내뿜고 있는 습한 냄새는 옷에 달라붙으면서 습기로 얼룩진 벽을 서성거린다. 세 개의 포스터가 각각 니스의 경이로움과 브르타뉴 해변의 매력, 그리고 샤모니에서 즐기는 겨울 스포츠의 기쁨을 보여준다. 모두 색이 바랜 탓에 대합실에 커다란 슬픔만을 너해줄 뿐이다. 대합실은 텅 비어 있다. 후미진 곳에 담배판매대가 있다. 그곳에서는 항상 커피와 크루아상을 판다. 크루아상은 유리 뚜껑으로 덮여 있고, 그 뚜껑에는 그곳을 떠다니는 먼지와 뒤섞인 미심쩍은 기름의 흔적이 묻어 있다. 그러나 담배판매대는 구멍이 숭숭 뚫린 쇠창살이 쳐진 채 닫혀 있다. 나는 벤치에 앉아 있다. 딱딱해서 잠시 잠잘 자세조차 취할 수가 없다. 가끔씩 나는 자세를 바꾸고, 담배판매대와 마찬가지로 쇠창살 뒤에 있는 진열장에 전시되어 있는 쭈글쭈글한 잡지들을 바라본다. 누군가가 그 안에서 움직인다. 나는 그 판매대가 문이 없는 구석에 붙어 있기 때문에 그럴 수는 없다는 사실을 알고 있다. 그러나 갈수록 누군가가 그 안에 갇혀 있다는 것이 분명해진다. 그는 내게 신호를 보내고, 나는 여자인지 남자인지 모르는 불확

실한 얼굴에서 미소를 확인한다. 나는 그곳으로 향한다. 다리는 추위
로 곱아 있고 오랜 시간 동안 불편한 자세로 있었던 탓에 저려온다.
누군가가 그 안에서 알아들을 수 없는 말을 속삭인다. 나는 얼굴을 쇠
창살에 갖다 대고 "아마도 더 먼 곳에"라고 속삭이는 소리를 듣는다.
나는 쇠창살 사이로 손가락을 집어넣고 창살을 움직이려고 한다. 바
로 그때 누군가가 대합실로 들어온다. 나는 고개를 돌려 쳐다본다. 정
모를 쓴 관리인이다. 그는 외팔이이고 윗옷 소매 하나가 가슴에 핀으
로 고정되어 있다. 그는 나를 수상쩍다는 듯이 쳐다보더니, 인사도 하
지 않고 불을 쬐기 위해 난로로 간다. 역의 규칙에 어긋나는 그 어떤
행동이든 저지하기 위해, 자기가 그곳에 있다는 것을 보여주려는 의
도가 너무나 분명하다. 나는 말할 수 없이 동요되어 내 자리로 돌아온
다. 가슴은 쿵쿵 뛰고 입술은 말라 있다. 나는 결코 반복되지 않을 결
정적인 메시지를 듣지 못했다는 것을 확신한다.

  모기떼가 빙빙 돌면서 가까이 오다가 갑자기 현기증 날 정도의 나
선형으로 흩어지는 습지이다. 나는 여객용으로 사용하는 커다란 수상
비행기의 잔해를 본다. 프랑스에서 제작한 라테코에르 기종이다. 객실
은 거의 완전하다. 나는 그 안으로 들어가서 버들가지 의자에 앉는다.
그 앞에는 접을 수 있는 조그만 테이블이 있다. 내부에는 식물들이 침
입해 있었다. 식물들은 양쪽 벽과 천장을 덮고 있다. 유창목의 꽃과 비
슷하게 거의 빛을 내는 것처럼 강렬한 노란 꽃이 우아하게 천장에 걸
려 있다. 무언가에 사용될 수 있었던 모든 것은 이미 오래전에 해체되
어 있다. 차분하고 조용하며 따스한 객실 안의 분위기가 잠시 쉬어가
라고 권한다. 이미 오래전에 유리창이 사라져버린 어느 창문으로 큰

새가 한 마리 들어온다. 가슴은 반짝이는 구릿빛이고 부리에는 오렌지색 반점이 있다. 그 새는 내 앞 세번째 의자 등받이에 내려앉아 역시 구릿빛 반점의 조그만 눈으로 나를 쳐다본다. 그리고 이내 상승음계로 목소리를 떨며 노래를 부르기 시작하지만, 갑자기 멈춘다. 내 모습이 씩씩하게 시작했던 소절을 끝마치지 못하게 방해한 것 같다. 새는 출구를 찾아 라테코에르의 천장을 날아다니고, 식물로 가득한 실내에 노래의 메아리를 남겨놓은 채 마침내 비행기를 떠난다. 그러자 나는 마치 금지된 지역을 방문한 사람들이 겪게 되는 사악한 마법에 걸린 것 같은 느낌을 받는다. 저기 내 영혼의 가장 비밀스러운 부분에서 무언가가 가볍게 조종간을 친다. 내가 그곳에 있다는 것을 깨닫기도 전이라, 나는 그런 소리를 막을 수 있는 그 무엇도 할 수 없었다.

전쟁터다. 전쟁은 전날 끝났다. 터번을 쓴 약탈자들이 시체들의 피부를 도려낸다. 후텁지근한 더위로, 마치 헛소리를 내뱉을 정도는 아닌 수준의 고열에 시달리는 것처럼 사지가 노곤하다. 죽은 사람들 중에는 붉은 튜닉을 두른 시체들이 있다. 이미 기장은 사라지고 없다. 나는 피스타치오 색깔의 펑퍼짐한 실크 바지에, 금실과 은실로 수를 놓은 짧은 재킷을 입은 시체에게 다가간다. 그의 몸을 관통한 창이 바닥에 깊이 박혀 옷을 꼭 누르고 있다. 그래서 아무도 그의 옷을 훔쳐갈 수 없었다. 얼굴은 젊고 몸은 가냘프며 말쑥한 고위장교이다. 그의 터번을 보고 나는 그가 인도의 호전적인 민족인 마라타 사람이라는 것을 알게 된다. 약탈자들은 이미 사라지고 없다. 멀리서 빨간 터번을 두른 기수가 다가온다. 그는 내 앞에서 말을 멈추고 묻는다. "누구를 찾소?" "튀렌 육군원수를 찾습니다"라고 나는 대답한다. 그러자 그는 나를 이상한 눈으로 바라본다. 나는 그가 다른 시대의 다른 전쟁터에서, 다른 병사들과 죽었다는 사실을 알지만, 내 실수를 바로잡을 수 없다. 남자는 말에서 내려다보다가 정중하게 설명한다. "여기는 한때 페슈와 정권에 속했던 땅인 아사예 전투*터요. 웰즐리 경과 이야기하고 싶다면 지금 당장 데려다줄 수 있소." 나는 어떻게 대답해야 할지 모른다. 나는 수많은 군중 속에서 방향을 잡으려고 애쓰는 눈먼 사람처럼 그곳에 서 있다. 기수는 어깨를 으쓱한다. "내가 당신에게 해줄 수 있는 건 하나도 없소." 그리고 그는 말을 타고 왔던 방향으로 되돌아간다. 날이 어두워지기 시작한다. 나는 튀렌의 시체가 어디에 있을지 생각한다. 그때도 나는 나의 모든 행동이 착오이며 내가 할 수 있는 건 하나도 없다는 것을 알고 있다. 향료와 파출리 기름, 며칠 동안 바꾸지 않은 붕대 냄새와 죽은 사람들에게 내리쬐는 햇빛과 방금 기름칠한 칼 냄새가 난다. 나는 길을 잘못 들었다는 우울한 확신을 가지고 잠에서 깨어난다. 그리고 마지막으로 내 염원의 크기만 하게 만들어져 나를 기다리고 있는 질서정연한 세계를 찾지 못할 것이라고 느낀다.

나는 병원에 있다. 침대에는 커튼이 쳐져 있고, 그 커튼 때문에 병실 안에 있는 다른 침대를 볼 수 없다. 나는 아프지 않다. 나는 왜 내가 그곳에 있는지 모른다. 나는 커튼을 양쪽으로 조금 움직이고, 또 다른 커튼이 쳐져 있는 다른 침대를 본다. 여자의 팔이 커튼을 젖히자 나는 플로르 에스테베스가 거기에 있다는 것을 알게 된다. 그녀는 수

---

* 1803년 9월 23일에 인도 남중부의 아사예 마을에서 일어났으며 제2차 영국-마라타 전쟁의 결정적인 전투였다.

술받은 환자들이 입는 헐렁한 가운을 입고 있다. 미소를 지으며 나를 바라보면서, 자기의 가슴과 허벅지와 반쯤 숨겨진 음부를 드러낸다. 그것은 실제 생활에서 그녀가 보여주던 행동이 아니다. 평소와 마찬가지로, 그녀의 머리카락은 신화적인 동물의 갈기처럼 마구 헝클어져 있다. 나는 그녀의 침대로 간다. 우리는 조금 있으면 누군가가 오리라는 사실을 알고 있는 사람들처럼 뜨겁고 급하게 애무하기 시작한다. 내가 그녀 안으로 들어가려는 찰나, 누군가가 갑자기 커튼을 연다. 사제의 복사들이 커튼을 붙잡고 있고, 사제는 내게 영성체를 해야 한다고 고집을 피운다. 나는 커튼을 치려고 안간힘을 쓴다. 사제는 성배 안에 성체를 가지고 있다. 한 복사가 성유가 든 조그만 은상자를 사제에게 건네준다. 사제는 내게 종부성사를 하려고 시도한다. 나는 다시 플로르 에스테베스를 쳐다보지만, 마치 그녀 자신이 나를 피하기 위해 그 모든 것을 준비한 것처럼, 부끄러워하면서 눈을 피한다. 플로르는 기름에 자기 손가락을 적셔 내 남근을 문지르려고 하면서 노래를 부른다. 그 노래가 너무 슬픈 나머지 나는 이 세상에 홀로 버려졌다는 느낌에 사로잡히고, 그녀에게 속았다는 끔찍스러운 감정을 경험한다. 모든 성적 흥분이 사라진다. 나는 물에 빠진 사람처럼 필사적으로 소리를 지르고 싶다. 그리고 기괴한 신음 소리 속으로 꺼져가는 내 목소리에 잠을 깬다.

나는 꿈 속에 숨겨진 메시지에 관해 깊이 생각한다. 이미 밤이고, 바지선은 앞으로 천천히 나아간다. 키잡이와 선장은 아주 희미하게 노여움을 띤 채 말다툼을 한다. 그 대화 속에서는 친근감만이 느껴질 뿐 불쾌감은 전혀 엿볼 수 없다. 선장은 취기가 임계점에 다다라 있고, 다시 아무 의미도 없는 명령을 반복한다. "이 고집쟁이 늙은이야, 바람 냄새를 맡아. 바람이 어디서 불어오는지 알아야지, 그렇지 않으면 길을 잃어버린단 말이야, 제기랄!" "알았어요, 선장님. 알았어요. 들볶지 좀 말아요. 우리가 앞으로 나아가지 않는 것은 그럴 수 없기 때문이에요." 키잡이는 어린아이에게 말하는 사람처럼 인내심을 가지고 대답한다. "이그나시오, 당신은 머리 잘린 뱀처럼 항해하고 있어. 군인들이 기지에서 당신을 더이상 필요로 하지 않는 게 다 이유가 있었어. 빌어먹을, 키를 꽉 잡으란 말이야! 그건 수프 숟가락이 아니란 말이야!" 그렇게 밤의 대부분을 보낸다. 마음속으로 그들은 이런 대화를 즐기고 있는 게 분명하다. 그게 그들의 의사소통 방식이다. 그들은 오랜 친구이며, 이미 오래전부터 말하지 않아도 모든 걸 아는 사이다. 내 낮잠은 너무나 오래 지속되었고, 나는 날이 밝을 때까지 잠을 이루지 못할 것이다. 나는 글을 읽고 쓰기를 반복한다. '대담무쌍한' 장은 그럴듯한 핑계를 아무것도 대지 못한다. 프랑스 왕 샤를 6세의 동생인 루이에게 죽음을 선고하면서, 그는 자기 종족에게 피할 수 없는 사멸을 선고한 것이었다. 정말 유감스러운 일이다. 아마도 부르고뉴 왕국은 후에 유럽이 왜 그토록 무정한 일련의 저주를 받게 되었는지에 대한 적절한 대답일 것이다.


## 4월 18일

항상 그렇듯이, 오늘에야 비로소 내가 어제 백일몽에서 왜 그런 장소들을 찾아갔는지에 대한 단서가 드러나기 시작했다. 그것은 나의 오래된 악마들이며, 케케묵은 망상으로 여러 가지 옷을 입고 여러 가지 언어를 사용하고, 다시 풍경들을 왜곡하면서 나타나 내 운명을 짜고 있는 불변의 실들을 떠올리게 한다. 그런 내 운명은 내 관심과 취향과는 완전히 동떨어진 시간 속에서 사는 것이며, 매일매일의 핵심적인 업무인 점차로 죽어가는 현실과 친숙해지는 것이고, 그런 일에 암묵적으로 존재하는 에로티시즘의 세계이기도 하다. 또한 내 인생이 의미를 가졌던 장소와 시간을 찾아 과거로 계속 되돌아가는 것이며, 자연의 세계와 그 존재, 그리고 자연의 변형과 그 위험을 비롯하여 자연의 비밀스러운 목소리를 계속해서 고려하고 참고하는 내 특별한 습관이다. 사실 나는 그런 비밀스러운 목소리에 의지하여 내 딜레마에 대한 해결책을 찾고, 내 행위에 최종 판결을 내린다. 분명히 이유 없고 불필요한 목소리지만, 나는 힝상 지연의 부름에 복종한다.

이런 모든 것에 관해 사색하는 것만으로도, 나는 내 문제와 거의 관련이 없는 혼란스러운 것처럼 생각되는 현재를 마음 편하게 받아들일 수 있게 되었다. 크게 볼 때 이해할 수 있는 실수로 인해, 어제의 꿈에서 분명히 나타난 친숙한 요소들을 염두에 두지 않은 채, 내가 현재를 점검하는 일이 일어나고 있었다. 그것들은 바로 거기에 있었지만, 나는 그것들을 제대로 알 수 없었다. 나는 내 꿈이 예언하는 핵심에 너무나 익숙해져 있었기에 아직 그 메시지를 해석하지는 못하고 있지만, 그 꿈들이 유익하며 내 마음을 진정시키리라는 것을 이미 느끼고 있다. 그러나 아직 플로르 에스테베스의 행동은 이해하기 어렵다. 그녀가 앞장서서 나를 침대로 초대한 행동이 평상시에 하던 방식과 너무나 다르기 때문이다. 사실 그녀는 야만적인 모습을 갖고 있고, 다리는 아주 토실토실하며 머리카락은 거칠고 헝클어졌다. 까무잡잡한 피부는 너무나 축축해서 마치 보이지 않는 벨벳으로 만들어진 것처럼 아주 가벼운 압력만을 견딜 수 있으며, 시빌레*와 같은 풍만한 가슴 일부를 하루 종일 드러내고 있다. 모습이 그렇기는 했어도 플로르는 교태를 부리는 놀이나 짓궂으면서도 사랑스럽게 접근하는 것 따위는 전혀 모른다. 고삐 풀린 힘의 지배를 받으며 행동하는 사람처럼 그녀는 심각하고 단호하며 거의 슬픈 표정으로, 그리고 말없이 필사적인 모습으로 나타나고, 그렇게 식물들처럼 조용하게 사랑하고 기쁨을 즐긴다. 아마도 꿈속에서 플로르가 도발적인 행동을 한 것은 내가 이번 항해를 하면서 너무 금욕적인 생활을 하고 있기 때문인 것 같다. 원주민 여자와의 일은 나를 즐겁고 유쾌하기보다는 불안하게 했다. 아마도 상이한 사람들의 모습들과 제스처가 꿈속에서 뒤섞이는 전형적인 혼동 때문일 가능성도 있다. 아니, 그게 가장 가능성이 높다. 그래서 우리는 꿈에 등장하는 사람들의 신원을 절대로 정확하게 밝혀낼 수 없을 것이다. 한 사람이 우리 앞에 나타나더라도, 그는 결코 단 한 사람이 아니라 전체이며, 유일하고 결정적인 존재가 아니라 순간적으로 요약된 수많은 사람들의 행렬이다.

플로르 에스테베스. 나와 그토록 가까웠던 사람은 아무도 없었고, 내게 그토록 필요한 사람, 그 비밀스러운 촉감으로 나를 그처럼 보살펴준 사람은 아무도 없었다. 그 촉감은 단음절이나 기껏해야 긍정도

---

* 그리스의 전설과 문학에 등장하는 여성 예언자. 전통적으로 광적인 황홀경 속에서 예언을 하는 아주 나이 많은 노파로 그려진다.

부정도 아닌 불평을 하는 것 이외에는 침묵을 지키는 그녀의 야생적이고 찌푸려진 초연함 속에 숨겨져 있었다. 내가 그녀에게 목재에 관해 자문을 구하자, 그녀는 단지 이렇게만 말했다. "목재 사업으로 돈을 벌 수 있을지 모르겠어요. 나무로는 집을 짓고 울타리, 상자, 선반을 비롯해 원하는 것들을 만들 수 있어요. 하지만 돈을 벌 수 있을까요? 그건 순전히 만들어낸 이야기예요. 믿지 마세요." 그녀는 저금한 돈을 숨겨놓았던 곳으로 갔고, 아무 말도 덧붙이지 않고 나를 쳐다보지도 않은 채 가지고 있던 돈을 전부 내게 건네주었다. 플로르 에스테베스, 성낼 때는 충성스럽고 사나우며, 애무할 때는 대담하고 갑작스러운 여인이었다. 마음을 빼앗긴 채 커다란 캄불로나무* 사이로 지나가는 구름을 보면서, 그녀는 저지대 지방의 노래를 불렀다. 과일에 관한 그 흥겹고 단순한 노래는, 멜로디와 명료하고 솔직한 가사와 함께 기억 속에 영원히 남을 강렬한 향수로 물들어 있었고, 여기서 나는 코만치계 미국 놈처럼 생긴 주정뱅이와 디젤 엔진을 너무나 사랑한 나머지 아무 말도 없는 원주민, 그리고 이 거대한 나무들의 부풀어오른 나무껍질에서 태어난 것처럼 이름도 없고 직업도 없는 아흔 살의 노인과 함께 이 물살을 거슬러오르고 있다. 영원히 무언가를 거스르고 영원히 해로우며 영원히 내 진정한 소명의식과는 상관없는 나의 무모한 방황에는 치료방법이 없다.

---

* 원산지는 안데스 산지이며, 주로 커피와 카카오나무를 재배하는 농장에서 햇살을 가려주는 그늘 나무로 재배했다.

4월 20일

우리는 다시 작은 숲과 강의 범람으로 만들어진 광활한 늪지가 있는 또 다른 평원으로 들어갔다. 왜가리떼가 일정한 모습을 이루며 하늘을 가로지르는 모습이 정찰기 편대를 생각나게 한다. 왜가리떼는 바지선 주위를 선회하다가, 나무랄 데 없이 우아하게 강둑에 내려앉으려고 한다. 그러더니 먹이를 찾아 천천히 신중하게 움직인다. 물고기 하나를 포획하자 물고기는 왜가리의 긴 부리에서 잠시 몸부림치고, 왜가리는 물고기를 문 채 고개를 마구 흔든다. 그리고 이내 희생물은 마술처럼 사라진다. 태양은 지루하게 펼쳐진 강물 위로 수직 강하하고, 강물은 갈대와 넝쿨 사이로 반짝인다. 조만간 조그만 밀림이 다시 모습을 드러낼 것임을 우리에게 떠올려주기라도 하듯, 때때로 밀림의 느낌을 살짝 맛보게 해주는 정취가 나타난다. 빽빽하게 늘어선 나무들 속에서 재잘재잘 지껄이는 원숭이의 소리와 앵무새를 비롯한 다른 새들의 울음소리, 그리고 규칙적으로 노래하는 거대한 귀뚜라미의 졸린 소리가 들려온다. 그곳은 너무나 고독하여, 우리는 무방비 상태인 듯한 기분을 느낀다. 계속 따라다니는 치명적인 악취가 우리에게 엄청난 재앙이 다가올 것임을 알려주지만, 우리는 밀림 한가운데에서는 느끼지 못하는 그런 무방비 상태의 느낌이 왜 여기서 일어나는지 알 수가 없다. 그물침대에 누워 나는 의욕을 상실한 사람처럼 무관심하고 냉담하게 그런 경치를 바라본다. 내가 감지할 수 있는 유일한 변화는 오후 시간이 지나가면서 햇빛이 점차 바뀌고 있다는 것뿐이다. 강물은 바지선의 항해에 거의 저항하지 않는다. 엔진은 갈수록 빨라지고 노킹도 더욱 자주 일어난다. 이것은 엔진이 오래되었고 정신착란을 일으킨 것처럼 불안정하다는 사실을 감안하면 매우 의심쩍은 현상이다. 나는 거의 주관성을 배제한 채 피상적인 관심만을 가지고 이런 모든 것을 간신히 적어놓는다. 의미 있는 예지몽을 꾼 후에 늘 그렇듯, 나는 무언의 공포에 사로잡혀 무감각하고 냉담한 상태에 빠졌다. 나는 그것을 내 존재에 대한 불가피한 공격으로 느낀다. 그것은 나를 지탱해주는 힘에 대한 도전이며, 불안하고 헛되지만 어쨌거나 언젠가 나아질 것이고 모든 게 좋은 결과를 맺기 시작할 것이라는 희망에 대한 폭력이기도 하다. 나는 이토록 짧고 위험한 중립의 순간에 너무나 친숙해진 나머지, 그 순간들을 자세히 점검하지 않는 게 더 낫다는 것을 알고 있다. 그러면 그 순간을 조금 더 연장할 수 있을 것이기 때문이다. 자신도 모르게 의약품을 과다하게 복용한 것과 마찬가지로, 그 효과는 육체가 자신에게 해를 끼치는 그 이상한 물체를 흡수할 때에만 사라질 것이다.

선장은 내게 다가와, 해가 떨어지면 연료를 충전하고 식료품을 채워 넣기 위해 부락에 배를 댈 것이라고 말한다. 소령의 충고를 떠올리면서, 나는 그의 수통 상태가 어떠냐고 묻는다. 그는 내가 수통에 관해 조심하라는 경고를 받았다는 사실을 깨닫고서 약간 불쾌한 얼굴로 대답한다. "걱정 마시오, 친구. 거기서 나머지 여행 동안 충분히 마시고도 남을 술을 살 것이오." 그는 자기의 은밀한 지역이 이방인에게 유린되자 그 지역을 지키려고 애쓰는 사람처럼, 성나고 초조한 제스처를 취하면서 파이프에서 담배 연기를 내뿜는다.

## 5월 25일

우리가 부락에 내렸을 때, 나는 삶과 죽음을 오가며 그곳에 몇 주일 동안 머물게 되리라고는 상상도 하지 못했다. 또한 여행의 모든 게 바뀔 것이며, 심지어 완전한 절망을 느끼며 미친 것과 매우 흡사하게 나를 공격하는 무언가와 온 힘이 다할 때까지 싸우게 되리라는 것도.

부락은 여섯 개의 집으로 이루어져 있고, 그 집들은 광장처럼 보이는 목초지 주변에 세워져 있다. 믿을 수 없을 정도로 잎이 무성한 두 그루의 커다란 나무가 이곳 주민의 초라한 주거지에 그늘을 만들어준다. 부락 주민들은 오후마다 그 나무 아래에 모여, 대충 깎은 나무 기둥으로 만든 거칠고 원시적인 벤치에 앉아 담배를 피우면서, 수도에서 도착하는 막연하고 불안하기만 한 소문에 관해 이런저런 말을 주고받는다. 지붕에 함석이 얹어져 있고 벽돌로 쌓은 벽이 있는 유일한 건물은 학교다. 선교사들이 도착하면 그곳은 교회로도 이용된다. 교실 한 개와 아주 작은 교무실, 그리고 화장실로 이루어져 있다. 화장실은 너무나 오랫동안 사용하지 않아 곰팡이로 뒤덮여 있고, 알 수 없는 쓰레기들로 가득 차 있다. 학교 여선생은 1년 전 원주민들에게 납치되었는데, 그후 그녀의 소식을 들은 사람은 아무도 없었다. 그러다 누군가가 그녀가 원주민 족장과 함께 살고 있으며, 절대로 이곳으로 돌아올 생각이 없다는 소식을 전했다. 군사기지에는 몇 명 안 되는 군인들만이 주둔해 있고, 병사들은 한때 교실로 사용했던 곳에 그물침대를 걸어놓고 잠을 잔다. 그들은 무기를 청소하거나 계속해서 단조롭고 지겨운 기도를 하면서 병영생활의 무료한 시간을 보낸다.

선장은 자기 수통에 양식을 공급했고, 우리는 바지선의 연료탱크를 채우기 위해 디젤 드럼통을 나르기 시작했다. 습기 찬 날씨와 참을 수 없는 더위, 그리고 도와줄 일손이 없었던 탓에 그 일은 너무나 고되었다. 아무도 우리를 도와주려고 하지 않았다. 선장은 그 어느 때보다도 술에 취해 있었고, 늙은 키잡이는 간신히 자기 몸만 주체할 수 있는 사람이었다. 그래서 기술자와 내가 디젤 드럼통을 날라야 했고, 마을 사람들은 무관심하게 우리를 지켜보고만 있었다. 그 사람들은 말라리아를 앓아 비쩍 말라 있었고, 눈은 마치 오래전에 이곳을 도망칠 모든 희망을 잃어버린 사람들처럼 흐리멍덩한 채 초점이 사라져 있었다. 첫날 오후에 나는 구역질이 나고, 머리가 끔찍스러울 정도로 아팠다. 나는 화가 치밀 정도로 천천히 쏟아부어야 했던 디젤의 냄새를 많이 맡아서 그렇다고 생각했다. 다음날 우리는 계속해서 그 일을 했다. 잠을 자고 휴식을 취하자, 내 증상은 다소 가라앉은 것 같았다. 그러나 점심 무렵에 나는 다시 온몸의 뼈마디에서 참을 수 없는 통증을 느꼈고, 두개골 아랫부분이 욱신거려 잠시 꼼짝도 하지 못했다. 나는 선장을 찾아가 도대체 내게 무슨 일이 일어나고 있는 건지 아느냐고 물었다. 그는 잠시 나를 바라보았다. 그의 얼굴 표정으로 나는 무언가 심각한 일이 일어났음을 알았다. 그는 내 팔을 잡더니 학교에 있는 그물침대로 데려갔다. 그곳에 나를 눕히더니 커다란 컵에 끈적끈적한 황갈색 액체를 떨어뜨려 물과 함께 마시게 했다. 그러고는 병사들에게 작은 목소리로 무언가를 설명했다. 내 상태와 관련된 것이 분명했다. 그들은 나를 마치 자신들이 잘 알고 있는 끔찍한 시험을 치를 사람처럼 바라보았다. 잠시 후 선장은 바지선에 있는 내 그물침대를 가지고 돌아왔다. 그는 그것을 병사들의 그물침대가 있는 반대편에 걸고서, 내 겨드랑이 아래를 잡고 거의 끌다시피 해서 그곳으로 데려갔다. 다리에 감각이 거의 없어서 내가 발을 끌었는지 아니면 걸었는지 알 수 없었다. 밤이 되고 있었다. 더위가 약간 가시고 거의 느껴지지 않는 산들바람이 불어오자, 나는 끝이 없을 듯한 오한으로 심하게 몸을 떨기 시작했다. 어느 병사가 내게 따뜻한 것을 마시게 했다. 나는 그것이 무엇인지 맛을 구별할 수 없었다. 그러고는 거의 의식을 잃은 것처럼 깊은 잠에 빠져들었다.

나는 완전히 시간 감각을 잃어버렸다. 가끔씩 낮과 밤이 어지러울 정도로 뒤섞였다. 종종 이런저런 사람들이 영원히 발길을 멈춘 채 내 앞에 있었지만, 나는 왜 그런지 이해하려고 하지 않았다. 나를 쳐다보던 얼굴들은 완전히 낯설었다. 그들의 얼굴은 무지갯빛으로 흠뻑 적셔져 있어서 미지의 세계에서 온 피조물들처럼 보였다. 나는 무시무시한 악몽을 꾸었는데 그것은 항상 지붕 모서리와 함석판의 이음매와 관련이 있었다. 나는 이음매를 변경하면서 천장의 한쪽 모서리와 다른 한쪽을 꼭 맞게 연결하려고 했거나, 아니면 함석판을 연결하는 대갈못을 재조정하여 최소한의 요철이나 편차도 보여주지 않으려 했다. 나는 흥분과 광적인 집착에서 나온 의지력을 총동원하여 끝도 없는 그 일을 반복했다. 마치 내 정신이 나를 둘러싼 공간과 친숙해지려는 기초과정 속에서 갑자기 멈춰버린 것 같았다. 그런 과정은 일상생활에서는 심지어 무의식적으로 행해지는 것이었지만, 이제는 내 존재의 마지막이자 유일한 이유이고 반드시 필요하며 불가피한 목적이 되어버렸다. 다시 말해서 나는 그런 과정이었으며, 그런 과정이 바로 내가 계속 살아갈 수 있는 유일한 이유였다. 그런 망상이 지속되고 더욱 규칙적으로 나타나고 더욱 중요해질수록, 나는 돌이킬 수 없는 광기 상태로 빠져들고 있었다. 그것은 내가, 아니 과거의 내가 억제할 수 없이 빠르게 무너져버리고 마는 무기력한 치매 증상이었다. 내가 겪었던 것을 이야기하려는 지금, 나는 말이 내가 전하고자 하는 모든 의미를 전달할 수 없다는 것을 깨닫는다. 가령 내가 헤아릴 수 없이 긴 시간 동안 고통을 참고 내 능력이 소름끼칠 정도로 단순화되었다는 사실을 지켜보면서 느꼈던 냉기 서린 공포를 어떻게 설명할 수 있을까? 그걸 묘사하기란 불가능하다. 간단히 말하자면, 어떤 의미에서 그것은 우리가 인간의 의식, 우리와 비슷한 부류의 의식이라고 생각하는 것과 완전히 반대이며 동떨어져 있기 때문이다. 우리는 다른 존재가 되는 것이 아니라 다른 사물이 된다. 그 사물은 무한히 증식하는 내면의 모서리로 이루어진 진한 무기물로 이루어졌으며, 그 내면의 모서리의 기록과 조사는 우리가 시간 속에서 살아남는 이유를 이룬다.

내가 들었지만 알아들을 수 없었던 첫 말은 "최악의 상태는 넘겼다. 기적적으로 목숨을 구했다"였다. 어떤 종류의 배지도 달려 있지 않은 카키색 셔츠를 입고, 얼굴은 까무잡잡하고 평범하며, 곧은 검은색 수염을 기른 사람이 멀리서 말하고 있었다. 그는 내게서 몇 센티미터 떨어지지 않은 곳에서 나를 뚫어지게 지켜보고 있었는데, 왜 그렇게 멀리서 말하고 있는 것처럼 들렸는지는 알 수 없었다. 나중에 나는 소령이 융커기를 타고 왔다는 사실을 알았다. 그는 늘 가지고 다니던 의약품 상자에서 약을 꺼냈고, 그들에 의하면 내게 열두 시간마다 주사를 놓았다. 그것이 내 목숨을 구한 것이 분명했다. 또한 그들은 내가 헛소리를 하는 상태에서 플로르 에스테베스의 이름을 종종 언급했으며, 또 어떤 때에는 강의 상류로 올라가 니카라과 호수에서 몇 킬로미터 떨어진 곳에서 허레이쇼 넬슨* 대위가 포위하고 있던 산후안 요새를 접수할 필요가 있다고 주장했다고 했다. 그리고 나는 다른 언어로 이야기했던 것 같았다. 아무도 그것이 어느 나라 말인지 확인할 수 없었지만, 나중에 선장은 내가 "고드베르돔메!"** 라고 외치는 소리를 듣고 내가 위험에서 벗어났음을 확신했다고 말해주었다.

아직도 나는 허약한 상태다. 손발은 화가 날 정도로 느리게 반응한다. 나는 식욕이 없지만 먹는다. 그 어느 것도 내 갈증을 해소시켜주지 못한다. 물 때문에 느끼는 갈증이 아니라, 쓰디쓴 맛이 나면서 박하처럼 흰 색깔을 띠고 있는 강력한 식물성 액체를 마시고 싶기 때문이다. 나는 그런 액체가 없다는 것을 알고 있지만, 명확하고 구체적으로 확인할 수 있는 그 갈망은 존재한다. 그래서 나는 언젠가 내가 밤낮으로 꿈꾸는 그런 물약을 찾겠다고 계획한다. 나는 아주 힘들게 이 글을 쓰지만, 동시에 내 병에 대한 기억을 이렇게 기록하면서, 그 병과 함께 와서 나에게 가장 커다란 해를 끼쳤던 광기에서 해방된다. 나는 빠르고 꾸준하게 회복된다. 그리고 종종 이 모든 것이 내가 아닌 다른 사람에게, 그러니까 단지 광기에 불과하다 광기와 함께 사라진 사람에게 일어난 것이라고 생각한다. 아니, 나는 그걸 설명하는 게 쉽지 않다는 걸 안다. 그리고 내가 너무 고집을 부리면서 설명하려고 하면 강박적일 정도로 집착하는 정신 훈련에 빠질 위험이 있지 않을까

---

* 영국 군인으로 나폴레옹 전쟁에 제독으로 참전했다. 트라팔가르 해전중에 전사했다.
** 네덜란드어로 '빌어먹을'이라는 뜻.

두렵다. 나는 그런 정신 훈련에 지금 끝도 없는 두려움을 느낀다.

　오늘 오후 기술자가 다가와서 포르투갈어와 스페인어 그리고 내가 알아들을 수 없는 밀림의 방언을 뒤섞어 빠른 말투로 이야기하기 시작했다. 처음으로, 그리고 자진해서 그가 바지선에 탄 사람과 대화를 시작했던 것이다. 그전까지 그는 선장과만 짤막한 말로 서로 의사를 교환했을 뿐이었다. 그의 얼굴은 너무나 원주민적인 생김새여서, 각각의 표정을 잘못 읽어 심각한 실수를 저지르지 않기 위해서는 그의 표정을 자세히 바라봐야만 했다. 그런데 그의 얼굴은 단순한 호기심 이상의 불안과 초조를 드러내고 있었다. 그는 내 병이 무슨 병인지 알고 있느냐고 묻는 것으로 시작했다. 나는 모른다고 대답했다. 그러자 그는 나의 무지를 용서할 수 없으며 극도로 위험하다고 여겼던지 놀란 표정을 지으며 말했다. "당신은 참호열을 앓은 겁니다. 백인이 우리 원주민 여자들과 잠자리를 하면 걸리는 병이지요. 치명적인 병입니다." 나는 내가 치료된 것 같다고 말했다. 그러자 그는 알 수 없는 회의적인 표정을 지으며 대답했다. "너무 확신하지 마십시오. 가끔씩 재발하는 경우가 있습니다." 그의 말을 듣자, 나는 그가 원주민 부족의 질투로 이방인과 암암리에 싸움을 벌이고자 한다는 것을 알았고, 그래서 밀림의 불문율을 위반한 나에게 적절한 벌이 내려진 것일지도 모른다는 의구심에 사로잡혔다. 그의 악의에 보복할 작정으로 나는 원주민 여자들과 습관적으로 관계를 갖는 백인들이 그 끔찍한 고열을 피하기 위해 어떻게 하느냐고 물었다. "항상 밖에서 관계를 끝냅니다. 그건 비밀이 아닙니다." 그는 마치 너무 자세히 설명해줄 필요조차 없는 사람과 이야기하듯이 거만하게 나를 꾸짖었다. "관계를 가진 후에는 항상 꿀물로 목욕을 해야 합니다. 그리고 양다리 사이에 흰독말풀 잎사귀를 넣어야 합니다. 그 때문에 양다리가 아리고 물집이 생기더라도 말입니다." 그는 그렇게 나를 가르치면서 뒤로 돌더니, 전혀 중요하지 않은 바보 같은 일 때문에 매우 중요한 일을 하다 한눈을 팔았다는 듯한 태도로 엔진이 있는 곳으로 돌아갔다. 한밤중에 나는 책을 읽고 있었다. 그때 선장이 와서 몸 상태가 어떠냐고 물었다. 나는 기술자가 한 말을 그에게 해주었다. 그러자 그는 미소를 지으면서 나를 안심시켰다. "그들이 말하는 모든 것에 관심을 기울이면 아마 미치고 말 거요. 잊어버리는 게 좋을 것이오. 당신은 이제 목숨을 구했소. 그런데 더이상 무엇을 바라는 것이오?" 싸구려 아과르디엔테 냄새가 그물침대의 발치에서 풍겨왔다. 그는 뱃머리로 발길을 옮기면서 평소처럼 어이없는 명령을 내렸다. "중간 속도로 나아가! 졸지 마! 제기랄, 그 빌어먹을 기름으로 내 발전기를 태우지 말란 말이야!" 그의 목소리는 끝없는 밤 속으로 사라지더니 별들이 있는 곳에 도착했다. 별들은 너무나 가까이 떠 있어서 달콤하게 내 고통을 완화시켜주었다.


## 5월 27일


선장이 술을 끊었다. 나는 그가 오늘 아침 우리와 함께 우리가 늘 아침으로 먹는 커피 한 잔과 튀긴 바나나 조각을 먹는 것을 보며, 그제야 그 사실을 눈치 챘다. 커피를 마신 후에 그는 항상 아과르디엔테를 쭉 들이켜곤 한다. 하지만 오늘은 그렇게 하지 않았고, 수통을 가져오지도 않았다. 평소에 감정이 없고 우리에게 관심을 보이지 않던 기술자의 얼굴에서 나는 놀란 표정을 읽었다. 부락에서 푸짐하게 술을 비축했다는 사실을 알고 있기 때문에, 술이 떨어져서 그랬으리라고는 생각지 않는다. 나는 하루 종일 그를 관찰했고, 황당한 명령을 내리는 것 역시 그만두었다는 사실 이외에는 다른 변화를 간파할 수 없었다. 나는 그의 지시를 배가 앞으로 무사히 나아가도록 하는 데, 전반적으로 여행을 하는 데 필요한 주문이라고 여기고 있었다. 그는 하루 종일 단 한 번도 수통에 손을 대지 않았다. 밤에 그는 내게 다가오더니 빈 그물침대에 누웠다. 그리고 날씨와 새로운 급류가 나타날 가능성에 대해 잠깐 얘기하고는 자기 인생의 몇 가지 일화에 관해 긴 독백을 늘어놓았다. "당신은 상상하지 못할 것이오." 그는 이렇게 시작했다. "그 중국여자를 함부르크의 카바레에 놔두는 것이 내게 무슨 의미가 있었는지 말이오. 나는 여자들을 사귀는 데 행운아가 아니었소. 아마도 어머니를 통해서 갖게 된 이미지가 백인 여자들이 좋아하는 방식과는 매우 달랐던 것 같소. 그 여자들을 대하는 내 태도는 내가 알게 된 첫번째 이성인 어머니와의 관계에 의해 항상 결정되었소. 어머니는 폭력적이었고 조용했으며, 자기 부족의 일상적인 의식과 조상들의 믿음에 맹목적적인 확신을 가지고 집착했소. 그녀는 백인들이 필요불가결한 악의 화신이라고 항상 생각했다오. 나는 그녀가 아버지를 무척이나 사랑했지만, 한 번도 그런 모습은 보여주지 않았다고 생각하오. 우리 부모는 가끔씩 선교회에 왔소. 그리고 몇 주 동안 그곳에 머무르고는 다시 떠났소. 그렇게 선교회에 머무르는 동안, 어머니는 나를 아무런 이유도 없이 아주 잔인하게 대했소. 거의 동물처럼 잔인하게 대했다오. 그녀는 콰키우틀 부족에 속했소. 나는 그 부족의 언어를 한 마디도 배우지 않았소. 중국 여자를 만날 때까지 내 인생은 항상 여자에게 버림받는 운명으로 점철되어 있었소. 내 안의 무언가가 그 여자들에게 거부감을 느끼게 했던 것 같소. 나는 기아나의 포주와 나머지 인생을 보낼 수도 있었소. 우리의 관계는 감정보다는 상호 이해관계에 바탕을 두고 있었소. 그녀는 너무나 마음씨가 착하고 낙천적이고 태평해서, 나는 그녀와 한 번도 싸운 적이 없었소. 침대에서는 서두르지 않고 한눈을 팔면서 관능적으로 행동했다오. 사랑이 끝나면 그녀는 항상 거의 천진난만한 아이들과 같은 웃음을 터뜨렸소. 하지만 내가 중국 소녀를 알게 되면서 모든 게 바뀌었소. 소녀는 내가 굳게 감춰둔, 나 자신도 모르고 있던 내 영혼의 은밀한 지역으로 침투했소. 그녀의 제스처와 그녀의 피부 냄새, 그리고 갑작스럽고 강렬하게 나를 쳐다보는 모습에 이내 나는 엄청난 사랑을 느꼈고, 아무 생각도 없이 절대적으로 그녀에게 종속되어버렸소. 그녀는 혼란과 강박관념, 실망과 좌절, 혹은 단순한 일상에서 즉각적으로 나를 구원할 수 있었고, 무한한 행복을 느끼게 만들어주는 미지의 물약처럼 나를 고동치는 기운과 강력한 확신으로 이루어진 찬란한 원 속에 있게 해줄 수 있었소. 나는 그토록 하찮은 사건을 핑계로 어떻게 내가 그녀를 버릴 수 있었는지 항상 나 자신에게 묻지 않고는 이 모든 걸 생각할 수 없소. 사실 예전에 나는 그런 상황에서 아주 능수능란하게 대처했고, 최소한의 노력으로도 함정에 빠지지 않고 피했었소. 가끔씩 나는 절망적인 분노를 느끼면서 내가 너무 늦게 그녀를 만난 것은 아닌지, 인생의 활력이 되는 행복을 제대로 다룰 수 없을 때, 그리고 내 행복을 연장시켜주는 데 적절한 반응을 이미 보이지 못할 때 그녀를 알게 된 것은 아닌지 생각하오. 당신은 내가 지금 무슨 말을 하고 있는지 알 것이오. 우리에게 너무 빨리 다가오는 것들이 있는가 하면, 너무 늦게 오는 것들도 있소. 하지만 더이상 아무런 방법이 없을 때, 그리고 우리가 이미 우리의 생각과는 반대로 내기를 걸었을 때, 비로소 그런 사실을 깨닫게 되오. 나는 당신을 너무나 잘 알고 있다고 생각하고, 그래서 당신에게도 똑같은 일이 벌어졌다고 추측할 수 있소. 당신은 내가 말하고 있는 게 뭔지 알고 있을 것이오. 내가 함부르크를 떠난 순간부터 나는 그 어떤 것에도 관심이 없소. 무언가가 내 안에서 영원히 죽어버렸던 것이오. 위험에 대한 대략적인 지식과 술만이 내게 매일 아침을 다시 시작할 기운을 준다오. 하지만 나는 그런 것들 역시 소진될 수 있다는 사실을 모르고 있었소. 술은 단지 내가 왜 목숨을 부지하며 살아가고 있는지에 대한 일시적인 이유만을 제공해주오. 우리가 위험한 곳으로 다가갈 때마다 위험은 사라지오. 우리가 우리 안에 위험을 가지고 있을 때만 비로소 위험은 존재하는 것이오. 우리가 바닥에 도달하여 이제는 더이상 잃을 것도 없고 결코 그 어떤 것도 잃지 않았다는 사실을 진정으로 알게 되면, 위험은 우리를 버리고 떠나서 다른 사람들이 해결해야 할 문제가 되는 것이오. 위험은 우리가 그것을 어떻게 다루는지, 그리고 어떻게 하는지 지켜볼 것이오. 당신은 왜 소령이 돌아왔는지 아시오? 그게 바로 그 이유요. 나는 그와 이런 것에 관해서는 얘기하지 않았지만, 우리 두 사람은 서로를 너무나 잘 알고 있소. 당신이 학교 교실에서 헛소리를 되뇌면서 사경을 헤매고 있을 때, 우리는 다시 서로를 이해했소. 내가 그에게 왜 돌아왔느냐고 묻자, 그는 단지 이렇게만 말했다오. '여기나 저기나 마찬가지요, 선장. 단지 여기가 조금 더 빠를 뿐이오. 당신은 그게 무언지 알 것이오.' 그의 말은 옳았소. 밀림은 단지 그 과정을 가속시키는 데 도움을 줄 뿐이오. 밀림에는 뜻밖의 것도 없고, 이국적인 것도 없으며, 놀라운 것도 없소. 그것은 마치 인생이 영원한 것처럼 살아가는 사람들의 바보 같은 소리에 불과하오. 여기에는 그런 게 아무것도 없으며, 앞으로도 그럴 것이오. 언젠가 밀림은 아무런 흔적도 남기지 않고 사라질 것이오. 그리고 도로와 공장과 소위 '발전'이라고 부르는 장황하지만 하찮은 것을 위해 노새처럼 일하는 사람들로 가득 찰 것이오. 어쨌거나 그런 건 중요하지 않소. 나는 그런 게임을 하지 않았으니 말이오. 심지어 나는 내가 왜 그것을 언급했는지도 모르겠소. 나는 당신에게 걱정하지 말라는 말을 하고 싶었소. 나는 아과르디엔테를 버리지 않았고, 아과르디엔테 역시 나를 버리지 않았소. 우리는 계속해서 강을 올라갈 것이오. 전과 마찬가지로 말이오. 우리의 역량이 닿는 한까지 올라갈 것이오. 그러면 우리는 곧 알게 될 것이오." 그는 내 어깨에 손을 올려놓고는 멍하니 강물을 바라보았다. 그러더니 즉시 손을 치웠다. 그는 잠들지 않은 채, 패자처럼 고요하게 가만히 누워 있었다. 나는 잠이 오기를 기다리면서 책읽기와 글쓰기를 번갈아 반복한다. 잠은 항상 가벼운 산들바람과 함께 새벽에 온다. 나는 선장의 말에 어떤 메시지, 즉 비밀스러운 신호가 숨겨져 있다고 확신한다. 그 신호는 이미 주사위는 오래전에 던져져서 굴러가고 있다고 말하지만, 이상하게도 나를 평화롭게 만들어준다. 가장 좋은 것은 모든 일들이 일어나도록 그냥 놔두는 것이다. 그렇게 해야만 한다. 그러면 모든 게 괜찮아진다. 이것은 체념의 문제가 아니다. 그런 것과는 거리가 멀다. 전혀 다른 것이다. 그것은 우리와 모든 것과 모든 사람 사이에 존재하는 거리와 관계가 있다. 언젠가 우리는 알게 될 것이다.

5월 30일

이상하게도 모든 게 제대로 자리를 잡아가고 차분해진다. 여행 초기에 어렴풋이 나타났던 음울한 미지의 존재는 점점 선명해지더니 이제는 단순하고 솔직한 모습을 띠고 있다. 원주민들은 바지선에서 내렸고 이내 잊혀졌다. 이바르와 그의 친구는 밀림의 질퍽질퍽한 땅에 자신들의 무덤을 팠다. 소령은 우리를 책임지고 있다. 그는 그런 걸 분명히 밝히지 않았고 암시조차 하지 않았지만, 날이 갈수록 그건 더욱 분명해졌다. 선장은 아과르디엔테를 마시지 않았고, 평화로운 몽상과 부드러운 향수(鄕愁), 그리고 무해한 움츠림의 단계로 들어갔다. 날이 지날수록 이그나시오는 더욱 늙어 보였고 더욱 밀림의 수호 영혼처럼 보였다. 기술자는 신비스럽게도 엔진이 아무 탈 없이 돌아가게 하는 위업을 달성했다. 간신히 목숨을 구했다는 느낌과 함께 몸이 회복되자 나는 마음을 가라앉히고 안심했으며, 선택된 사람들처럼 그 어떤 병도 이길 수 있는 건강을 가지고 있다고 생각하게 되었다. 나는 그런 느낌이 얼마나 위험한 것인지 잊지 않고 있지만, 그런 느낌이 주는 힘에 내가 전적으로 따르는 동안, 사물들은 질서정연하게 내 앞에 펼쳐지고 의당 있어야만 할 자리에 머무르면서, 내 불확실한 신분에 대한 공격을 삼간다. 그래서 나는 원주민 여자와의 관계와 내가 간신히 빠져나온 치명적인 결과 — 정말로 그녀와의 관계 때문에 생긴 것이라면 — 를 이제는 게걸스럽고 만족을 모르는 식물 세계의 힘을 정복하기 위해 내가 겪어야만 하는 일종의 시험이라고 여긴다. 그리고 식물 세계란 우리가 세상의 횡단이라는 임무를 완수하고, 자신이 림보*에 살면서 인생의 화려한 장관에 등을 돌리고 있다고 확신하는 고통을 피하기 위해 찾아가야만 하는 또 다른 장소라고 생각한다.

오후의 햇빛 속에서, 그리고 심지어 콜먼 램프를 켜야만 했던 시간 이후에도 나는 계속해서 오를레앙 공작의 살해에 관한 레몽의 책을 읽었다. 이런 종류의 사색을 할 시간도, 기분도 아니다. 어쨌거나 파리의 재판관이 제공하는 그 보고서에는 이상하게도 객관성이 결여되어 있고, 그런 것을 수집하여 평하는 작가가 당연히 보여야 할 반감도 전혀 엿볼 수 없다. 정치적 범죄의 이유는 항상 너무나 복잡하고, 또 은폐되어 있고, 위장된 동기들이 아주 혼란스럽게 뒤얽혀 있어서, 사실을 자세히 이야기하거나 그 사건에 연루된 사람들의 말을 그대로 기록하는 것으로는 거의 결정적인 결론을 이끌어내기에 불충분하다. 부르고뉴 공작의 뒤틀리고 사악한 영혼은 착한 재판관이 간파하거나 레몽이 설명하려고 하는 것보다 무한하게 더 비꼬아진 미로와 간극을 숨기고 있다. 그러나 가장 내 관심을 끄는 것은, 연대기에서 특별한 위치를 차지하고 있는 사람들의 목숨을 앗아간 이 경우나 다른 경우들에서 범죄는 전적으로 쓸모가 없으며, 특정한 목표나 이유도 없이

---

* 지옥의 변방. 지옥과 천국 사이에 있으며 그리스도교를 믿을 기회를 얻지 못한 선량한 사람, 세례를 받지 않은 어린이 등의 영혼이 사는 곳.

구체적인 형체도 띠지 않고 무조건적으로 흘러가는 용암의 진로에 아무 영향도 끼치지 못하는데, 그것이 역사라고 불린다는 사실이다. 단지 우리 인간의 치유할 수 없는 허영심, 그러니까 우리를 휩쓸며 내려가는 거스를 수 없는 물길 속에서도 교만하게 행동하는 거대한 자기도취만이 거물을 죽임으로써 무한한 우주 속에 영원히 그려져 있는 운명을 바꿀 수 있다고 생각하게 만든다. 이제 내 경우로 돌아오면, 오를레앙 공작의 죽음이 지닌 진정한 의미를 내가 너무 과장했다고 생각된다. 살해 뒤에 숨어 있는 야비한 질투와 앙심의 흔적을 확인하는 것으로 충분하다. 그래서 아마도 내가 그 책을 읽어가면서 살인에 관해서는 점점 더 관심을 잃고, 이 세상 어디에서나 일어날 수 있는 인간의 일상적인 구경거리로 받아들이게 되는 것인지도 모른다. 지금까지 우리가 지나온 그 어떤 가난한 부락이든 '대담무쌍한' 장과 오를레앙의 루이, 그리고 루이의 죽음을 기다리고 있는 '기사단의 옛 거리'와 흡사한 어두운 거리의 길모퉁이가 있다. 그런 범죄는 단조롭고 지겹다. 그래서 책에서든 인생에서든 그런 것과 너무 자주 관련을 맺으라고는 충고할 수 없다. 심지어 그런 못된 짓으로도 인간은 상대방을 놀라게 하거나 당혹하게 만들 수 없다. 바로 그것이 숲과 사막, 혹은 광활한 바다가 우리에게 유익한 이유이다. 나는 그걸 항상 알고 있었다. 따라서 전혀 새로운 게 아니다. 나는 책을 덮는다. 반딧불 떼가 수면 위에서 춤을 추며 잠시 우리의 바지선과 동행하다가 마침내 멀리 있는 늪 사이로 사라진다. 늪에서는 달이 환하게 빛나더니 이내 구름 속으로 모습을 감춘다. 소나기가 다가오고 있다는 것을 미리 알려주듯 시원한 산들바람이 불어오자, 나는 조용히 잠의 세계로 빠져든다.

## 6월 2일

오늘 아침 우리 바지선과 아주 흡사하게 생긴, 바닥이 평평한 배를 만났다. 그 배는 모래톱 때문에 강물 한가운데서 꼼짝도 못하고 있었다. 모래톱에는 강물에 실려온 나무줄기와 가지들이 수북이 쌓여 있었다. 배는 하류로 내려오다가 밤에 좌초된 것이었다. 키잡이가 잠들어버렸던 것이다. 기술자가 키잡이와 함께 있다. 기술자는 긴 막대기로 바지선을 모래톱에서 빼내려고 안간힘을 쓰는 자기 동료를 체념한 채 무관심하게 바라본다. 선장이 우리 바지선으로 그들 바지선의 뱃전을 밀어 도와주려고 애쓰는 동안, 나는 기술자와 대화를 나눈다. 그는 계속해서 회의적인 시선으로 우리의 노력을 바라보고 있다. 나는 제재소에 관해 그에게 묻는다. 그러자 그는 실제로 그것들이 존재한다고 가르쳐준다. 그러면서 상류 쪽 급류에서 문제가 생기지 않는다면 일주일 정도 걸릴 것이라고 말한다. 그는 내가 왜 그 시설에 관심을 보이는지 궁금하다는 표정을 짓는다. 나는 그곳에서 목재를 구입해 커다란 강의 항구에서 팔 작정이라고 말한다. 그는 어리둥절해하면서도 불쾌하다는 눈으로 나를 바라본다. 그는 내게 나무들에 관해 무언가를 설명하기 시작했다. 바로 그때 우리 바지선의 엔진 소리가 들렸다. 엔진이 속도를 높이더니 마침내 좌초되었던 바지선을 떼어냈다. 그래서 나는 그가 말하고 있던 것을 알아들을 수 없었다. 큰 소리로 다시 설명해달라고 부탁했지만, 그는 천천히 어깨를 움찔거리더니 급류가 빠르게 두 배를 밀어내는 동안 자기 배로 내려가 엔진에 시동을 걸었다. 그들은 강의 굴곡부에서 사라졌다.

우리는 계속해서 상류로 올라갔다. 나는 다른 바지선의 기술자가 내게 말해주려 했던 것이 무엇인지 선장에게서 알아내려고 애썼다. 그러자 선장이 말했다. "신경 쓸 것 없소. 그것에 관해서는 너무 엉뚱하고 바보스러운 소리가 많소. 그곳에 가서 보면 저절로 알게 될 것이오. 나는 그 문제에 대해 그리 많이 알고 있지 않소. 제재소들은 그곳에 있소. 나는 여러 번 보았고, 그곳에서 일하는 사람들을 실어 날랐소. 하지만 그들은 단지 그들의 언어로만 말해서, 그곳에서 그들이 무슨 일을 하는지 혹은 어떤 종류의 사업인지 확인하는 데 내가 별 관심이 없었소. 핀란드 사람들인 것 같지만, 독일어로 말하면 어느 정도 알아듣소. 그렇지만 다시 말하는데, 그런 소문이나 수다에 관심을 보일 필요는 없소. 이곳 사람들은 이야기를 만들어내는 걸 몹시 좋아하오. 그들은 부락이나 군대기지에서 그런 이야기들을 하면서 살아가는 사람들이오. 부락과 군대기지에서 그들은 그 이야기들을 치장하며 과장하고 변형시키고, 그렇게 일상의 따분함을 이겨낸다오. 걱정하지 마시오. 당신은 이미 이곳까지 왔소. 그러니 스스로 확인해보시오. 그러면 무슨 일이 벌어지고 있는지 알게 될 것이오." 나는 선장이 말한 것을 생각하고 있었고, 목재에 별 관심이 없어졌다는 것을 깨닫는다. 지금 당장 되돌아간다고 하더라도 나는 개의치 않을 것이다. 무력감에 짓눌려 그렇게 하지는 않을 것이다. 정말이지 이 여행을 하는 것은 이런 장소들을 돌아다니면서 내가 이곳에서 알았던 사람들과 밀림의 경험을 공유하고, 항상 나와 함께 다니는 다른 망상에 덧붙여질 새로운 모습과 목소리와 삶과 냄새와 망상을 가지고 되돌아가려는 것 같다. 다시 말하면 단조로운 시간의 엉킨 실타래를 푸는 것 이외의 다른 목적은 없는 것처럼 보인다.


### 6월 4일

강의 물살이 갑자기 바뀌기 시작한다. 강바닥이 울퉁불퉁하고 돌이 많다는 것을 익히 짐작할 수 있다. 모래톱은 사라졌다. 강폭은 좁아지고, 강둑을 따라 작은 언덕들이 모습을 보이기 시작하면서 붉은 흙을 드러낸다. 그 흙은 어떤 때는 말라버린 피처럼 보이고 또 어떤 때는 핑크빛을 띤 것처럼 보인다. 나무들은 최근에 다듬어진 뼈처럼 벼랑에 뿌리를 드러내고 있고, 우듬지는 거의 의도적인 것 같은 느낌을 줄 정도로 번갈아가면서 밝은 보라색과 강렬한 오렌지색의 꽃을 피우고 있다. 더위는 점점 심해지지만, 움직이고 싶다는 모든 소망을 앗아가는 괴롭고 심한 습기는 없다. 이제 뜨겁고 메마른 열기가 우리를 감싸고, 햇빛을 하나도 여과하지 않고 투과시키면서 각각의 사물을 내리쬐어 절대적이고 불가피한 모습을 부여한다. 모든 것이 침묵을 지키고 있어서, 마치 참화를 가져올 계시를 기다리고 있는 것처럼 보인다. 우리를 에워싸고 있는 황홀한 적막에서 유일한 흠은 엔진의 덜거덕거리는 소리다. 선장은 내게 다가와 이렇게 알려준다. "잠시 후에 우리는 급류와 만나게 될 것이오. 그곳은 '천사의 통로'라고 불리는 곳이오. 그 이름이 어디서 유래하는지는 나도 모르오. 아마도 이런 적막함 때문에 그런 것 같소. 하류로 내려갈 때면 여행자들은 이런 적막 속에서 일종의 안도감을 느끼며, 이제 모든 위험이 사라졌다고 확신하게 되니까. 하지만 강물을 거슬러 올라갈 경우에 적막은 현혹에 불과하오. 초보자들은 목숨을 잃을 수도 있는 곳이기 때문이오. 여기서 나는 항상 큰 소리로 죽음의 위험에 처한 여행자들을 위한 기도문을 암송한다오. 내가 그 기도문을 손수 썼소. 바로 이것이오. 읽어보시오. 이 기도문을 믿지 않더라도, 적어도 두려움을 떨쳐버리는 데는 도움을 줄 것이오." 그는 내게 비닐 커버를 씌운 종이 하나를 건넨다. 앞뒤로 글씨가 쓰인 종이다. 많은 시간이 흐른 탓인지 기름 얼룩과 진흙 얼룩, 때가 잔뜩 묻어 있다. 그리고 수많은 사람들의 손이 닿았던 탓인지 거의 그 내용을 읽을 수가 없다. 오만하고 까다로우며 너무나도 확연한 여자의 육필이다. 급류에 도착하기를 기다리는 동안, 나는 선장의 기도문을 옮겨적는다.

저의 수호자이시며 저보다 먼저 하늘로 가신 조상님들, 그리고 저를 시시각각 안내하시는 스승님들을 소리 높여 부릅니다.

이 위험한 순간에 나타나시어 당신의 칼을 뽑으시고 당신이 정하신 계율을 굳게 지키소서.

불길한 징조의 새들과 피조물들의 무질서를 바로잡고, 버림받은 사람들이 게운 것이 불행의 신호처럼 굳어지고,

애원하는 사람들의 옷이 흠이 되어 우리의 나침반을 빗나가게 만들며, 우리의 신중한 계획을 불확실하게 만들고,

우리의 예측을 틀리게 만드는 곳에서 죄 없는 사람들의 방을 깨끗이 닦아주소서.

저는 당신에게 지금 모습을 드러내달라고 애원하고, 진심으로 제

가 저지른 일련의 실수를 뉘우칩니다.

저는 여물통에서 사육된 표범들과 계약을 맺었으며,

길 잃은 사냥꾼들의 외침만 들어도 피부색을 바꾸는 뱀들을 좋아하며 그들에게 아량을 베풀었고,

강물을 건너는 사람들이 목숨을 구할 수 있도록 도와주고 가난한 사람들의 침이 굳어버린 지팡이처럼 이 사람 손에서 저 사람 손으로 거쳐간 몸들과 하나가 되었으며,

우리 형제들이 그들의 목표를 향해 똑바로 가지 못하도록 강력하고 교묘한 거짓말을 만들어내는 데 제 솜씨를 사용했으며,

세관 사무실과 감방에서, 슬픔의 병동과 축제가 한껏 무르익은 배에서,

국경의 감시초소와 권력자들의 복도에서 경솔하고 헛되이 당신의 힘을 선포했습니다.

한 칼로 이 모든 불행과 추행을 지워버리시고 저를 구해주소서.

제가 당신의 모진 법칙과 당신의 부당한 오만과 당신의 먼 거주지와 당신의 고독한 주장에 순종할 것을 믿어주소서.

저는 당신의 흠잡을 데 없는 자비에 전적으로 제 자신을 바치며, 겸허하게 무릎을 꿇고 애원합니다.

저는 죽음의 위험에 처한 여행자이며, 제 그림자는 아무 소용이 없고,

고향에서 멀리 떨어진 곳에서 죽는 사람들은 시장 한 구석에 쌓인 쓰레기와 같으며,

저는 당신의 종이고 저는 아무것도 할 수 없다는 사실을 당신이

기억해주시길 바랍니다.

이런 제 말은 합금이 아니며 불순물도 섞이지 않은 금속입니다.

지금과 같이 영원히 어슴푸레한 영원을 통해 당신에게 경의를 표하는 사람의 말입니다. 아멘.

나는 그토록 세련되지 못한 기도문이 효과를 발휘할지 자못 의심스러웠다. 그런 의심은 매우 일리가 있었다. 하지만 나는 그런 생각을 선장에게 전할 용기를 내지 못했다. 선장은 그 글의 예방적이고 보호적인 힘을 너무나 분명하게 믿고 확신하고 있었기 때문이다. 선장이 배를 뒤흔들기 시작하던 소용돌이를 지켜보고 있는 뱃머리로 가서 나는 그 종이를 되돌려주었다. 그러자 그는 자기 파이프 청소에 필요한 모든 장비가 들어 있는 바지 뒷주머니에 그 종이를 넣었다.

## 6월 7일

우리는 큰 불행을 겪지 않고 급류를 통과했지만, 여러 면에서 그것은 위험하며 실제로 죽을 수도 있다는 어제까지의 내 생각을 증명해주는 시험이었다. 내가 '실제로'라고 말하는 것은 우리가 상상을 통해 떠올리고 아주 다양한 상황에서 지켜보았던 죽음에 대한 기억 중 몇몇 요소를 취해 구체화시키는 것을 의미하는 게 아니다. 절대 그런 게 아니다. 그것은 의식과 감각을 총동원하여 우리의 죽음이 임박해 있으며, 정말로 부정할 수 없이 가까이 있다는 사실을 감지하는 것이다. 다시 말하면 우리의 존재가 결정적으로 정지될 것임을 느끼는 것이다. 손을 뻗으면 닿을 만한 곳에 있었지만 그 어떤 도전도 해볼 수 없었다. 정말 훌륭한 시험이었고 기나긴 교훈이었다. 우리에게 직접 깊은 영향을 미치는 모든 교훈이 그러하듯, 그것은 너무나 늦게 도착했다.

선장이 내게 그 훌륭한 기도문을 주었던 날, 기술자는 잠시 배를 멈춰 엔진을 점검해야 한다고 결정했다. 급류로 들어갔을 때 엔진이 고장 난다면, 그것은 확실한 죽음을 의미한다. 우리는 강가로 배를 접근시켰고, 기술자는 엔진의 각 부분을 해체한 후 청소하고 시험했다. 밀림의 가장 외딴 지역 출신의 원주민이, 선진 문명의 거의 대부분을 기술에만 의존하는 국가들이 발명하고 완성시킨 기계장치를 인내심을 가지고 확인하는 모습은 정말 경이로웠다. 우리 기술자의 손은 너무나 능숙해서, 그의 몽골인 같은 평평한 얼굴과 뱀처럼 털이 없는 피부와는 전혀 상관 없는 어느 기계학의 수호영혼에게 이끌림을 받는 것 같았다. 심지어 그는 엔진이 각 단계마다 제대로 작동하는지 세심하게 시험하기 전까지 마음을 놓지 않았다. 그런 다음 고개를 약간 움직이면서 선장에게 '천사의 통로'로 거슬러 올라가도 좋다는 신호를 보냈다. 이미 밤이 되었기 때문에 우리는 다음날 새벽까지 그냥 그곳에 머물러 있기로 결정했다. 어둠 속에서 상류로 거슬러 올라가는 것은 금기 사항이었다. 다음날 우리는 해가 뜨자마자 출발했다. 내가 생각했던 것과는 반대로, 급류는 강물에서 고개를 내민 바위들이 물살의 움직임을 막아 빨라지는 것이 아니었다. 모든 게 수면이 아닌 강물 아래쪽에서 이루어졌다. 강바닥은 구멍들로 가득하며, 표면은 울퉁불퉁하고, 동굴과 소용돌이와 단층으로 가득하다. 동시에 경사는 갈수록 가팔라지고, 그러면 강물은 종잡을 수 없이 방향과 강도를 수시로 바꾸면서 엄청난 힘을 지니고 시끄러운 소리를 내는 소용돌이가 되어 흘러내린다.

"그물침대에 누워 있지 마시오. 서서 텐트의 받침대를 꼭 잡고 있으시오. 강물을 바라보지 말고, 다른 생각을 하도록 노력하시오." 그게 선장의 지시사항이었다. 그는 뱃머리에서 꼼짝도 하지 않은 채, 불안정한 선교를 움켜잡고서 키잡이 옆에 서 있었다. 키잡이는 마치 상상할 수도 없는 동물의 등처럼 불쑥 나타나는 거친 강물과 물거품의 충격을 피하기 위해 갑작스럽게 키를 움직이고 있었다. 엔진은 시시각각 공중으로 뜨기 일쑤였고, 그러면 스크루는 허공에서 통제할 수 없는 속도로 윙윙거리며 헛돌았다. 우리가 강물이 수천 년에 걸쳐 뚫어버린 협곡으로 들어갈수록 햇빛은 더욱 회색을 띠었고, 강물은 계곡의 반질반질한 바위 표면에 부딪히면서 거친 소용돌이를 만들었다. 우리는 그 소용돌이에서 생긴 물거품과 물안개의 베일에 휩싸여 있었다. 해가 떨어지면서 밤이 되는 데 몇 시간이나 걸리는 것 같았다. 바지선은 앞뒤로 흔들렸고, 마치 나무 뗏목을 탄 것처럼 요동쳤다. 쇠로 된 구조물은 마치 멀리서 천둥 치는 소리처럼 둔탁하게 덜거덕거렸고, 그 소리는 메아리가 되어 되돌아왔다. 금속판을 연결시키고 있던 대갈못은 떨면서 튀어나왔고, 그러면 배 전체가 흔들리면서 균형을 잃어 곧 재앙이 다가올 것만 같았다. 그렇게 몇 시간이 흘렀고, 우리는 앞으로 나아가고 있는지도 알 수가 없었다. 마치 으르렁거리는 물의 고함 소리 안에 영원히 자리를 잡고, 그 어느 순간에라도 소용돌이에 휩쓸리기를 기다리고 있는 듯한 기분이었다. 나는 형언할 수 없는 피로감 때문에 팔이 마비되기 시작했다. 그리고 다리는 마치 아무런 감각도 없는 푹신푹신한 재질로 만들어진 것 같은 느낌이었다. 더이상 참을 수 없다는 생각이 들었을 때, 나는 선장이 내가 있는 방향을 보고 무언가 외치는 소리를 들을 수 있었다. 그는 머리로 하늘을 가리켰고, 그의 얼굴에는 비뚤어진 이상한 미소가 나타났다. 그가 가리키는 대로 하늘을 보니, 햇빛이 갈수록 선명해지고 있었다. 몇 개의 햇살이 물거품과 물안개의 구름을 파고 들어오면서 무지개 색깔을 띠며 빛났다. 급류의 아우성과 갑판을 때리면서 울리던 소리가 줄어들기 시작했다. 바지선은 규칙적으로 흔들리면서 앞으로 나아가고 있었고, 이제는 스크루의 강력하고 규칙적인 회전에 의해 제어되고 있었다. 배의 흔들림이 더욱 부드러워지자, 선장은 바닥에 웅크리고 앉아 내게 그물침대에 누우라는 신호를 보냈다. 색색의 줄무늬가 새겨져 있던 그의 파라솔은 사라지고 없었다. 몸을 움직이려는 순간, 몸 전체가 마치 몽둥이찜질을 당한 것처럼 아려왔다. 비틀거리면서 나는 간신히 그물침대로 가서 누웠다. 물이라는 채찍을 맞아 감각을 잃어버린 피부와 모든 관절, 근육이 감사해하면서 향유를 받아들이는 것처럼, 일종의 안도감이 온몸에 번졌다. 목숨을 구했다는 기쁨을 자축하는 동안 나는 약간 취한 느낌이었고, 평화롭게 조금씩 잠으로 빠져드는 것 같았다. 강은 다시 넓어졌고, 나긋나긋한 갈대 사이에서 왜가리 떼가 날아오르더니 꽃이 가득한 나무들의 우듬지에 자리를 잡았다. 다시 건조하며 언제나 일정하고 움직이지 않는 더위가 찾아왔고, 나는 이처럼 다정하고 무제한적인 고요함 속에서 끝나가는 오후를 전에도 경험한 적이 있다는 사실을 떠올렸다.

나는 깊은 잠에 빠져, 키잡이가 이 빠진 백랍 쟁반에 뜨거운 커피 한 잔과 튀긴 바나나 몇 조각을 가져올 때까지 푹 잤다. "무언가 먹어야 해요. 기운을 차리지 않으면, 나중에 허기가 이겨서 마침내 당신은 죽은 사람들 꿈을 꾸게 돼요." 그의 목소리는 아버지와 같은 어조를 띠고 있었다. 그러자 나는 아무런 이유도 없이 어린 시절의 향수에 흠뻑 젖었다. 나는 그에게 고맙다고 말했고, 커피를 단숨에 마셔버렸다. 튀긴 바나나 조각을 먹으면서, 나는 나의 오래된 친한 친구들이 하나씩 삶으로 되돌아오고 있다고 느꼈다. 그들은 바로 끝없는 놀라움들이 보관된 세상이었으며, 시간이 흐르고 나는 여전히 방랑벽을 고치지 못했지만 항상 나에게 다가오는 서너 명의 목소리였다.

## 6월 8일

경치가 바뀌기 시작한다. 처음에 그 징조들은 산발적으로 나타나고 그다지 분명하지 않다. 기온은 항상 같다. 찌는 듯한 더위는 마치 갈 길을 거부하는 고집 센 동물처럼 전혀 움직이려 하지 않는다. 하지만 그런 기온과는 전혀 상관 없이 가끔씩은 시원하고 가벼운 산들바람이 불어온다. 이런 또 다른 날씨를 보여주는 바람은 대리석의 암맥을 떠올리게 해준다. 암맥은 대리석 덩어리의 결이나 색깔, 혹은 색조와 전혀 맞지 않기 때문이다. 한편 늪은 사라지고, 그 자리를 키 작고 빽빽한 관목들이 차지하고 있다. 그 관목들은 용기에 보관된 꽃가루와 비슷한 향내들이 뒤섞인 냄새를 내뿜는다. 가끔씩 그것은 꿀 냄새같기도 하지만, 식물의 냄새가 매우 두드러진다. 하상은 좁아지면서 점점 깊어지고 있다. 강둑의 진흙은 갈수록 농도가 진해지고, 만져보면 이미 찰흙이 된 것처럼 느껴진다. 강물은 시원하고 맑으며, 희미하게 쇠빛깔을 띠고 있다. 이런 변화는 모든 사람의 정신에 영향을 미친다. 긴장이 해소되어 대화를 하고 싶은 마음을 부추긴다. 오랫동안 기다리던 것이 곧 나타나리라는 것을 아는 듯 우리의 눈은 반짝인다. 오후의 마지막 햇빛 속에서 지평선 너머로 납빛의 파란색이 나타나더니, 뭐라고 정확하게 말할 수 없는 먼 거리에서 한 덩어리가 되어 있던 소나기구름들과 아무 일 없다는 듯이 뒤섞인다. 선장이 다가와 내가 관심 있게 지켜보고 있는 장소를 가리킨다. 그는 산맥의 윤곽을 그리듯이 손으로 물결 이는 동작을 하면서 한 마디도 하지 않은 채 고개를 끄덕이고 슬픔의 기운이 담긴 미소를 짓는다. 그러자 나는 다시 불안해진다. "제재소들인가요?" 나는 마치 대답을 피하듯이 묻는다. 그는 다시 긍정의 표시로 고개를 끄덕이면서 눈썹을 치키고 입술을 오므린다. 그런 동작은 마치 "내가 할 수 있는 일은 하나도 없지만, 나 역시 당신 생각과 전적으로 일치하오"라고 말하는 것 같다.

나는 뱃머리의 모서리에 앉는다. 그리고 다리를 물 위로 흔들거린다. 강물은 차가운 물방울을 다리에 튀긴다. 과거였다면 나는 좀더 그것을 즐겼을 것이다. 나는 공장에 관해 곰곰이 생각하고, 그곳에 무엇이 숨겨져 있을지 헤아려본다. 그리고 아무도 자세히 말하고자 하지 않았던 불쾌하고 경악스러운 것이 있을지 모른다는 걸 깨닫는다. 나는 플로르 에스테베스를 생각하고 그녀가 준 돈이 불길한 징조로 가득한 모험을 할 찰나에 있다는 느낌을 받는다. 또한 이와 같은 사업을 진행하는 데 내가 항상 우둔했다는 것도 생각한다. 그리고 이미 오래 전부터 사업에 대한 관심을 모두 잃어버렸다는 것을 깨닫는다. 그런 생각을 하자 극도의 혐오감이 생긴다. 그 혐오감은 사업이 시작될 찰나에 있음을 알면서도 자기 인생의 매 순간을 해치는 힘든 상황에서 벗어나려고만 애쓰는 사람의 마비된 죄책감과 뒤섞여 있다. 그것은 내가 너무나 잘 알고 있으며 너무나 친숙한 기분 상태다. 나는 내가 실수를 범하고 있다는 불쾌감과 번민에서 도망치기 위해 사용한 방법이 무엇인지도 잘 알고 있다. 나는 꿋꿋이 목숨을 부지하면서 살아가고 있다. 하지만 그런 불쾌감과 번민은 삶이 매일매일 미덥지 않게 보상해주는 것을 즐기지 못하게 한다.


## 6월 10일

선장과 이상한 대화를 나누었다. 그의 말 속에 알 수 없는 것이 담겨 있다. 그래서 그의 말을 옮겨적는 것으로는 불충분하다. 선장의 말투와 제스처, 오랫동안 침묵을 지키는 행동에서, 우리가 대화를 나누고 있긴 하지만, 말이란 우리가 말하고자 하는 것을 전달하기에 충분하지 않다는 것을 알 수 있다. 오히려 말은 의사소통에 장애가 되고, 주의를 산만하게 만드는 요인이다. 말은 대화의 진정한 동기가 무엇인지 숨긴다. 앞에 있는 그물침대에서 그의 목소리가 들려 놀랐다. 나는 그가 자고 있다고 생각했던 것이다.

"좋소. 이제 이 여행이 끝나가고 있소. 머지않아 이 모험은 끝날 것이오."

"그렇소, 우리가 제재소에 가까이 다가가고 있는 것 같소. 오늘 이미 산맥이 아주 선명하게 보이고 있소." 나는 그의 말에는 이런 단순한 의미보다 더 많은 것이 들어 있다는 사실을 알면서도 이렇게 대답했다.

"나는 당신이 이제는 더이상 제재소에 많은 관심을 갖고 있지 않을 것이라고 생각하오. 이 여행이 우리에게 준비해놓은 결정적인 것은 이미 일어났소. 그렇다고 생각하지 않소?"

"그렇소, 실제로 그렇소. 그와 비슷한 게 있었소." 나는 이렇게 말하면서 그가 자기 생각을 끝까지 말할 수 있도록 기회를 주었다.

"이보시오, 잘 생각해보면, 원주민들과의 만남부터 '천사의 통로'까지 모든 게 연결되어 있으며, 모든 게 완벽하게 맞아떨어진다는 것을 알게 될 것이오. 이런 일들은 항상 연쇄적으로 일어나며, 아주 명확한 목표를 지니고 있소. 중요한 것은 그런 일들을 어떻게 해석해야 할지를 아느냐는 것이오."

"적어도 내 경우에는 당신 말이 맞는 것 같소, 선장. 하지만 당신은 어떤 것 같소?"

"여기 이 작은 강들과 큰 강을 따라 오면서 나는 많은 일들을 겪었소. 이번에 우리에게 일어났던 일도 똑같거나 아주 흡사하오. 하지만 이번에는 일이 일어난 순서 때문에 매우 당혹스러웠소."

"무슨 말인지 모르겠소, 선장. 내게 하나의 순서가 있으면, 당신에게는 나와 다른 순서가 있다는 것은 당연한 것이오. 당신은 원주민 여자와 잠자리를 하지 않았고, 군부대에서 병들어 눕지도 않았으며, '천사의 통로'에서 죽을 것이라고 생각하지도 않았소."

"당신이 살았던 삶을 살았던 사람, 그러니까 당신을 지금의 당신으로 만들었던 시련을 겪은 사람을 만나게 되면, 그 사람의 증인이자 동료가 된다는 것이 마치 자기 자신이 그런 일을 겪은 것처럼 중요하오. 아니, 더 중요할지도 모르오. 당신의 그물침대 옆에서 당신의 목숨이 위기로부터 탈출하는 모습을 지켜보았던 군부대에서의 나날은 당신보다는 오히려 내게 결정적인 시험이었소."

"왜 술을 끊었소?" 나는 갑자기 그런 질문을 던졌다. 그가 보다 구체적으로 말하도록 하기 위해서였다.

"그렇소, 나는 술을 입에 대지 않았소. 그러자 생각을 할 수 있게 되었소. 그것은 마치 내가 내게 할당되지 않은 놀이를 하고 있다는 사실을 발견한 것과 같소. 다른 사람에게 할당된 역할을 하면서 인생의 일부를 산다는 것은 아주 좋지 않소. 게다가 과거를 고칠 수 없고 잃어버린 것을 되찾을 힘도 없을 때 그런 사실을 깨닫는 것은 더욱 좋지 않소. 내 말을 알아듣겠소?"

"그렇소, 이해한다고 생각하오. 내게도 여러 번 그런 일이 있었지만, 그리 오래 지속되지는 않았소. 나는 회복하는 데 성공했고, 내 다리로 딛고 일어설 수 있었소." 나는 대화의 방향을 바꾸는 동시에 내가 메시지를 받았다는 사실을 그에게 알려주고 싶었다.

"가비에로, 당신은 불멸의 인간이오. 다른 사람들처럼 언젠가 죽는다 해도 그건 중요하지 않소. 그래도 아무것도 바뀌지 않을 테니 말이오. 당신은 살아 있는 한 불멸이오. 나는 내가 오래전에 죽었다고 생각하오. 내 인생은 마치 옷을 자른 다음에 남은 조각들을 아무렇게나

이어붙인 것처럼 만들어져 있소. 그 사실을 깨달은 이후로 나는 아과르디엔테를 입에 대지 않았소. 나는 더이상 계속해서 나 자신을 기만할 수 없소. 학교 교실에서 당신이 다시 살아나고 병을 이기는 것을 보며, 나는 나 자신을 분명하게 보았소. 내 실수가 어디에 있었는지, 그게 언제 시작되었는지를 알았소."

"함부르크를 떠났을 때였소?" 나는 이렇게 물으면서 그 동기를 알아보았다.

"그건 중요하지 않소. 혹시 당신은 아시오? 중국 소녀와 도망칠 때일 수 있소. 서인도제도를 떠나던 때도 될 수 있소. 나는 모르겠소. 그것 역시 아주 중요한 문제는 아니오. 어쨌든 중요하지 않소." 그의 목소리에 불쾌한 느낌이 배어 있었다. 나에 대한 분노보다는 자기 자신에 대한 분노였다. 대화를 시작할 때는 그렇게 멀리 가리라고 기대하지 않은 것 같았다.

"그렇소." 그가 덧붙였다. "당신 말이 맞을 수도 있소. 하지만 그건 중요하지 않소. 우리가 그런 결론에 도달할 때면, 시작은 중요하지 않소. 시작을 안다고 모든 게 설명되는 것은 아니니까."

오랫동안 침묵이 흘렀다. 나는 그가 다시 잠들었다고 생각했다. 하지만 그는 다시 나를 놀라게 했다.

"우리처럼 이에 대해 잘 이해하고 있는 사람이 누구인지 아시오?" 그는 농담하는 투로 물었다.

"모르겠소. 누구요?"

"소령이지 누구겠소? 바로 소령이오. 그래서 다시 군부대로 돌아왔던 것이오. 나는 그가 당신에게 하는 것처럼 그토록 병자에게 관심을 보이는 것을 본 적이 없소. 그는 많은 병사들이 그 병으로 신음하면서 죽어가는 것을 보았소. 그는 쉽게 마음이 움직이는 사람이 아니오. 당신도 이미 그를 보았으니 알 것이오. 그러니 당신에게 길게 이야기할 필요는 없을 것 같소. 하지만 그는 당신이 그 그물침대에서 방금 사로잡힌 맹수처럼 몸부림치는 것을 비롯해 당신이 헛소리를 되뇌는 것도 옆에서 지켜보았소."

"그렇소. 작별 인사를 할 때 그가 해준 말에서 대충 짐작할 수 있었소. 그는 내가 어떻게 목숨을 구할 수 있었는지 이해하지 못했고, 그래서 궁금해했던 것이오."

"그건 잘못된 생각이오. 그는 나처럼 너무나 그걸 잘 이해했소. 그는 당신에게서 불멸의 자질을 발견한 것이었소. 그러자 너무나 당황했고, 자기 성격을 완전히 바꾸었던 것이오. 그에게서 그런 틈새를 발견한 것은 처음이었소. 나는 그가 불사조라고 생각했소."

"다시 소령을 만났으면 좋겠소." 나는 큰 소리로 말하면서 생각에 잠겼다.

"곧 다시 보게 될 것이오. 걱정 마시오. 그 역시 궁금해하고 있소. 그를 다시 만나면, 내가 한 말을 기억하게 될 거요." 이제 그의 목소리는 벨벳에 휘감긴 듯 희미해지면서 조용해졌다.

나는 대화가 끝났다는 것을 알았다. 나는 한참 동안 잠을 이루지 못한 채 선장의 말 속에 흐르는 숨겨진 의미를 생각했다. 그러자 그의 말은 내 안에 더욱 깊이 구멍을 파면서 내 의식의 숨겨진 곳에 영향을 미쳤고, 사방에 경고의 신호를 심었다. 마치 누군가가 내 영혼에 통풍통을 설치한 것 같았다.

## 6월 12일

우리 앞에 펼쳐진 지평선 너머로 산맥이 아주 분명하게 모습을 드러낸다. 나는 내가 산 앞에 있을 때 어떤 느낌을 받아왔는지 잊고 있었다는 사실을 깨닫는다. 산맥은 나를 보호해주는 장소이고, 끝없는 도전의 원천이 되어 내게 힘을 북돋워주고, 내 감각을 예리하게 만들어주며, 운명에 도전하고 운명의 한계를 시험해볼 필요성을 일깨워준다. 파란색의 희미한 안개로 둘러싸인 산맥 앞에서 나는 가슴 깊숙한 곳에서 소리 없는 고백이 솟구쳐 나를 기쁨으로 가득 채워주는 것 같다. 나는 단지 그 침묵의 고백이 얼마나 많은 것을 설명하며, 내 인생의 각 시간에 얼마나 많은 의미를 부여하는지만 알고 있다. 그래서 "나는 거기서 태어났다. 그곳을 떠나면 나는 죽기 시작한다"고 말할 수 있다. 아마도 선장은 그런 의미로 나의 불멸성에 대해 얘기한 것일 수도 있다. 그렇다, 그것이다. 이제 나는 완전히 이해한다. 플로르 에스테베스와 그녀의 길들일 수 없는 검은 머리카락, 그녀의 거칠면서도 다정한 말, 벌거벗은 몸, 부랑배들과 아이들을 달래는 그녀의 노래를 이해한다. 그녀는 그들의 난감하기 그지없는 순진함을 아이를 낳지 못하는 여자의 지혜로 이해할 수 있는 유일한 사람이다. 삶의 어깨를 흔들어 그녀가 요구하는 것을 해주도록 만들 수 있는 여인이기도 하다.

산맥. 내게 일어난 모든 일은 이와 같은 밀림의 경험을 위한 것이었다. 그래서 이제 나는 부드러우면서 썩어가고 있는 지옥을 통과하기 위해 겪어야만 했던 시험들을 아직도 내 몸에 선명하게 아로새긴 채,

나의 진정한 거주지는 거대한 양치류들이 흔들거리고 있는 저 위 깊은 계곡에 있다는 것을 발견한다. 또한 내 거주지는 버려진 갱도들이며, 커피 꽃으로 놀랍도록 하얗게 뒤덮이거나 빨간 커피 알로 파티복을 입은 커피나무가 빼곡한 축축한 커피 농장이며, 말할 수 없이 부드러운 바나나나무의 줄기이기도 하고, 다정하고 부드럽고 정다운 초록색이 반짝거리는 바나나나무 잎사귀이기도 하다. 또 강물이 햇빛을 받아 따뜻해진 돌들과 부딪치면서 흘러 내려가고, 그 돌들을 이용하여 양서류들이 사랑을 하고 조용한 모임장소로 사용하는 강이기도 하다. 그리고 키가 큰 캄불로 나무의 우듬지에 자리를 잡기 위해 출발하는 군대처럼 시끄럽게 하늘을 날아다니며 현기증 나게 만드는 앵무새 떼들이기도 하다. 나는 바로 그런 곳에서 태어났으며, 마침내 지구상에서 자기 사업을 벌일 장소를 찾은 사람처럼, 이제 그걸 완전히 알고 있다. 나는 다시 그곳을 떠나겠지만, 얼마나 자주 그럴지는 모른다. 하지만 지금 내가 떠나는 이 장소로는 절대로 돌아오지 않을 작정이다. 산맥에서 멀리 있게 되면, 나는 산맥을 그리워하면서 새로운 고통을 느낄 것이고, 그곳으로 되돌아가서 산 냄새가 나고 야라과* 풀냄새가 나며, 방금 비를 맞은 흙 냄새와 사탕수수 압착기 돌아가는 냄새가 나는 길을 방황하고 싶은 열망에 사로잡힐 것이다.

이미 밤이 되었다. 나는 그물침대에 눕는다. 마치 약속하고 그 약속을 지키려는 것처럼, 간간이 시원한 산들바람이 내 기억 속에서 지워져버린 과일 향을 싣고 불어온다. 나는 내 젊은 시절을 다시 한번 살

---

* 콜롬비아의 평원지대에 많이 서식하는 풀로, 라파엘 우리베 장군이 브라질에 외교사절로 있을 때 콜롬비아로 가져왔다고 전해진다. 그래서 '야라과 우리베'라고도 불린다.

려는 것처럼 잠으로 빠져든다. 어떤 시절은 이제 밤이라는 짧은 시간에만 존재하겠지만, 나 자신의 어리석음이나 무가치한 것과의 약속에 전혀 상처를 입지 않은 채 온전하게 복구될 것이다.

## 6월 13일

오늘 나는 '대담무쌍한' 부르고뉴 공작 장의 지시를 받아 이루어진 오를레앙 공작 루이의 살해 사건에 관한 책을 다 읽었다. 나는 그 책을 얼마 되지 않는 내 소지품 속에 보관한다. 언젠가 사건을 상세하게 기술한 부분을 다시 읽을 작정이기 때문이다. 희생자가 오랫동안 자신을 죽이도록 다른 사람들을 자극했다는 것은 분명하다. 그는 자기의 처제이자 연인이었던 것이 분명한 바이에른의 이자벨로부터 지원을 받았다. 파리의 재판관은 겸손하고 작가는 얌전을 빼는 탓에, 나에게 매우 중요한 것처럼 보이는 문제가 명확하게 설명되어 있지 않다. 아르마냐크 사람들과 부르고뉴 사람들의 싸움은 매우 의외의 관점에서 연구될 수 있었다. 특히 싸움의 기원과 그 기원 뒤에 숨겨져 있는 진정한 이유가 그러했다. 하지만 이것은 다른 기회에 살펴볼 작정이다. 틀림없이 안트베르펜과 리에주의 고문서보관소에는 언젠가 내가 살펴봐야만 할 중요한 자료들이 있을 것이다. 내가 아직도 내 사랑하는 압둘 바슈르와 그의 동업자들에게 도움을 줄 수 있다면, 나는 기꺼이 도울 것이다. 압둘, 얼마나 멋진 사람인가! 그는 따스하고 무조건적인 친구이며, 우리를 곤경에서 구하기 위해 모든 것을 포기할 수도 있는 사람이다. 또한 무자비하게 교활한 장사치로, 미로처럼 복잡한 복수전과 관계되어 있고, 시간과 재산의 대부분을 그런 복수에 바칠 수도 있는 사람이다. 나는 그를 포트사이드의 카페에서 만났다. 그는 근처 테이블에 앉아 있었고, 소장하고 있던 오팔을 테투안의 어느 유대인에게 팔려고 애쓰고 있었다. 그 유대인은 압둘이 지껄이는 말도 안 되는 소리를 알아듣지 못하고 있거나, 아니면 이 작자의 엉터리 이야기가 모두 소진되기를 기다렸다가 더 싼 가격으로 보석을 손에 넣으려고 하는 것 같았다. 압둘은 나를 바라보았고, 모르는 사람과 어떤 언어로 이야기해야 할지 아는 레반트 사람의 직관으로, 플랑드르 말로 내게 거래를 도와달라고 부탁했고, 내게 이익의 상당 부분을 나누어주겠다고 제안했다. 나는 그의 테이블로 건너가서 그 유대인과 스페인어로 대화했다. 압둘이 플랑드르 말로 보석에 관해 설명하면, 나는 그것을 스페인어로 옮겨주었다. 그러자 압둘이 원하던 대로 거래가 성사되었다. 유대인이 보석을 만지작거리면서 우리 조상의 모든 자손들에 대해 못된 욕을 주절거리며 나가는 동안, 우리는 그곳에 머물러 있었다. 압둘과 나는 이내 아주 좋은 친구가 되었다. 그는 내게 자기가 사촌들과 함께 조선소 사업을 벌였지만 불행한 시절을 보냈다고 말했다. 그는 안트베르펜으로 돌아가서 공동출자 형태로 그 사업을 재개하기 위해 돈을 모으고 있는 중이었다. 우리는 지중해의 여러 장소를 돌아다니다가 마르세유에 도착했고, 거기서 아무도 위험을 감수하려고 하지 않던 극도로 위험한 화물을 선적하는 데 성공했다. 그 일의 수익금으로 압둘은 다시 회사를 세웠고, 나는 내게 할당된 몫을 엉망진창인 코코라 광산 사업에 써버리고 말았다. 나는 그곳에서 모든 재산을 잃었고, 거의 목숨까지 잃을 뻔했다. 이는 이미 서술한 바와 같다.

압둘 바슈르는 나중에 튀니지 선적의 화물선 하나를 인수하는 게 어떠냐고 제안하는 편지를 보내왔다. 하지만 나는 지금 내가 알기로는 별 이익을 기대할 수 없고 심지어 아예 이익이 없을 수도 있는 제재소에 내 운명을 시험해보기로 마음먹었다. 이제 과거의 이런 모든 사건들과 계획들이 떠오르고, 마치 저주받고 황폐화된 이 지역에서 10년은 족히 보낸 것처럼, 말할 수 없는 피로감과 무기력과 의욕 상실이 나를 엄습한다.


## 6월 16일

그저께 새벽에 나는 어떤 그림자에 놀라 잠을 깼다. 항상 나는 첫 햇살이 눈에 내리쬐는 것에 익숙해져 있는데 그림자가 그 햇살을 가려버린 것이다. 나는 첫 햇살을 받으면, 완전히 잠이 깨지 않은 상태로 그물침대에서 몸을 이리저리 뒤척이면서 한 시간 정도 더 꿈을 꾸며 잠을 잔다. 그러면 밤새 잠을 설친 데서 온 피로가 완전히 회복된다. 무언가가 덮개 아래의 쇠막대에 걸려 햇빛을 막고 있었다. 나는 즉시 잠에서 깨어났다. 선장의 몸이 수평 지지대에서 부드럽게 흔들리고 있었던 것이다. 그의 등은 나를 향했고, 머리는 그가 목을 매달기 위해 사용했던 두툼한 전선줄에 걸려 있었다. 나는 기술자 미겔을 불렀다. 그는 즉시 달려왔고 나를 도와 전선에서 선장의 시체를 내려놓았다. 자줏빛을 띤 그의 얼굴은 알아볼 수 없을 정도로 터무니없고 기괴한 표정을 짓고 있었다. 그제야 나는 선장이 술 취한 상태에서도 시종일관 지녀온 것 중 하나가 얼굴에 제대로 된 위엄 있는 표정을 짓는 것이었음을 깨달았다. 그 표정은 그리스나 엘리자베스 여왕 시절의 연극에서 위대한 비극적 역할을 맡았던 배우를 연상시키기에 충분했다. 우리는 그가 유서나 쪽지를 남겨두지 않았을까 해서 옷을 뒤졌지만 아무것도 발견하지 못했다. 이제 기술자의 얼굴은 전보다 더욱 배타적이고 무표정해져 있었다. 키잡이는 다가와 우리를 지켜보았고, 노인들 특유의 체념한 표정을 지으며 이해할 수 있다는 듯이 고개를 흔들었다. 우리는 강둑에 바지선을 멈추고서 그의 시체를 묻기에 적당한 땅을 찾았다. 우리는 그가 자주 사용했던 그물침대로 시체를 둘둘 말았다. 땅은 찰흙처럼 밀도가 있었고, 깊이 파면 팔수록 붉은 흙은 더욱 붉어졌다. 무덤을 파는 일에 몇 시간이 소요되었다. 그 일이 끝났을 때 우리는 땀으로 범벅이 되었고, 팔다리가 쑤셔왔다. 우리는 무덤 속으로 시체를 내리고 그 위에 흙을 덮었다. 뭍에 닿자마자 키잡이는 유창목 나뭇가지 두 개를 잘랐고, 우리가 삽으로 땅을 파는 동안 사랑과 정성을 가득 담아 십자가를 만들었다. 그러고는 가지고 있던 칼로 수평으로 놓여 있는 나뭇가지에 '선장'이라는 글씨를 공들여 새겼다. 잠시 우리는 침묵을 지키며 무덤 주위에 서 있었다. 나는 무언가를 말해야겠다고 생각했지만, 그것이 우리의 묵념을 방해하리라는 것을 알았다. 우리는 각자 자신의 방식대로, 그리고 자신들이 간직한 기억에 따라, 마침내 이 세상의 삶, 그러니까 그가 수없이 말한 것처럼 자기에게 걸맞지 않은 삶을 마친 후에 마침내 영원한 안식처를 찾은 우리 동료를 기억했다. 여행을 계속하기 위해 바지선으로 발길을 옮기는 동안, 나는 항상 동료를 걱정하고 변치 않는 완벽한 애정을 보여주던 훌륭한 친구를 두고 떠나고 있다는 사실을 실감했다.

바지선이 움직이자, 나는 기술자에게 가서 어떻게 나머지 여행을 계속할 것인지 물었다. "걱정 마요." 그는 야만인들의 언어와 내가 이해할 수 있는 언어를 뒤섞어 말했다. "우리는 제재소로 갑니다. 나는 이 년 전부터 이 바지선의 주인이었지요. 선장이 큰 강어귀에 주둔한 부대에서 이 배를 샀을 때, 나는 그가 이 배를 살 때를 기다리면서 오래전부터 간직하고 있던 엔진을 설치해주었어요. 나중에 나는 바지선을 샀지만, 그가 일을 그만두기를 바라지 않았어요. 그가 어디로 갈 수 있었겠어요? 또 그토록 술을 마시는 사람을 누가 고용하겠어요? 그는 소리 높여 명령했지만, 나는 그가 아직도 이 배의 주인이며 선장이라는 인상을 주기 위해서 그랬다고 생각해요. 그는 착한 사람이었고, 많은 시련과 고통을 겪었지요. 나보다 그를 더 잘 이해할 수 있는 사람은 없어요. 그는 나를 미겔이라고 불렀어요. 진짜 내 이름은 센두지만, 그는 이 이름을 마음에 들어하지 않았어요. 그는 당신을 무척 존경했고, 더 일찍 당신을 만나지 못했던 게 유감이라고 가끔씩 말했지요. 당신과 함께 훌륭한 일들을 할 수 있었을 거라고요." 미겔은 자기 엔진으로 되돌아갔고, 나는 계류용 말뚝에 기대어 강물을 바라보았다. 나는 다시 우리가 죽음에 대해서 아무것도 모르며, 죽음에 관해 우리가 말하고 꾸며내고 속삭이는 것은, 모두 절대적이고 필연적이며 피할 수 없는 사실과 아무런 관련도 없는 보잘것없는 상상이라는 생각을 했다. 죽음의 비밀이라는 게 존재하는지는 모르겠지만, 만일 있다면 우리가 죽으면서 가져가버리기 때문이다. 선장이 오래전부터 자살을 하겠다고 결정했다는 사실은 분명했다. 그가 술을 끊은 것은 그의 내면에서 무언가가 멈췄다는 신호였다. 그 무언가는 그때까지 목숨을 부지하게 만들어주는 동기였는데, 그게 영원히 망가져버린 것이었다. 며칠 전 밤에 했던 대화가 이제 반박할 수 없이 명료하게 떠오른다. 그는 자기가 결심했던 것을 내게 전하고 있었다. 그는 불현듯 "나는 자살하겠소"라고 솔직하게 말할 수 있는 사람이 아니었다. 그는 패자들의 품위와 체면을 지니고 있었다. 나는 그 메시지를 해석하려고 하지 않았다. 아니 보다 정확하게 말하자면, 결정적인 사실들, 즉 우리의 의지와 상관없이 숙명적으로 이루어질 사실들을 보관하고 있는 영혼의 한쪽 구석에 나는 그 메시지를 숨겨놓고자 했다. 그는 그런 내 행동에 감사해야 한다고 생각한다. 그가 내게 말한 것은 그가 죽은 후에 기억되고 그에 대한 기억과 함께 영원히 보존되어야 할 것이었다. 그는 자신의 말이 영원히 나와 함께 있을 것임을 알고 있었다. 그는 너무나 신중하게 목숨을 끊었다! 그는 내가 깊이 잠들기를 기다렸다. 아마 해가 뜨기 조금 전이었을 것이다. 그는 덮개의 가로대 중 하나를 이용해야만 했다. 다른 방법을 쓸 경우 우리 모두에게 발각될 것이기 때문이다. 그런 예절과 품위는 그의 성격과 전적으로 조화를 이루고 있다. 부패하고 어리석은 패거리로 이루어진 세상을 어떻게 돌아다녀야 하는지 아는 사람들이 어떤 이들인지 나는 잘 이해하고 있다. 나는 그가 바로 그런 사람들과 더욱 가깝고 일치한다고 생각한다. 그를 생각할수록, 나는 내가 실질적으로 그의 삶과 존재 방식, 그리고 그의 좌절과 그가 가지고 있던 끈질긴 희망을 모두 알았다는 사실을 깨닫는다. 나는 내가 그의 부모를 알았다는 생각이 든다. 어머니는 남편에게 충실한 사나운 원주민이었고, 아버지는 황금의 꿈과 손에 넣을 수 없는 행복에 사로잡혀 있던 사람이었다. 나는 파라마리보 갈봇집의 뚱뚱한 포주를 볼 수 있으며, 그녀의 쾌활한 웃음소리와 관능적이고 기탄없는 발걸음 소리를 들을 수 있다. 그리고 중국 소녀도 마찬가지다. 그녀는 내가 가장 잘 알고 있는 사람들 중 하나다. 그녀에 대해서는 말할 게 많다. 또한 선장이 왜 상크트 파울리의 하수도에 그녀를 버리고 떠났는지에 대해서도 할 말이 많다. 그것은 죽음을 시작하고, 돌이킬 수 없는 걸음, 즉 치유할 수 없는 손상을 입으면서 마음속에 죽음을 건설하기 위한 방법이었다. 나는 잠을 이루지 못한다. 나는 그를 떠올리고 생각하며, 내 평생 영원히 남아 있을 두세 가지 가르침을 얻었던 최근의 과거를 재구성하면서 밤새 그물침대에서 뒤척인다. 아마도 여기서 내 죽음이 시작되고 있는지도 모른다. 나는 이것에 관해 많이 생각할 엄두를 내지 못한다. 차라리 모든 게 스스로 다시 제자리를 찾기를 바란다. 지금 이 순간에 중요한 것은 고지로 올라가서 퉁명스럽지만 건강미 넘치는 플로르 에스테베스의 안전한 집으로 피난하는 것이다. 그녀는 선장을 아주 잘 이해했을 것이다. 그러나 그녀가 패배자들을 가려내는 예리한 후각을 가지고 있고, 그런 사람들을 좋아하지 않았을지 그 누가 알겠는가! 이 모든 게 너무나 복잡하다. 우리는 미로에서 출구를 찾기 위해 안간힘을 썼지만 결국 얼마나 많이 잘못된 길을 갔는가! 또한 얼마나 많은 놀라운 일이 일어났는가! 그리고 그런 놀라운 일들이 서로 다른 게 아니라, 결국은 동일한 얼굴과 동일한 기원을 가지고 있다는 것을 깨달으면서 얼마나 지겨워했는가! 오늘 밤에 잠자기는 이미 틀린 것 같다. 미겔과 커피나 한 잔 마시러 가야 할 것 같다. 이미 나는 돌이킬 수 없는 실수들에 대한 생각이 어디로 나를 이끌지 잘 알고 있다. 우리 마음속에는 냉담함이 자리 잡고 있다. 그곳으로는 너무 가까이 가지 않는 게 더 좋다. 그런 냉담함이 우리의 영혼 속에 얼마나 큰 영역을 점유하고 있는지 모르는 게 더 낫다.


## 6월 18일

지금 나는 윗부분에 공식 기관의 이름이 새겨진 편지지에 글을 쓴다. 이 편지지는 선장이 세관 서류용지, 바지선과 관련된 다른 서류들과 함께 상자에 보관하고 있던 것이다. 나는 일기를 계속 쓰는 게 매우 힘들다는 것을 깨닫는다. 확인하기는 어렵지만, 내가 쓰고 있는 것의 상당 부분은 선장과 연결되어 있다. 그가 이 글을 언젠가 읽을 것이라고 생각할 수는 없는 일이다. 그런 걸 바랄 수는 없는 일이다. 그가 어리석은 자들이 사용하는 말을 배워 그 말을 생각 없이 중얼대기는 했지만, 그의 존재와 얼굴, 그의 과거와 삶의 가장자리에서 그가 살아남았던 방식이 한마디로 내게는 판단기준이며 지침서이고 영감으로 이용되는 것 같다. 지금 여기에 기록하는 것은 오로지 나와 관계 있거나, 내가 보았거나 내 주변에서 일어났던 일들과 관계가 있기에 공허하며 무게감이 없다. 그래서 나는 새로운 경험과 뜻하지 않은 감정, 다시 말하자면 내가 거의 생리적이라고 말할 수 있을 정도로 마음속 깊이 배척하는 것들을 찾아다니는 또 다른 여행자인 듯한 기분을 느낀다. 하지만 다른 한편으로 분명한 것은 그의 말이나 행동 혹은 황당한 명령 몇 개만 떠올려도 나는 이 종이에 다시 글을 끼적거릴 수 있는 자극을 충분히 찾을 수 있다. 실제로 어젯밤에 나는 너무나 자세하고 본질적이고 통일성 있는 의미 깊은 꿈을 꾸었고, 틀림없이 그 꿈에서 나도 모르는 숨은 기운이 생겨 이 일기를 계속 쓸 수 있게 된 것이리라.

나는 안트베르펜의 부둣가에 압둘 바슈르와 함께 있었다. 그는 그곳을 항상 플랑드르 말로 부른다. 우리는 화물선을 보기 위해 가고 있었다. 압둘은 그 배의 관리를 내게 맡길 작정이었다. 우리는 그 배 앞에서 멈추었다. 배는 최근에 도색되어 새것처럼 보였고, 통로와 도관들도 산뜻하고 반짝거렸다. 우리는 트랩을 올라갔다. 갑판에서는 한 여자가 놀라울 정도로 정성을 다해 힘껏 나무 바닥을 닦고 있었다. 솔질로도 지워지지 않은 얼룩을 문질러 닦기 위해 몸을 웅크릴 때마다 그녀의 단단하고 원숙한 몸매가 강조되었다. 나는 즉시 그녀를 알아보았다. 플로르 에스테베스였다. 그녀는 웃으면서 일어나더니, 평소처럼 갑자기 정중하고 다정하게 우리에게 인사를 했다. 그녀는 압둘에게 뭔가를 이야기했고, 나는 그들이 이미 서로 알고 있는 사이라는 걸 눈치 챘다. 그런 다음 그녀는 나를 바라보면서 말했다. "이제 거의 끝나가요. 이 배가 항구에서 나가면 모든 사람들이 부러워할 거예요. 선실에 커피가 준비되어 있어요. 그곳에서 누군가가 당신을 기다리고 있어요." 그녀의 블라우스는 단추가 풀려 있었다. 그녀는 까무잡잡하고 풍만한 가슴을 거의 다 드러내놓고 있었다. 나는 아쉬움을 느끼며,

그녀를 갑판에 놔둔 채 바슈르를 따라 선실로 갔다. 우리가 들어간 곳에는 종이와 지도가 아무렇게나 수북이 쌓인 책상이 있었고, 그 위에 선장이 앉아 있었다. 그는 손에 담배 파이프를 들고 있었고, 운동선수처럼 힘차고 박력 있게 악수를 하면서 인사했다. 그는 담배 파이프를 들고 있던 손으로 턱을 긁으면서 말했다. "나는 다시 이곳에 있소. 바지선에서 일어났던 일은 연습에 불과하오. 성공하지 못했소. 여기서 우리는 아주 열심히 일했고, 배를 팔든 아니면 손수 운영하기로 결정하든, 이 배를 구입한 것은 아주 훌륭한 조처였소. 그녀는 우리가 이 배를 보유하는 게 좋다고 생각하고 있소. 나는 당신들 두 사람의 생각을 들어보자고 말했소. 가비에로, 물론 그녀는 매우 초조한 마음으로 당신을 기다리고 있소. 그녀는 당신이 고지에 남겨놓았던 물건들을 가져왔고, 혹시 빠진 게 없는지 불안해하고 있다오." 나는 이미 그녀를 만났다고 설명했다. 그러자 그가 말했다. "그렇다면 갑시다. 당신들이 배 전체를 살펴보았으면 좋겠소." 우리는 선실에서 나갔다. 날이 아주 빠르게 어두워지기 시작했다. 선장은 앞에서 우리에게 길을 인도해주었다. 그가 뒤를 돌아볼 때마다, 나는 그의 얼굴이 바뀌고 있으며 슬픔과 오갈 데 없이 외로운 표정이 갈수록 그의 얼굴에 아로새겨지고 있다는 것을 눈치 챘다. 기계실에 도착했을 때, 나는 그가 약간 다리를 절고 있다는 것을 알았다. 이제 더이상 선장은 과거의 그가 아니며, 우리는 다른 사람을 따라가고 있다고 나는 확신했다. 실제로 그가 보일러를 보여주기 위해 발길을 멈추었을 때, 나는 우리가 머리가 둔하고 인생에 실패한 노인 앞에 있다는 것을 깨달았다. 그는 말도 안되는 설명을 주절거리고 있었고, 그 설명은 그가 더러운 손을 떨면서 가리키고 있던 것과 전혀 상관이 없었다. 압둘은 이미 내 옆에 없었다. 차가운 바람이 승강구를 통해 들어와 배를 흔들었다. 이제 단단하고 위엄 있는 배의 모습은 사라지고 없었다. 노인은 배 밑의 화물창고로 내려가는 계단으로 움직였다. 나는 오래전부터 사용하지 않았음이 분명한 덜컹거리는 도구들과 크랭크, 밸브를 멍하니 바라보았다. 그리고 플로르 에스테베스를 생각했다. 그녀가 어디에 있을지 생각했다. 나는 내 주변의 더러운 잔해들과 연결된 그녀를 상상할 수 없었다. 그래서 그녀를 만나려는 간절한 바람을 가지고 갑판으로 달려나갔고, 발밑의 계단에 걸려 넘어져 허공으로 떨어지고 말았다.

나는 식은땀에 흠뻑 젖어 잠에서 깨어났다. 입에서는 썩은 과일을 씹은 것처럼 씁쓸한 맛이 느껴졌다. 물살은 더욱 거칠고 세찼다. 부드러운 산바람이 불어오면서 우리가 지금까지 통과했던 지역과는 완전히 다른 곳으로 들어왔다는 것을 전하는 것 같았다. 키잡이는 산맥에서 눈을 떼지 않은 채 맛없는 냄새를 풍기는 카사바와 블랙빈을 뒤섞은 요리를 하고 있었다. 즉시 밀림과, 피로와 진흙으로 가득한 밀림의 날씨가 떠올랐다.


6월 19일


오늘 나는 키잡이와 대화를 나누었다. 그 대화는 부분적이나마 제재소의 수수께끼를 밝히는 데 도움이 되었다. 아침에 키잡이는 커피와 한 번도 빠지지 않았던 튀긴 바나나를 가져왔다. 그는 내 곁에서 아침식사가 끝나기를 기다렸다. 내게 무언가를 말해주고 싶어하는 게 틀림없었다.

"거의 다 와가지요?" 나는 그가 하려고 했지만 감히 꺼내지 못했던 말을 하도록 기회를 주었다. 노인들은 상처를 입거나 무시당하지 않기 위해 뜸을 들이기 때문이다.

"그래요, 며칠 남지 않았소. 당신은 그곳에 한 번도 가보지 않았지요?" 그 질문에는 약간의 궁금증이 스며들어 있었다.

"한 번도 가본 적이 없어요. 그런데 그 공장에 있는 게 정말로 무엇이죠?"

"핀란드에서 온 사람들이 기계를 설치했소. 세 개의 제재소를 세웠는데, 서로 몇 킬로미터 떨어진 곳에 위치해 있지요. 군대가 그곳을 지키고 있지만, 기술자들은 떠났어요. 벌써 몇 년 전의 일이라오."

"어떤 나무를 자를 생각이었는데요? 이곳에는 세 개의 제재소에 목재를 공급할 정도로 나무가 충분하지 않은 것 같아서요."

"산기슭에 아주 훌륭한 목재로 쓰일 수 있는 나무들이 있을 거요. 언젠가 그런 말을 들은 적이 있어요. 하지만 지금까지 제재소로 그 나무들을 가져간 것 같지는 않아요."

"왜 그런 거죠?"

"나도 모르겠소. 정말이지 뭐라고 말해야 할지 모르겠군요." 그는 뭔가를 숨기고 있었다. 나는 그의 얼굴에서 두려움의 그림자가 스쳐지나가는 것을 보았다. 그의 말은 자발적인 것이 아니었고, 편하게 한 말은 더욱 아니었다. 이제 그는 대화를 하려는 마음이 없었고, 자기가 말해준 것으로 충분하다고 생각하고 있었다.

"그럼 그것에 관해 아는 사람은 누구죠? 아마도 우리가 도착하면 군인들이 내게 어느 정도의 정보를 줄 수 있을 거예요. 그렇지 않나요?" 나는 그에게서 더 많은 정보를 캐낼 수 있다고 기대하지 않았다.

"아니, 군인들은 아니오. 그것에 관해 물어보는 걸 싫어해요. 우리보다 더 많은 것을 알고 있을 것 같지도 않고요." 그는 컵과 빈 접시를 치우면서 물러날 자세를 취하기 시작했다.

"소령과 얘기해보는 건 어떨까요?" 나는 아주 예민한 문제를 건드렸다. 노인은 가만히 서서, 나를 다시 쳐다볼 엄두를 내지 못했다. "필요하다면 소령과 이야기하겠소. 틀림없이 그는 내가 알고 싶어하는 것을 말해줄 거요."

그는 천천히 선미로 가면서 먼 곳을 바라보며 중얼거렸다.

"아마 당신에게는 뭔가 말해줄지도 몰라요. 소령은 이곳에 사는 우리에게는 아무 말도 하지 않고, 우리가 그 문제에 개입하는 것도 싫어해요. 원한다면 얘기해봐요. 그곳에서 말이오. 나는 그가 당신을 존경한다고 생각해요." 그는 이런 말들을 조용히 던지면서, 체념한 듯이 어깨를 으쓱거렸다. 불가항력과 타인들의 어리석음을 마주했을 때 노인들이 하는 전형적인 행동이었지만, 그런 행동이 특히 그에게는 두드러졌다. 나는 선장의 시체를 밧줄에서 내렸을 때, 그리고 그를 매장했을 때 그가 어떻게 행동했는지 떠올렸다. 그는 사람들의 파괴적인 행동에 참여하려고 하지 않았다. 그는 너무나 오랜 세월을 살았고, 그래서 인간의 모든 어리석음은 참을 수 없을 뿐만 아니라 자기와는 아무 상관도 없다는 사실을 알았음이 분명했다.

키잡이가 말해준 것에는 별로 새로운 게 없었다. 나는 이것저것 종합해보았다. 나는 얼마 전부터 고지에서 트럭운전사에게 들은 것, 그 후에는 내가 밀림에 도착해서 사람들과 얘기하며 들은 것들이 소문으로 이루어진 망상에 불과하다고 확신했다. 즉, 많은 돈을 손에 넣을 수 있다는 막연한 기적과 실제로는 그 누구에게도 일어나지 않는 갑작스러운 행운으로 이루어진 헛된 계획이었다. 의심의 여지 없이 나는 그런 망상의 덫에 빠질 수 있는 이상적인 사람이다. 나는 그런 종류의 모험을 하면서 평생을 보냈고, 결국 그와 같은 모험에서 환멸만을 보기 때문이다. 항상 모험 그 자체가 보상이고, 세상의 길을 모두 연습해보았다는 만족감 이외의 다른 것을 찾지는 말아야 한다면서 위안을 삼지만, 결국 그 길들은 수상할 정도로 서로 비슷하게 보인다. 그래서 권태와 우리 자신의 죽음, 즉 정말로 우리에게 속해 있고, 우리가 인정하고 우리의 것으로 받아들이기를 희망하는 죽음을 떨쳐버리는 데에만 그와 같은 여행의 가치가 있다.

## 6월 21일

갈수록 실망이 커진다. 공장의 역사와 관련된 것뿐만 아니라 여행 자체와 여행 동안 일어난 모든 사건, 난관과 깨달음에도 점점 관심이 없어진다. 경치는 내 기분 상태와 적절히 조화를 이루는 것 같다. 식물들은 거의 난쟁이 같고 짙은 초록색을 띠고 있으며, 피부에 달라붙을 것 같은 농축된 꽃가루 냄새를 풍긴다. 엷은 안개가 우리의 거리감을 혼란시키고 사물들의 크기를 혼동하게 만들며, 햇빛은 그 안개를 파고든다. 밤새 이슬비가 내려 텐트 위에 물이 넘치고, 빗물이라기보다는 수액처럼 보이는 미적지근한 방울이 되어 내 몸 위로 흘러내린다. 기술자인 미겔은 엔진에 문제가 있다면서 끊임없이 투덜댄다. 나는 그가 불평하는 것을 한 번도 들어본 적이 없었다. 심지어 급류를 만났을 때도 그는 불평하지 않았다. 그가 밀림을 그리워하고 있으며, 이 땅이 그의 기분에 영향을 미쳐서 기계에 매달리지 못하도록 만드는 게 분명하다. 그는 갑자기 무방비 상태가 되고, 엔진이 마치 이방인이나 적처럼 그에게 대드는 것 같다. 키잡이는 계속해서 산만 바라본다. 가끔씩 그는 혼란스러운 생각을 떨쳐버리려는 듯이 고개를 흔들어댄다.

　내 기분도 이 글을 계속 쓰기에 아주 적절한 상태는 아니다. 나는 나 자신을 잘 알고 있으며, 이런 기분을 계속 유지한다면 내가 의지할 것은 하나도 없게 되리라는 걸 안다. 이런 고독한 지역 속에서, 밀림의 두 가지 파멸적인 작업의 잔해 이외에는 그 어떤 동반자도 없다면, 내가 계속해서 숨을 쉬면서 살아갈 최소한의 이유도 발견하지 못할지도 모른다. 오후의 햇빛과 더불어 이슬비가 내렸다. 안개는 걷혔고, 가끔씩 공기는 세상이 방금 만들어진 것처럼 투명했다. 키잡이는 뱃머리에서 나에게 신호를 보냈다. 저기 우리 앞에, 그러니까 험하고 울퉁불퉁한 산기슭에서 그날의 마지막 햇빛을 받으며 반짝거리는 건물을 보여주기 위해서였다. 그 건물은 달마티아 해변의 작은 정교 교회 돔을 떠올리게 하는 황금빛으로 빛나고 있었다. "저기에 있어요. 저것들이에요. 특별한 일만 없으면 내일 밤에 도착할 겁니다." 그는 마치 복화술을 구사하는 인형이 말하듯이 억양 없는 느린 목소리로 설명했다. 나는 이 여행이 무한정 계속되기를 원하는 자신을 발견하고는 소스라치게 놀랐다. 그 거대한 구조물과 관련된 귀찮은 현실과 마주쳐야 하는 순간에서 떨어져 있고 싶었기 때문이다. 이제 밤이 다가오고 그 건물들의 광채가 사라지면서, 산기슭의 작은 언덕에서 밤의 안식처를 찾는 귀뚜라미와 앵무새떼의 소리가 들린다. 나는 플로르 에스테베스에게 편지를 쓰기 시작했다. 그녀를 내 곁에서 느끼고, 이 여행의 혼란스러운 이야기들에 귀를 기울이려는 것 이외에 다른 목적은 없었다. 나는 언젠가 이 편지를 그녀에게 건네줄 것이라고 확신한다. 지금은 편지를 쓰면서 위안을 느낀다. 그것은 지금 점차로 나를 억누르는 무(無)의 세계로 이렇게 서서히 미끄러지게 할 수 있는 방법임에 틀림없다. 그리고 그 위안이 아무런 흔적도 남기지 않고 지나가버린 것이라고 떠올릴 때면, 불행하게도 위안은 나 자신이 상상하는 것보다 훨씬 더 친숙하게 느껴진다.

나의 여인 플로르. 우리가 하느님의 길을 헤아릴 수 없다면, 내가이 땅에서 지나가는 길들 역시 이해할 수 없는 것이오. 나는 지금 여기에 있다오. 평원지대의 가축들을 운반하던 운전사가 우리에게 말해주었던 그 유명한 공장에서 몇 시간 떨어지지 않은 곳이라오. 그러나 나는 그가 '제독의 눈'에서 럼주를 마시며 비밀을 털어놓았던 밤에 들은 것보다 그것에 대해 더 많이 알지는 못한다오. '제독의눈' 얘기가 나왔으니 말인데, 내가 지금 살고 싶은 곳은 이곳이 아니라 바로 그곳이라오. 사실 슈란도 강을 거슬러 올라가면서 얻고있는 매우 모호하고 막연한 정보에 의하면, 모든 게 무위로 끝나버릴 것이라고 믿고 있고, 그렇게 믿는 데는 상당한 이유가 있다오. 슈란도는 아주 변덕스럽고 버릇이 고약하며 고집이 무척 센 강이오. 구름이 고지의 하늘을 덮고 밤낮으로 비가 내려 담요들조차 축축하게 느껴질 때면, 당신이 보여주는 그런 기분 상태보다 훨씬 지독하다오. 어느 날 밤 나는 당신 꿈을 꾸었소. 하지만 그게 어떤 꿈인지 당신에게 들려줄 수 없다오. 당신이 모르는 사람들이 꿈에 등장하기에 그들에 관해 자세히 설명해야만 하고, 그렇게 하려면 많은 페이지를 써야 하기 때문이오. 나는 시간만 나면 일기를 쓰면서 모든 걸 기록하고 있다오. 손에 넣을 수 있는 종이라면 가리지 않고 쓰기 때문에, 종이의 질은 아주 다양하고 출처도 가지각색이라오. 그런 종이에 나는 내 꿈부터 여행에서 겪은 재난까지, 나와 함께 여행하는 사람들의 성격과 얼굴 모습부터 강을 올라가는 동안 우리 앞에 펼쳐지는 풍경까지 모두 적고 있소. 하지만 다시 꿈으로 돌아가서, 꿈속에서 아니 꿈을 통해 내가 한 가지 중요한 점을 깨달았다고 먼저 밝히는 게 좋을 것 같소. 그것은 바로 내 인생에서 갈수록 당신이 중요해지고 있다는 것이오. 당신의 육체와 항상 유순하지만은 않은 당신의 영혼이 내 인생과 내 인생의 사건들, 그리고 내가 방황과 계산 착오로 인해 병들어 누웠을 때 항상 보금자리 역할을 해주던 그 폐허를 얼마나 지배하고 있는지 당신은 모를 것이오. 물론 지금 이런 것은 당신에게 별로 새롭지 않을 것이오. 나는 당신이 얼마나 예언적인 재능이 많은지, 그리고 얼마나 신비스러운 점쟁이의 재능을 갖고 있는지 알고 있소. 그래서 지금 이 그물침대에서 당신의 소란스러운 육체를 얼마나 느끼고 싶은지, 그리고 마치 소용돌이가 당신을 삼키

듯이 사랑을 할 때 지르는 당신의 신음 소리를 얼마나 듣고 싶은지 자세히 이야기하면서 시간을 보낼 생각이 없다오. 그런 것들은 글로 쓰여야 할 것이 아니라오. 그것은 글로 적을 정도로 바람직한 것이 아닐 뿐만 아니라, 기억 속에 고정된 것이 아니고 글로 기록할 만한 가치가 없을 만큼 놀랍게 변화하고 있기 때문이기도 하오. 나는 여기서의 일들이 어떻게 진행될지 모르오. 내가 알고 있는 것은 내 앞에 많은 산이 있고, 내가 그 냄새를 맡고 속삭임을 들을 수 있다는 것뿐이오. 나는 그런 장소를 생각할 뿐 다른 일은 하지 않고 있다오. 그곳이 내가 궁극적으로 머무를 지역이라는 것을 나는 분명하게 보았다오. 당신의 돈은 여기에 안전하게 보관되어 있소. 내가 그 돈을 온전하게 되돌려줄 수 있을지는 모르겠소. 나는 그렇게 되길 진심으로 바라고 있다오. 나는 당신에게 밀림에 관해, 그리고 이곳에 살고 있는 사람들에 관해 약간 말해줘야겠다고 생각했지만, 그런 것들은 내 일기에서 알게 될 것이며 그게 더 나을 것이라고 생각하오. 내가 온전한 일기를 가지고 안전하게 당신에게 도착한다면 말이오. 나는 두 번이나 죽음을 보았소. 매번 다른 얼굴이었고, 그들이 자신들의 기도문을 너무도 가까운 곳에서 내게 들려주었기에, 나는 내가 돌아갈 수 있을 것이라고 생각지 않았다오. 이상한 것은 이런 경험이 나를 조금도 바꾸지 못했다는 사실이오. 단지 죽음이 항상 나를 보살피고 있으며, 내 발자국을 세고 있다는 것만을 깨닫게 해주었을 뿐이오. 나는 우리가 선장에 관해 곧 얘기할 수 있게 되길 바라오. 선장은 내가 언젠간 죽을 게 분명하지만, 그런 것과 상관없이 내가 살아 있는 동안에는 불멸의 인간이라고 말해주었소. 내가 적은 말이 옳다고는 할 수 없소. 그는 그 말을 더 멋지게 표현했지만, 어쨌든 근본적으로 그런 생각을 가지고 있었소. 가장 놀라운 사실은 나도 그와 똑같은 생각을 했었다는 것이오. 하지만 그 대상은 내가 아니라 당신이었소. 당신이 '제독의 눈'에서 당신 주변의 모든 경치를 엮고 세우며 건설했다고 믿기 때문이오. 나는 당신이 안개를 부르고 그 안개를 쫓아버리며, 캄불로 나무에 매달린 거대한 이끼들을 엮는다고 자주 생각했소. 또한 바위 한가운데서 솟아난 강렬한 구리색부터 스스로의 빛으로 환하게 빛나는 것처럼 보이는 가장 연한 초록색에 이르기까지, 가장 놀라운 색깔을 띠고 있는 양치류와 버섯들 사이로 떨어지는 폭포의 물길을 다스린다고도 믿었소. 우리는 함께 많은 시간을 보냈지만 그다지 많은 얘기를 나누지는 못했기 때문에, 아마도 당신은 이런 말이 놀랍고 새롭다고 생각할지 모르지만, 그것들이 바로 내가 다리를 치료한다는 핑계로 당신 곁에 머물러 있도록 결심하게 만들어주었소. 다리에 관해 말하자면, 평상시에 걷는 데는 문제가 없지만, 일부는 아직 감각도 되찾지 못하고 있는 것이 사실이오. 나는 내 마음속에 깊이 간직하고 있고 가비에로의 가장 비밀스러운 구석과 주름진 곳까지 지배할 정도로 강력한 힘을 지닌 당신과 같은 사람에게 글을 쓰는 데 별로 소질이 없소. 아마도 가비에로가 오래전에 당신을 만났다면 그는 그리 많이 방랑하지도, 별로 이익도 되지 않고 가르침도 주지 않는 이 세상을 그리 많이 경험하지도 않았을 것이오. 남자는 길을 돌아다니거나 사람들을 상대하는 것보다 당신처럼 훌륭한 여자 옆에서 더 많은 것을 배우는 법이라오. 사람들을 상대해봤자 그들의 병, 즉 바보 같은 탐욕에 의해 계산된 하찮은 야심으로 생긴 쓰라리고 슬픈 후유증만이 남을 뿐이라오. 이 글을 쓰는 이유는 당신과 잠시 이야기를 나누면서 내 두려움을 잠재우고 내 희망을 살찌우려는 것이오. 어서 다시 '제독의 눈'에서 만나 정면에 있는 복도 앞에서 커피를 마시면서 안개가 오는 것을 보고, 엔진에서 요란한 소리를 내며 힘들게 산으로 올라오는 트럭들을 지켜보며, 기어를 어떻게 변속하는지에 따라 운전사들이 누구인지 함께 확인하고 싶다오. 나는 여기서 글을 멈추고 그렇게 될 때까지 작별을 하고 싶소. 내가 당신에게 말하고자 했던 것은 이게 전부가 아니라오. 심지어 나는 하려던 말을 아직 시작도 하지 않았다고 생각하오. 물론 그건 중요하지 않소. 당신과 함께 있으면 당신은 내가 하고 싶은 말이 무엇인지 다 알고 있을 것이기에 그런 말을 할 필요가 없기 때문이오. 그럼 잘 있으시오. 당신을 무척이나 그리워하는 사람이 당신과 보낸 시절에 향수를 느끼면서.


## 6월 23일


오늘 땅거미가 질 무렵, 우리는 첫번째 제재소에 도착했다. 앞에 직선거리로 보이던 제재소는 우리 생각처럼 그리 가까이 있지 않았다. 슈란도 강은 이곳에서 크게 여러 차례 굽어졌고, 우리는 반짝이는 알루미늄과 유리로 만들어진 구조물이 신기루처럼 보일 때까지 계속해서 멀어졌다가 가까이 가기를 반복했다. 이런 장소, 이런 기후에서 그와 같은 건물을 발견한 것이 너무나 뜻밖이었기 때문에 신기루라는 인상을 받은 것이었다. 우리는 강물에 둥둥 떠 있는 선창에 배를 정박시킨 후 노란색 밧줄로 묶고, 밝은 나무색으로 되어 있는 아주 깨끗하게 간수된 건널판으로 안전하게 고정시켰다. 그러자 발트해의 어느 장소가 떠올랐다. 우리는 배에서 내려 건물로 가까이 갔다. 건물은 높이가 이 미터가 넘는 가시철사 울타리로 둘러싸여 있었고, 짙은 감색으로 칠해진 금속 말뚝들이 십 미터 간격으로 설치되어 있었다. 입구의 초소에서 한참을 기다리자 마침내 병사 한 명이 잠을 자고 있었던 듯 옷을 제대로 입으면서 본부 건물에서 나왔다. 그는 우리에게 나머지 사람들은 사냥을 갔으며 내일 새벽이나 되어야 돌아온다고 말했다. 생각지도 못한 호기심에 이끌려 내가 그곳에서는 무엇을 사냥하느냐고 묻자, 병사는 놀란 표정을 지으며 나를 바라보았다. 시민들에게 무언가를 어떻게 숨겨야 할지 모르다가 마침내 자기 상관에게는 틀림없이 하지 않을 거짓말을 하기로 결심하는 병사의 전형적인 표정이었다. "모르겠습니다. 나는 한 번도 가지 않았습니다. 주머니쥐가 아닐까 합니다. 아니 그와 비슷한 것입니다." 병사는 이렇게 대답하면서 우리에게 등을 돌려 다시 건물로 들어갔다. 우리는 바지선으로 돌아와 저녁을 먹고 잠을 잔 후 다음날 다시 가보기로 했다. 저녁의 마지막 햇빛을 받자 거대한 금속 구조물은 다시 한 번 황금빛 후광으로 둘러싸였고, 그것은 마치 건물이 공중에 걸려 있는 것 같은 비현실적인 인상을 주었다. 그곳은 거대한 격납고와 한 줄로 늘어선 세 개의 막사로 이루어져 있었다. 격납고는 체펠린 비행기 수리에 사용하는 것과 비슷했으며, 작은 건물들과 인접해 있었다. 그 건물들은 창고로 사용되는 게 분명했다. 또한 막사는 각각 네 개의 방으로 이루어져 있었고, 그 지역을 지키는 사람들이 사용하는 것이 틀림없었다.

격납고는 알루미늄 골조로 지어졌고, 양옆과 앞쪽에 널찍한 창문이 있었다. 그리고 크고 얇은 유리 덮개로 덮인 돔은 태양광선을 직접 쐬지 않도록 하는 역할을 했다. 나는 콘스탄체 호숫가나 북해, 발트해안뿐만 아니라, 이미 두꺼운 판자로 잘라 세계 방방곡곡으로 여행할 준비가 되어 있는 목재를 선적하던 루이지애나와 브리티시컬럼비아의 몇몇 항구에서도 비슷한 건축물을 보았다고 기억한다. 밀림의 가장자리에 위치한 슈란도 강변에 그런 건물이 있다는 사실은 어처구니가 없다. 그 건물이 얼마나 세심하게 유지되어왔는지 알게 되면서 그런 생각은 더욱 강해진다. 금속과 유리가 마치 몇 시간 전에 갓 지어진 건물처럼 반짝반짝 빛나고 있다. 그때 갑자기 시끄러운 소리가 나면서 터빈이 돌아가기 시작했음을 알려주었다. 격납고 전체가 마치 네온 불빛과도 같이 환하게 빛났지만, 네온 불빛보다는 더 은은하고 산만했다. 불빛은 건물을 에워싸고 있는 지역까지 이르지는 못하고 있었다. 그래서 멀리 떨어진 곳에서 우리가 그 건물을 보지 못했던 것이었다. 적도의 밤 한가운데 도저히 견딜 수 없는 악몽이 존재한다는 사실이 너무도 비현실적으로 느껴져 나는 거의 잠을 이룰 수 없었고, 이따금 꾸는 꿈속에서도 계속 그 악몽을 꾸었다. 악몽을 꿀 때마다 나는 식은땀으로 범벅이 되었고 심장은 벌컥벌컥 뛰었다. 나는 이 생각조차 못할 건물에 사는 사람들과 만날 기회가 전혀 없으리라는 것을 직감했다. 그러자 알 수 없는 불안감이 내 몸을 휩쓸었고, 이제 나는 일기를 쓰면서, 고딕 양식의 경이로운 건물을 쳐다보지 않으려고 애쓴다. 그 건물은 시체보관소 같은 불빛을 받아 공중을 떠다니고 있으며,

나는 발전기가 부드럽게 돌아가는 소리를 자장가로 삼으려고 노력한다. 이제 나는 내가 이 제재소에 관한 진실을 이야기해달라고 졸랐을 때, 선장과 소령, 그리고 제재소에 관해 말했던 사람들이 왜 말을 아끼고 피하려고 했는지 이해한다. 말로는 설명할 수 없었기 때문이다. 진실은 말로 전달할 수 없다. 모두가 "곧 알게 될 것이오"라고만 할 뿐 자세한 설명을 거부했다. 그들 말이 옳았다. 가비에로는 자신이 백해무익한 비범한 직관력의 소유자라는 사실을 다시 한 번 깨닫는다. 어찌할 방법이 없다. 그리고 그건 영원히 바뀌지 않을 것이다.


## 6월 24일

오늘 아침 나는 다시 보초 초소로 갔다. 한 보초가 누군가와 이야기하고 싶다는 내 요구를 듣더니 아무 대답도 없이 창문을 닫아버렸다. 나는 그가 전화 통화하는 것을 보았다. 그는 다시 창문을 열더니 내게 말했다. "그 어떤 방문객도 이 시설로 들어올 수 없습니다. 그러니 돌아가십시오." 그가 다시 창문을 닫으려고 하자, 나는 급히 이렇게 물었다. "기술자 없소? 나는 보초가 아닌 기술자하고만 얘기하고 싶소. 목재 판매와 관련된 일이오. 전화로라도 좋으니 기술자와 이야기하고 싶어요. 그에게 내가 왜 여기까지 왔는지 설명해야 하오." 그는 멀리 있는 확성기를 통해 내 말을 들은 것처럼 냉담하고 무표정한 시선으로 나를 잠시 쳐다보았다. 그리고 거의 기운이 빠진 맥없는 목소리로 설명했다. "이미 오래전부터 여기에는 기술자가 없습니다. 단지 부대에 주둔하는 병사들과 두 명의 하사관만이 있을 뿐입니다. 아무리 부탁해도 소용없습니다." 전화벨이 미친 듯이 집요하게 울리고 있었다. 그 보초는 창문을 닫고 전화를 받으러 갔다. 그는 정신을 집중한 자세로 전화 내용을 들었고, 마침내 무슨 지시를 받은 것처럼 고개를 끄덕였다. 그는 내가 들을 수 있도록 창문을 조금 열고서 말했다. "내일 정오 이전까지 바지선을 치우십시오. 그리고 더이상 누군가를 만나야겠다는 말은 하지 마십시오. 이제 이 초소로 오지 마십시오. 이제 나는 당신과 더이상 얘기할 수 없습니다." 그는 탁 소리가 나게 창문을 닫고서 책상 위에 놓인 서류를 살펴보기 시작했다. 나는 다른 세상에 있는 것 같은 느낌을 받았다. 마치 내가 알지도 못하고 좋아하지도 않는 바다의 심연으로 빠진 것 같았다.

나는 바지선으로 돌아와 키잡이와 이야기했다. "이런 일이 생길까 봐 걱정하고 있었습니다." 그가 말했다. "나는 한 번도 그들과 이야기하려고 하지 않았고, 문으로 가지도 않았어요. 저 군인들은 근처의 그 어떤 기지에도 속해 있지 않아요. 그들은 수시로 교체돼요. 군인들은 산 언저리에서 오고, 같은 길로 돌아가면서 산을 가로지르지요. 그럼 이제 우리가 어떻게 해야 할지 말해보십시오. 내일 점심 때는 이곳을 떠나야 합니다. 고집을 피우지 않는 게 좋을 거 같은데요." 나는 더 위쪽에 있는 공장들로 가보자고 했다. "그럴 필요 없어요. 똑같습니다. 게다가 디젤도 얼마 남지 않았어요. 중간 속도로 강물의 도움을 받아 내려가야 할 처지예요. 마을을 발견하지 못할 수도 있어요. 이 연료로 기지까지라도 돌아갈 수 있으면 좋을 텐데." 나는 더이상 말하지 않고 그물침대에 누웠다. 막연한 좌절감과 나 자신에 대한 소리 없는 분노가 밀려왔다. 나는 무한정 미루는 성격에다가 부주의했고 무분별했기 때문에 이곳까지 온 것이었다. 만일 이런 성격이 아니었다면 지금과 같은 실수를 쉽게 피할 수 있었다. 우리는 다시 강 아래로 내려갈 것이었다. 나는 주체할 수 없는 실망감에 사로잡혀 그곳에 그냥 누워 있으면서, 모든 것과 모든 사람에 대해 갈수록 커져가고 있는 분노를 삼키려고 애썼다. 하지만 이런 분노를 인식할수록 오히려 분노는 커질 뿐이었다. 밤이 되어 좀더 마음이 가라앉고 체념한 상태가 되자 나는 램프를 켜서 글을 조금 썼다. 건물을 휘감고 있는 수술실 불빛, 알루미늄과 유리로 된 건물 골격, 그리고 발전기의 윙윙거리는 소리가 나를 다시 참을 수 없게 만들었다. 그래서 나는 내일 이곳을 떠나 이 지독한 현실에서 멀어지기로 마음먹었다.

## 6월 25일

오늘 아침 여명이 틀 무렵 출발했다. 바지선의 밧줄을 풀고 강물을 따라 강 가운데로 가게 놔두자, 건물에서 나지막한 사이렌 소리가 들렸다. 멀리서 다른 사이렌 소리가 대답하더니, 더 멀리서 또 다른 사이렌 소리가 울렸다. 공장들은 침입자들의 출발을 그렇게 서로 교신하고 있었다. 그런 신호는 거만한 경고와 말 없는 협박을 암시하고 있었다. 우리는 입을 다물고 하루 종일 시무룩하게 보냈다. 나는 배가 나아가는 속도가 마음에 들었고 새로워 보였다. 그러다가 갑자기 '천사의 통로'를 생각했다. 등골이 오싹해졌다. 아마도 내려가는 일은 더

쉬울지 몰랐다. 하지만 귀가 멍멍할 정도로 엄청난 굉음을 내면서 미친 듯이 엄청난 힘으로 돌진하는 강물과 그 소용돌이를 다시 한 번 이겨낼 수 있도록 마음을 단단히 먹을 수 없을 것 같았다. 정오가 지나자 우리는 광활하고 잔잔한 곳에 이르렀다. 그곳은 슈란도 강을 마치 호수처럼 만들고 있었고, 어디를 바라봐도 강변은 거의 눈에 들어오지 않았다. 나는 잠을 청하면서, 그 낮잠을 통해 기운을 차리고 적대적인 제재소의 세계를 잊고 싶었다. 먼 곳에서 발전기 돌아가는 소리가 점점 더 시끄러워졌다. 나는 계속 잠을 잘 것인지, 아니면 그게 무엇인지 알아보기 위해 잠을 깨야만 할 것인지 사이에서 몸부림쳤다. 그리고 결국 잠이 승리하려 하는데, 나를 부르는 소리가 들렸다. "가비에로! 마크롤! 가비에로!" 나는 잠에서 깼다. 군 기지의 융커기가 우리 옆을 따라 강물로 미끄러지듯이 달리고 있었다. 소령이 물갈퀴판에 서서 손을 내밀면서 키잡이가 던지는 밧줄을 잡으려고 했다. 두 번째 시도에서 소령은 밧줄을 잡아 수상비행기를 바지선의 뱃머리 가까이에 붙였다. "강둑에 배를 대시오!" 그는 이렇게 명령하면서, 밧줄을 잡지 않은 다른 손으로 환영한다는 제스처를 취했다. 나는 그가 전보다 야위었고, 콧수염이 이제 곧바르지도 단정하지도 않다는 것을 눈치 챘다. 우리는 바지선을 정박시켰고, 융커기를 바지선 뱃머리에 매어놓았다. 소령은 고양이처럼 날렵하게 갑판으로 뛰어내렸다. 우리는 서로 악수를 하고서 그물침대로 갔다. 그는 지체 없이 여행에 관해 물었다. 그리고 바로 본론으로 들어갔다. "순찰대가 선장의 무덤을 발견했소. 나는 지난주에 그곳에 갔소. 어떤 동물이 무덤을 파헤치려고 했소. 나는 더 깊이 파라고 지시했고, 무덤의 반을 돌로 채웠소. 밀림에서는 죽은 사람들을 그렇게 묻으면 안 돼요. 며칠 지나지 않아 동물들이 파헤치기 때문이오. 지금 당신은 상류로 갔다가 내려오는 길이오? 그곳에서 어떤 일이 있었을지 익히 짐작이 되오. 그렇게 될 것이라고 경고해봤자 쓸모없는 일이었을 것이오. 아무리 설명해도 당신은 믿으려 하지 않았을 테니까. 각자가 스스로 경험하는 게 더 바람직하오. 그런데 이제 뭘 할 작정이오?" "나도 모르겠어요." 나는 대답했다. "특별한 계획은 없어요. 가능한 한 빠른 시간 내에 산으로 올라가고 싶지만, 이쪽에 그곳으로 올라가는 길이 있는지 모르겠군요. 하지만 공장에 있는 그 사람들이 무엇을 하는지 알아보고 싶은 호기심을 가지고 올라갈 생각은 없습니다. 기계는 온전한 상태로 유지되고 있었어요. 하지만 그곳으로 돌아갈 생각은 추호도 없어요. 그런데 왜 아무 말도 안 하죠?" 그는 밧줄을 잡다가 묻은 진흙과 나뭇잎을 털어내면서 자기 손을 바라보았다. "좋소, 가비에로." 그는 희미한 미소를 지으며 말을 시작했다. "그럼 당신에게 얘기해주겠소. 우선 그 어떤 미스터리도 없소. 그 시설은 삼 년 내로 정부에 귀속될 것이오. 아주 고위층인 누군가가 그곳에 관심을 가지고 있소. 그는 매우 영향력 있는 사람임이 분명하오. 해병대가 그 시설을 지키고 유지하도록 했으니 말이오. 실제로 그 시설들은 본래 그대로 유지되고 있소. 벌목 지역에 무장 세력들이 봉기했기 때문에 한 번도 가동된 적이 없소." 그는 산맥을 가리켰다. "그 무장 세력 뒤에 누가 있겠소? 그다지 머리를 쓰지 않아도 쉽게 추측할 수 있소. 귀속될 날짜가 되어 정부에 인도되면, 아마도 게릴라들은 마술을 부린 듯이 사라져버릴 것이오. 내 말이 무슨 소린지 알겠소? 아주 간단하오. 항상 뛰는 놈 위에 나는 놈이 있

기 마련이오. 그렇지 않소?" 다시 그는 비아냥거리면서도 나를 보호
해주듯이, 그리고 단호하면서도 세상에 염증 난 것 같은 어조로 말했
다. 내가 그에게 질문을 하기도 전에 그가 말했다. "왜 내가 미리 가르
쳐주지 않았다고 생각하오? 이미 우리는 다 자란 성인이기 때문이오.
그렇지 않소? 나는 내 힘이 닿는 데까지 당신에게 알려주려고 했소.
이제 당신은 이곳을 떠나고 있고, 틀림없이 돌아오지 않을 것이니, 당
신에게 모든 걸 말해줄 수 있소. 그 사람들이 당신에게 떠나라고 말했
을 때 떠난 건 정말 잘한 일이오. 그들은 쓸데없이 시간을 허비하는
사람들이 아니오. 그들은 딱 한 번만 말하오. 그러고는 사격을 개시하
오." 나는 그가 최선을 다해 나를 지켜주려 했던 것에 사의를 표했고,
내가 고집을 피우면서 그곳으로 계속 여행한 것을 사과했다. "걱정
마시오. 처음 있는 일이 아니니까. 그런 종류의 사업은 매우 유혹적이
고, 전혀 무모한 일이 아니오. 하지만 이미 말했듯이 뛰는 놈 위에 나
는 놈이 있는 법이오. 항상 그렇소. 그나마 당신이 그 말을 철학적으
로 받아들이니 다행이오. 그게 유일한 길이오. 그건 그렇고, 당신에게
제안을 하나 하고 싶소. 당신이 만일 고지로 가고 싶다면, 아마도 내
가 도와줄 수 있을 것 같소. 원한다면, 나와 함께 내일 '엘 소르도' 호
수로 날아가도록 합시다. 그곳은 산 한복판에 있소. 호숫가에 마을이
있고, 그곳에서 트럭을 타고 고지로 올라가면 되오. 미겔과 돈 문제를
해결하시오. 나는 내일 새벽에 오겠소. 한 시간 정도 날아가면 그곳에
도착할 것이오. 당신 생각은 어떻소?" "이 은혜를 어떻게 갚아야 할
지 모르겠습니다." 나는 그가 관심을 보여준 것에 감동해서 대답했다.
"사실대로 말하자면, 밀림으로 돌아갈 힘도, 다시 급류를 지나갈 힘도

없다고 느끼고 있었어요. 미겔에게 삯을 지불하고 내일 당신을 기다리겠어요. 다시 한번 너무 고맙고, 이게 당신에게 불편을 초래하지 않았으면 하는 마음입니다." "처음 만났을 때 말했소. 당신은 이 땅에 살 사람이 아니라고. 아니요, 내게는 전혀 성가신 일이 아니오. 지휘관은 지휘를 하오. 중요한 것은 어디까지 나아갈 수 있는지를 알아야 하는 것인데, 나는 소위 때부터 그걸 배웠소. 정복을 입을 때 유일하게 알아야만 하는 것이 바로 그것이오. 그럼 좋소, 내일 봅시다. 기지로 돌아갈 시간이 얼마 남지 않아서, 나는 지금 떠나야겠소." 그는 나와 악수를 했고, 휘파람을 불어 배에 있던 키잡이를 부르고서 수상비행기로 뛰어 올랐다. 그는 옆에 있던 키잡이에게 뭔가를 말한 후 미소 지으면서 나를 쳐다보았다. 하지만 그 미소에는 다정하고 따뜻하기보다는 짓궂은 무언가가 서려 있었다.

이 밤은 내가 이곳에서 보낼 마지막 밤이 될 것이다. 형언할 수 없는 안도감을 느낀다는 걸 나는 고백해야 한다. 마치 술 한 모금을 마시고 즉시 모든 기운을 되찾고 내 물건들의 질서가 유지되는 세상으로 다시 돌아온 것 같았다. 나는 미겔과 얘기했다. 그는 지금 당장 돈 문제를 해결하자는 데 아무런 반대도 하지 않았다. 나는 키잡이에게 삯을 지불했고, 팁도 푸짐하게 주었다. 나는 잠을 자려고 노력한다. 그러나 거친 흥분이 마음을 휘저으면서 잠을 이루지 못한다. 마치 내 위에 놓인 커다란 돌을 들어올리는 것 같고, 나를 짓누르는 과도하게 크고 괴로운 업무에서 나를 해방시키는 것 같다.

## 6월 29일

아침 일곱시경에 소령은 융커기를 타고 도착했다. 나는 내 물건들을 꾸리고서 미겔과 키잡이에게 작별 인사를 했다. 키잡이는 웃었다. 실수를 저지르고도 그 실수를 잊어버리면서 다시 실수를 반복하는 사람들의 고집스러운 어리석음을 보면서 늙은 사람들이 짓는 바로 그런 미소였다. 미겔은 내게 손을 내밀었지만, 내 손을 잡지는 않았다. 마치 내 손에 미적지근하고 축축한 생선 한 마리가 있는 것처럼. 그의 눈에서 나는 최선을 다해 모든 온정을 드러내고 있는 희미하고 은은한 광채를 보았다. 그 순간 나는 내가 밀림과 작별하고 있다는 것을 깨달았다. 기술자는 밀림을 온전히 대표하는 표정을 짓고 있을 뿐만 아니라 바로 밀림의 본질로 만들어져 있다. 그는 불길하고 얼굴을 드러내지 않는 그런 세계를 비정형적으로 확장하는 사람이다. 나는 융커기에 올라가서 조종사와 소령 뒤에 앉아 안전벨트를 맸다. 우리는 잠시 물 속에서 이동했고, 이내 비행기 동체는 부드럽게 떨면서 이륙했다. 나는 일종의 몽환 상태에 빠져들었다. 소령이 내 무릎을 건드리면서 저 아래의 호수를 가리킬 때까지 그런 상태로 있었다. 우리는 부드럽게 수면에 내려앉았다. 그리고 잔교(棧橋)로 향했다. 그곳에는 하사 한 명과 세 명의 병사가 우리를 기다리고 있었다. 소령은 나와 함께 비행기에서 내렸다. 나는 조종사와 작별 인사를 했고, 그때서야 그가 전에 만났던 조종사가 아니라는 것을 알았다. 그는 애꾸였고, 이마에는 희끄무레한 흉터가 새겨져 있었다. 소령은 하사에게 나를 부탁하면서, 고지로 올라가는 트럭을 찾을 때까지 마을에서 머물 만한 곳을 찾아주라고 지시했다. 그는 내게 손을 내밀었고, 내가 감사의 말을 하기도 전에 억지로 진지한 표정을 지으면서 내 말을 가로막았다. "제발 앞으로는 당신의 사업에 관해 더 깊이 생각하고, 다시는 이번처럼 무모하게 위험을 무릅쓰지 마시오. 그런 위험은 아무 가치가 없소. 내가 지금 이런 말을 하는 이유는 나 자신도 그런 경험이 있기 때문이오. 게다가 당신도 이미 내 말이 무슨 뜻인지 알고 있을 것이오. 그럼 행운을 빌겠소. 잘 가시오." 그는 융커기 조종실로 올라가더니 쾅 소리가 나게 문을 닫았다. 내가 잘 알고 있는 그런 소리가 나자 동체가 흔들렸다. 그리고 수상비행기는 포말을 남기면서 멀어졌다. 융커기가 산맥의 낮은 구름 속으로 사라지면서 물거품도 흩어졌다.

무언가가 끝나 있었다. 무언가가 시작되고 있다. 나는 밀림을 알게 되었다. 나는 밀림과 아무런 상관도 없었고, 밀림에서 그 무엇도 가져가지 않는다. 아마도 이 페이지들만이 나의 간사함에 관해 조금이라도 말해주는 일화와 내가 가능한 한 빨리 잊고 싶은 일화의 희미한 증언이 될 것이다. 일주일 이내로 나는 '제독의 눈'에 있게 될 것이다. 그리고 그곳에서 플로르 에스테베스에게 실제로 일어났던 일과는 별 상관없는 것들을 이야기하고 있을 것이다. 지금 나는 입천장에서 커피 향내와 커피의 쓰라린 맛을 느낀다.

어제 해병대 병사 몇 명이 마을에 도착했다. 그들은 제재소의 임무에서 교체된 병력의 일부이다. 그들에 의하면, 바지선은 '천사의 통로'에서 난파되었으며, 미겔과 키잡이의 시체는 찾지 못했다고 한다. 아마도 강물을 타고 아래로 떠내려가서 틀림없이 밀림의 어느 강변에 버려져 있을 것이다. 바지선은 산산조각이 나고 뭉크러져 모래톱에 좌초되었다. 그 배를 되찾기 위해 모습을 드러낸 사람은 아무도 없었다.


*


마크롤 가비에로의 일기를 쓴 종이들이 묶여 있는 바인더노트 안에는 초록색 잉크로 쓰인 종이 한 장이 따로 들어 있다. 그 종이에는 호텔의 주소가 인쇄되어 있지만, 날짜는 적혀 있지 않다. 그 메모를 읽으면서 나는 일기와 관련이 있다는 것을 깨달았고, 따라서 여기에 그 내용을 옮겨적는 게 적절하다고 생각한다. 아마도 가비에로의 일기를 읽은 사람들은 이 글에도 관심을 보일 것이다.

플랑드르 호텔
안트베르펜 티세랑 강변로 9번지
전화: 3223


……우리가 합의한 그대로였다. 사흘 동안 우리는 아무 생각 없이 설계된 위험한 커브 길로 가득한 가파른 도로를 따라 올라갔다. 어느 지점에 이르자 나는 트럭에서 내렸고, '쿠치야' 여인숙에서 노새 한 마리를 빌렸다. 이틀 동안 나는 고지를 방황하면서 '제독의 눈'으로 가는 길을 찾았다. 이미 모든 희망을 잃어버렸을 때, 나는 마침내 그 길을 찾았다. 나는 청년에게 빌린 노새를 돌려주고서, 작은 협곡에 앉아 그 길의 꼭대기까지 올라가는 트럭을 기다렸다. 마침내 두 시간

후, 팔 톤짜리 사우러 트럭이 천식환자처럼 힘들게 비탈길을 기어 올라왔다. 운전사는 나를 태워주겠다고 했다. "꼭대기까지 갑니다"라고 나는 그에게 설명했다. 그러는 동안 그는 나를 유심히 살펴보면서 내가 누구인지 알아보려고 애썼다. 우리는 밤새 달렸다. 그는 새벽에 나를 깨웠다. 더이상 앞으로 갈 수 없을 정도로 짙은 안개가 끼어 있었다. "여기 근처일 겁니다. 그런데 이 황폐한 곳에서 무엇을 찾는 겁니까?" "'제독의 눈'이라는 가게입니다"라고 나는 대답했다. 내 태양신경총*으로 두려움이 올라오기 시작했다. "알았습니다." 운전사가 말했다. "여기서 잠시 멈출 겁니다. 그러니 주위를 둘러보면서 무엇이 있는지 찾아보십시오. 이런 안개가 끼면……" 그는 담배에 불을 붙였다. 나는 유백색의 공기 속으로 들어갔지만, 안개가 너무 짙어 거의 아무것도 볼 수 없었다. 나는 길가로 나 있는 도랑의 도움을 받아 방향을 잡았고, 얼마 후 그 집을 찾았다. 이미 여러 글자가 떨어져 있던 간판은 한쪽 모퉁이가 녹슨 못에 매달린 채 바람에 흔들거리고 있었다. 문이나 창문, 그리고 덧문을 비롯해 모든 게 안쪽에서 잠겨 있었다. 창문은 대부분 이미 유리가 빠져 있었고, 가게 건물은 언제라도 무너질 것 같았다. 나는 뒷문으로 갔다. 두꺼운 나무 대들보의 도움을 받아 절벽 위에서 지탱하고 있던 발코니는 일부가 부서져 있었고, 받침대는 협곡 위로 흔들거리고 있었다. 발코니와 받침대는 낮은 지역으로 여행하기 전에 그곳에서 잠시 휴식을 취했던 앵무새들의 똥과 이끼로 가득 덮여 있었다. 이슬비가 내리기 시작하자, 안개는 즉시 건

---

* 자율신경이 집중된 신경 조직으로 배꼽 아래에 있다.

했다.

나는 트럭으로 되돌아왔다. "남아 있는 게 하나도 없습니다. 나는 그곳을 알고 있었지만, 이름은 모르고 있었어요." 운전사는 약간의 동정심을 보이며 말했지만, 그 말은 내 마음에 깊은 상처를 남겼다. "괜찮다면 타십시오. 나는 오사 커피 농장까지 갑니다. 그곳에는 당신을 알고 있는 사람이 있을 것 같네요." 나는 말없이 고개를 끄덕이면서 그의 옆자리로 올라갔다. 트럭은 내리막길을 달리기 시작했다. 불 탄 석면 냄새가 브레이크가 계속 작동하고 있음을 알려주었다. 나는 플로르 에스테베스를 생각했다. 그녀가 없다는 사실에 익숙해지기란 매우 힘들 것 같았다. 내 안에서 무언가가 나를 아프게 하기 시작했다. 치료하려면 오랜 세월이 걸릴 슬픔과 불행이 움직이고 있었던 것이다.

# 마크롤 가비에로에 관한 또 다른 소식들

## 코코라

나는 광산 문제를 처리하기 위해 이곳에 머물렀다. 지금 나는 이곳에서 내가 몇 년을 보냈는지 잊어버렸다. 아마도 오랜 기간이었을 것이다. 탄광의 갱도를 향해 강둑을 따라 나 있던 오솔길은 이미 수북이 자라난 잡초와 바나나 관목 때문에 사라졌기 때문이다. 몇 그루의 구아바나무가 오솔길 한가운데서 자라고 있었으며, 거기에는 이미 풍성한 과일이 주렁주렁 달려 있었다. 광산의 주인들과 경영자들은 이 모든 걸 잊어버린 것 같았다. 사실 그렇게 된 것도 전혀 이상한 일이 아니었다. 주요 갱도들로부터 많은 지선을 만들어 깊이 팠지만, 그 어떤 광석도 발견하지 못했기 때문이다. 나는 뱃사람이다. 뱃사람에게 항구는 일시적인 사랑이나 사창가의 싸움을 위해 이용하는 핑계에 불과하다. 나는 아직도 수평선을 바라보고 폭풍이 올지 알아보기 위해 돛대 꼭대기까지 올라갔을 때 느꼈던 돛대의 흔들림을 뼛속 깊이 간직하고 있다. 그 돛대에서 나는 해안선이 눈에 보이는지, 고래떼와 엄청난 고기떼들이 술 취한 군중처럼 배로 몰려오는지도 살펴보았다. 지금 나는 이곳에 있으면서 이런 미로들에서 시원한 어둠을 찾아다니고 있다. 미로를 통해 가끔씩 따스하고 축축한 공기가 지나간다. 그리고 사람들의 목소리와 탄식 소리, 벌레들의 끝없이 잔인한 작업 소리, 검은 나비들의 날갯짓 소리나 깊은 갱도에서 길을 잃은 새들의 날카로운 울음소리가 공기에 실려온다.

나는 '기수(旗手)'라고 불리는 갱도에서 잠을 잔다. 그곳은 갱도 중에서 가장 덜 축축한 곳이고, 그 입구는 거친 강물 위로 깎아지른 듯서 있는 절벽을 마주보고 있다. 비가 오는 밤이면, 나는 강물이 불어나는 냄새를 맡을 수 있다. 거기에는 상처 입은 식물과 바위에 부딪히면서 비탄에 잠겨 내려오는 동물의 아릿아릿하고 자극적인 냄새와 진흙 냄새가 어우러져 있다. 또한 열대지방의 가혹하게 뜨거운 날씨에 지쳐버린 여자들이 내뿜는 냄새처럼 연약한 피 냄새를 풍기기도 한다. 그리고 엄청나게 크고 강력하게 분노하면서 커져가는 물길의 어지러운 취기에서 나오는 낱낱이 부서진 세상의 냄새이기도 하다.

나는 할 일 없이 보낸 오랜 세월 동안 보았던 것들에 대한 증거를 남기고자 한다. 그 기간 동안 나는 이런 깊은 장소들과 친해졌고, 결국 바다와 강을 방황하면서 보내던 시절의 나와 매우 다른 내가 되었다. 아마도 이 불행의 탄갱에 서식하고 있는 비밀스럽고 불가해하지만 풍요로운 삶을 감지할 내 지각능력을 갱도의 시큼한 숨 냄새가 변화시켰거나 예민하게 만들었기 때문인 것 같다. 그럼 가장 큰 갱도부터 시작하자. 캄불로 나무가 늘어선 가로수 길을 통해 가장 큰 갱도로 들어온다. 오랫동안 피어 있는 캄불로 나무의 주황색 꽃은 온 길을 푹신푹신한 카펫으로 만들고, 심지어 어떤 때는 갱도의 바닥까지도 그렇게 만든다. 갱도로 깊이 들어갈수록 빛은 점점 사라진다. 하지만 바람에 실려 갱도 깊숙한 곳까지 들어온 꽃잎들은 도저히 설명이 불가능할 정도로 갱도를 강렬하게 비춘다. 나는 거기서 오래 살았다. 그러나 이제 설명하려고 하는 이유 때문에 그곳을 떠나야만 했다. 비가 내리기 시작할 때면 나는 목소리들을 들을 수 있었다. 그것은 마치 장례식장에서 들리는 여자들의 기도 소리처럼 알아들을 수 없는 속삭임이었다. 하지만 장례와는 전혀 상관 없는 몇몇 웃음소리와 싸우는 소리 때문에 나는 음탕한 행위가 갱도의 어둠 속에서 끝없이 계속되고 있다는 생각을 하게 되었다. 나는 그 목소리들이 무엇을 말하고 있는지 알아보기로 마음먹었다. 그리고 며칠 밤낮에 걸쳐 너무나 열심히 그 목소리를 들은 후, 마침내 나는 '비아나'라는 단어를 이해할 수 있었다. 그즈음 나는 병에 걸렸다. 말라리아에 걸린 것 같았다. 그리고 침대 대신 임시로 만든 지푸라기 매트리스에 누워 있었다. 나는 오랫동안 헛소리를 내뱉었다. 열병의 증상은 겉으로 볼 때 무질서해 보이지만, 머리를 명민하게 만들어준다. 그 덕택에 나는 여자들과 대화를 나눌 수 있게 되었다. 여자들의 달콤한 태도와 너무나 분명한 이중성 때문에 나는 조용하면서도 치욕스러운 공포에 사로잡혔다. 어느 날 밤, 고열로 인해 불타오른 비밀스러운 충동에 복종하면서, 나는 자리에서 크게 소리쳤다. 그 소리는 갱도의 벽에 부딪히면서 오랫동안 울려 퍼졌다. "입 다물어, 빌어먹을 년들아! 나는 비아나 왕자의 친구란 말이다! 가장 고귀한 불행의 주인이시며 구제받을 수 없는 사람들의 왕을 존경하란 말이다!" 짙은 침묵이 흘렀다. 그 침묵은 내 비명의 메아리가 잠잠해진 후에도 오랫동안 계속되었다. 그런데 고열이 내려가기 시작했다. 몸이 회복되느라 땀이 비오듯했고, 나는 흠뻑 젖은 채 밤새 기다렸다. 침묵은 계속 그곳에 머물러 있으면서, 가장 하찮은 피조물들이 우리가 알 수 없는 것을 잎사귀와 분비물로 엮으면서 내는 소리마저 잠재웠다. 희뿌연 빛이 새벽이 도착했음을 알렸다. 나는 있는 힘을 다해 그 갱도를 빠져나왔고, 다시는 그곳으로 돌아가지 않았다.

또 다른 갱도는 광부들이 '수사슴'이라고 부르는 곳이다. 아주 깊지는 않지만, 절대적인 어둠에 지배되는 곳이다. 도대체 기술자들이 어떤 기술을 발휘했기에 그렇게 되었는지 나는 모른다. 단지 나는 촉감에 의지하여 도구들과 아주 조심스럽게 못을 박아놓은 상자들로 가득한 그 갱도로 들어갈 수 있었다. 그 상자들에서는 도저히 설명할 수 없는 냄새가 풍겼다. 그것은 마치 있을 법하지 않은 금속을 증류하여 얻은 가장 비밀스러운 물질로 만들어진 젤라틴 냄새 같았다. 그러나 끝도 없이 길게 느껴지던 그 시절에, 그러니까 내가 미치기 일보 직전이었던 그 시절에 나를 그 갱도에 붙잡아놓은 것은 어떤 것 때문이었다. 그것은 갱도의 끝이라고 표시해놓은 벽에 기대어 있었다. 그것은 기계라고 불릴 수 있는 것이었지만, 나는 그 기계를 구성하고 있던 부속품들의 그 어느 것도 전혀 움직일 수 없었다. 원통과 구체를 비롯한 갖가지 형태와 크기로 이루어진 그 금속 부품들은 모두 움직일 수 없도록 단단히 고정된 채 이루 말할 수 없는 구조를 형성하고 있었다. 나는 그 기계의 끝이 어딘지 알 수 없었고, 그 빌어먹을 물건의 크기도 알 수 없었다. 그것은 사방이 모두 바위에 고정되어 있었다. 그리고 마치 이 세상에서 무(無)의 절대적인 대표자가 되려는 것처럼, 반짝반짝 광택 나는 금속 무늬가 불쑥 모습을 드러내고 있었다. 여러 주 동안 나는 그 복잡한 장치와 고정된 톱니바퀴, 차가운 구체들을 손으로 더듬었고, 어느 날 마침내 지쳐버렸다. 바로 그때 나는 나 자신이 뭐라고 말할 수 없는 그 물체에게 그것의 비밀, 즉 그것의 존재 이유에 대한 궁극적이고 진실한 이유를 밝혀달라고 애원하고 있다는 사실을 깨닫고는, 기겁해서 그곳을 빠져나왔다. 이후 마찬가지로 나는 그 갱도의 끝으로 되돌아가지 않았지만, 덥고 습한 밤이면 말없는 그 물체가 꿈속에서 나를 찾아오고, 나는 너무나 공포에 질린 나머지 잠에서 깨어 침대에 일어나 앉는다. 그러면 심장은 쿵쿵거리며 요동치고 손은 마구 떨린다. 그 어떤 지진도, 그리고 아무리 커다란 산사태도 영원의 세계에 속한 이 불가항력의 기계장치를 사라지게 할 수 없을 것이다.

세번째 갱도는 내가 처음에 언급한 '기수'라고 불리는 갱도다. 나는 지금 그 안에서 살고 있다. 평화로운 어둠이 갱도 끝까지 펼쳐져 있고, 저 아래에서는 강물이 암벽과 절벽 기슭에 있는 커다란 바위에 부딪히는 소리가 들린다. 그 소리는 이 버려진 갱도를 지키는 내 업무의 무한히 따분하고 적막한 분위기를 깨면서 어느 정도 기쁨을 선사하지만, 그 기쁨은 불안정하고 불확실하다.

금을 찾는 사람들이 나무 대야에 모래를 씻기 위해 이 머나먼 상류로 자주 온다는 것은 사실이다. 싸구려 담배의 역한 냄새가 내게 사금 채취자들이 도착했다는 것을 알려준다. 나는 그들이 작업하는 것을 보기 위해 내려가고, 우리는 거의 아무 말도 주고받지 않는다. 그들은 멀리 떨어진 지역에서 온 사람들이라 나는 그들의 말을 거의 알아듣지 못한다. 그토록 세심한 주의를 기울여야 하고 별다른 결실도 없는 작업을 하면서 그들이 보이는 무한한 인내심에, 나는 놀란다. 또한 반대편 강둑에 살고 있는 사탕수수 경작자들의 여자들이 일 년에 한 번씩 찾아온다. 그 여자들은 강물에 옷을 빨고, 옷가지를 돌에 탕탕 친다. 그 소리 때문에 나는 그녀들이 이곳에 있다는 것을 안다. 나는 나와 함께 갱도까지 올라왔던 어느 여자와 관계를 맺었다. 그것은 황급하게 이루어진 익명의 만남이었다. 쾌감을 느끼기보다는, 비록 짧은 접촉일지라도 내 피부에서 다른 육체를 느끼고 내 몸을 엉망으로 만드는 고독을 속일 필요가 있었기 때문이다.

언젠가 나는 이곳에서 나갈 것이다. 그리고 강기슭으로 내려가 고지로 향하는 길을 발견할 때까지 그 기슭을 따라갈 것이다. 나는 망각이 내가 이곳에서 보낸 저주받은 시간을 지울 수 있게 해주기를 바란다.


## 제독의 눈

산맥의 가장 높은 부분에 도착하면, 트럭들은 도로를 건설하던 기간에 기술자들이 사무실로 사용했던 낡아빠진 오두막에서 멈추곤 했다. 대형 트럭 운전사들은 그곳에 멈추어 커피 한 잔을 마시거나 고지의 추위를 이겨내기 위해 아과르디엔테 한 잔을 마시곤 했다. 트럭은 고지의 추위 때문에 운전대를 잡고 있는 운전사들의 손이 마비되는 바람에 종종 심연으로 굴러 떨어지곤 했다. 그러면 심연의 바닥에 흐르는 거친 강물이 즉시 트럭의 잔해와 트럭에 타고 있던 사람들의 시체를 휩쓸어버리곤 했다. 그리고 사고의 일그러진 흔적들은 뜨거운 지역에 있는 하류에 모습을 드러냈다. 오두막의 외벽은 나무로 만들어져 있었고, 집 안의 벽은 허기진 채 도착하는 사람들을 위해 밤낮으로 커피와 되는대로 만든 음식을 데우던 난로의 연기로 시커멓게 그을려 있었다. 하지만 배고파하며 도착하는 사람들은 흔하지 않았다. 고도가 너무 높아 현기증이 나서 뭔가를 먹겠다는 생각은 금방 사라져버리기 때문이었다. 벽에는 잔뜩 움츠리고 찌푸린 불모의 고지와는 전혀 무관하게, 푸른 해변과 야자수 풍경 속에서 수영복을 입고 시원한 몸매를 자랑하는 도발적인 여자들이 나오는 비닐 코팅된 맥주 광고지나 진통제 광고가 걸려 있었다.

안개는 도로를 가로지르면서, 뜻밖에 나타난 금속처럼 반짝거리는 아스팔트를 축축이 적셨다. 그러고는 매끈매끈한 회색빛 몸통과 튼튼한 가지, 그리고 듬성듬성한 잎사귀가 있는 커다란 나무 사이로 사라졌다. 잎사귀에는 역시 잿빛 이끼가 끼어 있었고, 이끼에서는 강렬한 색깔의 꽃이 피어났으며, 두꺼운 꽃잎에서는 천천히 투명한 꿀이 흘러나왔다.

입구 위에 걸려 있는 나무판자에는 색 바랜 빨간 글씨로 '제독의 눈'이라는 그 가게의 이름이 적혀 있었다. 가비에로라고 불리던 남자가 그 가게를 경영했지만, 그가 어디 출신이며 과거에 무엇을 했는지 아는 사람은 아무도 없었다. 그의 얼굴은 대부분이 빳빳하고 희끗희끗한 수염으로 덮여 있었다. 그는 단단한 대나무로 만든 임시 목발을 짚고 걸어다녔다. 오른쪽 발의 상처에서는 번뜩거리는 고름이 악취를 풍기며 연이어 흘러나왔지만, 그는 전혀 개의치 않았다. 그는 가게를 오가면서 손님들의 시중을 들었고, 규칙적으로 마룻바닥을 목발로 탁탁 두드렸다. 목발의 둔탁한 소리는 황폐한 고지 속으로 사라지곤 했다. 그는 별로 말이 없는 사람이었다. 자주 미소를 지었지만, 주변에서 들리는 소리 때문이 아니라 그냥 자기 스스로 웃는 것 같았다. 그래서 여행자들이 하는 말과는 전혀 맞아떨어지지 않기 일쑤였다. 한 여자가 그의 일을 도와주었다. 그녀는 야성적이었고 자기 일에 전념했으며 산만한 분위기를 띠고 있었다. 추위 때문에 숄과 판초를 두르고 있었음에도 그녀의 육체는 아직도 강인하며 쾌락과 동떨어져 있지 않다는 것을 짐작할 수 있었다. 그것은 저지의 더위 속에서 꼼짝도 하지 않는 나무숲이 이루는 둥근 천장 아래로, 커다란 강이 바다로 흘러내려가는 곳에서나 느낄 수 있는 정수(精髓)와 향기와 기억으로 가득한 쾌락이었다. 그녀는 가끔씩 노래를 불렀다. 뜨겁게 펼쳐진 평원에서 새들의 게으른 지저귐처럼 가냘픈 목소리로 노래하곤 했다. 가비에로는 굽이굽이 감아 도는 동물적인 고음의 목소리로 속삭이는 동안 그녀를 뚫어지게 바라보곤 했다. 운전사들이 트럭으로 돌아가 산맥의 내리막길을 내려가기 시작하면, 그는 허무한 세월과 숙명적인 자포자기로 점철된 그 노래를 그녀와 함께 불렀다. 그러면 그들은 어쩔 수 없는 향수에 젖었다.

그러나 가비에로의 허물어질 것 같은 가게에는 또 다른 것이 있어, 차를 멈추어 그곳과 친해진 사람들이 절대 그곳을 잊지 못하게 만들어버렸다. 좁은 통로는 집 뒤의 발코니와 연결되어 있었고, 양치류의 잎사귀로 엉성하게 가려진 절벽 위로 드리워진 나무 대들보가 그 발코니를 지탱하고 있었다. 여행자들은 그곳에서 소변을 보았다. 그러나 아무리 세심하게 인내심을 발휘한다 해도 소변이 강물에 떨어지는 소리는 들을 수 없었다. 그 소리는 짙은 안개가 끼고 잡초가 수북한 계곡으로 사라져갔다.

복도의 벗겨진 벽에는 많은 문구와 의견과 속담이 적혀 있었다. 그 누구도 실제로 그 글의 목적이나 의미를 해석하지는 못했지만, 그중 많은 글들이 그 지역에서 기억되고 회자되었다. 그것을 쓴 사람은 가비에로였다. 그리고 대부분은, 상상조차 할 수 없는 화장실로 가던 고객들에 의해 긁혀 지워져 있었다.

사람들의 기억에 가장 끈질기게 남아 있는 몇몇 문구들을 여기에 옮겨적는다.


나는 가장 눈에 띄지 않는 길과 가장 은밀한 기항지들을 만든 무질서한 창조주다. 그것들이 쓸모없으며, 그것들이 어디에 있는지도 모른다는 것 때문에 내 시절이 풍요로워진다.


이 반들반들한 자갈을 보존하라. 당신이 죽는 시간에 당신은 손바닥으로 이 자갈을 어루만질 수 있을 것이고, 그렇게 당신의 통탄할 만한 실수들을 내쫓을 수 있을 것이다. 그런 실수들이 모두 모이면, 당신의 허황된 삶이 지닐 수 있는 모든 가능한 의미를 지워버리는 법이다.

모든 과일은 자신이 지닌 부드러운 과육에는 관심이 없는 소경이다. 이 세상에는 인간들이 행복을 파헤쳐 무턱대고 미친 듯이 불만의 방을 만드는 지역들이 있다.

배를 따라가라. 낡아빠지고 우울한 배들이 물결을 가르고 달리는 길을 따라가라. 멈추지 말라. 가장 허름한 정박지라 해도 피하라. 강을 거슬러 항해하라. 강을 타고 내려오라. 그리고 초원지대에 물이 넘치게 하는 빗속에서 길을 잃어라. 모든 강둑을 부정하라.

이곳을 지배하고 있는 무관심을 기록하라. 내 인생의 나날들이 그랬다. 그 이상도 그 이하도 아니다. 그렇지 않고는 내 인생이 될 수 없다.

여자들은 절대로 거짓말을 하지 않는다. 진실은 항상 그들 육체의 가장 은밀한 주름에서 솟구친다. 하지만 우리는 너무나 절제하면서 진실을 해석하려고 한다. 많은 남자들이 결코 진실을 알지도 못하면서, 자신들의 무분별한 감각에서 빠져나오지 못한 채 죽는다.

삶을 연장시켜주고 가끔씩 행복을 부여하는 두 개의 금속이 있다. 그것은 금도 아니고 은도 아니며, 당신이 상상할 수 있는 그 어떤 것도 아니다. 단지 나만이 그것들이 존재한다는 것을 알고 있다.

나는 카라반을 따라갈 수도 있었다. 그랬다면 나는 낙타 몰이꾼들에게 죽어서 묻혔을 것이다. 나는 고원의 높은 하늘 아래서 낙타떼의 똥에 뒤덮여 죽었을 것이다. 나머지 모든 것은 정말로 관심 밖의 일이다.

앞에서 말했듯이 다른 수많은 글들이 어두운 복도를 지나던 손님들의 몸과 손에 비벼져 없어졌다. 여기서 언급되는 것들은 고지 사람들에게 가장 사랑받은 것들이다. 그것들은 틀림없이 가비에로의 지난 시절을 언급하고 있으며, 영원히 꺼져버리기 전에 깜박이는 일시적인 기억 덕택에 이 장소에 나타난 것이다.


## 아라쿠리아레 협곡


가비에로의 삶에서 그가 아라쿠리아레 협곡에서 머물렀던 시절이 어떤 결과를 낳았는지를 이해하려면, 그 장소가 어떤 곳인지 몇 가지 특징을 알아볼 필요가 있다. 그곳은 저지의 사람들이 다니는 도로나 오솔길에서 아주 멀리 떨어져 있고 불길한 명성을 누리고 있어 거의 인적이 드물다. 사실 그 내용이 전적으로 틀리다고 말할 수는 없지만, 그곳의 진정한 모습이라고 할 수도 없다.

강물은 산에서 내려와 차가운 급류를 이룬다. 그 급류는 커다란 바위나 변덕스러운 여울목에 요란하게 부딪히면서 광란의 물거품과 소용돌이, 고삐 풀린 물결의 거칠고 성난 울음소리를 만든다. 사람들은 이 강이 금을 가득 함유한 모래를 운반한다고 믿는다. 그래서 사금 채취자들이 종종 강변에 불안해 보이는 텐트를 설치하고 강둑의 흙을 세광(洗鑛)하지만, 지금까지 그들의 노력에 걸맞은 것을 발견했다는 소식은 들리지 않는다. 이런 이방인들은 이내 낙담하고, 이 지방 특유의 고열과 전염병은 그들의 생명을 단축시킨다. 계속되는 습한 더위와 식량 부족으로 뜨거운 기후에 적응하지 못한 사람들은 이내 지쳐버린다. 그래서 그런 사업은 인생을 살면서 휴식이나 마음의 평온을 누려보지 못한 사람들의 뼈가 잠들어 있는 초라한 흙무덤으로 끝나기 일쑤이다. 강은 좁은 계곡으로 들어가면서 속도를 줄이기 시작하고, 강물은 부드럽고 평화로운 수면을 이룬다. 하지만 거기에는 모든 장애물에서 이미 해방된 강물의 에너지가 집적되어 있다. 계곡의 끝에는 위압적인 화강암 덩어리가 모습을 드러내는데, 그 덩어리는 어두운 절벽에 의해 두 개로 나뉘어 있다. 바로 거기서 엄숙한 행렬을 하듯이 강물이 조용히 흐르면서 어두운 협곡을 침투한다. 협곡의 내부는 하늘을 향해 높게 치솟은 벽들로 이루어져 있고, 벽 표면은 햇빛을 찾으려고 안간힘을 쓰는 덩굴식물과 양치류로 듬성듬성 뒤덮여 있다. 마치 버려진 성당이 풍기는 분위기처럼 어둡다. 가끔씩 바위의 좁은 틈에 둥지를 튼 새매들이 찾아오거나 앵무새떼가 찾아와 소리치면서 주변을 소란스럽게 만들고, 우리의 신경을 산산이 부숴버리며 우리가 기억할 수 있는 가장 머나먼 시절의 향수를 느끼게 한다.

협곡 내에서 석판 색깔을 띤 몇 개의 강변이 만들어지고, 햇빛이 협곡의 심연까지 비추는 짧은 시간 동안 강변은 반짝거린다. 보통 강의 수면은 너무나 잔잔해서 강물의 움직임을 거의 감지할 수 없다. 단지 가끔씩 물거품 이는 소리만이 들린다. 그 소리는 알 수 없는 한숨으로 끝나는데, 마치 강바닥에서 올라와 잔잔한 강물 속에 믿을 수 없는 엄청난 힘이 숨겨져 있다는 사실을 밀고하는 것 같다.

가비에로는 기계류와 저울과 수은을 운반하기 위해 그곳에 간 적이 있었다. 어느 해변의 급유항에서 계약을 맺었던 사금 채취자 두 사람이 부탁한 것들이었다. 그곳에 도착하자 그는 자기 고객들이 몇 주 전에 세상을 떠났으며, 어느 자비로운 영혼이 그들을 협곡 입구에 묻어주었다는 것을 알게 되었다. 낡아빠진 판자에 도저히 상상조차 못 할 형편없는 철자법으로 적혀 있었기 때문에 가비에로는 그들의 이름을 거의 읽을 수가 없었다. 그는 협곡으로 들어가 넓게 펼쳐진 부드러운 강변을 걸었다. 그 강변에는 가끔씩 새의 뼈와 협곡 위쪽의 머나먼 부락에서부터 떠내려온 뗏목의 잔해가 나타났다.

따스하고 수도원처럼 조용하며 인간들의 모든 무질서와 소란에서 고립된 이곳을 보고, 말로 정확히 설명할 수 없고 심지어 생각도 할 수 없는 강렬하고 집요한 마음의 부름을 받은 가비에로는 그곳에서 잠시 머물고 싶은 소망을 느꼈다. 단지 항구에서의 시끄러운 장사와 만족을 모르는 방황의 별로부터 멀어지고자 하는 이유밖에는 없었다.

강변에서 주운 몇 개의 나무 조각들과 강물에서 꺼낸 몇 개의 야자수 잎사귀로 그는 석판 색깔의 모래톱에 오두막을 지었다. 보다 정확히 말하면 강변 끝쪽으로, 그곳이 그가 머물기 위해 선택한 장소였다. 계속해서 강물에 떠내려오는 과일들과 아무런 어려움 없이 사냥할 수 있는 새들이 바로 그의 식량이었다.

며칠이 지나자, 특별한 목적 없이 가비에로는 자기 삶을 점검하기 시작했다. 그리고 자기의 불행과 실수, 불안정한 기쁨과 혼란스러웠던 열정의 목록을 만들었다. 그는 이 일을 보다 깊이 하기로 마음먹었고, 너무나 완전하고 훌륭하게 성공을 거두자, 평생 자신과 함께했던 그 자아와 모든 고통과 어려움을 겪었던 존재에서 완전히 벗어날 수 있었다. 그는 자기 자신의 경계, 즉 자신의 진짜 한계를 찾아 나아갔다. 그리고 당시까지 늘 자기 자신의 삶이라고 여겨온 주체가 멀어지면서 사라지는 것을 보자, 그에게 남은 것은 자세히 살펴보던 사람, 즉 단순화 작업만 수행하는 자아뿐이었다. 그는 자기의 가장 깊숙한 곳에 숨겨져 있는 정수에서 태어난 새로운 사람에 관해 더 많이 알기 위한 노력을 계속했다. 그 새로운 사람은 갑자기 그를 당황하게 만들었던 기쁨과 놀라움이 혼합된 존재였다. 이 제3의 관객이 냉정하고 태평하게 그를 기다리고 있었고, 그의 존재 한가운데에서 점점 모양과 형체를 갖추어가고 있었다. 그는 자기 인생의 그 어떤 사건에도 참여하지 않았던 이 존재가, 틀림없이 모든 진실과 모든 오솔길과 지금 너무나도 분명하게 그의 운명을 짜고 있는 모든 동기들을 알고 있을 것이라고 확신했다. 그뿐만 아니라 바로 그 순간 그는 자신의 운명이 아무짝에도 소용이 없으며 거부할 가치가 있다는 것을 알았다. 하지만 자기 자신에 대한 그 절대적인 증인과 마주치자, 그는 모험이라는 무익한 상징 속에서 오랫동안 찾아온 그 존재를 자신이 평온하고 차분하게 받아들이고 있다는 느낌을 받았다.

그런 만남이 이루어질 때까지 가비에로는 협곡에서 탐색과 시험으로 가득한 힘든 시기, 거짓 발견으로 가득한 시기를 보냈다. 그곳의 분위기는 반향이 울리는 바실리카 교회당 같았고, 황토색 담요 같은 물은 졸린 듯이 느릿느릿 흘러갔다. 그런 분위기는 제삼자를 향해 그를 이끌고 있던 내면의 움직임과 기억 속에 뒤섞였다. 제삼자는 바로 그의 존재의 냉정한 파수꾼이었으며, 그 어떤 판단도 하지 않으면서 칭찬하지도 나무라지도 않았다. 단지 내세의 시선으로 그를 뚫어지게 지켜보기만 했지만, 마치 거울처럼 가비에로가 살아왔던 순간들을 놀라울 정도로 그대로 반영하고 있었다. 일종의 열렬한 쾌감으로 착색된 고요함이 그를 엄습하면서, 약간의 기쁨을 미리 맛보게 해주었다. 우리 모두가 그와 같은 기쁨을 죽기 전에 이루고자 희망한다. 그러나 세월이 흐르면서 우리는 점점 그 기쁨으로부터 멀어지고, 그에 따라 우리 안에 있던 절망감은 커진다.

가비에로는 방금 전에 획득한 이런 충만감이 지속될 수만 있다면 죽어도 상관없으며, 죽음은 메모 속의 작은 일화에 불과할 것이라는 느낌을 받았다. 그리고 길모퉁이를 돌거나 잠을 자는 동안 침대에서 몸을 뒤척이는 사람처럼, 별 어려움 없이 죽음을 받아들일 수 있으리라는 것을 알았다. 높이 솟은 화강암들과 천천히 흘러가는 강물, 잔잔한 수면과 메아리치는 계곡의 빈 공간들은 가비에로에게 마치 잊힌 사람들의 왕국, 즉 잠들지 못하는 피조물들의 행렬과 죽음이 뒤섞이는 영역을 예언하는 이미지와 같았다.

가비에로는 앞으로 모든 것이 과거에 일어났던 일들과는 아주 다르리라는 것을 알고 있었다. 그래서 가비에로는 사람들의 아우성 소리와 뒤섞이지 않도록 그 장소에서 시간을 끌며 머물렀다. 그는 방금 얻은 마음의 평안이 어지럽혀질까봐 두려웠다. 그러나 마침내 어느 날, 그는 뗏목의 몇몇 잔해를 덩굴로 꽁꽁 묶고서 강물 한가운데에 도착했다. 그리고 좁은 골짜기를 통해 강 아래로 항해했다. 일주일 후 그는 삼각주에 내리쬐는 하얀 불빛을 받으며 모습을 드러냈다. 그곳에서 강은 잔잔하고 따스한 바다로 흘러들어갔다. 은은한 물안개가 솟아올라 거리를 더욱 멀어 보이게 만들었고, 수평선은 끝도 없이 넓게 펼쳐지고 있었다.

아라쿠리아레 협곡에 머무는 동안 그는 그 누구와도 말하지 않았다. 여기에 쓰인 것은 습지대를 떠나기 전 그가 마지막 나날들을 보냈던 허름한 호텔방 옷장에서 발견된 메모에서 발췌한 것이다.


## 가비에로의 방문

그의 모습은 완전히 바뀌어 있었다. 그는 전보다 더 늙어 보였다. 성난 기후 속에서 많은 세월을 보내느라 초췌해진 것은 아니었다. 그는 오랫동안 떠나 있었던 것이 아니었고, 설사 그렇다고 해도 그건 또다른 문제였다. 그의 눈에는 지치고 사악한 무언가가 있었다. 감정을 표현하는 움직임은 모두 사라졌고, 마치 삶의 무게나 기쁨과 슬픔의 자극을 더이상 짊어질 필요가 없는 것처럼 굳게 유지되고 있던 어깨에도 무언가가 드러나 있었다. 목소리는 눈에 띌 정도로 약해져서, 이제는 부드럽고 특징 없는 어조를 띠고 있었다. 다른 사람들의 침묵을 도저히 참지 못해서 할 수 없이 말하는 그런 목소리였다.

그는 흔들의자를 강둑의 커피나무들이 바라보이던 복도로 가져가서, 뭔가를 기다리는 자세로 의자에 앉았다. 머지않아 불어올 밤의 산들바람이 깊지만 단정 지어 말할 수 없는 그의 불행을 덜어줄 것만 같았다. 강물은 커다란 바위와 부딪치면서 멀리서 말벗이 되어주며, 그가 문제를 하나하나 단조롭게 열거할 때마다 칙칙한 기쁨을 덧붙여주었다. 사실 그의 문제는 항상 동일했지만, 이제는 시시하고 단조로운 노래 속에 파묻혀, 그가 도저히 재기할 수 없는 패배를 당했다는 현재의 조건만 드러내고 있을 뿐이었다. 그는 이제 무(無)의 인질이 되어 있었다.

"나는 과시모의 여울목에서 여성복을 팔았소. 축제가 열리는 날에는 황량한 고지의 여자들이 그 여울을 건넜다오. 걸어서 강을 건너야만 했고, 허리춤까지 옷을 접어 올려도 옷이 젖었기 때문에, 그런 옷차림으로 마을로 들어갈 수 없어 내게 무언가를 샀다오.

한때 그런 까무잡잡하고 강인한 허벅지, 그리고 통통하고 둥근 궁둥이, 비둘기의 가슴과 같은 복부를 보면 이내 참을 수 없이 미칠 정도로 흥분하곤 했소. 질투심으로 가득한 어느 형제가 마체테*를 치켜들고 나에게 달려들었고, 나는 그곳을 떠났소. 나는 단지 초록색 눈동자의 미소 짓는 여자에게 꽃무늬가 새겨진 무명 치마를 팔기 위해 치수를 재고 있었을 뿐인데, 그 남자는 내가 그 여자에게 수작을 걸고 있다고 생각했던 것이라오. 때마침 그녀가 그를 멈춰 세웠소. 나는 갑자기 그곳이 지겨워졌고, 그래서 내 물건들을 몇 시간 내에 모두 팔아버리고 영원히 그곳을 떠났소.

그러고 나서 나는 몇 달 동안 철길에 버려져 있던 철도 차량에서 살

---

* 풀이나 잡초를 베는 칼 모양의 낫.

았소. 그 철로는 결국 건설되지 못하고 말았다오. 언젠가 나는 당신에게 그것에 관해 말했소. 게다가 그건 중요한 게 아니오.

그런 다음 나는 항구로 내려가서 안개가 자욱하고 무자비하게 추운 지역을 항해하는 화물선에서 일했소. 시간을 보내고 지루함을 떨쳐버리기 위해, 나는 기계실로 내려가 화부들에게 마지막 네 명의 부르고뉴의 위대한 공작들에 관한 이야기를 들려주었소. 보일러가 포효하고 크랭크가 달각달각 소리를 냈기 때문에 큰 소리로 말해야 했소. 그들은 항상 내게 몽트로 다리에서 왕의 심복들에게 살해당한 '대담무쌍한' 장의 죽음과 '철면피' 샤를과 요크 사람 마거리트의 결혼축하연을 반복해달라고 부탁했다오. 안개와 거대한 빙산을 가로지르는 끝없는 여행을, 나는 결국 이야기만 하면서 보냈다오. 선장은 나라는 사람이 존재하는지도 잊고 있었는데, 어느 날 하급선원 책임자가 선장에게 가서 내가 화부들에게 일을 하지 못하게 한다고, 위대한 사람들에 대한 피비린내 나는 살해와 전대미문의 반역에 관한 이야기로 그들의 머리를 가득 채우고 있다고 말했소. 내가 낭시에서 있었던 마지막 공작의 종말에 관해 이야기하고 있는데, 선장이 들이닥쳤소. 그 불쌍한 인간이 무슨 생각을 하고 있었는지 그 누가 알겠소. 어쨌거나 그들은 스켈데 강가에 있는 항구에 나를 내려주었소. 내가 가진 것이라고는 더덕더덕 기운 옷가지와 성 라사루스 산의 공동묘지에 있는 익명의 무덤들에 대한 목록뿐이었다오.

그러고 나서 나는 큰 강의 입구에서 설교하고 기도하는 일에 종사했소. 나는 하느님의 새로운 왕국이 도래할 것이고, 그곳에서는 죄와 참회가 엄격하고 상세하게 규정될 것이며, 따라서 밤이건 낮이건 언제라도 우리가 상상할 수도 없는 충격이나 기쁨이 우리를 기다릴 것이며, 그 순간은 짧지만 매우 강렬할 것이라고 말했소. 나는 훌륭한 죽음을 위한 기도문이 인쇄된 조그만 종이를 팔았소. 그곳에는 새로운 왕국의 교리에 대한 핵심이 요약되어 있었다오. 이미 나는 그 기도문의 대부분을 잊어버렸소. 하지만 가끔씩 꿈속에서 세 줄이 기억난다오.

당신의 비늘이 흩뿌려진 인생의 금괴,
마르지 않는 수원(水源)이 어둠을 모으고
진흙의 천사가 당신의 날개를 자른다.

때때로 나는 이 세 줄이 정말로 기도문의 일부를 구성하고 있었는지, 아니면 그것들이 정기적으로 되풀이되는 내 애처로운 꿈의 산물은 아닌지 의심한다오. 하지만 지금은 그걸 확인할 시간이 아니오. 나는 정말로 추호도 그럴 생각이 없소.”

갑자기 가비에로는 갈수록 불확실해지던 그의 방황에 관한 이야기를 멈추고 긴 독백을 시작했다. 산만하고 분명히 무의미한 것이었지만, 나는 아무런 이유도 없이 막연히 불쾌감을 느꼈다. 그럼에도 괴롭지만 그의 말을 그대로 기억한다.

“이런 모든 장사나 만남, 그리고 지역들이 결국은 내 인생의 진정한 요체가 되기를 멈추었기 때문이라오. 그래서 나는 어떤 것이 내 상상에서 나온 것이며, 어떤 것이 진짜 경험에서 나온 것인지 모른다오. 그것들 덕택에, 아니 그것들을 통해 나는 몇 가지 강박관념에서 벗어나려고 노력하지만 모두 헛된 일이라오. 이 강박관념들만은 분명히 진짜고 불변하는 실제라오. 그것들이 마지막 사건들을 엮고 있으며, 또한 그것들이 세상을 마구 떠돌아다닌 나의 종착점이 분명하오. 그것들을 분리시키고 이름을 붙인다는 것은 쉽지 않지만, 대략 이렇게 말할 수 있소.

'허용된 짧은 인생의 대가로 어린 시절의 나날과 같은 행복에 만족해야 한다.'

'고독을 연장하고, 진정한 우리의 존재, 즉 우리와 대화하고 우리가 도망칠 수 없는 공포에 빠지지 않도록 항상 숨어버리는 존재와의 만남을 두려워하지 말아야 한다.'

'그 누구도 다른 사람의 말을 듣지 않으며, 그 누구도 다른 사람에 관해서는 아무것도 모른다는 사실을 깨닫는다. 말은 기만이며, 우리의 꿈과 진실의 불안한 구조물을 덮고 위장하며 감추는 계략이고, 모든 말은 의사 전달이 불가능하다는 신호를 지니고 있다는 것을 깨닫는다.'

'무엇보다도 기억을 믿지 않는 법을 배운다. 우리가 기억한다고 믿는 것은 실제로 일어난 것과 완전히 다르며 전혀 상관 없다. 짜증나고 넌더리나는 불쾌한 순간들이 몇 년 후에는 기억에 의해 얼마나 더할 나위 없이 행복한 순간으로 되돌아오는가! 향수는 거짓말이며, 그 덕택에 우리는 죽음을 향해 더 빨리 나아간다. 기억하지 않고 사는 것은 아마도 신들만이 알고 있는 비밀일 것이다.'

나의 방황과 좌절, 나의 천진난만한 황홀경이나 비밀스러운 방탕함을 이야기할 때, 나는 단지 두세 가지 동물의 비명 소리, 즉 동굴에서 나오는 날카로운 울부짖음을 공중에 멈추게 하려는 것뿐이오. 그 소리들은 내가 진정으로 느끼는 것이 무엇인지, 내가 진정 누구인지를 더 정확하고 효과적으로 말해줄 수 있을 것이기 때문이오."

그의 눈은 마치 거대한 규모의 두꺼운 벽을 바라보듯이 무겁고 답답하게 꼼짝도 하지 않았다. 아랫입술은 가볍게 떨리고 있었다. 그는 팔짱을 끼고서 마치 강물 소리와 리듬을 맞추려는 듯이 천천히 몸을 흔들며 움직이기 시작했다. 시원한 진흙 냄새와 으깨진 풀 냄새, 그리고 썩어가는 수액 냄새로 강물이 불어나고 있음을 알 수 있었다. 가비에로는 밤이 될 때까지 한참 동안 아무 말이 없었다. 현기증 날 정도의 어둠과 함께 갑자기 밤이 오는 것은 열대지방의 전형이다. 대담무쌍한 반딧불들이 커피나무의 따스한 침묵 속에서 춤을 추고 있었다. 그는 다시 입을 열기 시작했고, 하던 이야기에서 다시 다른 이야기로 빠졌다. 그가 자기 존재의 가장 어두운 지역으로 들어갈수록, 나는 그 의미를 포착할 수 없었다. 갑자기 그는 다시 과거의 사건들로 돌아왔고, 나는 다시 그의 독백의 흐름을 따라갈 수 있었다.

"나는 인생에서 놀라운 일을 그리 많이 겪지 않았소." 그가 말했다. "그 어떤 놀라운 일도 이야기할 가치가 없다오. 하지만 내게는 그런 각각의 사건들이 재앙의 종소리와 같은 음산한 힘을 가지고 있소. 어느 날 아침 나는 폭염이 내리쬐는 어느 하천항의 형편없는 사창가 방에서 옷을 입고 있었소. 그때 나무 벽에 걸린 내 아버지의 사진을 보았소. 그는 카리브해에 있는 하얀색 호텔의 베란다에서, 버드나무 가지로 만든 흔들의자에 앉아 있었소. 과부였던 우리 어머니는 그 사진을 나이트테이블 위의 똑같은 자리에 항상 보관하고 있었소. '이 사람이 누구요?'라고 나는 밤을 함께 보냈던 여자에게 물었소. 그때까지만 해도 나는 그녀의 육체에서 지저분한 무질서만을 보았고, 그녀의 얼굴에서 동물적 근성만을 보았소. '우리 아버지예요.' 그녀는 슬픈 미소를 지으며 대답했고 이빨 빠진 입 안이 드러났소. 그렇게 말하면서 그녀는 땀과 가난으로 적셔진 침대 시트로 자기의 뚱뚱한 벗은 몸을 가렸다오. '한 번도 본 적이 없지만, 나와 마찬가지로 여기서 일했던 우리 어머니는 항상 그를 기억했고, 심지어 그의 편지도 보관하고 있었어요. 마치 그게 자기를 영원히 젊게 유지시켜줄 거라고 믿는 것 같았어요.' 나는 옷을 입고 넓은 흙길로 사라졌소. 땡볕이 내리쬐고 있었고, 식당과 술집에서 흘러나오는 라디오 소리와 숟가락과 식기류가 부딪히는 소리가 울려 퍼지고 있었소. 식당과 술집은 평소 고객이었던 트럭 운전사들과 가축업자들, 그곳 공군기지의 병사들로 가득 메워지기 시작했다오. 나는 아찔한 슬픔을 느끼면서 내가 결코 마주치고 싶지 않았던 인생의 길모퉁이에 있다고 생각했소.

언젠가는 아마존의 한 병원에 있게 되었소. 말라리아에 걸려 갈수록 기운이 빠지고 고열을 앓으면서 헛소리를 내뱉었기 때문에, 병을 치료하기 위해 갔던 것이오. 밤인데도 더위는 참을 수 없을 지경이었소. 하지만 동시에 현기증의 소용돌이를 견디는 데는 도움이 되었소. 그 소용돌이의 중심은 하찮은 말 한마디이든지 아니면 내가 알아들을 수 없는 말투였는데, 고열이 내 모든 뼈가 아플 때까지 그 중심 주위를 맴돌고 있었소. 내 옆 침대에는 괴저 거미에게 물린 상인이 왼쪽 옆구리를 뒤덮고 있는 검은 고름물집을 부채로 부치고 있었소. '곧 말라붙을 겁니다.' 그는 쾌활한 목소리로 말했소. '이게 말라붙으면 이곳을 나가 거래를 마무리할 겁니다. 나는 엄청난 부자가 될 것이고, 그러면 이 병원 침대와 단지 원숭이들과 악어들에게나 좋은 이 빌어 먹을 밀림에 관해서 하나도 기억하지 않게 될 겁니다.' 그 당시 그가 벌이고 있던 거래는, 군부가 발행한 세관 검사와 세금 면제 특혜 수입 면장을 가지고 아마존 지역에 수상비행기 부속품을 조달하는 복잡한 사업과 관련된 거였소. 적어도 그게 내가 희미하게 기억하는 내용이 라오. 밤새 그 남자가 그 사업과 관련된 세세한 사항까지 말해주었는 데, 그런 것들이 하나씩 위독한 말라리아로 생긴 소용돌이로 통합되 었기 때문에 제대로 기억하지 못하는 것이라오. 마침내 새벽이 되자 나는 잠들 수 있었지만, 낮 시간 내내, 그리고 밤 시간의 상당 부분 동 안 지속되었던 고통과 공포에 포위되어 있었다오. '여기 보십시오, 여 기 서류가 있습니다. 곧 모두 폐기될 것입니다. 곧 알게 될 겁니다. 내 일 나는 틀림없이 퇴원할 겁니다.' 그는 어느 날 밤 내게 이렇게 말했 소. 그리고 도장이 여기저기 찍혀 있고 세 개의 언어로 작성된 설명문 으로 가득한 파란색과 핑크색의 서류 한 뭉치를 야단스레 내보이면서 계속해서 그 말을 반복했소. 내가 고열로 기나긴 혼수상태에 빠지기 전에 들었던 그의 마지막 말은 '아, 이제야 마음이 놓입니다. 얼마나 기쁜지 모르겠습니다. 이 빌어먹을 게 이젠 끝났단 말이에요!'였소. 그런데 우레와 같은 총소리를 듣고 나는 잠에서 깼소. 그 소리가 내게 는 마치 세상의 종말처럼 느껴졌다오. 나는 내 옆 침상을 바라보았소. 탄환에 박살이 난 그의 머리가 그때까지도 썩은 과일처럼 흐늘거리며 흔들리고 있었소. 나는 다른 병실로 이송되었고, 그곳에서 삶과 죽음 을 오갔다오. 시원한 바람이 불어오는 우기가 되어서야 나는 다시 기운을 차릴 수 있었소.

　나도 내가 왜 이런 것들을 당신에게 이야기하고 있는지 모르겠소. 사실대로 말하자면, 나는 이 종이들을 당신에게 주려고 왔소. 우리가 이제 다시 못 만나게 되더라도, 당신은 이 종이들을 어떻게 해야 하는지 알 것이오. 이것은 내 청년 시절의 편지와 전당표, 그리고 이제는 결코 완성하지 못할 내 책의 초고라오. 이 책은 왜 발렌티노 공작 체사레 보르자가 나바라의 왕인 자기 처남의 궁궐로 달려가서 아라곤 왕과의 싸움을 지지하게 되었는지, 그 몇 가지 확실한 동기를 연구한 것이오. 그리고 그가 새벽에 비아나 외곽에 매복해 있던 나바라 반역자 쪽 병사들에게 어떻게 죽임을 당했는지에 관한 것이오. 이 이야기의 뒤에는 예기치 않은 게 있소. 나는 그 숨겨진 부분이 분명하게 밝혀질 필요가 있다고 이미 오래전부터 생각했소. 또한 당신에게 쇠 십자가를 남겨주고 싶소. 그것은 내가 아나톨리아의 버려진 회교사원 정원에 있는 알모가바르들*의 납골당에서 발견한 것이오. 항상 내게 행운을 가져다주었지만, 이제 나는 그 십자가가 없이 여행할 때가 왔다고 생각하고 있소. 또한 영수증과 거래증빙서들을 남겨두오. 이것들은 세레노 광산에 있는 폭발물 공장과의 거래에서 내가 무죄임을 보여주는 자료들이오. 당시 동료였던 헝가리 출신의 중개업자, 파라과이 출신의 공동출자자와 함께, 나는 거기서 얻은 이익을 챙겨 마데이

---

* 경무장 보병대로 이루어진 아라곤 왕의 공격부대로 13세기와 14세기 사이에 지중해에서 활동했다. '알모가바르'라는 이름의 기원에 대해서는 몇 가지 의견이 있다. 아랍어 '알모가바르(소요를 일으키는 사람들)'나 '알무크하비르에(소식을 가져오는 사람들)'에서 유래했다고도 하고, '가바르', 즉 '잘난 체하는'이라는 형용사에서 비롯되었다고도 한다.

라로 철수하려고 했소. 그런데 그들이 이익금을 모두 가지고 도망쳤고, 내가 모든 비용을 청산할 의무를 지게 되었다오. 이미 오래전에 시효가 만료되었지만, 법원이 어떤 조치를 내렸는지 몰라서 이 영수증들을 보관해야만 했소. 하지만 이제는 더이상 갖고 다니고 싶지 않소.

그럼 이제 작별 인사를 하겠소. 나는 이제 내려가서 빈 바지선을 타고 '순교자의 늪'까지 가겠소. 만일 하류에서 승객을 몇 명 태울 수 있다면, 나는 다시 여행을 시작할 수 있는 충분한 돈을 갖게 될 것이오."
그는 자리에서 일어나, 의례적인 것 같기도 하고 군인의 습관인 것도 같은 제스처, 그러니까 그의 너무나 전형적인 제스처를 취하며 손을 내밀었다. 내가 여기서 밤을 보내고 다음날 아침에 강으로 내려가라고 부탁하기도 전에, 그는 우리가 젊은 시절에 몹시 좋아했던 오래되고 진부한 노래를 휘파람으로 불면서 커피나무들 사이로 사라졌다. 나는 그가 건네준 종이들을 살펴보았다. 그리고 그 안에서 그가 한 번도 언급하지 않았던, 가비에로의 지난 삶에 관한 적지 않은 흔적들을 발견했다. 바로 그때 저 아래에서, 그러니까 강을 가로지르는 다리 위에서 그의 발자국 소리가 울려 퍼지는 소리, 다리를 덮고 있던 함석지붕과 그의 발자국 소리가 부딪쳐 메아리치는 소리가 들렸다. 나는 그가 없다는 것을 실감했고, 그의 목소리와 제스처를 떠올리기 시작했다. 나는 그것들이 얼마나 많이 바뀌었는지 깨달았다. 이제 그런 변화는 다시는 그를 만나지 못할 것이라는 불길한 예고가 되어 내게 되돌아오고 있었다.

# 비와 함께 오는
# 일로나

나의 동생 레오폴도에게

케데심 케데쇼트,[*] 여류 저명인사, 신학자,
미친 여자, 청동 제품, 청동의 아우성,
심지어 아프리카의 호색한이며 죄인인
히포의 아우구스티누스도
이 영묘한 페니키아 여인의 몸을
단 하룻밤도 훔치지 못했으리라.
죄인인 저는 하느님께 제 죄를 고백합니다.

—곤살로 로하스, 「케데심 케데쇼트」


세상에 초연한 그의 사랑은 나를 풍요롭게 하고
힘든 시절을 극복할 수 있는 불굴의 힘을 준다.

—막심 고리키, 『유년시대』

# 독자에게

　자신의 삶을 친구들에게 들려주기로 했을 때, 마크롤 가비에로는 극적인 요소들로 장식된 이야기들을 선택하고자 했다. 다시 말하면, 종종 너무나도 분명하게 서정적 분위기에 도달하거나, 혹은 형이상학적이고 따라서 대답할 수 없는 모든 질문들을 지닌 미스터리로 끝날 수 있도록 어느 정도 긴장감 있는 이야기를 들려주고자 했다. 그러나 오랫동안 그와 가깝게 지내던 우리들은 그에게 헤아릴 수 없이 다난한 존재로 살았던 시간이 존재한다는 것을 알고 있었다. 비록 그 기간에 이야기꾼에게 너무나 소중한 특성을 완전히 잃어버리지는 않았지만, 그는 자신의 작중인물처럼, 사회 통치를 위해 법이 설정한 한계를 깊이 생각하거나 숨기지 않은 채 적절히 넘나드는 주변적인 면모를 보였다. 가비에로의 경우, 도덕성은 매우 융통성 있는 요소였고, 그래서 항상 자기가 처한 상황에 맞출 수 있는 것이었다. 그는 위법적인 행동이 미래에 어떤 결과를 가져올 것인지에는 별 관심이 없었고, 그래서 쉽게 잊어버리곤 했다. 또한 과거에 범했을지도 모르는 범법 행위에도 전혀 양심의 가책을 느끼지 않았다. 말이 나왔으니 말인데, 과거와 미래는 그의 영혼을 특별히 무겁게 짓누르는 개념이 아니었다. 그는 항상 자기가 예외적으로 여기며 열중하는 목표는, 길거리에서 마주치는 모든 것을 가지고 현재를 풍요롭게 만드는 것이라는 인상을 주었다. 그것은 분명했고, 나보다 그를 더 잘 알고 있던 다른 사람들은 법령이나 원칙, 규칙과 규율처럼 흔히 '법'으로 알려진 것들이 가비에로에게는 그다지 큰 중요성이 없으며, 그의 인생의 한 순간도 점유하지 못하고 있다는 점에 의견의 일치를 보였다. 사실 법이나 규율은 그가 자신의 문제를 위해 설정해놓았던 영역 밖에 있었으며, 그것들을 통해 그를 극히 개인적이고 변덕스러운 속마음에서 벗어나게 해야 할 그 어떤 이유도 없었다.

포도주를 마시며 회상의 물결이 최고조에 이르렀을 때, 나는 내 친구에게서 그가 살아오면서 겪은 사건들을 들을 수 있었다. 그 이야기들은 그가 향수, 그러니까 내가 '미지의 것에 대한 갈증'이라고 부르는 것을 갑작스럽게 느꼈을 때 자주 털어놓던 이야기들과 달랐다. 그가 들려준 몇몇 일화들은 주인공의 목소리를 빌려 여기에 서술되어 있다. 그것들은 그의 또 다른 얼굴을 드러내기 때문에 매우 흥미로워 보였다. 나는 매우 조심스럽게 가비에로와 함께 종종 그 이야기들로 돌아가곤 했다. 그리하여 그가 그토록 좋아하는 여담과 그의 목소리의 억양 변화까지 내 기억에 그대로 새겨놓을 수 있었다.

나는 가비에로가 자신이 숨김없이 드러내는 주변성을 고백할 수 없는 창피한 것이나 괴로운 것으로 여기고 있기 때문에 혼자만 이런 이야기들을 간직하는 것이라고 생각하지는 않으며, 그런 말은 할 필요도 없다. 단지 다른 사람을 예기치 않은 모험에 관여시키고 싶지 않기 때문인 것 같다. 가비에로에게는 그런 모험 이야기가 두렵거나 부끄러운 것이 아니지만, 듣는 이들은 그렇게 여기면서 그 이야기를 숨기거나 잊으려고 할 수도 있기 때문이다. 어쨌거나 내가 불필요한 설명을 너무 장황하게 늘어놓고 있다는 것은 알고 있지만, 인쇄된 글자들은 너무나 결정적인 증거가 되고 위험한 특징을 지니고 있기 때문에, 이 책을 꼼꼼히 읽을 독자들에게 아무런 예방책도 취해놓지 않은 채 그의 이야기를 마구 풀어놓기란 쉽지 않다. 이것이 내가 말하고자 하는 전부이며, 이제 우리 친구의 말을 들어보도록 하자.

# 크리스토발

선미에 파나마 국기를 자랑스럽게 펄럭거리는 회색 세관선이 가까이 다가오는 것을 보자, 나는 즉시 우리가 힘들었던 여행의 마지막에 이르렀다는 것을 알았다. 사실대로 말하자면, 지난 몇 주 동안 항구에 정박할 때마다, 우리는 언제나 이것과 같은 배가 찾아오길 바랐다. 우리는 카리브해의 관료주의에 젖은 느슨한 세관 처리 덕분에 지금까지 불의의 사건을 겪지 않고 안전할 수 있었던 것이다. 세관선이 잔잔한 회색 물웅덩이를 헤치며 길을 열고 있었다. 물웅덩이에는 알 수 없는 쓰레기들과 막 썩기 시작한 새들의 시체가 둥둥 떠다니고 있었다. 밑이 평평한 배는 기름이 둥둥 뜬 수면을 가로지르면서 천천히 물결을 만들었고, 그 물결은 얼마 가지 못하고 느릿느릿 사라졌다. 우리는 계속해서 파도가 밀려오고 사라지는 무질서한 근해에서 멀리 떨어져 있었다. 카키색 옷을 입은 세 명의 관리가 겨드랑이와 등에 커다란 땀자국을 새긴 채, 좁은 계단으로 건방을 떨며 느릿느릿 올라왔다. 책임자인 것처럼 보이는 사람이 영어가 가득한 엉터리 스페인어로 선장이 어디에 있느냐고 우리에게 물었다. 그는 '자메이카 놈들'이라고 불리는 흑인이었다. 미국 놈들이 자메이카에서 흑인들을 데려와 파나마 운하 공사에 사용했는데, 바로 그때 온 자메이카 흑인들의 후손들이었기 때문이다. 나는 그들을 2층 갑판으로 데려갔고, 여러 번 선실 문을 두드렸다. 마침내 탁하고 피로에 지친 목소리가 대답했다. "들어오시오." 나는 그들을 들여보내고 선실 문을 닫았다. 그리고 갑판장과 대화하고 있던 좁은 층계 밑으로 다시 돌아갔다. 배의 엔진은 뜻하지 않게 불규칙한 소리를 내며 으르렁거렸고, 구름 한 점 없는 하늘에서 내려온 불굴의 열기로 고약한 야채 썩는 냄새가 배 안을 더욱 진동시켰다. 그리고 다음 밀물을 기다리면서 햇빛에 말라가고 있던 맹그로브 늪지의 진흙 냄새도 풍겨왔다.

"이제 끝이야. 이제는 각자 갈 길을 가야 해. 어떤 일이 벌어지는지 곧 알게 되겠지." 갑판장이 크리스토발 부둣가를 바라보면서 말했다. 마치 그곳에서 자기의 궁금증을 풀어줄 만한 답이 나올 수도 있다는 표정이었다. 코르넬리우스는 키가 작고 뚱뚱한 네덜란드 사람이었고, 언제나 가장 싼 담배 가루를 넣은 파이프를 입에 물고 있었다. 그는 나무랄 데 없는 스페인어를 구사했는데, 그의 스페인어는 아주 다양하고 생생한 욕으로 매우 풍부해져 있었다. 마치 평생 동안 섬들을 돌아다니며 욕이란 욕은 죄다 수집하기로 마음먹은 것 같았고, 그렇게 카리브해 외설문학의 진정한 표본을 이루고 있었다. 여행을 시작할 때, 그는 어느 정도 불신을 가지고 나를 대했다. 그것은 지휘자의 자리에 오르면 바닷사람들을 엄습하는 과민성에서 비롯된 것이었다. 바닷사람들은 자기들의 영역이라고 여기던 것을 침범할 것처럼 보이는 모든 이방인을 불신한다. 그러나 얼마 되지 않아 나는 네덜란드 사람의 이런 첫 반응을 극복할 수 있었고, 우리는 소원하지만 확고하고 예의 바른 관계를 갖게 되었다. 그리고 그 관계는 공통의 일화와 경험을 재구성하면서 유지되었다. 우리는 이야기를 나누다가 배꼽 빠질 듯이 웃음을 터뜨리거나, 혹은 좌절당한 아련한 기억에 사로잡혀 죽을 것 같은 모습이 되곤 했다.

"위토는 차압을 피할 수 없어. 마치 오래전부터 차압을 당하기 위해 노력한 사람 같아. 만일 그가 배를 잃어버리고 지금과 같은 삶을 그만둔다면 모든 문제가 해결될 거야. 이제 그의 일상은 멈추고 말 거야. 그가 이미 오래전부터 믿으려고 하지 않았던 일상이 끝나는 거지. 이미 오래전부터 이 모든 것이 그를 몹시 지겹게 만들었어. 나는 적어도 이번 여행을 하면서 그의 행동을 보고 이렇게 추측하게 됐지. 코르넬리우스, 자네는 어떻게 생각해? 자네는 나보다 그를 더 잘 알고 있어. 함께 다닌 지 얼마나 되었지?" 나는 대화를 유지하려고 노력했지만, 그럴 수 있으리라는 확신은 그다지 크지 않았다. 반면에 저 위에서는 몇 주 전부터 우리를 위협하고 있던 음울한 사법 절차가 진행되고 있었다.

"십일 년 동안 함께 다녔어." 갑판장이 대답했다. "불쌍한 위토의 삶을 저렇게 만든 빌어먹을 운명은 그의 외동딸이 바베이도스의 개신교 목사와 도망치면서 시작되었어. 그 목사는 유부남이었고 자식도 여섯 명이나 있었지. 그는 신도들과 교회와 가족을 버리고, 위토의 딸을 알래스카로 데려갔어. 가련한 그 아이는 못생겼을 뿐만 아니라 가는귀도 먹었지. 그러자 위토는 엉망진창인 사업을 시작했어. 그는 배를 저당 잡히고 돈을 빌렸지. 그리고 아마 빌렘스타트에 집이 한 채 있었을 거야. 어찌 된 건지 알지? 빚을 내서 빚을 돌려막은 거지. 저 개 같은 놈들이 그와 문제를 해결하려 온 거라고 생각해도 큰 무리는 아닐 거야."

그는 어깨를 움찔거렸고, 초조하게 파이프를 빨면서 선실 쪽을 쳐다보았다. 선실에서는 대화가 계속되고 있었지만, 그 결과는 쉽게 예측할 수 있었다. 잠시 후 제복을 입은 사람들이 선실에서 나왔다. 그들은 서류가방에 서류 몇 장을 넣고서, 모자챙을 아무 생각 없이 톡톡 치면서 인사했다. 그리고 좁은 계단을 내려가더니 밑이 평평한 배 위로 올라갔다. 배는 만의 바닷물을 부드럽게 가로지르면서 크리스토발 부둣가를 향해 떠났다.

선장이 선실 문 앞에 나타나더니 나를 불렀다. "마크롤, 잠시만 이리로 올라와주겠나?" 그의 목소리는 확고하고 차분했다. 우리는 선실로 들어갔고 그는 내게 자기가 책상으로 사용하던 식탁 맞은편에 앉으라고 권했다. 우리가 식탁으로 사용하던 바로 그 탁자였다. 그는 조금 야위어 보였다. 선장은 보통 키에 마른 체격이며, 얼굴은 여우처럼 뾰족하고 날카로웠다. 그리고 눈은 길고 진하고 텁수룩하며 희끗희끗한 눈썹에 거의 뒤덮여 있었다. 그를 볼 때 가장 먼저 관심을 끄는 것은 전혀 바닷사람의 흔적이 없다는 것이다. 그는 바닷사람이라고 생각할 만한 그 어떤 제스처도 취하지 않았다. 오히려 기숙사의 사감이나 자연과학 선생님으로 생각하기가 더 쉬웠다. 그는 천천히 정확하게, 그리고 약간 거만하게 말했다. 각각의 단어를 강조했으며, 마치 그가 말하고 있는 것을 누군가가 공책에 받아적기를 기다리기라도 하듯이 한 문장을 마치면 약간 틈을 주곤 했다. 그러나 그런 교육자적 분위기 뒤에 일종의 감정적 무질서, 비밀스럽고 고통스러운 상처와 같은 무언가를 숨기려고 한다는 것을 어렵지 않게 간파할 수 있었다. 이런 모습은 몇 년 전부터 선장에게 따스한 관용을 베풀려고 애써온 우리를 감동시켰지만, 깊고 영원한 우정을 맺는 것으로 끝나지는 않았다. 그는 자신의 영혼 어딘가에 스스로를 다른 사람들에게서 철저히 고립시키는 패배자의 표시를 새겨 가지고 다녔다.

"좋아, 마크롤." 그는 내게 전에 없이 더 천천히 말하기 시작했다. "자네도 이미 짐작했겠지만, 이것은 배와 관련된 일이네. 파나마에 지점을 두고 있는 은행 협회가 배를 압류했다네." 그는 먼저 사과를 하는 것 같았다. 나는 내가 듣고 싶지 않은 비밀을 들어야 할지도 모른다는 괴롭고 불편한 느낌을 받았다. 맞은편 벽에 달린 조그만 선풍기는 윙윙거리며 느릿느릿 돌아가고 있었고, 옷에 찌든 땀 냄새와 밤새 피워댄 담배꽁초 냄새로, 떠돌아다니던 무거운 공기는 시원해질 기미가 전혀 보이지 않았다. "마침내 일어나고 말았어." 그는 계속해서 말했다. "몇 개월 전부터 두려워하고 있던 일이었다네. 나는 배와 빌렘 스타트에 가지고 있던 집을 날렸네. 채권자들이 고용한 승무원들이 배를 파나마시티까지 가져갈 거야. 그러니 자네와 갑판장은 원한다면 그들과 함께 파나마 운하를 건너 파나마시티에 내릴 수 있을 것이네. 자네들이 서명했던 고용계약에 따라 나는 돈을 지급하겠네. 그리고 이곳에 머물고 싶다고 해도, 자네들의 임금을 정산해주겠네. 그러니 그들에게 자네들이 어떤 걸 원하는지 알려주게."

"선장, 그럼 자네는 무엇을 할 생각이야?" 나는 그가 일을 너무나 냉정하고 침착하게 처리하자 걱정이 되어 물었다.

"내 문제는 걱정 말게, 마크롤. 정말 고맙네. 난 이미 계획을……" 여기서 그는 말을 머뭇거리면서 순간적이지만 매우 분명하게 창피하다는 표정을 지었다. "난 내가 원하는 일을 추진할 수 있도록 만반의 계획을 세워놓았어. 내 인생에서 가장 흐뭇했던 일 중 하나가 자네와 우정을 나눌 수 있었다는 것이네. 자네는 내게 많은 것을 가르쳐주었지만, 아마도 그럴 거라고는 짐작도 못했을 거야. 그 가르침 덕택에 나는 크고 작은 성공을 누리며 살아올 수 있었어. 그리고 자네가 '인생의 뜻밖의 선물'이라고 부르는 것을 항상 간직할 수 있었지. 이 점에 관해서는 할 말이 많지만, 지금은 그런 고백을 할 시간이 아닌 것 같네. 게다가 나는 자네가 나보다 더 많이 알고 있을지도 모른다고 생각해." 그는 약간 갑작스럽게 벌떡 일어나서 손을 내밀더니, 내 손을 굳게 쥐었다. 나는 그가 말로 다 표현하지 못했던 모든 온기를 그 악수에서 느낄 수 있었다. 내가 침실에서 나가자, 그는 코르넬리우스와 이야기하고 싶으니 선실로 올라오라는 말을 전해달라고 했다.

갑판장과 위토의 대화는 더 짧게 끝난 모양이었다. 네덜란드인이 돌아왔을 때, 나는 넋을 놓은 채 항구를 바라보고 있었다. 죽어버린 혼탁한 바다는 갈수록 침묵을 지켰고, 그럴수록 내 안에서는 침울함만이 커져갔다. 오후의 열기에서 나온 것 같은 침묵은 점점 커져만 갔고, 오후는 자개처럼 반짝이며 수시로 색을 바꾸는 은은한 바다안개와 더불어 하늘로 번져갔다. 코르넬리우스는 바다에 등을 돌린 채 번쩍번쩍 윤기 나는 놋쇠 난간에 기댔다. 그는 선장과 나눈 대화에 관해 일언반구도 하지 않았다. 그게 아무 소용도 없다는 것을 알고 있었던 것이다. 위토가 내게 말했던 것과 거의 다르지 않을 것이 분명했다. 그는 머리에서 강박적이고 해로운 생각을 떨쳐내려는 사람처럼 조급히 파이프 담배를 빨아댔다.

총성이 울렸다. 마치 나무가 모질게 단숨에 쪼개지는 소리 같았다. 안테나 위에서 졸고 있던 갈매기 한 쌍이 하늘로 날아올랐다. 난리를 피우며 퍼덕거리는 날갯짓과 날카로운 울음소리도 그 순간 어두워지고 있던 하늘 속으로 갈매기들과 함께 사라졌다. 우리는 급히 계단을 올라갔다. 선실에 들어가자 목이 따끔거릴 정도의 강렬한 화약 냄새가 우리를 맞이했다. 의자에 앉아 있던 선장은 바닥으로 미끄러지고 있었다. 죽음에 신음하는 사람들처럼 그의 시선은 멍하고 흐리멍덩해졌다. 한 줄기 피가 관자놀이를 지나 코에서 솟구치고 있던 다른 핏줄기와 뒤섞이고 있었다. 입은 찡그린 채 웃고 있었다. 위토의 평상시 얼굴 표정과는 전혀 다른 모습이었다. 우리는 잘 알지도 못하는 타인이 사랑을 나누는 순간을 방해한 것처럼 매우 불편한 느낌을 받았다. 마침내 그의 몸은 둔탁한 소리를 내며 떨어졌고, 윙윙거리는 선풍기 소리만이 죽음이 가져온 적막을 깨고 있었다. 죽음이 산 사람들 속에서 자신의 존재를 보여주고자 하는 것 같았다.

우리는 무선 전신으로 항만 당국에 연락을 취했고, 바로 경비대가 도착했다. 조금 전에 우리를 찾아왔을 때 타고 왔던 바로 그 배였다. 이번에는 흰 제복을 입은 세 명의 경찰과 역시 흰 가운을 입은 의사한 명이 타고 있었다. 의사는 가운을 제대로 입기 위해 서투르게 애를 쓰면서, 적당히 의사로서의 분위기를 풍기려고 노력했다. 그러나 곱슬머리에 낙천적인 흑인 쿰비아 춤꾼과 같은 그의 외모와는 전혀 어울리지 않았다. 절차는 오래 걸리지 않았다. 경찰은 시체를 회색 비닐백에 넣어 아래로 내렸다. 그들은 마치 우편물을 다루듯이 시체를 바닥이 평평한 배 안으로 떨어뜨렸다. 그들이 배를 떠났을 때는 밤이 완전히 드리워져 있었다. 번쩍번쩍 빛나는 네온사인과 함께 항구에 불이 켜졌다. 카바레와 싸구려 술집의 음악 소리가 카리브해 열대지방의 슬프고 소란스러운 축제를 시작하고 있었다.

우리는 오랫동안 서로의 소식을 알지 못하다가, 어느 날 우연히 뉴올리언스에서 만났다. 나는 데카터 거리의 어느 가게로 들어갔다. '구어메이 부티크'(고급 식료품점)라는 오해하기 쉬운 간판을 뽐내고 있는 상점이었다. 그곳에서는 술집이나 부엌에서 사용한다는 쓸모없고 어이없는 물건들을 수집해 전시하고 있었다. 그 외에도 세계 각지에서 온 다양한 상표의 음식과 향료들이 있었는데, 런던과 파리 혹은 뉴욕의 고급 상점에서만 판매되는 것들과 수상쩍을 정도로 비슷하게 포장되어 있었다. 나는 설탕에 절인 생강을 조금 사려고 했다. 그것은 내가 가장 가난하게 살았던 시절에도 간직하고 있던 내 은밀한 열정 중 하나였다. 그런데 유리병에 붙은 가격이 너무 비싸서 나는 계산대로 가서 맞는지 확인해달라고 했다. 위토는 바로 그곳에서 그가 애호하던 다르질링 홍차 두 통의 값을 치르고 있었다. 아무 말도 하지 않은 채 우리는 서로 쳐다보았고, 서로의 약점을 낱낱이 알고 있으며 범죄를 저지르다가 현장에서 검거된 옛 친구들처럼 공모의 미소를 지었다. 위토는 병에 붙어 있는 터무니없는 가격에 대해 가게 주인의 상냥한 설명을 듣고서, 내 생강 값을 지불하겠다고 고집을 부렸다. 주인은 브루클린 억양으로 우리가 사는 물건들은 모두 자기가 밑지고 파는 것이라고 말했다. 우리는 함께 가게를 나왔다. 내 친구는 차와 생강이 진품이 아닐지도 모른다는 의심을 강하게 표출한 후 나를 식사에 초대했다. 그는 자메이카 출신 요리사를 데리고 있었고, 그 요리사는 돼지다리에 자두를 넣은 요리를 준비했는데, 그것은 이 세상의 모든 찬사를 받아도 될 만큼 훌륭했다. 그의 배는 우리가 만났던 가게 맞은편인 비엔빌 부둣가에 정박해 있었다. 그 배는 내가 카라라에 사는 큰부리새의 목덜미 깃털에서만 본 적이 있는 성난 노란색으로 칠해진 화물선이었다. 함교와 선실 그리고 사무실은 흰색으로 칠해져 있었지만, 오래전에 다시 페인트로 덧칠을 해야만 했다. '한자 슈테른'이라는 배의 이름은 적은 용적 톤수와 그보다 더 작은 외관과 전혀 어울리지 않았다. 내 친구의 아내인 수사나가 붙인 이름이었다. 그녀는 젊은 시절에 한동안 함부르크에 살았고, 발트해의 대도시들을 우러러보면서 놀라울 정도로 찬사를 아끼지 않았다. 위토는 그녀를 기리는 마음에, 배의 이름을 바꾸려 하지 않았다. 그 어떤 설명도 필요하지 않았지만, 그의 성격을 보여주는 전형적인 특징 중 하나가, 인류의 나머지 사람들이 세계를 이해하기 위해 부가적인 설명을 필요로 한다는 듯이, 불필요한 세세한 사항까지 모두 정확하게 설명하는 매우 독일적이고 학자연하다는 것이었다.

빈프리트 겔테른. 그의 인생은 족히 책 한 권 분량이 되고도 남았다. 참으로 모험과 일화가 가득했는데, 그중 몇몇은 그가 불덩이 위를 지나가듯이 서둘렀고, 그래서 그 이야기를 듣는 사람은 미로와 같은 복잡한 이야기 속에서 길을 잃곤 했다. 카리브해의 항구와 작은 만에서는 그는 항상 '위토'라는 이름으로 불렸다. 도도한 바이킹 가문의 이름이 어디에서 그토록 황당하게 축소되었는지는 전혀 알 길이 없다. 그런 장소에서는 모든 것이 빛바랜 카니발과 카리브해 제도의 기후에서 탄생된 슬픈 아이러니, 그리고 황량하고 지저분한 해변 지방의 가난을 오락가락하는 비율로 축소된다. 우리 주인공의 여우처럼 날카로운 얼굴과 타락한 교수 같은 분위기 때문에 선장이라는 직함은 그의 별명에 첨가되지 못했는데, 그것은 어느 정도 일리가 있었다. 사람들은 그를 단순히 위토라고만 불렀다. 확인할 수 없는 축소된 이름이 얼마나 우스꽝스러운지 그는 전혀 모르는 듯했다. 그는 단치히에서 태어났지만, 그의 가족은 베스트팔렌 출신이었다. 그는 지구상의 모든 언어를 당황스러우리만큼 유창하게 구사했다. 그는 절대로 바다에서의 삶과 관련된 일화나 사소한 것조차도 이야기하는 법이 없었다. 마치 바다는 그의 습관이나 사상 혹은 취향과는 전혀 관련이 없는 것 같았다. 그는 뼈가 굳은 것처럼 보일 정도로 꼿꼿이 서서 걸었고 시계 수리공처럼 엄밀하게 운율을 맞추어 대화했는데, 그의 걷는 모습은 그의 운율적 대화를 강조하는 데 멋지게 작용했다. 종종 위토는 냉소적인 유머를 구사했으며, 그의 역설은 항상 예기치 않게 갑자기 튀어나왔고, 마찬가지로 갑자기 사라지곤 했다. 어느 날 나는 그가 아주 진지하게 말하는 것을 들었다. "날씨는 순전히 개인적인 문제야. 차갑거나 뜨거운 날씨도 없고, 좋거나 나쁜 날씨도 없으며, 건강에 좋거나 나쁜 날씨도 없어. 사람들이 상상 속에서 그런 환상을 만들어내고는 그것을 날씨라고 부르는 거야. 이 지구상에는 단 하나의 날씨만 있을 뿐인데, 자연이 보내는 메시지가 엄격하게 개인적이고 양도 불가능한 법칙에 따라 해석되는 거야. 나는 핀란드에서 라플란드 사람들이 땀 흘리는 것을 보았고, 과들루프에서 흑인들이 추워서 벌벌 떠는 것을 보았어." 이 말을 마치면서, 그는 군인처럼 자기의 말을 절도 있게 반복하여 강조했다. 마치 우주의 운명을 막 선고한 사람 같았다. 그 누구도 이런 역설을 웃으며 받아들여야 할지, 아니면 진실을 깨달은 학생들처럼 진지하게 받아들여야 할지 몰랐다.

우리는 그의 선실에서 식사를 했다. 나는 킹스턴 출신의 요리사 실력은 선장이 예언했던 명성과 한 치의 차이도 없다는 것을 인정해야만 했다. 위토는 필터 없는 담배에 불을 붙였고, 그것은 불타는 나뭇잎처럼 찝찌름한 악취를 풍겼다. 그리고 아주 진한 커피 두 잔 앞에서 우리는 우리가 만나지 못한 기나긴 시간 동안 무슨 일이 있었는지 서로 소식을 교환했다. 내 이야기가 끝날 무렵, 나는 항상 나쁜 일만 일어나던 좋지 않은 시기 중 하나를 보내고 있다고 설명했다. 나는 뉴올리언스에서 이러지도 저러지도 못하고 있었으며, 케이맨 제도의 그랜드케이맨 섬사람에게 먼바다용 낚시 도구를 괜찮은 가격에 팔아서 생긴 얼마 안 되는 달러도 떨어져가고 있었다. 나는 이미 오대주에 흩어져 살고 있는 내 친구들에게 여러 번 SOS를 보냈지만, 아무런 답장도 받지 못하고 있었다. 마치 모두가 죽은 것 같았다. 그러자 위토가 불쑥 끼어들었다. "그래. 나중에 아무 술집에서나 우연히 한 사람을 만나게 되면, 이미 연습해놓은 깜짝 놀란 표정을 새삼스럽다는 듯이 지으면서 이렇게 묻도록 하게. '그런데 어디에 있었나? 우리는 자네가 죽은 줄 알았어.'"그건 그렇고, 분명한 것은 내 주머니에는 돈이 얼마 없었지만, 터키인들과 모로코인들이 모여 사는 지역에서 형편없는 하숙집을 얻을 정도는 충분히 된다는 것이었다. 나는 그 더러운 하숙집 여주인의 조카인 벨리댄서와 함께 상륙했다. 벨리댄서는 얼마 후 샌프란시스코로 떠났고, 나는 그곳에 남아 상대적으로 인내심을 발휘하면서 매서운 여주인의 끝없는 불평을 참으며 견디고 있었다. 그녀는 '순진한' 조카가 도망친 것을 모두 내 탓으로 돌렸다. 그 아이는 진짜 보석이었다. 그 사모님이 생각하던 것보다는 더 미래가 촉망되는 아이였다. 그녀는 매우 비싼 유명 상표의 시계를 열 개도 더 가지고 있었다. 그녀가 춤을 추는 동안, 치마 속이나 브래지어에 평가 절하된 남아메리카의 지폐가 아니라 때 묻고 더러운 5달러 지폐를 넣어주기 위해 다가오던 단골손님들에게서 몰래 훔친 것들이었다. 위토는 두터운 눈썹 사이로 나를 쳐다보았다. 이 무기력한 여우의 얼굴에 만족스럽다는 미소가 넘실대고 있었다.

"날 따라오게." 내 이야기가 끝나자 그가 말했다. "회계 볼 사람이 한 명 필요하다네. 물론 나는 자네가 숫자에 강하지 않다는 것을 알고 있지만, 워낙 간단한 일이라 자네도 충분히 할 수 있을 거야. 한 사람을 데리고 있었는데, 그만 말라리아에 걸려 기아나에 입원했네. 해운법에 의하면, 한 사람의 회계사를 승선시켜야 하네. 자네가 내 문제를 해결해줄 수 있는 사람이네. 가비에로, 하지만 자네에게 말해줄 것은 나도 자네 못지않게 힘든 나날을 보내고 있다는 사실이네. 나는 이미 일 년 전부터 빚을 지기 시작했어. 힘닿는 데까지 갚아나가고 있었는데, 그만 갑자기 모든 게 더 힘들어졌다네. 화물도 없고, 갈수록 항공회사는 늘어나고, 낡은 DC-4 비행기 몇 대로 항공 수송을 하는 유령 같은 항공회사들이 등장하고 있어. 너무 싼 가격이라 난 도대체 그들이 어떻게 연료비를 충당하는지 이해할 수가 없다네."

"위토, 그건 화물 종류에 따라 달라. 화물 종류에 따라 다르다고." 나는 그의 순진함에 놀라 이렇게 설명했다.

"그래, 맞네." 그가 계속 말했다. "난 참 바보야. 사실 '한자 슈테른'의 삼 분의 이는 이미 은행이 소유하고 있다네. 하지만 이제 나는 산안드레스 섬에서 레시페까지 코프라*를 실어 나르는 이번 일에 상당한 희망을 걸고 있네. 내일은 휴스턴에서 캄페체까지의 목재 선적이 결정될 거야. 이 두 가지만 잘되면, 배의 저당 문제가 깨끗이 해결될 것이고, 우리는 키프로스로 가서 순례자들을 운송하게 될 걸세."

거기서 우리는 처음으로 만났다. 아주 오래전이었다. 그리고 우리가 만나던 당시 상황에 대해서는 곧 이야기할 때가 올 것이다. 우리를 곤경에서 구해줄 두 개의 거래가 확실한 현실인지에 대해 많은 의구심이 일었지만, 나는 위토의 제안을 받아들였다. 내 친구의 두 눈 속에 무언가가 떠다니고 있었다. 그것은 그가 인정한 것보다 훨씬 상황이 좋지 않다는 것을 보여주었다. 그러나 내가 뉴올리언스에 남는 것은 사실 헤어날 수 없는 수렁에 빠지는 것이었다. 나는 지금과 마찬가지로 도시에 대해 깊은 혐오감을 가지고 있었다. 멋들어진 음악을 자랑하고 무슨 일이든 할 자세로 도처에서 몰려든 여자들로 가득했던 생동적인 '크레올' 항구는 저속하고 가식적인 지방색이 덧칠된 허세

---

* 야자의 과육을 말린 것으로 야자유의 원료이다.

와 자만의 도시로 바뀌어 있었다. 이제는 최악의 미국 중산층을 대표하는 텍사스와 중서부 지방의 관광객을 기꺼이 맞이할 준비가 되어 있었다. 단지 변함없이 흐르는 장엄한 강만이 그대로였다. 한때 가장 사랑받던 도시가 형편없이 변해버린 모습에 고귀하게 등을 돌리고 있는 것 같았다. 나는 내 짐을 챙겨, 아나톨리아의 세 사투리로 내게 욕을 해대는 하숙집 여주인을 뒤로하고 택시를 탔다. 택시는 출발했고, 거구의 흑인 운전사는 내 뒤로 쏟아지는 끔찍한 욕을 이해하지도 못한 채 빙긋이 웃었다. 나는 추레한 선원 가방에 다 들어갈 정도로 얼마 안 되는 짐을 내게 할당된 선실에 풀어놓았다. 그리고 위토와 저녁을 먹기 위해 선실 문을 열쇠로 잠그다가 코르넬리우스와 마주쳤다. 그가 처음에 어떤 반응을 보였는지는 이미 이야기했다. 나는 프리슬란트 사람들을 오랫동안 경험했고, 그 경험 덕택에 배에 오른 처음 며칠 동안 과묵하고 과민한 그를 참고 지낼 수 있었다.

처음부터 의심했던 대로, 일은 위토가 내게 설명했던 것처럼 되지 않았다. 캄페체의 목재 수송 건은 멕시코 항구에서 벨리즈까지 철길 침목을 운반하는 보잘것없는 작업으로 축소되었다. 정말이지 별로 돈이 되지 않는 일이었다. 또한 코프라 운송 건은 산안드레스에서 카르타헤나까지 두 번 왕복하는 것으로 축소되었다. 게다가 운송품목도 지독한 기름 냄새를 하늘로 내뿜는 물건이었다. 마치 고약한 빈대 냄새와 친척간이라고 말할 수 있을 정도의 악취가 진동했다. 게다가 물건 운송료는 우리가 사용했던 디젤 값에도 미치지 못했다. 그후에 그와 비슷한 화물을 몇 번 더 운송했지만, '한자 슈테른'의 유지비용을 감당하기에는 턱없이 부족했다. 그래서 '한자 슈테른'이라는 이름은 그 배에 갈수록 부적합하고 이상해 보였다. 위토는 우리에게 거의 석 달치 월급을 주지 못하고 있었다. 저녁을 먹은 후, 그는 텁수룩한 머리카락으로 잿빛 눈을 가리면서 이렇게 변명했다. "이런 말을 하는 게 괴롭지만, 자네들에게는 솔직하게 내 마음을 털어놓을 수 있네. 자네들은 내 친구고, 그 누구보다도 지금 상황을 잘 이해할 수 있으니까. 그러나 공급자나 항만 당국, 그리고 나머지 승무원들에게는 말이나 우정의 고백으로 비용을 대신할 수가 없다네. 나는 해결책이 생길 것이라는 사실을 알고 있네. 그게 조만간 나오면 좋으련만…… 나도 어떻게 해야 할지 모르겠네." 그는 선원처럼 깎은 희끗희끗한 머리카락 속으로 손을 집어넣었다. 그러면서 잘 알려지지 않은 독창적인 방식으로 기하학 법칙을 해결하려는 사람과 같은 제스처를 취했다. 코르넬리우스와 나는 그의 곤란한 변명을 들으면 항상 그를 격려하고 기운을 북돋우려는 노력으로 화답했다. 물론 그는 우리를 걱정할 필요가 없었다. 우리는 같은 배를 타고 있기 때문이었다. 물론 그는 우리의 농담을 들어도 웃지 않았다. 우리가 지겨울 정도로 그런 농담을 반복했기 때문이었다. 또한 이제 곧 우리가 계속 항해할 수 있을 만한 계약을 따낼 수 있을 것이라고 위로했지만, 위토는 이것이 근거 없는 유머라는 사실조차 눈치 채지 못했다.

수주 일감들을 확장하는 위토의 능력은 눈에 띨 정도로 줄어들고 있었다. 그가 의기소침해 있거나 낙담해서가 아니었다. 그것은 그에게 생각할 수도 없는 일이었다. 간단히 말하자면, 오랜 기간 동안 그를 지탱해왔던 장치가 작동하지 않아, 그를 일종의 기어 풀린 상태로 놔두었기 때문이었다. 그의 경직된 제스처와 태도는 갈수록 더 심해졌고, 발트해 사람의 침묵은 점점 더 길어졌다. 이제 그는 식사 후에 지나간 시절을 떠올리며 시간을 보내지 않았다. 키프로스에서 이루어진 우리의 만남, 로테르담에서 그의 아내의 학교 친구였던 코르넬리우스와 함께했던 첫번째 항해, 법으로 금지된 지역을 넘나들던 거래의 공범자이자 우리의 친구인 압둘 바슈르와 아드리아해를 여행했던 것들을 떠올리지 않았다. 그는 너무나 눈에 띄게 말이 없었다. 이제 그는 블랙커피 앞에서도 입을 다물었고, 딸기주를 채운 조그만 술잔을 단숨에 마셔버리고는 멍하지만 흐트러지지 않은 자세로 계속해서 그 술잔을 채우는 일이 갈수록 잦아졌다.

위토의 아내는 암스테르담의 유대인 집안 출신이었다. 두 사람은 그가 노르트 도이체 로이트 브레멘 해운회사의 여객선인 '무를라' 호의 일등항해사였을 때 결혼했다. 그녀는 마치 열다섯 살 소녀처럼 항상 그를 뜨겁게 사랑했다. 위토가 선장 직함을 얻게 되자, 그녀는 자녀가 없는 숙부 부부가 아루바 섬에 남겨놓은 유산으로 '한자 슈테른'을 구입했다. 당시 그 배는 다른 이름을 갖고 있었다. 얼마 안 되는 용적 톤수에 보다 잘 어울리는 이름이었다. 수사나는 함부르크에서의 기억을 떠올리면서 배의 이름을 다시 지었다. 초기에 그녀는 자주 위토와 함께 항해했다. 그리고 앤틸리스 제도에서 그녀는 '위타'라는 애칭을 부여받았다. 그곳 섬사람들을 안다면 그것은 익히 예측할 수 있는 일이었다. 그녀의 진짜 이름은 수사나였고, 애칭인 위타는 아무런 의미도 없는 이름이었지만, 어쩔 수 없었다. 그럴 때면 종종 그녀는 유대인의 유머감각이 깃든 완전한 무관심으로 그런 일들을 받아들이곤 했다. 그녀의 외모는 남편과 너무나도 달랐다. 그녀의 키는 바그너

오페라의 소프라노와 같았고, 얼굴은 활짝 웃고 있었으며, 피부는 불그스레했다. 그런 피부는 무한히 똑똑하게 움직이는 표정 풍부한 검은 눈에 우아한 매력을 선사하고 있었다. 그녀는 마치 내 여동생인 것처럼 다정하게 나를 대했다. 그리고 언제나 장난치듯이 성마르게 나를 꾸짖곤 했다.

"아, 가비에로! 이리저리 비틀거리며 싸돌아다니는 방랑 생활에서 도대체 뭘 찾고 있는 건지 모르겠어요. 왜 결혼해서 한곳에 정착하지 않는 거죠?"

"그래요, 언젠가는 그렇게 할 거예요. 마누라 좀 찾게 도와줘요." 나는 이렇게 대답하면서 그녀의 입을 다물게 하려고 했다.

"싫어요. 당신 마누라는 얼마나 불쌍할지 상상이 가요. 당신은 늙은 랍비보다도 더 광적이고, 날이 갈수록 그런 현상이 더 심해지는 것 같아요." 그녀는 이렇게 말하면서, 내 무릎에 앉아 내 귀를 꼬집으며 싫다는 표정을 지었다.

나는 위토를 키프로스에서 알게 되었다. 당시 바슈르와 나는 '흔히 볼 수 없는 물건'을 수송하기 위해 화물선을 찾고 있었다. 우리는 기쁨에 들떠 있으면서도 조심스럽게 우리 물건을 그렇게 부르기로 결정했다. 그건 하이파 근처의 조그만 해군기지로 보낼 무기와 폭약이었다. 보통 위험한 작업이 아니었으므로, 우리는 계약 체결이 끝나자 위토에게 아내를 지상에 두고 가달라고 부탁했다. 그러나 "당신이 산산조각이 되어 날아가더라도, 나는 그곳에 당신과 함께 있고 싶어요"라고 그녀는 매우 단호하게 대답했다. 그녀를 만류할 방법이 없었다. 무서운 순간들로 가득한 여행은 위타와의 달콤한 장면으로 얼룩졌다.

그녀는 우리가 위험한 장애물을 피할 때면 실제로 자기가 느끼는 것 이상으로 갑작스러운 공포의 비명이나 기쁨의 탄성을 질렀다. 그 장애물은 선미에서 해적 깃발을 휘날리는 어뢰정일 수도 있었고, 저공비행을 하면서 우리에게 못 본 척하는 게 나을 거라는 신호를 보내던 이집트 비행기일 수도 있었다.

지옥과 같은 코코라 광산 사업을 처분하고 있을 때, 나는 위타가 죽었다는 소식을 들었다. 장티푸스에 걸렸는데 제대로 치료를 하지 않아 퀴라소 섬의 빌렘스타트에서 세상을 떠난 것이었다. 그녀는 위험에서 벗어났다고 생각하자, 네덜란드에서 부모가 보내준 버찌 한 바구니를 먹어치웠다. 나는 누군가 죽어도 별로 충격을 받지 않는 성격이지만, 그녀의 죽음은 그렇지 않았다. 그녀는 행복감을 전하고, 아무런 이유도 없이 행복한 느낌을 시시각각 만들어내며 우리를 즐겁게 만드는 뛰어난 재능이 있었다. 그녀의 제스처와 웃음에서 드러나는 그런 면모는, 그녀가 사람과 동물을 사랑하고 열대의 황혼을 사랑했기에 가능한 것이었다. 또한 사람들의 걱정거리와 일을 항상 말할 수 없이 천진난만하게 바라보았기 때문이기도 했다. 그녀와 같은 사람을 잃어버릴 때면, 우리는 우리에게 주어진 얼마 안 되는 행복의 일부분이 영원히 사라졌다는 것을 알게 된다.

위토는 개신교 목사와 도망친 자신의 딸에 관해 아주 간략하게, 그리고 별로 자세하지 않게 말해주었다. 당시 그의 딸은 겨우 열다섯 살이었다. 그녀는 어머니의 낙천적인 발랄함을 이어받지 않고, 대신 어머니의 키와 아버지의 경직된 움직임, 밤을 샌 수척한 코요테의 표정을 이어받았다. 청각에 문제가 있었고, 성격은 악마와 같았다. 위토가 가장 가슴 아파한 것은 타르튀프*와 같은 목사의 위선이었다. 그는 어머니가 없는 사이에 어린 소녀의 약점을 이용하여 집에서 달콤한 신앙심으로 그녀의 마음을 사로잡았다. 위토는 자기의 힘으로는 다룰 수 없는 짐에서 벗어난 사람처럼 의아할 정도로 쉽게 딸을 용서했다. 딸을 떠올리면서 그는 어머니의 모든 쾌활한 덕성을 하나도 갖고 있지 않은 딸을 아무 말 없이 나무라는 것 같았다. 아내가 세상을 떠난 지 상당한 시간이 흘렀고 나이도 지긋했지만, 세월과 나이에 어울리지 않게 그는 아내를 계속 뜨겁게 사랑하고 있었다. 아내에 관해 말할 때마다, 우리는 그녀가 그의 곁에 있는 것 같은 인상을 받았다. 그러나 최근에는 그런 가족과 관련한 화제도 식사 후의 한담에서 점차 사라지고 있었다. 경솔함으로 인한 재앙과 갈수록 심해지는 태만, 그리고 갈수록 쓸모없는 일상사를 매우 엄격하게 수행하면서 조심스럽게 숨겼던 의지의 부족이, 모든 것을 엉망으로 만들었던 것이다.

내가 해야 할 일은 거의 아무것도 없는 형편으로 줄어들고 있었다. 연료 소비와 지출을 기록하고, 선원 열다섯 명과 요리사 한 명, 기술자 다섯 명의 임금대장을 작성하며, 식료품 구입과 관리, 그리고 중요하지 않은 물품을 우연히 구매하게 되는 것 등이 고작이었다. 이런 일을 하는 데는 하루에 채 한 시간이 걸리지 않았다. 나머지 시간은 코르넬리우스의 도움을 받아 점점 유지하기 어려워지는 상황을 어떻게 해결할 것인지 생각하면서 보냈다. 네덜란드 사람은 그의 뚱뚱한 몸에서 떠돌아다니는 게으름의 징후에 따라 하는 일 없이 느긋하게 움

---

* 몰리에르의 희극 〈타르튀프*Tartuffe*〉의 주인공으로 사기꾼이며 가짜 신자이면서 신앙의 귀감처럼 행동한다.

직였다. 그는 가끔씩 기관실로 내려가서 작업을 감독하거나, 갑판으로 올라와 갈수록 운항실의 자리를 자주 비우는 위토의 일을 대신하곤 했다. 우리의 친구는 점점 더 선실에 틀어박혀 생각에 잠긴 채, 어두운 곳을 멍하니 바라보면서 시간을 보냈다. 우리 모두가 아무런 결실을 보지 못하는 통제된 절망의 나락으로 떨어지고 있었다. 어느 순간 나는 '한자 슈테른'의 믿기 어려울 정도로 노란 색깔이 각 항구마다 우리를 기다리고 있는 선적 계약을 하나도 성사시키지 못하게 만드는 데 일조하고 있다는 생각을 했다. 도대체 누가 앵무새의 꼬리 색깔로 배에 페인트칠을 하겠다는 생각을 할 수 있었을까? 그 색깔은 거의 팔십 년 전에 벨파스트에서 건조되어, 한 번 이상 가장 기괴한 깃발을 달고 전쟁에 참가했을 이 낡아빠진 화물선의 위엄을 거의 빼앗아버리고 있었다. 질버바흐에서 태어났으며, 남편처럼 바다의 삶을 태평하게 보냈던 수사나 겔테른이나 생각할 수 있는 것이었다. 그러나 모든 잘못을 배의 색깔에만 돌리는 것은 그 문제를 회피하는 또 다른 방식에 불과했다. 분명히 우리는 계속된 불행의 희생자였다. 우리 각자가 지닌 재앙의 운명이 성난 허리케인과 같은 힘으로 모두 합쳐졌던 것이다.

나는 재앙이 연이어 들이닥치는 불운의 시기에는 형이상학적 숙명론으로 초월적인 의미를 부여할 필요가 없다고 항상 생각했다. 나는 사람들이 불행이라고 부르는 것, 즉 우리가 바꿀 수 없고 방향을 고칠 수도 없는 숙명으로 규정된 것을 절대로 믿지 않았다. 나는 그것이 일정한 외부 질서의 문제이며, 우리와는 관련이 없는 것이고, 우리의 결정이나 행위와 상반되는 리듬을 강요하지만, 우리가 세상이나 세상의 피조물과 맺는 관계에는 영향을 미치지 않는다고 생각한다. 이런 불행의 폭풍 중 하나가 불어닥치면, 나는 술친구들과 어울리고, 우연히 만난 여인들과 뒤엉키며, 현명하고 침착한 사창가 '마담'들과의 대화를 즐기고, 이 세상의 곳곳에 흩어져 있는 높이 평가받고 마음이 통하는 친구들과 서양의 위대한 왕조들의 운명에 관한 의견을 교환한다. 그 왕조들은 정치적 목적이 분명한 정략적이고 숙명적인 결혼으로 특징지어지며, 그런 결혼은 수세기 동안 역사를 바꾸어놓기도 한다. 가령 푸에르토리코에서 나는 내가 몹시 좋아하는 훌륭한 역사학자와 함께 부르고뉴의 마리와 오스트리아의 막시밀리안의 결혼이 빚은 결과에 관해 생각한다. 이런 미로 속에서 길을 잃고 헤매는 것은 경험이 없는 이들에게는 무익한 일처럼 보인다. 그러나 나는 우리 삶이 지닌 순수하게 실리적인 면을 복잡하게 만드는 낯선 상황으로 무작정 바보처럼 뛰어드는 것보다 이것이 훨씬 실용적이고 현실적이라고 생각한다. 실리적인 삶은 기초적이고 희망도 없이 어리석기 때문에 의심의 여지 없이 덜 현실적이고 덜 구체적이다. 적어도 내 경우에는 나의 감각과 지성을 예민하게 만들어 몽상적인 황홀경에 이르게 하는 불타는 열대의 열기만큼 그런 왕조에 얽힌 사색을 하기에 적당한 것은 없다. 그러면 열기와 습기는 밤을 가마솥처럼 만들고, 잠은 부드럽고 자비로운 단두대처럼 와서, 어린 시절이나 알려지지 않은 역사의 뒤안길에 우리를 놓아둔다. 그곳은 바로 이루 말할 수 없이 우애를 나누는 존재로서 살았던 사람들이 있는 곳이다. 크리스토발에 도착하기 전 몇 주 동안, 나는 계속 반복되는 꿈을 꾸었다. 그 꿈속에서 나는 니케아를 통치하는 키가 크고 까무잡잡하며 고행을 하듯이 비쩍 마른 팔라이올로구스\*의 군사 고문관이자 정치 고문관으로 참여하고 있었다. 모든 것이 달콤하며 비효율적으로 이루어지고 있었다. 전쟁과 같은 일은 행복하게 마무리되었고, 복잡한 조약에 서명하는 일은 이상적이고 비시간적이라고 평가될 수 있는 질서 속에서 이루어졌다. 그것은 한때 내 존재의 중심과 마르마라 해변에 있는 조그만 제국의 황금 전성기에 자리 잡았던 질서와 유사했다. '한자 슈테른'의 경우처럼 내 일상의 문제들이 역방향으로 나아갈 때, 나는 역사를 장식하는 인물들과 내 감각이 닿을 수 있는 세계에 동정을 느끼고 그것들과 내가 유사하다고 여긴다. 그리고 그런 감정은 내 마음속에서 변치 않고 지속된다. 나의 실질적인 어려움이 커져갈수록, 그 영역 역시 더욱 푸짐하게 확장된다. 그러면서 나는 내 인생의 중요한 기본 조직을 이루는 선물들 속에서 더욱 기쁨을 누린다.

상황이 그토록 최악의 상태였기에, 기아나로 일하러 가는 인도인 가족들을 태우기 위해 마르티니크로 가는 길에 두번째 야간 당직을 하면서, 코르넬리우스는 놀란 표정으로 내게 속삭였다. "위토가 연료비를 부도 수표로 지불하고 있었어. 에소 정유회사에게는 그 어떤 핑계를 댈 수도 없다는 것을 자네도 잘 알고 있을 거야. 디젤 급유를 받으러 아루바 항에 멈추면, 그들은 우리를 가만두지 않을 거야. 가비에로, 우리는 막다른 골목에 있어. 정말 막다른 골목에 몰린 거야." 갑판장의 예측은 실현되지 않았다. 그러니까 부분적으로만 실현되었을 뿐이었다. 실제로 아루바에서는 은행 잔고 부족으로 인해 부도가 나버

---

\* 비잔틴 제국을 통치한 마지막 왕조의 가문.

린 두 개의 수표가 위토를 기다리고 있었다. 그는 에소 정유회사의 연료보급소에서 세 시간 정도 곤욕을 치른 후, 마치 마술처럼 손에 넣은 돈으로 그 수표 액수를 지불할 수 있었다. 우리가 다시 바다로 나오자, 그는 자기가 수사나의 귀금속들을 저당 잡혔다고 고백했다. 그것은 그가 사랑과 행운의 유물로 간직하고 있던 것이었다. 그리고 회중시계는 그가 단치히에서 항해사 시험에 합격했을 때 아버지에게 받은 선물이었다. 이제는 더이상 의심의 여지가 없었다. 이것이 그토록 정확하게 코르넬리우스가 예언했던 막다른 골목의 끝이었다.

위토는 갑자기 배를 파나마로 돌리겠다는 생각을 했다. 우리는 영문을 몰랐다. 어느 날 아침 코르넬리우스와 내가 운항실에 있는데, 그가 파자마를 입은 채 졸린 눈으로 들이닥쳤다. 그리고 밤을 지새운 듯 쉰 목소리로 지시했다. "방향을 바꾸시오, 코르넬리우스. 우리는 크리스토발로 갈 것이오." 그러고는 자기 선실로 돌아갔다. 선실에는 차와 블루베리 잼을 바른 토스트가 그를 기다리고 있었다. 매일 아침 요리사가 갖다주는 음식이었다. 우리는 잠시 침묵을 지켰다. 갑판장은 단지 이렇게만 말했다. "물론 나는 이해해. 우리가 파나마로 갈 방법이 없기 때문에 크리스토발로 가려는 거야. 운하 요금을 지불할 돈이 없어. 우리는 기차를 타고 파나마시티로 들어가야만 할 거야. 그리고 우리 돈으로 기찻삯을 지불해야 할 거야." 실망 섞인 웃음이 이름없는 싸구려 담배를 태워 걸걸해진 끽연가의 목에서 새어나오려고 했다. 그 순간부터 우리는 무엇을 해야 할지 알았다. 크리스토발에 정박하겠다는 결정은 우리 여행의 끝을 의미했다. 우리는 안도감을 느꼈지만, 이내 그 안도감은 '한자 슈테른'과 그 배의 주인을 구하려고 노력해온 지난 몇 달이 헛된 것이었다는 슬픔으로 변했다. 천식 환자처럼 헐떡거리는 엔진과 크랭크의 숨죽인 소리가 우리의 실망을 더욱 강조하는 것 같았다.

위토는 일상의 일을 계속했고, 갈수록 체념과 무관심으로 멍하게 선실에 틀어박혀 있었다. 식탁에서는 극도로 예의를 차렸다. 우리가 전혀 비난하는 기색도 보이지 않고 재앙의 상황을 함께해주었는데 제대로 책임지지 못해 미안하다는 자세였다. 우리는 사업이 매우 어렵다는 것을 잘 알고 있다면서 자발적으로 그와 함께 있을 것이라고 설득하려 했지만 허사였다. 그런 위기와 너무나 친숙해진 나머지 우리는 이미 오래전부터 결과에는 연연하지 않았다. 그러나 그건 아무 소용이 없었다. 그는 자기 생각 속으로 빠져들었고, 우리 말에는 아무런 관심도 기울이지 않는 것 같았다.

우리는 황혼 무렵에 크리스토발에 도착했다. 하늘의 별들은 호기심을 이기지 못해 장난 삼아 땅에 가까이 오고 있는 것처럼 찬란했다. 항구의 불빛은 장밋빛을 발산하면서 하늘을 물들이고 있었다. 심지어 우리는 라틴 재즈 밴드의 연주도 들을 수 있었다. 아프리카계 서인도제도의 리듬이 거리를 따라 죽 늘어서 있던 싸구려 클럽과 카바레들의 흥을 돋워주려고 애쓰고 있었다. 나는 그 단조롭고 슬픈 소리에 너무나 익숙해져버린 나머지, 그것을 여행이 끝나는 것을 축하하는 음악으로 혼동하고 말았다. 여행이 끝나면, 나는 항상 약간의 불안을 느꼈다. 그것은 땅에 발을 내디뎠을 때 나를 기다리고 있을 미지의 것에 대한 막연한 두려움이었다.

# 파나마시티


위토가 죽은 후 나는 크리스토발에 내려 기차를 이용해 파나마시티로 가기로 했다. 코르넬리우스는 배에 그대로 남았다. 채권은행단의 지시로 '한자 슈테른'을 접수한 선장이 그에게 제안을 하자, 네덜란드인은 잘 알지도 못하는 환경에서 직장을 찾는 것보다 그 제안이 더 매력적이라고 생각했다. 우리는 위토의 서류에서 그의 딸의 소재에 대한 단서를 찾아보았다. 그녀에게 아버지의 죽음을 알려주고 싶었기 때문이었다. 우리가 찾아낸 유일한 단서는 목사가 속해 있던 교회의 주소뿐이어서 그곳으로 전보를 보냈다. 하지만 시체는 시체보관소에서 파나마시티 의학대학의 계단식 교실로 옮겨져 해부학 수업에 사용될 가능성이 가장 높았다. 그것은 섬뜩하지만 어느 정도 당연한 결과였다. 단치히 출신의 불쌍한 위토의 전 생애를 특징짓는 전문가적 자세와 몸짓을, 마치 오래전에 기억해놓았던 강의를 하듯이 천천히 생각하며 말하는 그의 말투와 함께 엮어 생각한다면 말이다.

기차 여행은 여러 시간이 걸렸다. 나는 항구의 가족들과 노동자들로 북적대는 삼등칸에서 가능한 한 편안하게 앉았다. 어찌할 도리 없이 터져 나오는 시끌벅적한 소음을 자장가 삼아 나는 천천히 잠 속으로 빠져들었다. 동네 이야기, 이웃에 대한 잡담, 유혈 사고들, 끔찍하게 잔인한 이야기들, 아이들의 울음과 눈물 등 이름 없고 얼굴 없는 사람들의 삶에 관한 영원하면서도 가공되지 않은 원자재들이었다. 이것들은 내게 바닷사람들이 항상 '육지의 존재'라고 부르는 것을 의미했으며, 나는 저항할 수 없을 정도의 불쾌한 느낌을 받았다. 그 지역의 열대 풍경, 어두운 메탈릭그린의 반짝이는 나뭇잎, 있을 법하지 않은 시원한 공기를 찾아 열린 차창으로 들어오는 후끈한 열기, 소리치는 승객들, 이 모든 것이 어우러진 속에서 나는 아시아에 있는 어느 유럽 식민지 지역으로 옮겨갔다. 내가 싱가포르와 쿠알라룸푸르 사이에 있는 말레이 반도를 지나고 있다고 맹세할 수 있는 순간이 있었다. 그곳에서 나는 티크나무 무역과 뭐라고 쉽게 규정할 수 없는 비슷한 사업들 덕택에 상대적으로 번영의 시절을 누렸다. 움직이는 기차만이 지닌 특징적인 리듬과 객차의 가벼운 흔들림을 자장가 삼아 나는 선잠을 잤다. 선잠 속에서는 단지 내 의식의 극히 일부만이 계속 깨어 있었고, 그것에 기대어 나는 승객들의 말을 들었다. 둔하고 또렷하지 않은 말들과 언어의 형태를 갖추지 않은 말들만이 내 귀에 들려왔다. s나 굴리는 r 같은 음들이 사라진 그들의 발음과 여자들과 아이들의 대화 내내 유지되던 고음이, 내게는 마치 바나나 농장으로 사라지는 새들의 날카로운 소리처럼 들렸다. 나는 생각했다. '이제는 내가 여기서 무엇을 하는지, 도대체 누가 나를 이곳으로 데려왔는지 나 자신에게 물어봐야 할 시간이 오고 있어. 이런 질문들은 내가 오랫동안 육지에 머물리라는 것을 알게 될 때마다 끝없는 권태와 막연한 두려움의 감정이 혼합되어 나오는 거야. 상황이 좋지 않아. 나는 이 상황을 해결할 방법을 찾을 수가 없어. 파나마시티. 거기는 내가 일주일 이상 머무른 적이 없지만, 너무나 자주 들렀기 때문에, 닻을 내릴 곳도 없고 목적지도 없이 떠돌아다닌 내 인생에서 아주 친근한 곳이 되어버렸어. 그 도시는 특별히 마음에 들거나 매력적인 곳이 아니지만, 내가 아무런 책임도 질 필요가 없는 곳이라는 자극적인 인상을 주는 장소야. 그곳에서는 모든 일이 일어날 수 있고, 우리가 우리의 인생에서 원하는 것을 정말 마음대로, 그리고 익명으로 할 수 있어. 그래서 진정제 역할을 해주는 포근한 곳이야. 물론 뜻하지 않은 행복이 우리를 기다리고 있다는 약속은 항상 지켜지는 법이 없지만 말이야.' 그러나 이번에는 매우 달랐다. 나는 끝없이 소나기가 내리고 사우나보다 뜨거운 무기력한 파도가 한없이 밀려오는 이 지협에서 많은 나날을 보낼 것이었다. 아는 사람은 아무도 없었다. 항상 나는 스쳐 지나가기만 했다. 내가 알고 있는 그 누구도 이곳에 흔적을 남겨놓지 않았다. 이것을 잘 보여주는 증거가 바로 내 행운과 불행의 진정한 동료라고 말할 수 없는 위토, 코르넬리우스와 함께 이곳에 상륙했었다는 점이다. 그들은 우연히 알게 된 지인에 불과할 뿐, 인생의 모험이라는 어두운 지역을 지나 여행하는 동료가 아니었다. 그러니까 우리는 정말 친구라고 부를 수 있는 그런 사람들과 드물게 찾아오는 행운을 함께 나누며 마구 춤을 추어대지만, 그들은 그런 것과는 상관이 없는 사람들이 었다. 무엇보다 나는 파나마시티에서 그들 중 누구도 만날 수 없다는 것을 알고 있었다. '한자 슈테른' 호를 떠나면서 받은 돈은 내가 조심 스럽게 쓰기만 한다면 몇 달을 지낼 수 있는 금액이었다. 그러나 나는 몇 주도 안 되어 주머니에 한 푼도 없이 주린 배를 안고 떠돌아다니게 되리라는 걸 너무나 잘 알고 있었다. 그러나 그런 것을 걱정하지는 않 았다. 제때 마시는 보드카 한 잔이나 다시는 만나지 못할, 오다가다 우연히 알게 된 여자만 있으면, 우리가 절망의 구덩이 밑바닥에 빠졌 다고 생각하는 그 순간을 구제하기는 충분했다. 이 두 가지는 반드시 돈으로만 얻을 수 있는 게 아니었다. 나는 올가미가 냉혹하게 닫히는 것 같은 그런 순간에, 타개하기 힘든 상황에서 어떻게 빠져나와야 하 는지 이미 알고 있었다. 그렇게 하루, 그리고 그 다음날을 보내고 나 면 어느 날 아침에 나는 출항하거나, 코코라 광산에서의 정신 나간 짓 이나 '오만한 자들의 병원'에서의 일거리 등을 궁리하게 된다. 그런 일들은 종류에 상관없이 모두 같다. 그것들이 똑같지 않은 이유는 다 른 데 있다. 우리가 내면에 가지고 다니는 것, 즉 결코 쉬지 않고 마구 돌아가는 스크루라는 것이다. 바로 거기에 비밀이 있다. 결코 멈추지 않는 것이 바로 그 비밀이다. 나는 깊은 잠에 들었다. 내가 눈을 떴을 때, 기차는 역으로 들어가고 있었다. 갑자기 나는 한순간도 지체할 수 없이 얼음을 넣은 보드카가 급히 필요하다고 느꼈다. 눈에 띄는 첫번 째 술집에서 나는 내 수호신들을 부를 것이다. 보드카는 너무나 현명 하고 변함없이 충성스럽게, 은총으로 가득한 상태를 제공해준다. 그 런 상태에 도달할 때만, 내 맹목적인 자문관들은 모습을 드러낸다. 거기에 바로 구원의 해답이 있다. 그것은 드러난 진실이다. 또한 상징들이 환하게 빛을 발하고, 모든 혼란스러움을 해소하고 모든 의심을 잊게 만드는 의식들이 천천히 거행되는 피안의 세계이기도 하다.

마구 울려대는 자동차 경적 소리와 오후의 마지막 햇빛과 함께 멀리 사라지는 사이렌 소리를 들으며 나는 기차에서 내렸다. 나는 가방을 어깨에 메고 도시 중심가를 향해 걸어갔다. 귀뚜라미들은 합창을 하듯 울어대기 시작했고, 네온사인은 지구상의 모든 도시의 모든 밤들을 동일하게 만드는 통속적이고 야한 색깔을 밝혔다. 생각을 정돈하고 바다를 떠날 때면, 항상 나를 따라다니며 괴롭히는 여러 악마들을 달래기 위해 보드카가 꼭 필요했다. 그러나 그런 의식을 치르기 전에 나는 내가 머물 싸구려 호텔을 찾아야만 했다. 발보아 가로숫길에서 중앙 가로숫길 사이에 있는 좁은 골목 중 하나에서 나는 내가 찾고 있던 종류의 호텔을 보았다. 걸맞지 않게 '디럭스 아스토르 호텔'이라는 이름을 달고 있었다. 아시리아 스타일의 희끗희끗한 수염을 달고 얼굴은 프란츠 요제프 시대의 빈에서 온 유대인 마부같이 생긴 노인이 프런트에서 꾸벅꾸벅 졸고 있었다. 뚱뚱한 몸과 위엄 있는 표정은 카운터 뒤에 앉아 있기에는 어울리지 않았다. 자신의 에너지를 헛되이 사용하고 있는 것 같았다. 그가 자리에서 일어나 방 열쇠를 건네주었을 때 보니, 그는 의족을 사용하고 있었다. 귀에 거슬리는 녹슨 용수철의 삐걱거리는 소리가 슬프고 무력한 인상을 주었다. 그런 인상은 전혀 미소도 짓지 않고, 현지 언어를 제대로 말하지도 않고 살아가면서 무뚝뚝한 표정으로 나를 쳐다보고 있는 이 거구의 유대인과는 전혀 어울리지 않았다. 4층에 있는 방은 바다를 향해 있었다. 길 잃은 갈매기 몇 마리가 크리스토발에서 보았던 것과 똑같이 거의 움직임 없이 잔잔한 바닷물 위에서 맴돌고 있었다. 그 더러운 바다는 내 기운을 전혀 북돋우지 않았고, 오히려 좌절과 야비함을 내 영혼 가득 채웠다. 자동차들은 미친 듯이 거리를 달리고 있었다. 오랫동안 항해하고 난 후면 나는 항상 그런 모습에 놀란다. 지상의 것들과 친숙해지려면 어느 정도 시간이 필요하지만, 우리가 상륙할 때는 그런 시간을 고려하지 않는다. 헐거운 스프링의 낡은 침대, 자세히 쳐다보지 않는 편이 차라리 나은 얼룩들이 묻어 있는 빛 바랜 연보라색 침대 시트, 위험할 정도로 흔들리는 탁자, 눈 위에서 잠자고 있는 어린아이를 보살피고 있는 세인트 버나드 구명견의 석판화, 이런 것들이 내가 머물렀던 모든 호텔이 지니고 있던 전형적인 몰개성의 무미건조한 분위기를 만들어내고 있었다. 복도 안쪽으로 한 개의 욕실과 두 개의 화장실이 있었다. 한쪽 문에는 중산모를 쓴 신사가 있고 다른 쪽 문에는 1930년대 스타일의 여자가 있어, 각각의 화장실을 누가 사용해야 하는지를 불필요하게 역설하고 있었다. 나는 오래전부터 축적되어온 더러움을 참을 수 없으리라는 것을 알았다. 나는 술집을 찾아 거리로 나갔다. 빈의 마부 스타일인 주인에게 가장 가까운 술집이 어디냐고 묻는 것은 복잡한 언어를 구사해야 하는 일이라는 생각이 들었다. 게다가 그는 문지기 역할과 직접 관련된 것 이외에는 그 어떤 관계도 맺지 않는 것이 바람직하다고 여기는 사람이었다. 나는 상대적으로 조용한 거리를 몇 곳 돌아다녔다. 허물어져가는 주거 지역의 거리였다. 그런 다음 여러 개의 술집이 있는 거리를 향해 길모퉁이를 돌았다. 술집들은 모두 네온사인을 밝힌 채 음악을 시끄럽게 틀어놓았다. 나는 가장 덜 시끄러운 곳으로 들어가 얼음을 넣은 보드카 한 잔을 주문했다.

나는 그 술집의 단골손님이 되었다. 그곳은 가장 조용한 곳이었을 뿐만 아니라 단골손님이 가장 많은 곳이기도 했다. 주인의 이름은 알레한드로였지만, 모든 사람이 그를 알렉스라고 불렀다. 호리호리한 몸에 눈은 개구리눈처럼 툭 튀어나온 파나마 사람이었다. 그는 아무것도 묻지 않지만 손님들의 음주 취향과 변덕을 빠짐없이 기억하는 부류의 술집 주인이었다. 한마디로 이상적인 바텐더였다. 나는 친구들에게 그 술집 주소를 가르쳐주고 그곳으로 우편물을 보내라고 했다. 나는 일자리를 찾으려고 노력하지도 않았다. 각 도시만이 간직한 비밀스러운 리듬에 친숙해지지 않으면, 괜찮은 일거리를 찾는 일은 시간 낭비라는 사실을 이미 경험을 통해 알고 있기 때문이었다. 예전에는 초조한 마음으로 일자리를 사냥하기 위해 무작정 거리로 나서곤 했지만, 그것은 단지 내 양심을 속이는 데만 도움이 되었을 뿐이었다. 기껏해야 나는 환경미화원이나 사창가의 문지기, 혹은 부두에 정박한 배에서 하역작업을 하는 잡부로 일할 수 있었다. 그래서 이번에는 계속 궁색하게 살아가는 대신, 지금과 같은 힘든 상황에서 빠져나가는 데 파나마가 어떤 가능성을 제공할 수 있는지 차분하게 인내심을 갖고 살펴보기로 마음먹었다. 희망에 먹구름이 끼고 내 안에서 의심과 실망감이 들끓기 시작할 때면, 보드카는 그런 증상들을 달래주고 계속해서 그 희망을 추구하도록 만드는 데 효과적이었다.

어느 토요일, 평소 주량대로 마셨지만 술이 구원의 임무를 수행할 정도로 충분하지 않아서 나는 천천히 보드카 한 병을 비웠고, 알코올의 안개에 휩싸인 채 침대로 가서 잠을 잤다. 그런데 일요일 아침에 나는 줄루족* 전사 같은 머리카락을 지닌 벌거벗은 거구의 흑인 여자가 내 옆에 있는 것을 보고 소스라치게 놀랐다. 그녀를 마구 흔들어 깨우자 그녀는 놀라면서도 성난 표정으로 나를 뚫어지게 바라보았다. 이빨 빠진 두꺼운 입에서 성난 말들이 튀어나왔다. 그레나다의 영어와 프랑스어가 뒤섞인 서인도제도의 방언이었다. 나는 그녀에게 옷을 입으라고 한 다음 몇 달러를 쥐여준 후 방에서 내보냈다. 내가 기억하는 한, 나는 혼자 술집을 나왔으며 비틀거리는 걸음으로 동행 없이 호텔에 도착했다. 나는 더이상 그 일을 생각하지 않았다. 며칠 후 지난번만큼은 아니지만 평소의 주량을 초과해서 술을 마셨다. 그런데 다음날 아침, 어딘지 멍청하고 공포에 질린 듯한 눈이 나를 깨웠다. 그녀는 거의 하얗게 보이는 금발로 머리카락을 염색한 창녀였고, 그녀의 가냘픈 몸에는 눈에 거슬릴 정도로 조그만 붉은 반점이 가득했다. 이번에는 한 푼도 쥐여주지 않고 그녀를 내 방에서 내보냈다. 한 번도 본 적이 없는 여자라고 나는 확신했다. 그리고 토바고 섬이나 그 인근 섬에서 온 것처럼 보이던 원주민 여자와 세번째 그런 경험을 했다. 그녀는 스페인어를 거의 구사하지 못했고, 면도칼로 나를 공격하려 했다. 나는 우격다짐으로 그녀를 복도로 내쫓고 방으로 돌아왔다. 그리고 프런트에 전화를 걸어 깨끗한 침대 시트를 갖다달라고 했다. 관리인은 전화를 받았지만 내 말을 잘 알아듣지 못하는 척했다. 그 순간 나는 무슨 일이 있었으며, 그런 여자들의 방문이 어떻게 이루어진 것인지 깨달았다. 나는 옷을 입고 프런트로 내려갔다. 그리고 계산서를

---

* 남아프리카공화국을 비롯, 짐바브웨와 잠비아, 모잠비크 등에 거주하는 아프리카 종족.

요구했고, 계산서를 점검하면서 여자들이 나타났던 날에 한 사람의 요금이 추가되었다는 것을 알았다. 눈을 정면으로 노려보면서 나는 그 절름발이에게 천천히, 그리고 차분하게, 충분히 알아들을 수 있는 분명한 독일어로 추가요금을 즉시 내가 보는 앞에서 내 계산서에서 지울 것을 요구했다. 그는 한 마디도 하지 않은 채, 수세기 동안의 냉소를 숨긴 장중한 태도로 내가 요구한 대로 했다. 그런 다음 또다시 여자를 내 방으로 올려 보내면 경찰과 보건 당국에 고발하여 그의 유명한 디럭스 호텔을 폐쇄시켜버리겠다고 경고했다. "다시는 그런 일이 없을 것이오." 그는 이렇게 말하면서 열쇠 달린 정리함 아래에 있던 나무 캐비닛에 서류를 놓았다. "걱정 마시오. 아마도 실수가 있었던 모양이오." 그는 이렇게 중얼거렸다. 침에 젖은 그의 두툼한 입술은 미소를 지으려 했지만, 탐욕스러운 마부의 얼굴에는 분노가 서려 있었다.

나는 알렉스에게 그 이야기를 했다. 그러자 그는 그 절름발이와 너무 친하게 지내지 말라고 충고했다. "그는 호텔 주인이지만, 이 구역의 창녀들을 관리하고 있어요. 하지만 그의 가장 중요한 사업은 그런 것들이 아니에요. 그는 다른 사업들과 관련되어 있어서 경찰이 오래전부터 그를 주시하고 있어요. 하지만 그는 경찰 수뇌부에 영향력을 행사하고 있고 그들에게 많은 돈을 나눠주고 있어요." 나는 호텔을 바꾸는 게 좋겠느냐고 물었고, 그는 그렇게 하지 말라고 말했다. 다른 곳에 가더라도 그다지 많이 다르지 않을 것이며, 그 호텔은 아주 편리한 곳에 위치해 있고 동네 사람들이 이미 나를 잘 알고 있기 때문에 일자리를 구하는 데 좋을 것이라고 덧붙였다. 그의 말은 일리가 있었다. 내가 묵던 호텔의 관리인이자 주인은 모든 사람에게 그랬듯이 냉정한 거리를 계속 유지하며 나를 대했다.

모든 희망을 잃었을 때, 나는 압둘 바슈르에게서 편지 한 통을 받았다. 봉투에는 이탈리아 우표가 붙어 있었고, 라벤나 소인이 찍혀 있었으며, 내 기운을 북돋울 만한 소식은 하나도 들어 있지 않았다. 그는 자기 형제들, 그리고 누나 하스미나의 남편인 매형과 공동으로 소유하고 있던 선박의 보험금을 타내려 애쓰고 있었다. 보험회사는 온갖 문제를 만들어 보험증권의 액수 전액을 지불하지 않으려고 했다. 선박은 라이베리아 국기를 달고 있었지만 리비아 비행기에 의해 침몰되었다. 보험회사는 그런 위험은 보험으로 보상되지 않는다는 것을 증명하려 애썼고, 바슈르의 가족은 변호사와 손해사정인, 그리고 영사관 서류업무 비용으로 돈이 바닥나고 있었다. 하스미나의 큰아들은 백혈병 환자였는데, 그 치료비를 대는 것도 갈수록 힘들어지고 있었다. 그런 상황에서도 그는 파나마 은행에 내가 약간의 돈을 쓸 수 있도록 예치해놓았다. 그 돈은 몇 년 전 파나마 인근 국가의 무장단체와 거래를 하며 얻은 이익금이었다. 나는 압둘과 함께 벌였던 그 사업을 잘 기억하고 있었다. 그리고 그가 돈 문제를 아주 신중하고 사려 깊게 다루고 있다는 사실을 깨달으면서 미소 지었다. 불쌍한 압둘. 그는 몇 안 되는 진정한 친구였다. 그는 사업뿐만 아니라 다른 힘들고 복잡한 일에서도 여러 번 내게 아량을 베풀었고, 나는 항상 그런 그의 고귀함에 눈물을 흘릴 정도로 감동하곤 했다.

나는 이제 이 도시를 더 잘 알아가고 있었고, 평소와 마찬가지로 처음 받은 인상이 맞다는 것을 확인했다. 그러니까 이 도시는 일시적으로 머무르는 곳이며, 이곳을 방문하는 사람들에게 아무런 흔적도 남기지 않는 매력을 가지고 있었다. 즉, 이 도시만이 갖고 있는 은밀한 정신을 강요하지도 않고, 도시에 생기를 불어넣는 독특한 일상을 지배하는 특별한 법칙에 적응하라고 강요하지도 않는 곳이었다. 내 목표를 달성하는 데 이는 매우 중요한 것이었다. 나와 같은 상황에 있는 사람에게 최고의 기회를 제공해주는 그런 도시가 아닌 것이다. 사람들은 그곳을 그저 스쳐 지나가기만 한다. 그들은 특정한 일자리에 정착하지도, 천하고 보잘것없는 일을 시작하지도 않은 채 몇 주나 몇 달을 보낼 수 있다. 그것뿐만이 아니라, 아무도 다른 사람들에게 관심을 기울이지 않는 일종의 끝없이 달리는 경주에서는, 우리의 목표가 하찮은 것일수록 그 목표를 이루기가 더욱 힘든 법이다. 나는 금융가에 위치한 커다란 호텔의 바나 로비를 어슬렁거리거나, 밤에는 온갖 계층과 직업과 인종의 사람들이 사업차 어쩔 수 없이 방문하여 권태를 떨쳐버리기 위해 노력하는 나이트클럽을 전전했다. 하지만 호텔이나 다른 곳에 있는 카지노는 후덥지근한 공기, 아니 더러운 공기 속에서 파나마가 일깨우는 감정이나 모험을 즐기려고 일시적으로 초조해하는 사람들에게 형편없는 대용품만을 제공하고 있었다. 나는 천천히, 하지만 돌이킬 수 없이 빠지고 있는 수렁에서 빠져나올 수 있는 기회를 이런저런 허름한 장소에서 찾아보았지만 헛수고였다. 얼마 지나지 않아 몇 개 되지 않는 내 옷들은 꾀죄죄해졌고, 다른 것들도 나의 가난을 극단적으로 보여주었다. 그래서 결국 나는 그 장소들을 떠나야만 했다. 나는 그 장소들 안으로 들어가지 못한 채 입구 근처를 맴도는 것으로 만족해야만 했다. 그건 쇼핑에 매료된 여행자들이 드나들던 커다란 가게 앞에서도 마찬가지였다. 사실 그곳은 대부분 유명 상표의 재고품이나 대담하게 유명 상표를 위조한 물건들로 넘쳐났다.

장마철이 되었다. 그때가 되면 파나마 지협에는 엄청난 파괴력을 지닌 토네이도가 불어오고, 파나마시티의 거리는 거친 강이 되어 걸어다닐 수가 없다. 나는 마법의 양탄자가 우리 가까운 곳으로 날아다니고 있으며, 우리의 마음속에 깊숙이 숨겨진 어린아이가 아무도 듣지 못하는 소리로 우리에게 그것을 타고 '위대한 모험'이라고 부르는 것을 향해 도망치라고 권하거나 유혹한다고 상상한다. 하지만 그런 양탄자의 한 조각이라도 찾으려고 노력하는 것은 쓸모없는 일이었고, 또한 이제는 더이상 할 일이 없고, 비 때문에 돌아다닐 수도 없다는 것을 깨달았다. 나는 싸구려 호텔방 안에 틀어박혔고, 단골 술집을 찾아갈 때만 호텔방을 나왔다. 그러나 그것마저도 횟수가 갈수록 줄어들었다. 장대비가 태평양의 더러운 바닷물 위로 떨어지고, 창문에서 바라본 도시는 나의 무심한 눈앞에서 진흙탕으로 변하고, 쓰레기와 떨어진 잎사귀들이 하수구 입구에서 거세게 소용돌이치는 것 같았다.

압둘에게 받은 마지막 달러를 쓰던 날, 고객의 주머니 사정을 측정하는 데 수천 년의 역사를 자랑하는 유대인의 직감을 지니고 있던 관리인은 내 방에 전화를 걸었다. 그리고 내가 아래층으로 내려오면, 자기와 잠시 이야기할 시간을 달라고 말했다. 나는 단골 술집의 외상값도 걱정되기 시작했지만, 오후에 방에서 나와 술집으로 향했다. 하지만 그 전에 다뉴브 강의 마부와 대면하기 위해 프런트로 갔다. 그의 수염 달린 커다란 머리가 프런트에서 불쑥 튀어나와 있었다. 그런데 마치 요술쟁이의 테이블에 있는 것처럼 천천히 떠듬거리며, 하지만 매우 정확하게 스페인어가 나오기 시작했다. 내가 진퇴유곡에 빠져 있으며, 파나마시티에서는 지금 상황에서 벗어날 방법을 발견할 수 없으리라는 것이 너무나 명확했다. 그는 이 도시를 아주 잘 알고 있었다. 내가 받아들이기만 한다면, 그는 적어도 그 순간의 문제들을 해결할 수 있도록 무언가를 제공해줄 용의가 있다고 말했다. 그리고 내가 빚진 그 달의 호텔비와 알렉스의 술집에 빚진 돈도 갚을 수 있을 것이라고 덧붙였다. 그 사람은 내가 생각했던 것보다 더 많은 것을 알고 있었다. 그는 내가 술집에서 돌아오면 내 방으로 올라와 잠시 대화하고 싶다고 말했다. 나는 그렇게 하기로 약속했고, 두어 잔의 보드카 속으로 도피했다. 그 절름발이 감시원과 좀더 편안하게 대화를 나누기 위해서였다. 나는 이번과 비슷한 여러 번의 위기에서 유사한 제안들을 많이 받았다. 제안은 항상 관리인이나 문지기와 의심의 여지없이 가족관계에 있는 사람들이 해왔다. 그래서 그 남자의 제안이 어떤 것일지 대략은 예측할 수 있었다. 나는 자정 무렵 방으로 돌아왔다. 잠시 후 절뚝거리는 그의 발소리가 들렸다. 그는 내 앞에 있던 망그러질 것 같은 의자에 앉았다. 그는 장로와 같은 몸짓으로 수염을 쓰다듬었지만, 그런 모습은 그를 더욱 신뢰할 수 없게 만들었다. 그러면서 그는 내게 제안했다. 항상 들어왔던 이야기였다. 당국에 체포될지도 모르는 위험을 감수하고, 가까스로 삶을 유지하기 위한 몇 달러를 위해 법의 경계를 넘어야 하는 것이었다. 그는 시계와 보석, 사진기, 값비싼 고급 향수와 술, 유명 포도가 수확된 해의 유명 상표 포도주와 같은 귀중품들을 가지고 있었다. 그것은 그의 친구들이 돈을 빌려가는 대가로 저당 잡힌 물건들이었다. 그가 설명하지 않아도, 그것들은 콜론의 세관 창고나 파나마의 대형 백화점 창고에서 훔친 물건들이 틀림없었다. '담보'라는 완곡한 표현을 사용했지만, 형언할 수 없는 광채가 그의 눈에서 반짝였고, 그의 두터운 입술에 머물고 있던 미소는 굳어지면서 모호하게 일그러졌다. 지중해를 수년간 떠돌아다니면서, 나는 돈과 관련된 작은 속임수와 협잡의 징조도 쉽게 알아볼 수 있었다. 나는 차분하게 그가 말하도록 놔두었고, 그의 말이 끝나자 다음날 아침까지 대답해주겠다고 말했다. 그러자 그는 내 방을 나가면서 말했다. "너무 많이 생각하지는 마시오. 당신보다 경험이 더 많은 다른 후보들도 있으니까." 나는 그의 말하는 모습까지도 예측할 수 있었다. 물이 이미 목까지 차오른 사람들에게 사용하는 약간의 위협적인 목소리였다.

나는 많이 생각할 필요가 없었다. 다음날 나는 아래층으로 내려가 제안을 수락하겠다고 말했다. "그럴 거라고 생각했소"라고 대답하면서, 그는 정리용 선반과 열쇠가 있는 가구 뒤의 어둡고 비좁은 구석방으로 들어오라고 했다. 그가 잠을 자는 곳이었다. 그는 지독한 오줌 냄새와 썩은 음식 냄새를 내뿜고 있는 정리되지 않은 침대 아래서 나무상자 하나를 꺼냈다. 상자의 안감은 연지색 우단이었다. 거기에 시계와 금팔찌, 보기 드물게 화려한 유리병에 담긴 향수가 들어 있었다. 그는 내게 그것들을 얼마에 팔아야 하는지 말해주었다. 더 비싸게 팔면 차액의 반은 내 몫이었고, 반대의 경우에는 판 가격의 15퍼센트만 가질 수 있었다. 그리고 그 물건들을 파는 데 가장 적당한 장소들을 추천해줬는데, 모두 내가 이미 지난 몇 주 동안 돌아다닌 곳들이었다. 예측 불가능한 장사에 계속 내리는 폭우를 피해다녀야 하는 위험이 덧붙여져 있었다. "자동차가 승객을 내려주고 태우기 위해 멈추는 차양 아래서 기다리시오." 그랬다. 나는 그 모든 것을 이미 알고 있었다. 그가 내게 말해줄 필요도 없는 내용이었다. 그와 비슷한 상황에서 사람들에게 접근하는 일은 내가 한두 번 해본 일이 아니었다. 문제는 경찰도 그곳에서 비를 피한다는 것이었다. 나는 물건들을 주머니에 넣고 거리로 나가 불확실한 모험을 시작했다.

처음에는 기대 이상으로 매우 좋은 가격에 물건을 팔았다. 물건 가격은 가게에서 파는 것보다 훨씬 쌌다. 여행자들은 그런 물건을 사더라도 심각한 위험에 처하지 않았기 때문에, 별다른 문제 없이 그 기회를 이용했다. 그러나 예측했던 것처럼, 경찰은 내가 호텔과 카바레 입구에 자주 모습을 드러낸다는 사실을 눈치 챘고, 즉시 다가와 나를 조사했다. 처음에는 그럴듯한 핑계를 대서 어려운 상황을 빠져나왔지만, 이후에는 그들에게 조그만 선물을 주어야 했다. 그리고 경찰들에게 주는 선물 비용을 반반씩 부담하자고 절름발이를 설득했고, 그는 기꺼이 동의했다. 내가 도난당한 장물을 파는 행상인으로 비교적 훌륭한 능력을 발휘했기 때문이었다. 나는 두 달이 조금 안 되게 밀린 숙박비를 계산했다. 그리고 외상값을 갚기 위해 술집으로 갔다. 알렉스는 조그만 소리로 말했다. "나가기 전에 꼭 나와 얘기를 좀 해요. 아주 중요한 일이에요." 내 앞에는 보드카가 놓여 있었지만, 과거부터 알고 있던 불안한 느낌, 즉 위험이 다가오고 있다는 예감 때문에 술맛이 싹 사라졌다. 마침내 나는 술 한 잔을 벌컥 들이마셨고, 그 누구도 듣지 못하게 바텐더와 단둘이 대화할 수 있는 기회를 기다렸다. 시간이 흐를수록 허탈해졌고, 이제는 빠져나갈 길이 없을 것이라는 막연한 절망감에 내 사지는 마치 물렁물렁한 고무로 만들어진 것처럼 흐느적거렸다. 명치 부분에서 나는 뭔가 막힌 듯한 느낌을 받기 시작했다. 마치 기생충들이 졸고 있다가 뒤엉킨 것처럼 가끔씩 꿈틀대는 느낌이었다. 마침내 알렉스가 카운터 끝으로 왔다. 그는 컵 하나를 행주로 닦으면서 나에게 자기를 따라오라는 신호를 보냈다. 그리고 그곳에서 사방을 조심스럽게 처다보면서 내게 말했다. "당신이 누구인지 알아보러 다녀갔어요. 경찰들이었지요. 사람들이 눈치 채지 못하게 사복을 입고 있었지만, 경찰이라는 것을 속일 수는 없지요. 그들은 당신이 어디에 머물고 있는지 알고 있으며, 그 호텔의 유대인과 뭔가 관계가 있다는 것을 냄새 맡고 있었어요. 지금 무슨 일을 하고 있는지 모르지만 몸조심하도록 해요. 그들은 이것저것 고려하는 사람들이 아니에요. 단지 관광객과 파나마에 들른 사업가들이 안전하게 지낼 수 있도록 이 도시의 이미지에만 신경 쓸 뿐이에요. 오늘 당장 호텔을 바꾸고 절름발이와의 관계를 청산하세요. 이 호텔에 묵도록 해요. 내가 아주 잘 알고 지내는 친구예요." 그는 내게 명함을 건네주었다. 구도시 지역에 위치한 미라마르 호텔이었다.

유대인을 설득하는 일은 쉽지 않았다. 그는 내 두려움을 중요하게 여기지 않았고, 고운 마음씨를 가진 사람의 말씨를 쓰려고 애쓰면서 재차 말했다. "걱정 말아요, 걱정 마. 이런 문제는 내가 해결할 수 있소." 그런데 바로 그런 달콤하고 사근사근한 말투에 나는 즉시 떠나기로 마음먹었다. 나는 그에게 남은 물건들을 돌려주었다. 그와의 계산을 마치고 십오 분 후에 그곳을 나왔다. 내 주머니에는 사십 달러가 들어 있었고, 명치 부위에서는 계속해서 흐느적거리는 기생충의 무게가 느껴졌다. 그것은 불행하게도 내가 너무나 잘 알고 있는 재앙이 일어날 것이라는 불운한 전조였다.

　미라마르 호텔은 디럭스 아스토르 호텔보다 약간 더 작았지만, 방은 더 깨끗했다. 여주인은 마부의 수염을 달고 있는 음흉한 절름발이보다 더 믿을 만했고, 더 가까이할 수 있는 사람이었다. 파나마 남자와 결혼한 그녀는 에콰도르 출신이었다. 알렉스는 나를 좋게 말해주었고, 다정하고 따스한 그녀의 태도는 경찰을 상대해야 할지도 모른다는 나의 당연한 두려움을 잠재우는 데 많은 도움이 되었다. 유일하게 남아 있던 객실의 창문으로 지옥처럼 시끄러운 소리가 들어오고 있었다. 창문은 작은 잡화상들이 즐비하게 늘어서 있는 저잣거리를 향해 있었다. 그 가게들은 모두 인도인이 주인이었고, 그들은 거리로 나와 지칠 줄 모르고 집요하게 손님들을 가게 안으로 끌어들이려 애썼다. 각 가게의 라디오와 전축에서 음악이 흘러나오고 있었다. 가게마다 경쟁적으로 더 크게 음악을 틀어놓으면서 품질의 우수성을 보여주려 했다. 귀가 멍멍해진 손님들은 인도인 가게 주인들이 보여준 첫 물건을 구입하면서 끊임없이 떠들어대는 그들로부터 한시바삐 벗어나고자 했고, 인도인 주인은 놀라운 솜씨로 가격을 홍정하면서 시끄러운 음악으로 손님들이 넋을 잃게 만들었다. 다행히 밤에는 조용했다. 단지 술 취한 사람의 고함 소리나 길모퉁이에서 아무런 가망 없이 고객을 기다리는 창녀들의 웃음소리가 가끔 적막을 깨뜨릴 뿐이었다. 바로 그때, 그러니까 심연의 바닥에 도달하려는 찰나, 구원의 기적이 일어났다. 그것은 너무나 정확하게 내 인생에서 일어나곤 하던 의식을 행하면서 도착했다. 그래서 나는 그것을, 보이지는 않지만 분명한 끈을 통해 어두운 계획 속으로 나를 이끄는 수호신들의 이해할 수 없는 의지라고밖에 말할 수 없다.

# 일로나

어느 날 오후, 나는 잠시나마 공포와 절망감을 치료하기 위해 기억
되살리기 연습에 열중하고 있었다. 비는 방금 씻긴 공기를 환히 비추
는 태양에 양보하며 멀어져가는 것 같았다. 문제의 그 연습은 파나마
시절보다 더 끔찍하고 더 결정적이었던 궁핍과 좌절의 나날들을 다시
떠올리는 것이었다. 가령 나는 많은 일화들 중에서 살리나스 병원에
서 일하던 시절의 일을 회상했다. 다른 동료들과 함께, 바닷물을 막아
주는 방파제 끝으로 자갈을 실어 나르는 데 사용되는 네댓 량의 화차
로 이루어진 기차를 미는 것이 내 일이었다. 그러나 돌과 자갈 대신에
우리는 각각의 화차에 네댓 명의 환자들을 실어 날랐다. 그들은 그곳
으로 가서, 몇 달 전부터 그들을 옴짝달싹하지 못하게 만들었던 궤양
이나 종기에 부드러운 바닷바람을 쏘였다. 참으로 이상하게도, 바닷

물 때문에 생긴 병인데 바닷바람을 쏘여야만 통증이 다소 가라앉곤 했던 것이다. 통증이 가라앉을 것이라는 행복한 기대감에 환자들은 나지막한 소리로 노래를 흥얼거렸고, 서로 그 노래를 자장가 삼아 잠이 들었다. 눈부시게 하얀 광활한 염전 때문에 모두가 앞을 제대로 볼 수 없었다. 그리고 아마도 그런 이유로 그들의 촉각이 매우 예민해져서, 우리가 상상할 수 없을 강도로 그 바닷바람의 뛰어난 약효를 즐겼던 것 같다.

그들이 노래를 흥얼거리는 동안, 우리는 소금으로 녹슬고 망가진 철길로 그 작은 기차를 움직이기 위해 힘을 다해 밀었다. 바람은 환자들을 불안하게 감싸고 있던 침대 시트를 흔들었다. 오래전에 나는 이것에 관해 부분적으로 쓴 적이 있는데, 아마도 그것이 내가 떠올리려고 애쓰는 사건들에 보다 가까울 것이다. 기억의 향긋한 변덕 때문에, 이제 나는 제염소 시절을 고통스럽게 기억하지 않는다. 반대로 바닷가의 산들바람이 기운을 잃은 병든 환자들에게 기쁨을 주었고, 환자들의 목에서 나오던 노래가 친절하고 다정한 속삭임 같았으며, 하늘은 구름 한 점 없이 화사했다는 것을 기억하고 있었다. 그러나 약간의 노력을 기울이자, 나는 우리가 하루에 한 끼만 먹었으며, 급료가 너무나 형편없어서 항구에 가서 슬픔을 잊을 수조차 없었던 것을 떠올리는 데 성공했다. 그런 다음 알래스카에서 샌프란시스코 근교의 공장까지 가죽을 실어 나르던 다 망가진 낡은 배에서 화부로 일했던 시절을 기억했다. 우리는 사기를 당했다. 선금에 유혹되어 일 년 계약을 맺었는데, 알래스카 수어드 항의 어둠침침한 술집에 처박혀 그 돈으로 사흘 동안 술을 마셨다. 밖에는 뼈까지 얼어붙게 만드는 추위 속에

북극의 밤이 펼쳐지고 있었다. 두번째 항해 때 우리는 월급으로 약속받았던 돈을 요구하러 갔다. 갑판장은 미끼를 던졌을 때 우리가 서명했던 계약서를 보여주었다. 교묘하게 만들어진 계약서에는 우리가 수어드에서 마셨던 술값을 일 년치 월급으로 받아들인다고 적혀 있었다. 우리 셋은 화부였다. 한 사람은 애꾸눈의 아일랜드인으로 술에 절어 살면서 계속 헛소리를 해댔으며, 다른 한 사람은 말이 없고 험상궂은 미국 원주민이었다. 그는 항해 이틀째 되는 날 일부러 팔을 부러뜨렸고, 그것을 핑계로 삽 한 번 뜨지 않았다. 그리고 나머지 한 사람은 바로 나였다. 화물은 고약하면서도 달콤한 냄새를 내뿜었고, 우리의 옷과 피부는 그 냄새에서 벗어날 수 없었다. 거기서 나는 언제 내가 포도주를 마시며 장밋빛 나날을 보냈는지 모르겠지만, 그런 날들은 끝났다고 생각했다. 다행히 항해한 지 오 개월이 되던 때, 빌어먹을 그 배가 캐나다 해안 맞은편에서 떠다니던 빙하와 부딪쳐 침몰했다. 우리는 해안경비대에 구조되어 밴쿠버에서 내렸다. 해양조난기금 덕택에 우리는 몇 주간 그곳에 머물수 있는 약간의 돈을 받을 수 있었다. 바로 그때 어느 미친 캐나다 사람이 코코라 광산의 일을 시도해보자고 나를 설득했다.

그날 오후 나는 내 인생에서 일어났던 또 다른 수많은 분기점들을 떠올렸다. 그것들은 당시 파나마에서 겪고 있던 위기보다 더 나쁜 사건들이었다. 당연한 일이지만 내게 아무런 도움도 되지 않았다. 나는 거리로 나가 조금 걸으면서 좋은 날씨를 즐겨야겠다고 결심했다. 그래서 인도인들의 잡화상이 늘어서 있는 골목들을 뒤로하고, 커다란 초호화 호텔들이 있는 지역으로 가고 있었다. 바로 그때 아무런 예고도 없이 소나기가 내리기 시작했고, 이내 그 소나기는 진정한 호우로 변해 모든 것을 휩쓸어버릴 듯이 위협하고 있었다. 나는 가장 먼저 눈에 들어온 호텔 입구로 몸을 피했다. 약간 고급 호텔처럼 보이려고 노력한 조그만 호텔이었고, 로비에는 흔히 있는 의자들과 신문, 다소 시간이 지난 잡지와 더불어, 수영장과 안뜰로 향하는 벽에 슬롯머신이 죽 늘어서 있었다. 그곳에는 아무도 없는 것 같았지만, 나는 남의 이목을 끌지 않으려고 노력했다. 나는 비에 흠뻑 젖어 있었을 뿐만 아니라, 내 옷은 점잖게 보일 수 있는 마지막 기회를 이미 오래전에 잃어버린 상태였다.

나는 그녀의 뒷모습을 보았다. 그녀는 세 개의 똑같은 그림이 나타났음을 알려주는 벨 소리를 비롯해 갖가지 소리를 내고 있는 슬롯머신 하나를 뚫어지게 바라보고 있었다. 나는 잠시 머뭇거렸다. 내가 접했던 마지막 소식에 의하면, 그녀가 파나마에 있을 리가 없었던 것이다. 나는 그녀에게 다가갔고, 그녀는 내게 얼굴을 돌렸다. 그 어떤 핑계를 대서라도 항상 머금고 있는, 기뻐 놀라는 그녀 특유의 표정을 짓고 있었다. 그랬다. 바로 그녀였다. 의심의 여지가 없었다.

"일로나! 여기서 뭐 해?" 나는 간신히 이렇게 중얼거렸다.

"가비에로, 미친 가비에로 아니에요! 당신은 여기 파나마에서 뭐 하는 거예요?"

우리는 서로 얼싸안았다. 그리고 아무 말도 없이 안뜰에 있던 조그만 술집에 가서 앉았다. 정원의 차양은 포도덩굴로 뒤덮여 있었다. 그녀는 토닉워터를 넣은 보드카 두 잔을 주문했다. 그리고 잠시 나를 쳐다보았는데, 내게는 그 시간이 영원과도 같았다. 그런 다음 거의 동정 어린 염려가 엿보이는 목소리로 말했다.

"이제 알겠어요. 일이 잘 풀리지 않은 거죠, 그렇죠? 아니에요, 지금은 아무 말도 하지 말아요. 그 이야기를 들을 시간은 앞으로도 얼마든지 있으니까요. 내가 걱정하는 건, 당신이 결코 닻을 내리지 말았어야 할 곳에서 당신을 만났다는 사실이에요. 여기서는 아무도 돈을 벌지 못해요. 대략 당신이 어떤 상황에 있는지 알겠는데, 그런 상황에 이른 사람은 더욱더 가망이 없어요. 여기는 그냥 스쳐 지나가는 것으로 족해요. 그게 전부예요. 하지만 말해봐요. 그곳 안, 그러니까 당신도 내 말이 무슨 뜻인지 알겠지만 당신의 것을 깊이 간직하고 있는 그 안의 모든 것은 어때요?" 그녀는 다정한 점쟁이, 그러니까 자기가 묻고 있는 남자에 관해 아주 잘 알고 있는 여자처럼 관심을 가지고 나를 쳐다보았다.

"거기 그대로 있지." 나는 이렇게 대답했지만, 그 목소리가 차분하고 쾌활하다는 사실에 나 자신도 소스라치게 놀랐다. "거기에서는 모든 게 잘되고 있어. 모든 게 바람직하게 진행되고 있어. 문제는 다른 거야. 외부의 것 말이야. 당신 말이 맞아. 이곳은 절대로 남아 있을 장소가 아니지만, 그렇게 되고 말았어. 내 주머니에는 2달러가 들어 있는데, 그게 내가 가진 전부야. 하지만 이제는 바로 내 앞에서 당신을 볼 수 있고 당신의 말을 들을 수 있으니까 솔직하게 말할게. 그 모든 것은 과거의 일이 되었고, 이 보드카와 당신 머리카락의 향내와 당신의 폴란드-트리에스테 식 스페인어 억양 덕택에 이 순간에는 물거품처럼 사라지고 있어. 행복과 같은 무언가로 다시 빠져들고 있어."

"당신이 감상적인 목소리로 자신 있게 말하는 것을 보니, 상황이 몹시 안 좋은 모양이네요. 게다가 그런 태도는 당신과 어울리지 않아요." 그녀는 자신의 감정을 숨기기 위해 항상 사용하던 냉소를 머금으며 말했다. 우리는 우리의 우정을 보여주는 지극히 정상적인 말투로 돌아가고 있었다. 그러니까 우리는 종종 섬뜩할 정도의 유머를 구사했고, 우리 사이를 얽어매던 끈을 기분 좋게 인정했지만, 갑작스럽게 두 사람의 성격이 충돌했고, 그것으로 인해 헤어지지는 않았지만 서로 다른 방향으로 돌아섰던 것이다.

일로나는 슬롯머신에서 번 돈으로 술값을 지불했고, 푸짐한 팁을 테이블에 올려놓고 자리에서 일어나면서 말했다. "자, 가요. 올라가서 옷을 말리고 목욕을 하도록 해요. 마치 가난한 집시 애인처럼 보여요." 그녀는 나를 따뜻한 물이 가득 담긴 욕조 안으로 들여보내고, 내 옷을 호텔 세탁소의 세탁물 봉지에 넣었다. 나는 그녀가 다리털을 깎을 때 사용하는 면도칼로 수염을 깎았다. 열린 창문으로 비 온 뒤의 멋진 더위를 느낄 수 있었다. 비는 바다 쪽으로 물러나면서 바닷물을 잿빛으로 물들이고 있었다. 그녀는 넓은 침대로 올라와 내 옆에 누웠고, 나를 애무하기 시작했다. 그러면서 낮은 음으로 솔렘 수도원에서 한때 우리의 안내자로 일했던 어느 베네딕트회 사제의 목소리를 모방하면서 속삭였다. "가비에로, 당신은 미쳤어, 가비에로, 얼빠진 사람, 마크롤, 당신은 배은망덕한 사람." 우리는 그렇게 서로 뒤엉킨 채 숨을 헐떡이면서, 폭소를 터뜨리며 사랑을 나누었다. 마치 방금 기적적으로 중대한 위험에서 빠져나와 목숨을 구한 아이들 같았다. 땀에 젖은 그녀의 피부는 어지러울 정도로 아몬드 냄새를 발산했다. 이내 밤이 되었고, 귀뚜라미들이 밤의 신호를 보내기 시작했다. 이따금 불규칙적으로 침묵하면서 부르는 그들의 조용한 노랫소리는 식물 세계의 비밀스럽고 관대한 숨소리의 리듬을 연상시켰다. 열린 창문으로 젖은 흙 냄새와 떨어진 잎사귀가 썩기 시작하는 냄새가 들어왔다. 호텔 옆에 있던 중국 식당의 음악은 우리가 함께 기적적으로 목숨을 구했던 마카오에서의 일화를 떠올렸다. 그러나 우리 둘 누구도 그것에 관해 말하지 않았다. 그럴 필요가 없었다.

일로나. 그녀는 잊을 수 없는 여자였다. 나는 그녀 곁에서 너무나 많은 것을 겪었고, 아직도 그녀와 함께 있으면 많은 일이 일어날 수 있었다. 그녀는 트리에스테 출신으로, 폴란드인 아버지와 마케도니아 가문 출신으로 트리에스테에 살고 있던 어머니 사이에서 태어났다.

"잘 발음해봐요. 자, 잘 봐요. 테살로니키." 그녀는 혀를 앞니 아래에 놓았다. "위대한 가문." 일로나 그라보프스카는 빈정대면서 이렇게 말하곤 했다. 그녀의 성(姓)은 상황에 따라 여러 모습으로 나타났다. 언젠가 내가 알리칸테에서 만났을 때는 일로나 루벤스타인이 되어 있었다. 내가 조금 과장하고 있지 않느냐고 말하자, 그녀는 제네바 은행을 장식하는 카펫과 관련된 복잡한 사업 때문이라고 주장했는데, 실제로 그 성은 뜻하지 않게 우리의 일에 도움을 주었다. 그녀는 키가 크고 금발이었다. 그리고 태도는 무뚝뚝했다. 손은 항상 꿀 색깔의 짧은 머리카락을 매만지고 있어서, 멀리서도 즉시 그녀임을 확인할 수 있었다. 내가 로비에서 보았을 때 그녀의 손은 슬롯머신을 하느라고 바빴고, 그래서 나는 잠시 혼동할 수밖에 없었던 것이다. 마흔다섯 살이 되었지만, 늘씬하고 탱탱한 다리 덕택에 그녀의 몸은 젊은 처녀들처럼 탄력적이고 균형 잡혀 있었다. 둥근 얼굴과 선이 분명하고 툭 튀어나온 입술은 그녀의 몸에 마케도니아인의 피가 흐르고 있음을 드러내주었다. 커다랗고 약간 튀어나온 앞니 때문에 그녀는 어린아이 같으면서 동시에 비웃는 것 같은 표정을 영원히 짓게 되었다. 약간 허스키한 목소리는, 무언가를 강조하거나 혹은 자기가 특별히 감동받았던 것을 말하고자 할 때 낮은 저음에서 소프라노까지의 음계로 변했다. 그리고 일로나는 한 남자와 오랫동안 사귀지 않았다. 하지만 친구들을 절대로 배신하는 법이 없었고, 심지어 몇몇 친구들과는 함께 사랑을 나누기도 했다. 그리고 친구들에게 무슨 일이 있는지 항상 관심을 보였으며, 어떤 경우에는 그들을 위해 희생하기도 했다. 그녀는 돈의 가치에 대해서는 전혀 개념이 없었고, 돈의 주인이 누구이든 상관없이 마구 썼다. 또한 물건에 대한 집착도 없어 어떤 순간에도 물건에 대한 욕심에서 쉽게 벗어날 수 있었다. 나는 언젠가, 거의 통행이 불가능한 길로 안데스 산맥을 지나 아르헨티나의 멘도사까지 데려다준 운전사에게 그녀가 이스탄불에서 구입한 아름다운 팔찌를 빼서 주는 것을 보았다. 그녀를 분노하게 만드는 것은 멍청한 짓이었다. 보다 정확하게 말하자면, 소부르주아지의 따분한 일상에 집착하는 사람들 속에서 너무나 흔하게 나타나고, 오대주 모두에서 똑같은 모습인 관료주의자들 사이에서 너무나 흔하게 목격되는 거만함과 혼합된 멍청한 짓이었다. 언젠가 그녀에게 외국으로 송금할 수 없다는 사실을 장황하게 가르치려고 했던 발파라이소의 어느 불쌍한 은행 지점장에게 그녀는 갑자기 말했다. 너무나 커서 거리를 지나가던 사람들도 들을 수 있을 만한 목소리였다. "당신의 금테 안경과 그 '은행 거래 약관' 모두를 갖고 빌어먹을 지옥에나 가버려! 좆 같은 놈!" 그런 다음 일로나

는 팔뚝질을 해 보였고, 그 남자는 더욱 당혹해했다. 그리고 그녀는
뒤돌아 나와버렸다.

　나는 비를 피하기 위해 들어갔던 오스탕드의 크레이프 가게에서 그
녀를 알게 되었다. 가늘고 차가운 빗줄기가 끊임없이 떨어지고 있었
다. 플랑드르의 전형적인 현상이었다. 그런 비를 맞으면 눈치 챌 새도
없이 순식간에 흠뻑 젖기 마련이다. 그녀는 내가 들어가고 나서 얼마
후에 들어왔다. 나는 조그만 테이블에 앉아 부둣가가 내다보이는 창
문에 기대고서, 리코타 치즈를 넣은 크레이프를 음미하고 있었다. 그
녀는 나를 보지 못한 채 머리를 흔들어 머리카락의 빗방울을 떨어냈
고, 그 빗방울은 내 위로 떨어졌다. "아이, 미안해요! 당신 크레이프
를 엉망으로 만든 것 같네요. 우리 두 개를 시키도록 해요. 비가 그칠
때까지 당신과 함께 있어줄게요." 그토록 예의 바르게 화를 풀어주자,
나는 그녀의 초대를 거절할 수가 없었다. 우리는 이내 친구가 되었다.
우리는 여러 달 동안 함께 살면서, 스페인의 라만차 지방과 프랑스 브
르타뉴 지방의 항구들을 오갔다. 당시 우리는 금괴 밀수라는 어려운
사업에 연루되어 있었다. 그것은 그녀의 정부였던 오스트리아 사람이
구상한 계획이었는데, 그는 취리히 경찰에 체포되었다. "그는 뉴욕에
서 저질렀던 또 다른 바보 같은 일에 나를 연루시키려고 했어요. 그는
생쥐처럼 행동했지만, 금괴 계획은 당분간 제 역할을 할 수 있을 거예
요." 이 말을 하면서 그녀는 오스트리아 애인의 문제를 머리에서 싹
지워버렸고, 그에 대해 다시는 언급하지 않았다. 그렇게 그녀는 법칙
을 위반했던 사람에 대해서는 완전히 잊어버리는 능력이 있었다. 물
론 그 법칙은 글로 쓰여 있지 않은 것이지만, 그녀는 우정을 맺을 때

그런 법칙을 요구했을 뿐만 아니라 상당 부분 그녀의 사업 관계나 인생을 살면서 맺게 되는 다른 관계로 확장시켜 적용했다. 마침내 우리는 키프로스에 정착했고, 그곳에서 압둘 바슈르와 합류했다. 그는 상선들이 사용하는 신호용 깃발을 사용하려는 복안을 갖고 있었다. 그러니까 깃발의 형태와 색깔을 약간 변형하면, 밀수업자들이 자신들끼리 의사를 소통하고 해안경비대의 활동을 알려줄 수 있다고 생각했던 것이다. 우리는 위토의 '한자 슈테른'과 다른 두 척의 레바논 화물선을 이용해 그것을 시험했고, 그 방법은 완벽하게 작동했다. 일로나는 바슈르와 관계를 맺었고, 그 관계에 방어적인 자세를 취했다. 그리고 훌륭한 내 친구 압둘은 그것이 이 세상에서 가장 자연스러운 것이라고 생각하려 했다. 그는 레반트 사람들이 어렸을 때부터 배우는 가장 복잡하고 정교하며 교활한 기술의 전문가였다. 하지만 선박 신호를 아는 사람은 일로나 한 사람뿐이었다. 그래서 우리 세 사람 사이에서는 그 어떤 마찰도 생기지 않았으며, 바슈르와 나를 맺어준 오랜 우정도 전혀 해를 입지 않은 채, 이 모든 일이 순조롭게 진행되었다. 나는 잠시 마르세유로 옮겨가 그곳에서 신호용 깃발을 홍보했으며, 그들은 트리에스테로 가서 우리 여자친구의 유산을 정리했다. 하지만 그 유산은 소송 계류중인 재산에 부과된 세금과 벌금으로 사라져버렸다. 일로나는 이렇게 말했다. "나는 적어도 미라마르의 성 하나 정도는 물려받을 거라고 생각했어요. 그런데 산지기의 오두막에 진 빚밖에 물려받지 못했어요." 그러면서 그녀는 시끄럽고 요란하며 상쾌한 웃음을 터뜨렸다.

우리는 여러 해 동안 서로 만나지 못했다. 그러던 어느 날, 나는 맨 섬*으로 가는 페리 위에서 그녀를 만났다. 스코틀랜드 특유의 끊임없는 비가 내리고 있었다. 식물들이 더욱 초록색을 띠게 해주고 지독히 정확하게 기관지를 공격하는 바로 그 비였다. 우리는 허름한 램지 여인숙에 머물렀다. 나는 40도의 고열과 후두염에 시달리면서 한 마디도 할 수 없었고, 그녀는 스웨터 뜨는 법을 배우고 있었지만 그녀에게는 절대 불가능해 보였다. 스웨터의 양 소매는 한 번도 일치하지 않았다. 거기서 우리를 구해준 사람이 바로 압둘이 보낸 위토였다. 우리는 내 기관지를 치료한 후, 제네바 은행의 카펫 사업을 벌이기 위해 모로코의 수도 라바트로 향했다. 일로나는 나중에 스위스로 갔고, 몇 달 후 우리는 알리칸테에서 만나기로 약속했다. 바로 거기서 나는 일로나 루벤스타인으로 바뀐 그녀를 만나게 되었다.

일로나는 우리의 삶에 나타났다가 사라지는 습관이 있었다. 떠날 때 그녀는 우리가 어떤 죄책감도 느끼지 않고 속았다는 느낌도 받지 않게 사라졌다. 그리고 나타날 때는 우리 위에 드리워진 모든 구름들을 한순간에 말끔히 쫓아버릴 수 있는 그녀만의 능력을 보이며 일종의 새로워진 열정을 제공해주었다. 우리는 그녀와 항상 처음인 것처럼 시작했다. 그녀는 우리를 궁핍한 상황에서 빠져나올 수 있도록 도와주는 풍요로운 자산이었다. 그래서 항상 그녀가 우리 옆에 있으면, 우리는 운 좋게도 모든 문제가 해결되어 새로운 삶을 시작하고 있다는 인상을 받았다.

나는 그녀에게 '한자 슈테른'이 어떻게 되었는지 들려주었고, 위토

---

* 영국과 아일랜드 중간에 있는 영국 왕실의 섬.

의 죽음에 대해서도 이야기했다. 그러자 그녀는 단지 이렇게만 말했다. "이미 알고 있었어요. 처음 그를 보았을 때부터. 인생은 의자에 앉은 여학생처럼 다뤄지는 걸 좋아하지 않아요." 나는 내가 처한 어두운 터널에서 벗어나기 위해 파나마에서 어떤 일을 했는지 이야기했다. 그녀는 빈의 마부 이야기를 듣자 참지 못하고 웃음을 터뜨렸다. 그러고는 이렇게 말했다. "나는 그런 사람들을 잘 알고 있어요. 어떤 사람인지 알 수 있을 것 같아요. 그런 이들은 사람을 마치 돈을 떼어먹을 사람처럼 쳐다보죠. 트리에스테에도 그런 사람이 몇 명 있었어요. 아버지 손을 잡고 학교에 갈 때마다 그 사람들을 보았어요. 항상 모자를 벗어 아버지에게 인사를 하고 매우 점잖게 말했어요. 러시아인답게 굵직한 저음으로 '안녕하십니까, 백작님'이라고 인사했어요. 당신도 알다시피 우리 아버지는 백작이 아니었지만, 기마 장교처럼 행동했기 때문에 트리에스테에서는 모든 사람들이 그렇게 불렀죠." 그런 다음 나는 압둘에 관해 말했다. 그리고 경제적으로 어려운 상황인데도 내게 돈을 주었다고 알려주었다. 그러자 그녀는 단지 고개만 끄덕이면서 다정하게 미소 지었다. 우리가 함께 알고 있는 친구가 얼마나 관대한 아량을 가지고 있는지 아주 잘 아는 것 같았다. 그녀가 자기 이야기를 하기 전에 먼저 듣고 싶다고 그토록 고집 부리던 내 이야기가 끝나자, 일로나는 자리에서 일어나 샤워를 하러 가더니 목욕 타월을 두르고 돌아왔다. 그녀는 내 맞은편에 있던 침대 다리에 앉아 심각하면서도 멍한 표정을 지으며 이야기를 시작했다. "내 이야기는 훨씬 간단해요, 가비에로. 그리고 별로 재미있지도 않아요. 당신이 '카펫 작전'이라고 부르던 그 일 이후, 당신은 바보 같은 치클라요 채석장 일 때문에 페루로 갔고, 나는 내 사촌이 해초를 주원료로 만든 미용 용품을 팔고 있던 오슬로로 갔죠. 이런 종류의 이야기를 프랑스 사람들은 '서서 졸게 만들기', 그러니까 지겹고 따분한 이야기라고 불러요. 그곳에서 나는 사촌의 동업자로 이 년을 보냈어요. 물론 예상했던 대로 그 사업은 실패했죠. 일 년의 반 이상이 밤이고, 여자들은 소녀와 같은 피부에 포병과 같은 몸매를 갖고 있는 나라에서 그런 장사를 하겠다는 생각은 애초부터 무리였어요. 오슬로에서 나는 에릭 반즈펠트를 다시 만났어요. 키프로스에서 나와 결혼하고 싶어했던 룩셈부르크 사람 말이에요. 당신은 언젠가 밤을 새워가면서 그에게 나는 그 누구의 아내도 될 수 없으며, 가사와는 전혀 관련이 없는 것에 인생의 반을 보냈다고 설명했죠. 그는 완강한 고집의 색슨 족 기질을 지니고 있었지만, 당신은 그를 설득하는 데 성공한 것 같았죠. 이번에는 그때만큼 결혼에 대한 의지가 강하지 않았고, 나는 그와 함께 홍콩으로 두 번 여행을 갔어요. 우리가 알게 되었을 때 그는 진주 장사로 상당한 이익을 보고 있었죠. 하지만 상황은 그때와 달리 많이 바뀌었고, 그는 다른 사업으로 전환해야 했죠. 그래서 브뤼셀에 채식주의자 식당을 차렸어요. 처음에는 오슬로에서의 해초 크림처럼 별볼일 없었지만, 시간이 조금 지나자 벨기에 여자들에게 다이어트 광풍이 불었어요. 그 여자들은 그럴 필요가 있었어요. 그건 당신도 잘 알 거예요. 에릭은 금광을 손에 넣은 것과 마찬가지였기에 그곳에 아주 정착하고 말았어요. 나는 남아프리카공화국으로 갔고, 스트립쇼 카바레를 차렸죠. 그리고 '크레이지 호스'*를 모방하려고 했어요. 인종 문제가 시작되기 전까지는 꽤 괜찮았어요. 남아공 당국은 전화 통화를 하면서 성행위를 흉내 내던 아름다운 아이티 여자 두 명을 해고할 것을 요구했죠. 그게 바로 그 쇼의 성공 요인이었는데 말이에요. 나는 카바레를 처분하고 트리에스테로 돌아왔어요. 음, 모든 걸 자세하게 이야기하지는 않겠어요. 두세 번의 일상적인 모험이 있었어요. 우리가 제대로 되지 않으리란 것을 알면서도 뛰어들곤 하는 그런 모험이죠. 무언가를 하기 위해 무작정 뛰어드는데, 그것은 순전히 관성의 법칙이며, 또한 다른 것으로 이끌리게 될지도 모른다는 생각 때문이지요. 당신도 알다시피 바로 우리가 그런 부류예요. 일 년 후 어떤 남자와 함께 카나리아 제도로 갔어요. 부잣집의 상속자에 테네리페에서 엄청난 재산을 물려받을 상속자라고 하던 사람이었어요. 하지만 상속자도 아니었고 부자도 아니었고 유산도 없었어요. 단지 얼굴만 근사한 바보였죠. 차라리 전신주와 이야기하는 편이 나았어요. 그러다 카나리아에서 헝가리 출신의 과부를 만났는데, 그녀가 파나마에 유명 디자이너들이 만든 옷과 고급 란제리를 파는 의상실을 열자고 제안했어요. 중고품이나 위조품이 아닌 진품 의상실이었죠. 그리고 파나마는 그런 종류의 장사를 할 여건이 되어 있다고 했어요. 인근 국가에서 세련되고 우아한 취향을 가진 부유한 여자고객들이 갈수록 많이 몰려든다는 것이었죠. 지금까지 이곳에서 쇼핑을 하던 중산층이 아니었어요. 우리는 마음이 맞았어요. 너무나 잘 맞은 나머지 함께 침대에 들었어요. 나는 침대 영역에 관한 한 그녀가 대가라는 사실을 인정하지 않을 수 없어요. 하지만 그녀는 어리석게도 심각한 사랑에 빠졌고, 질투와 분노와

---

* 세계에서 가장 예술적인 누드쇼라고 알려져 있다.

눈물의 장면을 연출했어요. 이런 헝가리 스타일의 멜로드라마 때문에 손님들은 발길을 돌렸고, 나 역시 그 무엇을 할 기운도 없이 기진맥진하고 말았어요. 당신은 이곳 기후가 신경계에 어떻게 작용하는지 알고 있을 거예요. 신경을 억누른 다음 일종의 기포 고무로 감싸죠. 그래서 외부세계의 조짐이 늦게 오거나 혹은 너무 희미하게 도달하죠. 그녀를 설득하는 게 쉽지 않았어요. 그러니까 나는 그녀가 과열된 상상 속에서 생각한 그런 사람이 아니며, 그런 악몽 속에서 살고 싶은 생각은 추호도 없다고 설득했죠. 나는 즐거운 한때를 보내겠다는 생각 이외에는 그 어떤 의도도 없었어요. 그러나 그녀는 마구 고함을 질렀어요. 우리는 그 가게를 정리했어요. 그녀는 보름 전에 런던으로 돌아갔어요. 칠레 여자와 옛 사랑을 다시 시작하겠다는 굳은 결심을 하고 떠났죠. 그 칠레 여자는 피아니스트인데, 언젠가 한번은 그녀에게 총을 쏘려고 했었어요. 다행히 총알은 빗나갔지만, 영국경찰과 심각한 문제가 있었죠. 그래서 지금 나는 여기에 있는 거예요. 아주 호화롭게 살지도 않지만 가난에 찌들지도 않은 채 이 '상수시* 호텔'에서 지내고 있어요. 이제 당신에게 한 가지 제안을 할게요. 내일 미라마르 호텔로 가서 당신 호텔비를 정산하고, 당신 물건을 이리로 가져와요. 물론 무언가 짐이 있다면 그렇게 하라는 말이에요. 하지만 당신 옷을 보건대, 그리 대단한 것이 있으리라고는 생각하지 않아요. 언제나처럼 우리는 제휴와 협력을 하는 거예요. 만인에게 인정받은 우리의 재능을 이용해 우리가 버는 돈을 함께 나눠 갖도록 해요. 동의해요?"

---

* 프랑스어로 '번민이 없다'는 뜻.

230

대답할 필요조차도 없었다. 내 돈이건 그녀의 돈이건 간에 이미 여러 번에 걸쳐 우리가 맺어본 바 있는 협정이었다. 나는 그것이 큰 문제 없이 작동할 것임을 알고 있었다. 평소와 마찬가지로 말이다.

다음날 우리는 미라마르 호텔로 갔다. 계산을 하고 나는 내 짐을 챙겼다. 셔츠 두 벌과 다 해진 운동화 한 벌, 다시 입겠다는 생각보다는 행운과 애정의 징표로 보관하고 있던 기름 묻은 헐렁헐렁한 바지 몇 개가 전부였다. 모두 내가 뉴올리언스에 있을 때, 그리고 '한자 슈테른'에 승선했을 때 입던 것이었는데, 나는 그것들을 버리고 싶지 않았다. 어떤 옷가지들은 행운을 가져다주는 부적이 되기도 한다. 우리는 그것들이 재앙에서 우리를 보호해줄 것이라고 상상하여 결코 버리려고 하지 않으며, 한 번도 검증된 적 없는 그 물건들의 힘에서 벗어나려고 하지 않는다.

일로나와의 삶은 변함없이 두 가지 차원, 즉 동시적이며 평행적인 차원에서 이루어졌다. 하나는 서둘지 말자는 것이었다. 즉, 매일매일 생존이라는 일상적인 문제에 해결책으로 제안되는 것을 현명하게, 하지만 결코 집착하지는 않은 채 정신을 바짝 차려야 한다는 것이었다. 다른 하나는 상상과 자발적이며 갑작스럽고 끊임없이 분출되는 환상이었다. 여기에는 설정되고 문서화된 모든 규칙을 과격하게 뒤엎는 것을 목적으로 하는 장면들을 만들자는 의미가 있었다. 이런 현상은 영속적이고 유기적이며 철저한 전복으로, 대부분의 사람들이 선호하는 평평한 길로 여행하는 것을 절대로 허락하지 않았다. 일로나는 전통적인 범주를 지키는 그런 대부분의 사람들을 우쭐대거나 강조하지 않고 그 어떤 양보도 없이 '다른 사람들'이라고 불렀다. 그녀 곁에서 그런 전통적 범주에 맞추려는 작은 조짐이라도 보이면 그 사람은 화를 피할 수 없었다. 그녀는 용서할 수 없는 그런 허약함에 빠지는 사람과는 주저하지 않고 그 즉시 모든 인연과 관계와 약속을 끊어버렸고, 그 사람에 대해서는 두 번 다시 입에 올리지 않았다. 그런 사람은 '다른 사람들'이 되어버리는 것이었다. 다시 말해, 그녀에게는 더이상 존재하지 않는 사람이었다. 그녀와 함께 살았던 우리는 그녀의 눈빛만 보아도 우리가 위험지역에 접근하고 있는지 아닌지 충분히 알 수 있었다. 압둘은 일로나의 그런 원칙을 아주 잘 보여주는 한 일화를 들려주었다. 언젠가 두 사람이 함께 여행을 했는데, 압둘은 사업의 모든 이익금을 독차지하고 있던 투기 사업의 공동 경영자에게 엽서를 보내려고 했다. 여름을 보낼 수 있도록 키로스 섬에 있는 별장을 빌려준 친절에 고마움을 표하기 위해서였다. 그가 엽서를 일로나에게 주면서 함께 서명을 하라고 하자, 일로나는 순간적으로 그를 쳐다보고는 머리를 빗고 있던 욕실로 가버렸다. 그녀는 한 마디도 하지 않았지만, 압둘은 엽서를 찢어 변기에 넣어버렸다. 그들은 그 문제에 관해 전혀 말을 하지 않고 있다가, 몇 달 후에 마르세유에서 나를 만나자 비로소 입을 열었다. 우리는 항구에서 올리브 오일과 마늘로 요리한 가재를, 싸구려지만 흥을 돋우고 솔직한 말을 하게 만들기에 충분한 프랑스 백포도주와 곁들여 먹고 있었다. 압둘은 기분 좋게 웃으면서 그 사건을 즐겁게 이야기했다. 일로나 역시 웃었다. 그러나 바슈르의 말이 끝나자, 그녀는 성난 미네르바 같은 표정으로 우리를 뚫어지게 바라보고는 이렇게 잘라 말했다.

"이 레바논 사람은 과도한 예의를 차리는 바람에 중대한 위험에 처했었어요. 제정신이 아니었죠."

"나도 즉시 그걸 알았어." 바슈르가 약간 불쾌한 말투로 말했다. 그
러면서 일로나의 말로 생긴 순간적인 공포감을 숨기기 위해 포도주
한 잔을 들이켰다.

하루하루가 조용히 흘러갔다. 비는 점점 뜸해졌고, 파나마의 화창
한 여름이 시작되고 있었다. 그런 날씨는 아무도 모르게 효과적으로
나를 흥분시키고 있었다. 어느 날 나는 우리의 경제 사정에 관해 얘기
를 꺼냈고, 일로나는 이렇게 말했다. "지금은 우리의 경제 문제를 잊
어버리기로 해요. 그 문제를 걱정한다고 해결책이 나오지 않을 것이
란 사실은 당신도 아주 잘 알고 있잖아요. 게다가 급할 것도 없어요.
그래요, 이곳이 우리가 평생 머무를 장소가 아니란 걸 난 잘 알고 있
어요. 그게 아니라도, 세상에 이런 곳은 없어요. 적어도 우리에겐 말
이죠. 당신이 얼마 전에 겪었던 위기가 가져다준 나쁜 점은 우연에 대
한 믿음, 그러니까 탈출구를 찾는 데 가장 중요한 조건인 뜻하지 않은
의외의 것들에 대한 믿음을 감소시킨다는 거예요. 그냥 될 대로 되라
는 식으로 놔둬요. 그럼 알아서 숨겨진 열쇠가 나올 거예요. 그걸 찾
으려고 하면, 그만큼 찾을 수 있는 능력을 잃어버리게 되는 거예요."
그녀의 말은 일리가 있었다. 그러자 나는 내가 얼마나 깊은 수렁에 빠
져 있는지, 우리의 운명에 대한 막연한 믿음을 제공하는 기계장치가
얼마나 손상되고 심지어 멈추어버렸는지를 깨달았다. 일로나, 그리고
그녀와 함께 왔던 비 덕택에 위기에서 벗어날 수 있었던 이번 경우보
다도 훨씬 더 열악한 수렁에서 나를 구해주던 것이 바로 행운에 대한
확신이었다.

우리는 오후마다 카드로 성을 쌓는 사람처럼 인내심을 갖고 천천히 세심하게 사랑을 나누었다. 격정적이고 자유로운 카드 성이 무너진 후에 우리는 우리 공동의 친구들, 우리가 과거에 즐겼던 장소들, 그리고 우리만 알고 있는 외딴 구석에서 먹었던 잊을 수 없는 음식들을 떠올렸다. 또한 변함없이 경찰서나 항무관 사무소에서 끝을 맺곤 하던 광포한 술주정도 회상했다. 경찰서나 항무관 사무소에서 우리는 일가견이 있는 궤변이나 억지 주장을 효과적으로 번갈아 늘어놓은 덕택에 모든 걸 해결할 수 있었다. 그런데 어느 날 밤, 안트베르펜의 한 파출소에서 있었던 새벽의 사건을 떠올리자 우리는 웃음을 억제할 수 없었다. 그곳에서 희끗희끗한 구릿빛의 커다란 콧수염을 달고 있던 점잖은 벨기에 경찰은 밤을 새운 눈으로 놀란 표정을 지으며 일로나를 쳐다보았다. 그녀는 매우 심각하게 내가 자기 오빠이며, 내가 2급 기계공으로 일하고 있던 배의 선주들이 나를 정신병원에 격리시켰는데 방금 나를 병원에서 빼왔다고 말했다. 그러면서 계약이 만료되면 받기로 된 내 특별수당을 선주들이 가로채려 했다고 덧붙였다. 그 불쌍한 벨기에 경찰은 연필로 머리를 긁적이면서 믿지 못하겠다는 눈으로 우리를 쳐다보았다. 우리는 어느 순간에라도 상당한 금액의 벌금이나 며칠간의 구류 처분을 받을 수 있었다. 하지만 그는 우리에게 그곳을 떠나 다시는 나타나지 말라고만 말했다. 물론 우리는 그의 말의 일부만 지켰다. 안트베르펜으로 돌아가지 않는다는 것은 생각할 수 없는 일이었다. 당시 우리는 프랑스의 브르타뉴와 스페인의 칸타브리아 해안을 침투하기 위한 근거지로 그 항구를 이용하고 있었기 때문이었다. 이런 식으로 매일 오후 우리는 우리 두 사람이 함께했거나 혹은 압둘

같은 친구와 함께 보낸 시절을 거닐었다. 압둘은, 세상이 제공한 그대로를 원하는 것이 아니라 세상을 자신들이 원하는 대로 만들어가고자 하는 사람들이 보여주는 단단한 유대감을 우리와 형성하고 있었다.

우리의 재정 상태에 대해 말하지도 걱정하지도 말자는 합의는 엄격히 지켜졌다. 우리 두 사람은 국립 서인도 무역은행 계좌의 잔고가 대책 없이 바닥나고 있다는 것을 알고 있었다. 경계 상태에 돌입할 정도는 아니었지만, 곧 파나마시티를 떠나는 데 필요한 마지막 돈만 남게 될 것이었다. 그런 일이 일어나기 전에, 항상 우리를 구해주었던 마술적인 해결책을 찾아야만 했다. 우리, 특히 일로나는 외줄 한가운데 있는 줄타기 곡예사와 비슷한 믿음을 가지고 있었다. 우리는 언급할 수 없는 것을 지나가듯이 암시적인 말을 사용하거나, 짧게 침묵을 지키거나, 아니면 합의를 깨지 않는 선에서만 말했다. 그것은 우리 두 사람이 그 문제를 걱정하고 있지만, 동시에 우리가 우리의 세월에 부여한 끝없는 휴가의 리듬을 깨지 않는 데 성공하고 있음을 보여주는 것이었다. 오전에는 호텔 수영장에서 몇 시간 동안 일광욕을 했고, 점심때가 되면 '해산물의 집'이나 생선초밥 세트가 일품인 '맛수에이'에서 점심을 먹었다. 그리고 오후에는 낮잠을 자고 행복한 기억으로 끝맺는 사랑을 했으며, 밤에는 큰 호텔의 카지노를 돌아다니면서, 마치 몬테카를로에 있는 것처럼 돈을 잃지만 개조되지 않은 야만인처럼 행동하던 아시아나 남아메리카의 열렬한 고객들을 지켜보았다. 밤은 여자들이 상상을 초월할 정도의 미학적 노력을 기울이며 옷을 벗던 이류 카바레에서 끝났다. 그곳에서 우리는 그 여자들의 국적이 어디인지 내기를 했지만, 거의 맞히는 법이 없었다. 사회자가 '끝내주는 칠레 여자'라고 소개한 여자는 마라카이보의 창녀촌에서 온 닳고 닳은 여자였고, '관능미 넘치는 아르헨티나 여자'는 하나같이 에콰도르 여자로, 암바토나 쿠엥카 혹은 가끔씩은 과야킬 출신이라고 털어놓았다. 우리가 가장 크게 빗나갔던 것은 어느 날 밤 '뜨거운 우루과이 여자'가 콜롬비아 여자일 것이라고 내기를 걸었지만, 실제로 우루과이의 타쿠아렘보 출신이었을 때였다. 그런 카바레는 그리 많지 않았고, 무대에 오르는 여자는 더욱 그랬다. 그러자 그 세계를 찾아가는 일은 갈수록 뜸해졌고, 우리는 힐튼 호텔이나 콘티넨털 호텔의 조용한 바에 앉아 있는 편을 택했다. 거기서 우리는 원래의 칵테일을 약간 변형시켜달라고 주문하고는 천천히, 그러나 끊임없이 마시곤 했다. 그런 이단적인 칵테일의 값은 우리가 세심하게 선택한 범주에 따라 매겨졌다. 거기서 우리가 '파나마 트레일'이라고 이름 붙인 보드카 마티니가 탄생했는데, 그것은 노일리프라트* 대신에 버찌 브랜디를 첨가한 것이었다. 그것은 우리를 천천히 취하게 만들었고, 우리는 공들여 정복한 맛과 법칙의 검증된 학설에 충실한 독실하고 정평 있는 애주가라 자인했다. 그러면서 그것을 알코올 중독자로 기나긴 세월을 보내면서 성취한 가장 성공적인 발견이라고 찬미하게 되었다.

이제 그런 일상은 인내심을 넘을 정도로 길게 지속되고 있었다. 일상을 변화시켜야 할 필요가 있다는 조짐이 처음으로 간신히 감지될 정도로 나타나기 시작했다. 그 시작은 포착하기 힘들었지만, 갈수록 분명해지고 있었다. 수영장으로 내려가는 대신, 우리는 침대에 남아

---

* 프랑스 남부에서 제조되는 베르무트의 일종.

애무하면서 오지도 않는 잠을 자려고 하며 수면 시간을 늘려갔다. 애무는 효과적이었지만, 어느 정도는 방 안에 남아 있기 위한 구실을 찾으려는 방편에 불과했다. 호텔 바는 지중해의 항구들을 자주 들락거리던 사람들의 기대에 부응할 정도로 기괴한 가능성을 풍부하게 제공하지 못했다. 맛있는 블랑 카시스나 진품 네그로니*가 없어서 기분을 잡치게 만드는 순간이 있었다. 마찬가지로 얼음을 넣은 아랍의 술 '아라크'를 마시고 싶어 주문했는데 없어서 우리는 다른 술로 대체해야 했고, 그것은 결국 좌절된 입맛을 더욱 화나게 할 뿐이었다. 우리가 극단적인 해결책을 취해야만 할 위기 상황에 이르기 전에, 일로나는 멋진 생각을 해냈다.

---

* 이탈리아 피렌체의 어느 식당에서 네그로니 백작의 주문으로 탄생한 칵테일. 드라이진과 캄파리, 스위트 베르무트로 만든다.

# 비야 로사와 그곳 사람들

 

 

어느 날 오후 우리는 파나마 힐튼 호텔의 로비와 연결된 테라스에서 투보르그 맥주를 마시고 있었다. 우리와 절친한 웨이터가 일종의 마법을 통해 그 호텔에서는 그리 자주 볼 수 없는 술을 얻어준 것이었다. 더위는 아스팔트 위로 반사되면서, 응징하는 태양 아래로 쇼핑을 나가려는 고객들을 기다리고 있는 택시의 모습을 일그러뜨리고 있었다. 두 대의 소형버스가 호텔 입구에 멈춰 서자 파나마를 경유하는 이베리아 항공의 DC-10 항공기 승무원이 모두 내렸다. 우리는 유니폼이 썩 어울리지 않는 것으로 보아 스페인 사람들이 틀림없다고 생각하면서 그들을 지켜보았다. "스페인 사람에게는 그 어떤 유니폼을 입혀도 어울리지 않아요." 일로나는 내 말에 동의하면서 이렇게 말했다. "그들은 개성이 너무 강해요. 너무나 트라야누스 황제 시절의 로마인들 같아서 그런 옷과는 어울리지 않아요. 당신도 눈치 챘는지 모르겠지만, 색슨 족은 모두가 똑같아 보여서 너무 단조롭고 개성이 없어요. 가령 저 선임 여승무원을 보세요. 이름은 마이테이고, 마드리드에 살지만 그곳을 별로 좋아하지 않아요. 그리고 상선에서 일하는 오빠가 한 명 있고, 남동생은 하이알라이 선수예요. 맞나 틀리나 내기할까요?" 나는 그녀에게 너무 과장하고 있는 게 아니냐고 말했다. 어쨌거나 그녀의 추측을 확인할 방법은 없었다. 나는 키가 크고 우아하며 선탠이 잘된 까무잡잡한 피부에 어깨가 넓은 여자에게 다가가서 그런 개인적인 질문을 할 생각은 추호도 없었다. 일로나는 내 말에 별 관심을 기울이지 않고 희미하게 미소 지었다. 그리고 갑자기 무언가에 몰두하는 것 같은 분위기를 띠었다. 그것은 그녀가 그 유명한 음모를 꾸미기 시작하고 있다는 것을 알리는 명백한 신호였다. 우리는 맥주를 다 마시고 '맛수에이'로 가서 이미 너무나 익숙해진 생선초밥 대신 마파두부를 먹어보기로 했다. 식사 도중에 우리는 별말이 없었고, 호텔로 돌아갈 때는 더욱 그랬다. 창문을 연다고 산들바람이 들어올지는 확실치 않았지만, 어쨌건 우리는 창문을 열고서 벌거벗은 채 침대에 누웠다. 일로나가 침묵을 지키는 것으로 보아, 나는 사랑을 할 시간이 아니라는 것을 깨달았다. 힐튼 호텔에서 마신 맥주와 일식집에서 마신 정종 때문에 나는 깊은 잠에 빠졌다. 눈을 떴을 때는 해가 지고 있었고, 귀뚜라미들이 도저히 알아들을 수 없는 저녁 신호를 보내기 시작했다. 일로나는 샤워를 하고 있었다. 폴란드 노래 한 곡을 부르면서, 가사가 생각나지 않는 부분은 콧노래로 흥얼거리며 대체하고 있었다. 그녀는 이집트 상형문자가 그려진 목욕 타월을 두르고 나왔다.

그녀는 그 수건을 벤 라비 시장터에서 샀지만 산살바도르에서 만든 것이었다. "어쨌거나 품질은 뛰어나요." 그녀는 속았다는 사실을 수긍하지 않는 사람처럼 자신 있게 말했다. 그리고 무언가 진지한 것을 제안할 때면 늘 그랬듯이, 침대 모서리에 앉았다. 거기서 빗으로 머리를 빗는 동안, 그녀는 식사 시간에 구상하고 내가 잠자고 있는 동안 완성시킨 계획을 펼쳐놓기 시작했다.

"마크롤, 열심히 일하지 않고도 충분한 돈을 벌어서 여기를 떠날 수 있는 좋은 생각이 있어요. 그러니까 우리가 좋아하지도 않고 시도해볼 가치도 없는 일을 너무 많이 하지 않고 말이에요. 자, 잘 듣고 내 말을 끊지 말아요. 내 말이 끝나면, 당신 의견이 어떤지 말해줘요. 자, 들어보세요. 파나마를 경유하는 항공사나 익히 알려진 유명 항공사 여승무원만 일하는 '약속의 집'을 차리는 거예요. 아니, 그런 얼굴 하지 말아요. 나도 당신이 무슨 생각을 하고 있는지 알아요. 어쨌거나 진짜 여승무원들은 아니니까. 아직까지 내 머리는 그리 나쁘지 않아요. 그 사업에 참가할 아가씨들을 모집해서, 그 여자들에게 유니폼을 입히면 진짜 '여승무원'처럼 보일 거예요. 유니폼은 주문하면 되니까. 그리고 그 여자들에게 사전 교육을 시키는 거예요. 그러니까 승무원들이 사용하는 직업 용어와 항공사 노선, 승무원을 구성하는 사람들, 일상적인 업무와 관련된 일화, 지상에서의 생활 등등을 가르치는 거죠. 나는 에르체베트 파토리와 함께 운영했던 부티크의 고객 명단을 가지고 있어요. 우리는 거기서 첫 후보자들을 고를 수 있을 거예요. 거기에는 '아름다운 삶'에 종사했던 여자들이 몇 명 있어요. 우리 아버지가 쓰던 용어인데 바로 우리가 생각하고 있는 종류의 일을 뜻하

240

는 말이죠. 그리고 그런 일에 아주 특별한 자질을 갖고 있는 또 다른 여자들도 몇 명 있어요. 고객들을 끌어들이기 위해서는 두 종류의 협력자들에게 의존하면 돼요. 우리가 정기적으로 일정한 액수를 지불하면 기꺼이 이 사업에 참가할 사람들이에요. 하나는 우리가 이단적 칵테일을 만들어달라고 했던 호텔 바텐더들이고, 다른 하나는 호텔 벨보이들이에요. 벨보이들 대부분은 이미 그런 안내 서비스를 제공하고 있어요. 그래요, 이런 일은 절대 은밀하게 이루어져야 한다는 것은 나도 알고 있어요. 하지만 경찰이 조만간 모습을 드러낼 거예요. 또한 부티크에서 나는 이 분야에서 어느 정도 경험을 습득했어요. 아마도 아가씨들 몇 명은 우리 시설을 위해 희생되어야 할 거예요. 전략적으로 돈을 제공하면 나머지 일들은 해결될 거예요. 우리는 호텔 근처에 있는 집을 찾아야 해요. 주거 지역이면서도 식당과 고급상점들을 비롯해 몇 개의 나이트 클럽이 있는 지역이어야 해요. 이 호텔 근처에서 나는 그런 필수 조건에 부합되는 거리를 몇 개 보았어요. 그러니 아무도 눈치 채지 못하게 아주 조심스럽게 찾아보도록 해요. 그래요, 만일 집주인들이 우리가 어떤 사업을 하는지 알게 되면 불평을 할 거예요. 나는 솔직하게 이야기할 수 있는 집주인을 만나고 싶어요. 집 안팎에서의 통행은 극히 신중하게 이루어져야 해요. 두 명, 아니 최대 세 명 정도의 아가씨만 동시에 움직여야 해요. 물론 춤은 안 되고, 각 방의 음악 소리는 우리가 통제해야 해요. 아가씨들은 손님들이 오기 전에 집 안에서 옷을 바꿔 입어야 해요. 그리고 손님들은 전화로 미리 예약을 해야 해요. 아가씨들은 절대로 택시나 차를 집 앞에서 내리면 안 되고, 가장 가까운 길모퉁이에서 내려야 해요. 항상 한 명씩만 내려야지, 짝을 지어 내리거나 남자친구나 남편과 함께 와서도 안 돼요. 어느 순간이 되면 항공사들이 항의할지도 몰라요. 하지만 그들은 그 이상의 일로 확대하지는 않을 거예요. 왜 그런지 내가 말해주죠. 유니폼은 진짜 여승무원들이 사용하는 것과 정확하게 똑같지는 않을 것이기 때문이지요. 우리는 약간의 변화를 줄 거예요. 손님이 유니폼에 관해 물어보면, 몇몇 노선에서 새로운 유니폼을 시험해보고 있다고 하면 돼요. 그리고 요금 제도는 다음과 같아요. 아가씨는 손님이 주는 돈을 모두 가져요. 그건 너무나 분명한 거예요. 하지만 손님은 집에 도착해서 방으로 들어가기 전에 우리 집에 백 달러를 지불해요. 아가씨들 역시 우리에게 매달 일정 액수를 지불해요. 각자 얼마나 많은 고객을 맞이했는지와는 상관없이 말이에요. 만일 손님이 한 아가씨에게 홀딱 반해버리면, 우리는 가능한 한 그녀와 다시 약속을 하지 못하도록 해야 해요. 가령 다른 노선에 배정되었다든지, 아니면 휴가중이라든지, 혹은 마이애미나 탬파에서 연수 과정에 참가하고 있다고 말하면서, 논리적이고 전문가다워 보일 수 있는 핑계를 대야 해요. 그들의 만남을 뜸하게 하려는 것이지 철저하게 저지하려는 게 아니에요. 만일 손님이 두 아가씨와 함께 있고 싶다고 하면, 그건 불가능하다고 말해야 해요. 아가씨들은 자신들이 몰래 모험을 즐긴다는 사실을 철저히 비밀로 간직하고자 하며, 그래서 다른 회사의 여승무원에게도 모습을 보이고 싶어하지 않는다고 말이지요. 이것이 우리의 정책이에요. 우리가 알고 있고 신뢰하는 고객은 특별대우를 받게 될 거예요. 그럼 이제 당신 말을 들어보죠."

나는 일로나가 어떻게 모든 사업 운영 계획을 그토록 철저하게 구상했는지 듣고 깜짝 놀랐다. 나는 그 영역에서 그녀가 뛰어난 재능을 가지고 있다는 사실을 잊고 있었던 것이다. 그래서 그걸 얘기했고, 전적으로 실행 가능하고 의심의 여지 없이 확실한 그 사업의 실질적이고 기계적인 부분보다 더 걱정스러운 부분에 관해 덧붙였을 뿐이었다.

"이 사업이 번창할 경우 파나마시티에 무기한 머물러야 할지도 모른다고 생각하니 끔찍해. 난 평생 이곳에 있을 생각은 없어. 압둘이 다시 그의 사업을 성공적으로 운영하게 되면, 앞으로 그와 수많은 계획을 짤 수 있어. 게다가 나는 이곳 분위기에 약간 지쳐 있어. 여기서는 아무 일도 일어나지 않아. 그러니까 모든 일이 일어나지만, 내가 관심 있는 일은 일어나지 않아."

일로나는 빗을 침대에 놓으면서 대답했다. "가비에로, 나도 당신 의견에 전적으로 동의해요. 나 역시 이곳에서 여생을 보내고 싶지는 않아요. 당신은 날 잘 알고 있어요. 만일 당신이 이곳을 지겨워하기 시작했다면, 나는 숨 막혀 질식할 정도로 여기까지 올라와 있어요." 일로나는 강조하듯이 갑자기 손으로 이마를 만졌다. "하지만 이것은 파나마시티를 떠나기 위해 충분한 돈을 모으려는 것일 뿐만 아니라 적어도 우리가 이곳에 투자했던 시간의 덕을 보자는 거예요. 압둘과 무언가 가치 있는 일을 시작하기 위해서 당신은 상당히 많은 돈이 필요할 거예요. 당신은 그가 어떤 계획을 세우고 있는지 잘 알고 있어요. 마음속으로 그는 그리스 해운업계의 거물인 니아르코스의 축소판이 되겠다고 항상 꿈꿔왔어요." 나는 그녀가 우리의 좋은 친구의 야심에 관해 너무나 정확하게 지적하자 웃지 않을 수가 없었다. 그건 정확하면서도 빈정대는 말이었다. 압둘은 자기의 꿈을 이루지 않고는 절대로 다른 모험을 벌이지 않을 것이기 때문이었다. 그것은 우리가 오래전에 포기하고 말았던 꿈이었다. 물론 삶이란 그 어떤 꿈보다도 더욱 복잡하고 예측할 수 없는 놀라운 선물을 항상 간직하고 있으며, 그 선물을 받을 수 있는 비결은 공중에 누각을 세워 막지 않으면서 자연스럽게 우리에게 오도록 해야 한다는 것이었다. 그러나 훌륭한 아랍 인답게 압둘은 위대해지겠다는 그의 계획에 충실했다. 그리고 우리에게 자신만만하고 설득력 있게 그 계획에 관해 넋을 잃고 설명했다. 하지만 이것은 다른 문제였다. 일로나의 계획은 논쟁할 여지가 없는 것이었다. 그 순간 나는 그 어떤 진지한 반박도 할 수 없었다. 그래서 우리의 목표에 효과적으로 작용할 수 있을 것이라는 믿음을 가지고 그 모험에 뛰어들기로 결정했다.

이상적인 집을 찾는 일은 그리 어렵지 않았다. 여주인은 이미 나이가 상당히 지긋한 과부였다. 그녀와 잠시 대화를 나눈 후, 우리는 그녀가 사랑의 경험이 풍부하며 사랑과 관련된 많은 일화를 지니고 있다는 것을 알았다. 그럴 경우 임대를 합의하는 문제는 큰 장애가 되지 않는 법이었다. 그래서 우리는 그 집을 어떻게 사용하려고 하는지 솔직하게 털어놓았다. 그녀는 우리에게 그 집에 살 생각이냐는 질문만 던졌다. 우리는 조용하고 점잖은 가정집으로 보일 수 있도록 거기서 살 생각이라고 대답했다. 그러자 그녀는 우리가 계약서에 서명할 보증인을 확보하지 못하고 있으니 석 달치 임대료를 선불로 달라고 요구했다. 우리는 모든 조건에 동의했다. 그리고 얼마 안 되어 우리는 일로나의 남쪽 취향이 뒤섞인 스타일로 집을 장식하고 가구를 비치하면서, 살기에 매우 쾌적한 공간으로 만들었다. 아래층에는 벽난로가 갖추어진 큰 거실이 있었다. 열대 지방인 그곳에서 벽난로는 우리에게 큰 기쁨을 선사했다. "마크롤, 단지 라틴아메리카에서만 이런 이상한 행위가 가능한 거예요"라고 일로나는 벽난로의 테두리를 두르고 있는 돌을 쳐다보면서 말했다. 그 테두리는 적도 지역에서 유럽의 우아함을 모방하려는 소망을 드러내듯 광적일 정도로 과도하게 장식되어 있었다. 거실은 식당과 연결되어 있었다. 우리는 식당을 고객들이 여자 파트너를 만날 때 사용하도록 작은 거실로 단장했다. 커다란 거실과 보다 은밀한 이 조그만 방은 접이식 문으로 분리했다. 아래층에 있는 방 두 개와 가정부가 쓰는 방 하나는 각각 화장실이 딸린 침실로 바꾸었다. 일로나와 나는 2층에 살 예정이었고, 내 방과 그녀의 방은 공동욕실로 연결되어 있었다. 우리는 또 우리 뒷집의 황폐한 정원이 내려다보이는 테라스도 함께 사용했다. 그리고 2층에 있는 다른 방은 아주 간단한 음식을 만들 수 있는 부엌과 충분한 술이 갖추어진 바로 개조했다. 일로나는 가정부 문제를 아주 쉽게 해결했다. 집주인은 가끔씩 우리를 찾아와 우리가 제안했던 리모델링을 지켜보았고, 기쁘면서도 향수에 어린 표정으로 미소를 지으며 고개를 끄덕이곤 했다. 일로나가 가정부 문제를 언급하자, 로사라는 이름의 과부 집주인은 자기 집에 있는 두 명의 흑인 가정부 중 한 명을 고용하라고 제안했다. 한 가정부가 매일 와서 아래층의 손님방을 청소하고, 필요할 경우 2층도 정리해주기로 했다. 그것은 이상적인 해결책이었다. 이제 우리에게 없는 것은 손님들을 맞이할 웨이터뿐이었는데, 우리가 아주 잘 알고 있고 몹시 좋아했던 상수시 호텔의 한 웨이터가 함께 일하기로 합의했다.

일로나에게는 내가 '세례의 환희'라고 부르는 특별한 재능이 있었다. 사람들과 어떤 장소에 자기가 고안해낸 이름을 붙이는 것이었는데, 그러면 그것은 곧 결정적인 이름이 되곤 했다. 그 집은 '비야 로사', 즉 로사의 별장이라는 이름으로 세례를 받았다. 그것을 알고 나는 놀란 표정을 지었던 것 같다. 그건 일로나가 이렇게 말했기 때문이었다. "이것처럼 유치한 이름은 없다고 생각해요. 하지만 여주인과 그녀가 보낸 수많은 방탕한 시간을 기려야만 해요. 그렇지 않아요?"

나는 별로 동의하지 않았지만, 고집을 피워도 소용이 없다는 것을 깨달았다. 우리가 고용한 '루이스'라는 평범한 이름의 청년은 롱기누스*라는 이름을 갖게 되었다. 그는 키가 작고 뚱뚱했으며 까무잡잡했고, 얼굴 생김새는 평범하고 약간 여성적이었다. 얼핏 보면 '롱기누스'라는 이름은 그와 전혀 어울리지 않았지만, 시간이 흐르면서 우리는 익숙해졌고 그 역시 새로운 이름에 길들여졌다. 이런 것은 항상 일로나의 '세례' 덕분에 일어나는 일이었다. 즉, 반박의 여지가 없이 깊은 뜻이 담긴 정확성을 발견하는 데는 상당한 시간이 소요되었다.

모든 게 준비되자 우리는 비야 로사로 이사했다. 일로나는 여승무원으로 일할 아가씨들과 접촉하기 시작했다. 그녀가 '즉시 실행 가능한 기초 계획안'에 관해 얘기하며, 내게 정치인들과 특히 경제학자들을 떠올려보라고 했다. 그녀의 말인즉, 특정한 행동에 이름이 주어지면, 그것은 반박의 여지가 없는 현실이자 전혀 의심의 여지가 없는 존재가 되어 즉각적인 생명력을 지니게 된다는 것이었다. 이제 유니폼

---

* 『숭고에 대하여』의 저자로 추정되는 그리스의 수사학자.

문제가 남아 있었다. 나는 해결책을 찾았고, 나 역시 중요한 공헌을 했다는 사실을 인정하라고 항상 주장했다. 승무원들이 묵고 가는 그 호텔의 많은 벨보이들이 롱기누스의 친한 친구였다. 그들과 함께 여승무원이 다림질을 하거나 세탁해달라고 내놓는 유니폼을 몇 시간 동안 잠시 빼돌리기로 내통했던 것이다. 부티크에서 판매된 옷을 수선해주는 일을 하던 여자 재봉사 하나가 그 옷을 그대로 베꼈고, 일로나의 지시에 따라 약간 변화를 주었다. 며칠 지나지 않아 유니폼이 공급되었다. 그러자 우리는 다시 주요 호텔의 바를 드나들기 시작했다. 여기서 이 사업의 어려운 단계가 시작되었다. 경찰이 둘도 없는 정보원들인 바텐더와 웨이터, 그리고 급사장들과 항시 접촉하고 있다는 것은 익히 알려진 사실이었다. 그래서 경찰에게 자료를 넘기지 않도록 처음부터 충분한 돈으로 그들의 관심을 불러일으켜야만 했다. 우리는 매우 조심스럽게 움직였다. 그리고 며칠 되지 않아 전화를 받기 시작했다. 여성 인력들은 상당히 훈련되어 있었고, 우리가 예상했던 것처럼 천천히, 하지만 굳건한 기초 위에서 큰 어려움 없이 사업이 시작되었다.

로사 부인은 정기적으로 우리를 찾아왔다. 그녀는 우리의 사업을 '항공사 여승무원 인신매매'라고 불렀다. 그리고 그것과 관련된 일화를 들으면서 몹시 즐거워했다. 여기서 내가 고백할 것은 그곳에서 일어났던 수많은 일들이 내 기억에서 지워졌다는 사실이다. 아마도 비극적인 결말과 그 결과에서 내가 결코 회복되지 못하리라는 것 때문인 것 같다. 그 당시의 모든 기억이 혼미하다. 단지 몇몇 얼굴들과 몇몇 목소리의 톤, 그리고 한두 개의 특이한 사건들만 기억할 수 있을 따름이다. 우리는 다섯 명의 아가씨로 시작했다. 아가씨들은 각자가 소속된 가상의 항공사가 요구하는 유형에 완벽하게 맞추어졌다. 베네수엘라의 마라카이보에서 태어났고, 텍사스 출신의 아버지와 포르투갈 어머니를 두었으며, 상당한 수준으로 영어를 구사하던 한 금발 아가씨는 파나그라(Pan American-Grace Airway) 항공사 여승무원 역할을 완벽하게 해냈다. 담배 색깔의 까무잡잡한 피부에 고전적인 얼굴과 반듯한 생머리를 리본으로 묶어 희미하게 안달루시아 분위기를 풍기던 여자 역시 KLM으로 추정되는 유니폼에 매우 잘 어울렸다. 우리는 그녀의 부모가 아루바 섬에 살고 있다고 했고, 콜롬비아의 바랑키아에서 대학을 다닌 것처럼 위장했다. 사실 그녀는 코스타리카의 푸에르토 리몬 출신이었고, 비교적 괜찮은 수준의 영어를 재잘거렸다. 콜롬비아나 베네수엘라 항공사의 경우, 일은 훨씬 쉬웠다. 두 명의 파나마 여자와 한 명의 엘살바도르 여자와 함께 우리는 그 일을 상당히 매끄럽게 처리했다. 그들 모두 일로나가 부티크에서 알게 된 아가씨들이었다. 당시에 이미 그 여자들은 수입을 늘려야 한다는 말을 하고 있었다. 그 여자들은 힐튼 호텔이나 콘티넨털 호텔의 바에서 만난 사업가들과 가끔씩 데이트를 나가곤 했지만, 그것으로는 점잖은 고객들을 유혹하는 데 필수적인 품위 유지비와 옷값을 비롯한 각종 비용을 지불하기에는 역부족이었던 것이다. 비야 로사의 처방이 바로 그녀들의 그런 문제를 해결해준 것이었다.

나는 우리가 마주친 최초의 중대한 문제가 무엇이었는지 기억한다. 그것은 일로나와 롱기누스의 운 좋은 협조 덕택에 해결되었다. 어느 날 밤 열한시경에, 두 번에 걸쳐 KLM 항공사 여승무원과 만나겠다고 전화를 걸었던 한 고객이 도착했다. 우리가 이런저런 이유로 약속을 잡을 수가 없었던 사람이었다. 하지만 그날 밤에는 약속이 되어 있었다. 그는 약속 시간보다 약간 먼저 도착했다. 롱기누스가 일로나에게 상의하기 위해 위층으로 올라왔는데, 너무나 놀라 눈이 튀어나올 것 같은 표정이었다. 그리 쉽지 않은 문제였다. 문제의 그 손님이 KLM에서 근무하는 사람 같았던 것이다. 롱기누스는 전부터 그를 알고 있었고, 그가 승무원들과 호텔까지 동행하는 것을 본 적이 있었다. 일로나는 그 상황을 직접 처리하기 위해 아래층으로 내려갔다. 그 일은 쉽지 않았다. 사실 우리 손님은 KLM 화물부서에서 일한 적이 있지만, 이제는 더이상 그 회사 소속이 아니었다. 그는 콜론에서 관세사로 자기 사무실을 운영하고 있었다. 가짜 아루바 아가씨가 도착하려면 아직 몇 분이 남아 있었다. 일로나는 그 시간을 이용해 그가 네덜란드 항공사에서 일하던 시절부터 말도 걸어보지 못한 오래된 짝사랑 때문에 질투심에 불탔었다는 것을 알아냈다. 그는 필사적으로 자기의 사랑을 거절했던 여승무원을 찾고 있었던 것이다. 그는 그녀가 비야 로사에 오는 여자라고 확신했다. 카드 점을 치는 어느 여자가 모호하게 비야 로사를 언급했고, 절망에 빠진 남자는 그 말을 자기 마음대로 해석했던 것이다. 롱기누스와 미리 약속했던 암호를 통해 일로나는 KLM 아가씨가 옆에 붙어 있는 조그만 접견실에서 이미 기다리고 있다는 것을 알았다. 그러자 손님에게 특별 대우로 위스키 한 잔을 제공하고는 그 아가씨와 얘기하기 위해 그곳을 나갔다. 그리고 잠시 후 그 아가씨에게 유니폼을 바꿔 입힌 후 접견실에서 기다리게 했다. 일로나는 손님에게 돌아와 KLM 아가씨가 암스테르담에서 연수 과정에 참석하느라고 약속을 취소했다고 설명했다. 그러나 처음으로 온 아벤사 소속의 예쁜 아가씨가 기다리고 있다고 말해주었다. 그 남자는 눈에 눈물을 머금으면서 형언할 수 없는 혼란에 빠져 그곳을 떠났다. 그는 몇 마디를 중얼거렸고, KLM 여자와의 약속에 해당하는 금액을 지불했다.

이 사건은 우리가 이름만 빌려 사용하고 있는 항공사의 실제 직원들이 손님으로 올 경우 어떤 복잡한 문제가 생길 수 있는가에 대해 눈을 뜨게 해주었다.

"이곳에 취항하지 않는 항공사 유니폼을 사용해야만 해요. 카리브해의 다른 지역에서 고장 난 비행기를 가지러 가기 위해 잠시 이곳을 경유하는 승무원들이라고 말해야겠어요." 일로나는 항상 순간적으로 그와 같은 해결 방안을 찾아내곤 했다. 그리고 그 해결 방안을 무조건적으로 신뢰했다. 나는 이것이 고객들의 흥미를 약화시키며 그녀가 '우리의 기본적인 제안'이라고 부르는 것의 진실성에 의문을 불러일으킬지도 모른다고 말했다. 그러자 그녀는 약간 참작은 할 수 있다는 표정을 지었지만, 내 말에 동의하지는 않았다. "가비에로, 당신은 너무 순진해요! 남자들이란 여자를 침대로 데려가려고 할 때는 무엇이든 다 믿으려 한다는 걸 몰라요? 내가 당신에게 말한다면 아마도……"

어느 날 밤, 레히나 호텔의 바텐더가 전화를 걸어 아주 특별한 손님이 우리에게 전화할 것이라고 알려주었다. 그는 장님이지만 엄청나게 부자인 아나톨리아의 터키인이며, 동업자들의 엄청난 자본을 운영하는 사람이었다. 그의 동업자들은 그 터키인의 실수 없는 후각을 믿으면서, 그가 증권에 투자하여 엄청난 이익을 가져다줄 것이라고 확신하고 있었다. 그는 마음 가는 대로 비행기를 타면서 인생을 보내고 있었다. 그는 동시에 두 여자와 함께 있고 싶어했다. 그 남자는 잠시 후 전화를 걸었고, 나는 거의 존재하지 않는 내 터키어로 말했다. 그는 나무랄 데 없는 프랑스어로 대답하고는 자기가 원하는 것이 무엇인지 확인했다. 나는 다음날 그에게 전화를 걸어 몇 시에 올 수 있는지 알려주겠다고 말했다. 나는 그 일을 일로나에게 말했다. 그러자 그녀가 말했다.

"당신이 생각하지 못했던 문제가 두 가지 있어요. 매우 심각한 문제들이에요. 하나는 그가 장님이라면 안내인 역할을 하는 사람과 함께 올 거예요. 이건 그를 거실에서 기다리게 하고 아가씨들이 그 터키인을 책임지게 하면 해결할 수 있어요. 다른 문제는 그가 그토록 여행을 많이 했고 여승무원들을 그렇게 좋아한다면, 촉감으로 유니폼을 구별할 수 있을 거예요. 바로 그게 그에게 최고의 기쁨을 선사할 수 있는 건지도 몰라요. 게다가 늙었다면 그럴 가능성이 크지요. 장님들은 지독할 정도로 의심이 많아요. 유니폼에 작은 변화라도 있다면, 그는 의심할 거예요. 우리가 특정 노선에서 시험을 하고 있는 새로운 모델이라는 이야기를 들려주더라도, 쉽게 넘어가지 않을 가능성이 높아요. 하지만 지금은 그런 것을 걱정해도 아무 소용이 없어요. 그가 작은 접견실로 가서 아가씨들을 만날 때 내가 그곳에 있겠어요. 곧 알게 될 거예요. 터키 사람들은 빌어먹을 정도로 까다롭지만, 트리에스테에서 우리는 우리 마음대로 그들을 주물렀어요. 그러지 않았다면 아마 우리는 오래전에 그들에게 잡아먹혔을 거예요."

그 남자는 약속했던 대로 저녁 여섯시 정각에 도착했다. 한 여자가 그와 함께 왔는데, 그의 여동생이 분명했다. 머리카락이 똑같이 곱슬머리에 빨간색이었고, 눈도 똑같이 개구리눈이었다. 그녀의 눈은 초록색 유리병 색깔이었고, 그의 눈은 무지갯빛이 감도는 희끄무레한 껍질로 뒤덮여 있었다. 남자는 족히 여든 살은 되어 보였지만, 레반트 사람처럼 강인한 체격을 가지고 있어서 마치 예순다섯 살에서 나이가 멈춘 것 같았다. 그들은 그렇게 종종 백 살에 이른 뒤, 애인의 침대에서나 자기 가게의 계산대 뒤에서 심장마비로 죽는다. 여동생은 그보다 약간 나이가 적었고 결코 웃는 법이 없었다. 그녀는 오빠가 일로나와 함께 작은 접견실로 가자, 차를 한 잔 달라고 했다. 터키인과 미리 예약이 되어 있던 두 아가씨가 자리에서 일어났다. 남자는 그 여자들에게 다가가서, 일로나가 예상했던 것처럼 손으로 조심스럽게 더듬으면서 유니폼의 단추와 배지를 하나하나 만졌고, 가슴과 엉덩이에서는 손길을 잠깐 멈추었다. 마침내 검사가 끝나자 그는 천천히 짓궂은 미소를 지으며 일로나를 향해 몸을 돌렸다.

"멋진 속임수군요. 아주 멋져요. 저 여자들이 여승무원이라면 나는 아타튀르크* 대통령이지요. 하지만 예쁘고 젊고, 이런 장소에서 보기 드물게 살이 탱탱해요. 부인, 당신은 트리에스테 출신이지요, 그렇죠? 아니면 코르푸** 출신인가요?"

그는 아가씨들에게 하지 않았던 부드러운 손짓으로 일로나를 어루만지면서 말했다.

그러자 일로나가 대답했다.

---

* 터키 초대 대통령인 케말 파샤의 다른 이름.
** 그리스의 이오니아 해에 있는 섬.

"그래요, 나는 트리에스테 출신이에요. 그런데 그걸 어떻게 알았죠?"

"억양으로 알았죠. 억양과 피부로 말이에요. 트리에스테 출신 여자들만이 이토록 부드럽고 탄력 있는 피부를 간직하고 있지요. 코르푸 출신 여자들도 그렇지만, 그 여자들의 억양은 오싹할 정도로 끔찍해요. 자, 그럼 침실로 가죠."

아가씨들은 그를 양쪽에서 붙잡고는 침실로 데려갔다. 그러는 동안에도 그는 엉덩이와 배를 더듬으면서 매력이 없지 않은 걸걸한 목소리로 작게 되뇌었다. "아주 훌륭한 속임수야, 아주 훌륭해. 아, 트리에스테 여자들은 정말 교활해, 정말 교활하단 말이야!"

그동안 여동생은 일로나가 커다란 찻잔에 담아 갖다준 차를 연거푸 마셨다. 차가 마음에 든 것 같았다. 그녀는 아나톨리아의 사투리로만 이야기하여 우리는 전혀 알아들을 수가 없었다. 자정이 지날 무렵 두 여자의 호위를 받으며 남자가 나타났다. 두 아가씨는 터키인의 농담을 들으며 웃고 있었다. 남자는 여동생에게 팔짱을 끼러 가면서, 세기말 스타일로 매우 점잖게 손에 입을 맞추며 일로나에게 작별 인사를 했다. 아가씨들은 잠시 그곳에 남아 롱기누스가 가져온 커피를 마시고 샌드위치를 먹었다. 그 아가씨들은 최근에 일로나가 모집한 코스타리카 여자들이었다. 대부분의 코스타리카 사람들처럼 유머 감각이 뛰어났으며, 대담하고 자존심이 강한 여자들이었다. 두 여자는 우리에게 그들 손님의 에로틱한 묘기에 관해 자세히 이야기를 들려주었다. 정력이 강한 그 노인의 연기는 정말 특별했다. 차분하게 여자들을 다루는 그의 지혜를 보고 두 여자는 감탄을 금치 못했다. 터키인은 여승무원들이라는 이야기를 믿지 않았다. 그는 전화를 걸었을 때부터 이미 의심하고 있었다. 하지만 그는 그것을 장난으로 받아들였고, 함께 침대에 들었던 아가씨들에게 주요 항공사들의 유니폼이 각각 어떤 특징을 가지고 있는지 자세히 설명해주었다. 그렇게 다시 한번 일로나의 예측이 옳았음을 보여주었던 것이다.

이 사건 이후 우리는 익히 알려진 항공사의 이름을 점차로 사용하지 않게 되었다. 그것은 불필요하며 골치 아플 수도 있는 위험한 일이었다. 그리고 그런 경험을 통해 우리는 특정 항공사의 이름조차 언급할 필요가 없다는 것을 배웠다. 대부분의 경우 고객들은 아가씨들이 항공사 여승무원일지도 모른다고 추정하는 것으로 만족해했다. 그 여자들이 어떤 항공사에서 근무하는지는 사실상 그리 중요한 것이 아니었다. 마라카이보 출신의 금발 아가씨와 머리카락을 리본으로 묶은 집시 스타일의 까무잡잡한 아가씨, 그리고 특정 국적과 항공사에 정확하게 맞아떨어지는 다른 아가씨를 제외하고, 결과적으로 나머지 인력들은 하나의 공식을 사용하게 되었는데, 그 방법은 내 입으로 말하기에도 전혀 껄끄러울 게 없는 것이었다. 즉, 손님에게 아가씨는 그어떤 항공사와도 정규직으로 계약을 맺지 않았으며, 잭슨빌에 있는 항공 여승무원 학원에서 일종의 훈련을 받으며 여행하고 있다고 말하는 것으로도 충분했던 것이다. 여느 때와 마찬가지로 일로나의 생각은 옳았다. 우리 고객들은 우리의 서비스가 진짜인지 확인하는 데는 관심이 없었다. 아가씨가 천박하게나마 어느 정도의 국제적인 분위기를 풍기고, 호텔의 바텐더나 급사장들의 권유를 받은 후 상상한 것처럼 매력적이기만 하면 그것으로 충분했다. 또한 예상했던 것처럼, 얼마 지나지 않아 여행사 직원들과 항상 여행을 다니는 지방 관리인들, 미국 회사에 소속된 회계사들, 그럴듯한 핑계를 대면서 여행을 하는 돈 많은 유부남들 사이에 소문이 돌기 시작했다. 그 사람들은 모두 자기들끼리 비야 로사의 전화번호를 주고받았고, 그러다 보니 호텔 종업원들에게 그리 의존할 필요가 없었다. 그러나 처음에 우리를 도와주었던 종업원들과는 성실과 선의로 관계를 계속 유지했다.

이제는 비야 로사에서 갈수록 중요한 역할을 수행했던 사람에 관해 더 많은 이야기를 할 필요가 있다. 간단히 말하자면, 그렇게 하는 게 그에 대한 감사의 행동이자 올바른 행위이기 때문이다. 그는 현명하고 성실한 유대감으로 없어서는 안 될 친구가 되었고, 그런 그에게 우리는 시간이 흐를수록 더 놀라워하면서 고마워했다. 지금 내가 언급하고 있는 사람은 루이스 안테로, 그러니까 우리가 롱기누스라고 부르는 친구이다. 그는 치리키* 출신이었다. 그는 산지 사람의 말투를 지니고 있어서 노래하듯이 혀 짧은 소리를 냈고, 그것이 어린아이 같은 그의 모습을 더욱 두드러져 보이게 했다. 외아들인 그는 모든 게 어린아이 같았다. 그의 아버지는 롱기누스가 네 살이었을 때 세상을 떠났다. 전력 회사에서 근무하고 있었는데, 도시 외곽에 설치된 전봇대의 변압기를 점검하다가 감전되어 죽은 것이었다. 연기를 내뿜던 그의 시체는 하루 종일 그곳에 매달린 채, 마치 망가진 인형처럼 바람에 이리저리 흔들렸다. 그것이 롱기누스가 지니고 있던 어린 시절의 기억이었다. 그는 어린 시절을 어머니 치마폭에 붙어서 보냈다. 그녀

---

* 파나마의 서부 해안에 있는 지방으로 파나마에서 가장 발전한 곳이다.

는 결혼하지 않은 두 자매와 함께 살았는데, 그 이모들이 롱기누스를
응석받이로 키웠고, 결국 그것이 평생 그의 인생에서 지울 수 없는 흔
적이 되었다. 수염도 없이 포동포동한 그가 취하는 제스처는 여성적
자질을 그대로 보여주고 있었다. 동성애자는 아니었지만, 자기를 키
워준 여자들의 말투와 제스처의 많은 부분을 무의식적으로 받아들인
탓에 동성애자로 보이기도 했다. 그는 여자들의 행동에 숨겨진 가장
은밀하고 복잡한 의미들을 너무나 잘 알고 있었고, 그런 지식 때문에
호텔에서 일할 때 모든 사람들이 질투할 정도로 많은 여자들을 정복
할 수 있었다. 그는 철저하게 신중했다. 매우 위험한 상황에서도 그런
신중함을 버리지 않았는데, 그것은 그가 여자들을 성공적으로 정복하
는 데도 많은 도움이 되었다. 그와 관계를 맺었던 여자의 이름이 그의
면전에서 언급되어도, 그는 도저히 있을 수 없는 이야기라면서 너무
나 순진한 얼굴로 놀라는 표정을 지었고, 그래서 그의 교묘하고 숨겨
진 기술을 알고 있는 우리와 달리 그를 모르는 사람들은 쉽게 속아 넘
어갈 수밖에 없었다. 비야 로사에 온 지 얼마 안 되어, 롱기누스는 일
로나에게 호감과 존경을 느끼기 시작했다. 그녀가 입을 열기도 전에
이미 그는 그녀가 무엇을 원하는지 알고 있었고, 그 누구도 흠잡지 못
할 정도로 효과적으로, 모든 일을 내 애인의 뜻대로 처리했다. 몇 달
이 지나자 우리는 놀랄 정도로 늘어가고 있는 우리의 이익금을 그와
나누기 시작했다. 시간이 흐르면서 롱기누스는 새로운 아가씨들을 모
집하고 이미 상주 인력으로 남아 있던 여자들을 관리하는 일을 책임
지게 되었다. 그가 엄하면서도 그들의 사정을 이해한다는 듯이 여자
들을 다정하게 대해주었기 때문에 우리는 그런 일에서 관심을 뗄 수

있었다. 처음에 일로나는 의식적으로 모든 일에 관여했지만, 인내심이 부족했고 여성 인력을 관리하는 데 필요한 요령이 부족했다. 실제로 아가씨들은 일로나를 별로 탐탁지 않게 여기고 있었다. 일로나는 이렇게 말하곤 했다. "저들은 어린 새 같아서 결코 성숙하게 자라지 못해요. 어디 출신인지가 문제가 아니에요. 라틴의 남성 우월주의가 판치는 열대 지방에서 태어났고, 모두가 제대로 교육을 받지 못했어요. 그 여자들이 어떤 사회계층에 속해 있는지 알아내는 것은 항상 매우 어려운 일이었죠. 모두가 공통적으로 한 가지 특징을 가지고 있으니까요. 그 특징이란 그들이 모두 어쩔 도리 없이 버릇이 없고, 너무나 유순하면서도 변덕스러워서 예측할 수 없다는 것이죠. 그렇다고 거짓말을 하는 건 아니에요. 진실에 도달하는 법을 모를 뿐이죠. 이 여자들은 항상 거리를 방황해요. 그들을 보면 신경질이 나요. 하지만 롱기누스는 아주 훌륭하게 여자들을 다뤄 내가 그 여자들에게서 얻어낼 수 없었던 것들을 얻어내죠."

일로나가 롱기누스에게 의존할수록, 우리는 함께 보낼 시간을 더 많이 가질 수 있었다. 우리는 예전처럼 오후마다 사랑을 하게 되었고, 밤에는 계획을 세우고 멋진 사업과 모험을 상상하면서, 비현실적인 우리의 계획에 배꼽을 잡으며 웃음을 터뜨렸다. 일로나는 날씬해졌고, 풍만하면서도 탱탱한 가슴은 더욱 두드러졌다. 브래지어를 착용하지 않았기 때문에 그녀는 젊은 시절의 분위기를 되찾았고, 그런 분위기는 그녀에게 더할 나위 없이 잘 어울렸다. 그녀는 오십 대의 고요함 속에 자리를 잡은 상태였다. 그래서인지 말을 아꼈고, 갈수록 단호하고 결정적으로 말했으며, 더욱 정확한 결정을 내렸다. 일로나는 롱기누스를 '미틸리니*의 장관'이라고 불렀다. 같은 방식을 따라 베네수엘라의 금발 아가씨를 '빌리티스'**라고 불렀고, 푸에르토 리몬 출신의 까무잡잡한 여자는 '도망녀'라고 불렀다. 직접 말한 적은 없지만, 그녀는 이 이름이 별로 마음에 들지 않은 것 같았다. 이 별명을 들으면 그녀는 진하고 검으며 아름다운 모양의 눈썹을 찡그리기만 했다. 비야 로사는 또한 '몰타의 저택'이 되었다. 이것은 우리 두 사람의 사춘기에 큰 영향을 남겼던 마르셀 달리오와 비비안 로망스 주연의 오래된 프랑스 영화를 기리기 위해서였다. 나는 그 영화를 성(性)에 대한 환기를 불러일으킨 최초의 경험 중 하나로 기억하고 있었다.

롱기누스 덕택에 우리는 애절하면서도 골치 아픈 페냘로사 씨 사건을 큰 어려움 없이 해결할 수 있었다. 분명히 이 이야기는 자세하게 들려줄 필요가 있다. 이 이야기에는 사랑과 슬픔과 어리석음이 혼합되어 있지만 고전적인 이야기와는 구별된다. 고전에서는 우리 자신을, 현실이라고는 부르지만 결코 정확하게 규정할 수 없는 대상과 맹렬하게 싸우는 한심하고 절망적인 몽상가로 인정하기 때문이다.

어느 날 아침 우리는 우리 침실 뒤에 있는 작은 테라스에서 아침을 먹고 있었다. 그 테라스는 거의 버려진 뒷집 정원의 인도산 월계수나무와 커다란 고무나무로 둘러싸여 있었다. 우리는 '지협의 밀림'이라고 이름 붙인 그 빽빽하고 울창한 정원에서 한 번도 사람을 본 적이 없었다. 부적절한 행동을 할 때도 쳐다보는 사람이 없자, 우리는 일로

---

* 레즈비언의 어원이 탄생한 그리스 레스보스 섬의 주도. 레즈비언이라는 용어는 '레스보스 사람'이라는 뜻으로, 미틸리니 여자들의 동성애에서 유래했다.
** 레스보스 섬 출신의 고대 그리스 여류시인 사포를 짝사랑했던 창녀.

나의 방이건 내 방이건 창문을 열어놓고 사랑을 했다. 그런데 롱기누스가 조심스럽게 두 번 문을 두드리더니, 우리와 상의할 게 있다고 했다. 이 시간에 그가 왔다는 것은 무언가 중요한 일임에 틀림없었다. 그는 새벽 네시나 다섯시까지는 결코 잠자리에 드는 법이 없었기 때문에 항상 매우 늦은 시간까지 잠을 자곤 했다. 우리는 방으로 들어오라고 했고, 그는 어떤 문제가 생긴 건지 알려주었다.

"방금 콘티넨털 호텔의 손님이라며 어떤 사람이 전화를 걸었습니다. 내일 예약을 하고 싶어합니다."

그러자 나는 대답했다.

"좋아, 예약이라면 자네가 알아서 하게. 그런데 뭐가 문제지?"

"선생님, 문제는 그가 매우 당황해했고, 뭔가 분명하지 않았다는 겁니다. 여러 가지를 질문했는데, 그것은 그가 경찰이거나 한 번도 이런 것을 시도해보지 않았다는 것을 의미하지요."

그 말을 듣자 일로나가 끼어들었다.

"맙소사, 롱기누스! 경찰이라면 한순간도 머뭇거리지 않고 아주 자연스러운 목소리로 말했을 거예요. 아직도 경찰이 어떤지 몰라요?"

"맞습니다. 하지만 어떻게 생각해야 할지 모르겠습니다. 마치 신부나 그와 비슷한 사람 같은 인상을 받았습니다. 한 시간 정도 지나서 다시 전화해달라고 했습니다. 그런데 뭐라고 말해야 할까요?"

일로나가 대답했다.

"신부라면 마찬가지로 머뭇거리지 않았을 것이고, 자기가 당황해하고 있다는 것도 눈치 채지 못하게 했을 거예요. 칼리의 성모와 약속을 잡도록 해요. 어떤 문제인지 알 수 있을 것 같아요."

롱기누스는 훨씬 차분해진 모습으로 방을 나갔다. 일로나가 말했다. "겁쟁이예요, 가비에로. 그는 겁쟁이예요. 나는 내 손바닥 보듯 그런 사람들을 훤히 알아요. 얼간이들이지요. 항상 모든 걸 복잡하게 만들고, 눈먼 당나귀처럼 온갖 실수를 저지르면서 세상을 살아나가는 인간들이에요."

나는 그녀의 말이 맞으며 걱정할 필요가 없다고 생각했다.

일로나는 순진한 얼굴에 창백한 파란 눈을 지닌 매우 조용하고 가냘픈 금발의 아가씨에게 '칼리의 성모'라는 이름을 붙여주었다. 그녀는 누가 말을 걸면 항상 아래를 내려다보곤 했다. 그리고 's' 발음을 할 때면 수녀들이 항상 그렇게 하듯 쉬쉬거리는 소리를 내곤 했다. 그녀는 우리에게 자기가 콜롬비아 칼리 출신이라고 말했다. 아마도 태평양 연안과 인근 지역에서 가장 예쁜 여자들이 많다는 그 도시의 명성을 이용하기 위해서 그렇게 말했을 것이다. 우리는 그녀가 안데스의 고원지대 출신일 것이라는 결론에 도달했지만, 그녀는 그 사실이 수녀와 같은 자기 모습에 그리 도움이 되지 않을 것이라 생각하여 절대로 그런 사실을 털어놓지 않았고, 그건 어느 정도 일리가 있는 처신이었다. 몇몇 손님들의 말을 통해 우리는 그녀가 침대에서는 바빌로니아 여인들의 재주를 보여준다는 것을 알게 되었다. 그녀와 함께했던 사람들은 항상 그녀와 다시 약속을 정해달라고 부탁했다. 일로나는 너무나 불경스럽지만 매우 정확한 이름을 그녀에게 붙여주었던 것이다. 마침내 다음날 오후 네시, 그 남자가 찾아왔다. 비야 로사에서 약속을 하기에는 그리 일반적이지 않은 시간이었다. 롱기누스가 위층으로 올라와 나에게 내려와달라고 부탁했다.

"일로나 부인의 말이 맞는 것 같습니다. 하지만 그를 한번 살펴보셔도 손해는 아닐 겁니다. 저런 사람은 절대로 이런 곳에 오지 않으니까요."

실제로 우리의 고객은 비야 로사를 도저히 생각할 수도 없는 부류로 분류하는 세상에서 살고 있는 대표적인 사람이었다. 그는 작은 체구에 깡말랐으며, 평범한 얼굴에 짧고 곧게 자란 콧수염을 달고 있었는데, 한때는 금발이었음에 틀림없는 그의 희끗희끗한 머리와 어울리지 않는 것을 보면 틀림없이 염색한 것이었다. 그는 금방 경계심을 풀고 솔직하게 자기 자신을 소개했다. 그는 금테 안경을 쓰고 있었고, 숫자와 회계장부와 더불어 사는 사람의 전형처럼 기계적이며 동시에 느릿느릿한 제스처를 취했다. 그리고 자기 이름의 이니셜을 금박으로 새겨넣은 밤색 서류가방을 들고 있었다. 회사 측에서 최근에 있었던 그의 기념일에 선물로 준 것이 틀림없었다. '친애하는 페냘로사 씨, 우리와 함께한 25년을 축하하며'라는 경영자가 보내는 기계적인 축하 문구가 새겨져 있었다. 경영자는 바로 그 기간 동안 불쌍한 그 사람을 끝없는 불확실성과 굴욕의 지옥 속에서 일하게 했음이 틀림없었다. 나는 페냘로사에게 앉으라고 권했다. 우리는 파나마의 날씨를 비롯해 물가가 몹시 비싸졌다는 등의 의례적이지만 적어도 긴장을 푸는 데 도움이 될 만한 얘기를 시작했다. 우리 손님은 정말이지 통제 불능의 공포에 사로잡혀 있었다. 어디에 가방을 두어야 할지, 손이나 발을 어떻게 해야 할지도 몰랐다. 마침내 마음이 조금 진정되자, 그는 나에게 솔직히 말하기로 마음먹었다.

"선생님, 내 평생 이처럼 추잡한 일을 하겠다고 생각한 것은 이번이 처음입니다. 나는 항공사의 회계 업무를 대행해주는 회계 회사의 책임 감사입니다. 어젯밤 파나마에 도착했는데, 짐을 가져다준 벨보이가 이곳에 관해 말해주더군요. 점잖고 입이 무거운 손님들과 잠시 시간을 보내기 위해 여승무원들이 이곳으로 오는 것 같다고 말하더군요. 벨보이는 내게 이곳 전화번호를 주었고, 나는 전화를 걸기로 마음먹었습니다. 솔직히 말하자면, 항공사에서 일하는 젊은 여자들을 못 견딜 정도로 좋아했습니다. 국내선은 많이 이용하지만, 해외로 나온 것은 이번이 처음입니다. 일 년 전에 파나마에서 업무를 시작한 어느 항공사의 회계를 감사하기 위해 왔지요. 나는 유부남이고 딸이 둘 있습니다. 한 아이는 열 살이고, 다른 아이는 열두 살이지요." 그러면서 그는 자전거에 앉아 있는 두 딸의 컬러 사진을 지갑에서 꺼냈다. 집 앞에서 찍은 사진이었다. 그리고 뒤에는 체념한 사람처럼 억지로 미소를 짓고 있는 희미한 모습의 여자가 서 있었다.

"아이들이 참 귀엽군요." 나는 사진을 돌려주면서 말했다. 나는 이곳은 가족사진을 보여줄 만한 장소가 아니라고 덧붙이려 했다. 하지만 그런 의미의 말을 한 마디라도 하면 그가 솔직하게 말하려는 계획을 철회할 것임을 깨달았다. 보통 때보다 긴 침묵이 흘렀다. 그때 옆 접견실에서 들려온 소음이 침묵을 깼다. 칼리 아가씨가 페냘로사를 기다리기 위해 그곳으로 들어왔던 것이다. 우리 업소의 원칙에는 위배되는 일이었지만, 나는 그 손님에게 그를 기다리고 있는 아가씨가 누구인지 설명해줘야겠다고 생각했다. 사실 페냘로사는 다시 억누를 수 없는 공포의 포로가 되어 있었다. 틀림없이 오랜 세월 동안 억눌려 있던 자기의 꿈, 뜨겁고 환상적인 사랑의 순간이 다가오고 있었기 때문이었다.

"이곳에 거의 오지 않는 아주 점잖고 입이 무거운 아가씨입니다. 지금 파나그라 항공사 여승무원 훈련을 맡고 있는데, 지나는 길에 파나마에 잠시 들렀습니다. 내일이면 다시 마이애미로 출발해서 맡은 일을 해야 하지요. 페냘로사 씨, 그녀가 조신하게 행동할 것이니 완전히 믿으셔도 좋습니다. 그 점에 관해서는 걱정하지 마십시오. 그럼 두 사람이 마실 위스키 두 잔을 보내드리지요."

그러자 다시 그는 마음을 조금 더 진정시키면서 대답했다.

"고맙습니다, 선생님. 하지만 나는 술을 마시지 않습니다. 꼭 마셔야 하는 건지 모르겠습니다. 어쨌든 감사합니다."

그 말을 듣자 나는 권위적인 목소리를 내려고 노력하면서 대답했다.

"그래야 할 거라고 생각합니다. 얼음을 깨야 할 순간에 스카치위스키 한 잔을 마시는 것보다 더 좋은 건 없습니다."

불쌍한 페냘로사는 내가 말장난을 하는 게 아니라고 믿고 억지로 웃음을 지었다. 물론 나는 그럴 의도가 아니었다. 회계 회사 감사는 접견실로 들어갔다. 롱기누스는 아가씨를 소개했고, 나는 그와 나눈 대화 내용을 일로나에게 알려주기 위해 위층으로 올라갔다.

일로나는 그와 비슷한 상황에서 겁쟁이들이 어떤 예측 불가능한 반응을 보이는지에 관해 말했지만, 나는 그 말을 귀담아 듣지 않았다. 자정이 넘어가자 다시 롱기누스가 올라왔다.

"페냘로사 씨가 칼리 아가씨와 밤을 보내고 싶답니다. 선생님 의견은 어떠십니까?"

그러자 내가 말했다.

"일로나와 상의하게. 아무 문제도 없을 것 같긴 하지만, 그녀의 의
견을 들어보는 게 좋을 것 같네."

바로 그때 일로나가 내 방으로 들어왔다.

"밤을 지내는 값으로 두 배를 받고, 내일 아침 일찍 방을 비워줘야
한다고 말하세요. 그를 여기에 하루 종일 있게 하고 싶지는 않아요."

"비용은 이미 지불했습니다. 처음에 지불한 돈은 단지 두어 시간
함께 있는 비용에 불과하다고 제가 설명했습니다. 그러자 즉시 다 지
불했습니다. 하지만 제가 걱정하는 문제가 있어요."

그 말을 들은 일로나는 벌컥 화를 내며 말했다.

"이제는 모든 사람이 그 불쌍한 바보를 걱정하고 있군요. 원하는
대로 하라고 하세요. 그 사람을 그냥 놔두면 해결되는 문제예요. 이제
그 바보는 잊어버려요. 그러지 않으면 우리 모두 그 바보처럼 되고 말
테니까."

하지만 롱기누스는 고집을 굽히지 않고 침착하게 말했다.

"사장님, 문제는 그와 관련된 것이 아닙니다. 문제는 그가 가져온
서류가방입니다. 그 안에 지폐가 가득 들어 있었고, 거기서 돈을 꺼내
술값을 치렀습니다. 이미 듀어스 스카치위스키가 두 병째 들어갔습니
다. 그리고 칼리 아가씨에게는 이미 이백 달러 이상을 손에 쥐여주었
습니다."

"그 말부터 했어야죠." 일로나는 차분하고 불투명한 소리로 말했
다. 위험이 닥칠 것을 감지할 때면 나오는 소리였다. "가비에로, 내려
가서 그 작자를 만나야 할 것 같아요. 우리는 문제가 생기는 것을 원
치 않는다고 말하세요. 그리고 돈이 든 가방을 우리에게 맡기면, 우리

가 위층에 있는 금고에 보관하겠다고 설명하세요. 원한다면 영수증을 써주겠다고요. 그리고 이곳을 떠날 때 함께 돈을 세어보면 아무런 문제가 없을 거라고도 전해주세요. 그 작자가 그 돈을 모두 아래층에서 마구 써대는 것은 바람직하지 않아요. 이제 다른 고객들이 올 테니 복잡한 문제가 생기면 곤란해요. 내가 말했듯 이런 겁쟁이들은 존경스럽고 좋은 아버지이며 모범적인 남편이지만, 빌어먹을 위험한 작자들이에요."

페냘로사 씨는 모든 것에 동의했고, 우리에게 서류가방을 건네주고 영수증을 교환받았다. 그는 얼큰하게 취한 상태였지만, 나무랄 데 없는 회계원의 손으로 직접 영수증을 썼다. 다음날 아침 롱기누스가 우리를 깨워 페냘로사가 방에 계속 있고 싶어할 뿐만 아니라, 칼리 아가씨 이외에도 그녀와 함께 살고 있는 다른 아가씨도 불러달라고 한다는 소식을 전했다.

"마틸다가 말이에요……" 칼리의 성모 이름이 마틸다인 모양이었다. "여기서 마틸다가 자기와 한 방을 쓰는 여자가 아주 매혹적이며 믿을 만하다고 말하고 있어요." 롱기누스는 페냘로사의 목소리를 흉내 내면서 덧붙였다.

"난 그 계집애가 누군지 알아요." 욕실에서 일로나가 말했다. 우리는 욕실 문을 항상 열어두곤 했다. "그 아이에게 전화를 걸어요. 하지만 지난번처럼 술에 취하면 즉시 쫓아내겠다고 말하세요. 싸구려 럼주 두 병을 가져왔던 상파울루 출신의 남자와 소란을 피웠던 그 여자예요. 거의 모든 걸 깨뜨려버렸지요."

사흘이 지났다. 페냘로사는 계속 그 방에 머물러 있었고, 그에게 청

구할 계산서는 늘어가고 있었다. 그는 칼리 아가씨와 그녀의 친구 이외에도 두 명의 엘살바도르 여자가 새로 도착한 것을 기념하고 싶다면서 샴페인을 주문했다. 모든 게 완벽할 정도로 조용했다. 그 남자는 한 번도 자세를 흐트러뜨리지 않았다. 그는 방 안에 있던 아가씨들을 '여승무원 아가씨'로 대했다. 그의 얼굴은 넘쳐흐르는 행복과 기대하지 않았던 끝없는 기쁨으로 환히 빛나고 있었다. 우리는 그의 표정을 보자 감동했다. 그런데 곧 익히 예측 가능했던 결말이 왔다. 어느 날 오후 세 사람이 비야 로사에 온 것이다. 의심의 여지 없이 회사에서 잘나가는 임원들이었다. 나는 그들을 거실로 들어오게 한 다음, 그들의 말을 들었다. 페냘로사를 찾아온 그들은 페냘로사가 회계 감사로 있던 항공회사의 직원들이었다. 그리고 그의 서류가방에 들어 있던 돈은 다른 국가에는 지점을 개설하지 않았던 파나마시티의 어느 은행에 입금하기 위한 것이었다. 시각을 다툴 만큼 급히 여러 곳에 지불할 돈이라는 것이었다. 그들은 사흘 전에 호텔에 전화를 걸었지만, 그와 통화를 할 수 없었다. 다음날 그들은 그가 호텔방으로 돌아오지 않은 것을 알게 되었다. 그리고 그날 아침 조심스럽게 조사를 시작하자, 어느 벨보이가 페냘로사에게 주었던 전화번호를 그들에게 알려주었다. 사실 그들 중 한 사람은 롱기누스와 약속했다가 나중에 취소한 사람이었다. 그들은 페냘로사가 회사의 전적인 신임을 받는 직원이라고 말해주었다. 페냘로사는 그들과 삼십 년을 함께 일해왔다. 그 전에 다른 곳에서 일한 적도 없었다. 그는 회계원으로 일을 시작했다. 그의 행동은 전혀 나무랄 데 없었으며, 최소한의 실수도 범하지 않았다. 그는 자기가 아내를 배신해서 한 번도 부정한 짓을 저지르지 않았으며,

아내와 결혼했을 때 숫총각이었다는 것을 자부심으로 삼고 있었다. 나는 그들에게 우리가 그를 어떻게 대했는지 설명했고, 서류가방 문제에 대해서는 안심을 시켰다. 나는 우리가 페냘로사에게 주었던 영수증 사본을 보여주었고, 그들이 그 돈을 사용할 수 있다고 말했다. 그러자 그들은 거의 이천 달러가 넘는 그의 계산서를 받아 대신 지불했다. 그리고 페냘로사와 대화를 하고 싶다면서 그들과 함께 떠날 수 있게 해달라고 했다. 나는 말했다.

"괜찮으시다면, 제가 먼저 그에게 상황을 설명하는 편이 좋을 것 같습니다. 그 사람은 사흘 동안 술을 마시고 있습니다. 지금까지는 매우 올바르게 행동했지만, 자신을 제어하지 못하게 될지도 모릅니다."

그들은 내 말에 동의했고, 거실에 남아 기다렸다.

나는 방문을 두드린 후 신원을 밝히고서 안으로 들어갔다. 그곳에서는 감동적이고 기괴한 장면이 펼쳐지고 있었다. 페냘로사는 팬티만 입은 채 아가씨들에게 둘러싸여 있었다. 아가씨들 중 몇 명은 벌거벗고 몇 명은 속옷만 걸치고 있었다. 그는 터키의 고관대작처럼 흐뭇한 표정을 지으며 아가씨들의 애무를 받고 있었다. 나는 여자들에게 옷을 입고 옆방에 가 있으라고 지시했다. 그 신사와 단둘이 이야기해야 했기 때문이었다. 여자들은 즉시 내 말에 따랐다. 페냘로사는 나를 쳐다보았는데, 그 표정에서 나는 아쉬움이 점점 곤혹스러운 공포심으로 변하고 있음을 알 수 있었다.

"선생님, 무슨 일이죠? 무슨 일이 있는 거죠? 아가씨들은 아무것도 하지 않았어요. 내가 보증할 수 있어요."

나는 그런 문제가 아니라고 설명했다. 그러면서 회사 임원 세 명이

밖에서 그를 기다리고 있으며, 그를 데려가고 싶어한다고 말해주었다. 그러자 남자는 눈물을 쏟으려고 하면서, 알아들을 수 없는 사과의 말을 중얼거리며 설명했다. 그는 이곳에 무한정 있고 싶다면서, 자기 인생은 끝없는 거짓말과 구질구질한 비겁함으로 점철되어왔다고 털어놓았다.

"이런 곳이 존재한다고 그 누구도 내게 말해주지 않았습니다, 선생님. 그래서 이런 곳이 어떤 곳인지 생각도 할 수 없었어요. 무슨 소리인지 아시겠지요?" 그는 하염없이 눈물을 흘리기 시작했다. 눈물이 희끗희끗한 수염 사이로 흘러내리고 있었다. 사흘 동안 자란 수염 때문에 십 년은 더 늙어 보였다. "선생님, 가고 싶지 않습니다. 나를 데려가지 못하게 해주세요. 나는 여기에 있고 싶어요. 당신들은 내게 무척 다정했어요."

나는 그의 소망대로 해주기는 불가능하다는 사실을 설득시키려고 애쓰면서 그에게 옷을 입혔다.

"다음에 다시 오십시오." 나는 그를 위로하면서 말했다.

"아닙니다. 다신 오지 않겠습니다. 아직도 내 자리가 남아 있는지 모르겠네요. 어쨌든 상관없습니다. 모든 게 끝났다는 걸 나도 알고 있으니까요. 여러 모로 감사드립니다."

그는 발을 질질 끌면서 방을 나갔다. 나는 거실까지 그와 동행하고 싶지 않았다. 롱기누스가 호텔들을 전전하면서 배웠던 깍듯한 예의를 갖추어 그와 함께 거실로 갔다. 롱기누스는 그런 어려운 상황에서도 예의를 갖출 줄 아는 사람이었다.

페냘로사 씨 사건은 내 인내심에 종지부를 찍었다. 사실 나는 그런 삶에 갈수록 염증을 내고 있었다. 또한 일로나 역시 이 사업을 운영하면서 인내의 한계에 도달해 있었다. 우리의 삶과 충돌하는 기본적인 삶만 사는 아가씨들을 계속 공급하는 것은 숨 막힐 것 같은 일상이 되어 있었다. 우리는 경박한 이야기, 계산된 비열한 행위, 직업상의 질투와 시기와 우리가 추정한 고객의 취향을 먹으며 살찌는 자기도취증으로 가득한 싱겁고 재미없는 껍질로 뒤덮여 있었다. 나는 뒷말이나 지껄이는 몸 파는 여자들의 분위기를 절대로 참을 수 없었지만, 일로나는 그런 여자들을 동정하며 자연스럽게 이해했고, 나보다 조금 더 자비로운 아량을 베풀면서 내가 점점 참을 수 없어하는 것을 인내하고 있었다. 그녀는 그걸 알고 있었고, 그래서 나를 다정하게 이해하면서 내가 그런 삶을 조금 더 살아가게 하려고 애썼다. 어쨌거나 그런 삶이 끝을 향해 가고 있다는 것은 분명했다.

테라스에 차려진 아침식사는 정오가 넘어서까지 이어졌다. 그 시간에 우리는 상황을 본격적으로 점검하고 그런 상황에 종지부를 찍기로 결정했다. 우리는 우기가 시작될 때까지 기다렸다가 비야 로사를 떠나기로 합의했다. 일로나는 우리의 수익금을 계산했다. 그런 일에는 나보다 뛰어났으므로 항상 그녀가 그 일을 떠맡았다. 우리는 바슈르를 공동 파트너로 계산하여 전체 수익금을 셋으로 나누기로 했다. 그리고 우리 친구가 어려움에서 벗어날 수 있도록 즉시 그의 몫을 보내주기로 의견의 일치를 보았다. 우리는 전체 수익금의 3분의 2에 해당하는 우리의 몫을 공동명의로 단기 예금 구좌에 넣기로 했다. 그 순간 이후부터 우리가 출발하는 날까지 버는 수익금은 우리의 여행 경비로 충당하고, 롱기누스가 독립할 수 있도록 작은 사업을 벌일 기반을 마련해주는 데 쓰기로 했다. 우기는 두 달이 조금 넘은 후에 시작되었다. 이런 결정을 하고, 파나마 체류 기간과 비야 로사를 언제까지 유지할지 확정하자, 우리는 더욱 마음이 놓였고 기분이 좋아졌다.

일로나는 이렇게 말했다.

"우리만의 특별한 윤리 의식에 도전한다고는 전혀 생각하지 않으면서 살았는데, 왜 그것이 우리의 삶에 영향을 미치는지 알아보면 재미있을 것 같아요. 넌더리는 다른 곳에서, 그러니까 우리 존재의 다른 영역에서 오는 거예요."

"나도 그렇게 생각해." 내가 말했다. "그건 윤리보다도 미학적인 문제 같아. 이 여자들이 우리의 동의와 도움으로 몸을 파는 것은 우리와 전혀 상관 없어. 도저히 참을 수 없는 건 그런 행위에서 파생되는 삶의 질이야. 이런 삶은 돈은 되지만, 절망적일 정도로 단조로워. 가톨릭이 지배하는 우리 서양 세계는 매춘과 결혼을 완전히 반대되는 것으로 보고 있어. 하지만 지금 우리 경우에서 보듯 그것들은 실제로 매우 가까이 있기 때문에, 그런 대립적 구분은 해체되고 일종의 일탈적인 평행선으로 바뀌게 되는 거야. 하지만 우리가 그 문제를 너무 철학적으로 생각할 필요는 없을 것 같아. 매춘이 결혼처럼 아주 전통적인 것임을 알게 되면, 우리가 선택한 변치 않는 여정의 길과 인생이—운명이나 우연 혹은 뭐라고 부르든지—우리에게 지나가듯이 제공해주는 것을 결코 거부하지 않겠다는 의지가 있으면, 적어도 체념적으로 모든 걸 받아들이는 넌더리나는 삶에 빠지지 않을 수 있으리라는 사실을 확인할 수 있을 거야."

그러자 일로나는 박수를 치면서 기뻐했다.

"가비에로 만세! 당신은 무언가 생각하겠다고 결심하면, 제대로 정곡을 찌른단 말이에요. 문제는 얼마 지나지 않아 다시 엉망진창이 된다는 것이죠. 하지만 어떻게 해결해야 하는지만 안다면 그런 건 문제가 되지 않아요. 비가 오면 우리는 여기를 떠날 거예요. 당신은 틀림없이 산 한가운데 있는 광산에 처박히거나 당신 눈앞에 가장 먼저 나타날 강의 협곡으로 내려간 다음, 당신 배꼽을 바라보면서 마치 승려처럼 당신을 셋으로 나누면서 평생을 살려고 작정했을 거예요."

"쓸데없는 소리는 그만 해." 내가 말했다. "차나 더 줘. 테라노바에 부티크를 열겠다든지 하는 생각을 한다면, 내가 당신을 구하러 가지. 그런 미친 생각을 하는 데는 당신도 일가견이 있잖아."

그녀는 내 다리 위에 앉더니, 내 머리카락을 엉망으로 만들어놓았다. 그러더니 프로방스 사람의 말투를 흉내 내면서 내 귀에 대고 말했다. "Ne t'en fais pas Maqroll, on sortira d'ici passablement riches et ça compte quand même(마크롤, 가지 마요. 여기서 한몫 챙겨서 나갈 수 있잖아요. 중요한 건 그거잖아요)."

테라스에서 이런 대화를 나눈 지 며칠 후, 비야 로사에 불길한 사자가 들어왔다. 신들이 우리에게 우리 운명의 아무리 작은 부분도 우리 마음대로 고칠 수 없다는 것을 일깨워주기 위해 보낸 사자였다. 그 사자는 슬라브 족의 이름을 지닌 여자의 모습으로 도착했다. '라리사'라는 이름이었는데, 가짜 이름이 분명했다. 주사위는 우리가 테라스에서 앞으로의 계획을 의논하기 오래전에 이미 던져진 상태였다. 그리고 우리는 곧 그런 사실을 깨닫게 되었다.

# 라리사

    라리사는 어느 날 아침 정오가 다 되어서 도착했다. 알렉스와 마라카이보 출신의 금발 아가씨가 보낸 여자였다. 마라카이보의 금발 아가씨는 일로나에게, 아르헨티나의 차코 지방에서 태어났다는 그 여자에 관해 미리 말해주었다. 태생은 불확실하지만, 전 세계 여러 곳을 돌아다녔고, 다양한 언어를 할 줄 알고, 매우 조용한 삶을 살고 있으며, 외모가 대단히 괜찮다는 언질이었다. 우리가 수영복을 입은 채 일광욕을 하고 있을 때 롱기누스가 그녀를 테라스로 데려왔다. 가장 내 관심을 사로잡은 것은 그녀가 일로나와 많이 닮았다는 것이었다. 일로나처럼 코가 오뚝하고, 입술은 선이 매우 분명하고 불쑥 튀어나왔으며, 키도 비슷하고, 다리가 길고 늘씬한 것도 똑같았다. 또한 다리가 탄력적이고 탱탱하며 싱싱함을 유지하고 있는 것도 같았다. 그러나 좀더 찬찬히 살펴보자 그것은 순전히 겉모습일 뿐이었고, 그런 유사성은 금방 사라져버렸다. 제멋대로 흐트러진 검은 머리카락은 거의 어깨까지 내려와 있었다. 마치 일로나와 같은 지역 출신인 것 같았지만, 언뜻 느껴지는 겉모습 이외에는 하나도 공통점이 없었다. 그녀는 걸걸한 목소리로 유창하게 말했다. 매우 똑똑했으며, 본질적인 것이 무엇인지, 오래 지속되는 참된 것이 무엇인지에 초점을 맞추고 나머지는 모두 무시해버리는 보기 드문 능력을 소유하고 있었다. 하지만 우리는 그런 인상이 잘못되었다는 것을 이내 깨달았다. 그녀는 대화하면서 상대방의 눈을 쳐다보고 있었지만, 그녀가 쳐다보는 사람은 상대방이 아니었다. 다시 말하면, 단순히 쳐다보는 것이 아니라, 남이 눈치 채지 못하는 끈기를 가지고 기민하고 교활하게 다른 존재를 찾고 있었던 것이다. 그것은 항상 우리와 함께 있으면서도, 우리가 혼자일 때만 표면으로 나와 어떤 메시지를 전해주거나 깨지기 쉬운 진실의 의혹을 풀어주면서 우리를 말할 수 없이 당황하게 만드는 존재였다. 우리가 결코 발견할 수 없으리라고 믿고 또 바라던 것을 라리사는 끈기 있게 찾아내려고 했던 것이다.

비야 로사에서 일하고 싶은 의례적인 이유를 우리에게 설명하면서, 그녀는 싱가포르와 스톡홀름, 부에노스아이레스에서 이런 일을 해보았다고 덧붙였다. 그리고 자기가 다양한 언어를 말할 수 있다는 것과 별로 중요하지 않은 재능 몇 개를 자랑했다. 그러는 동안 나는 라리사가 일로나의 관심을 사로잡고 있다는 것을 눈치 챘는데, 사실 그것은 흔치 않은 일이었다. 뭔가 좀 마시라고 권하자 그녀는 진한 커피를 갖다달라고 했다. 그러고는 일로나의 의자에 앉았다. 그 의자는 뒷집 정원에서 자라고 있는 거대한 캄불로나무 그늘에 있었는데, 나무의 가지들이 우리 테라스 위로 뻗어 있어 꽃이 여자 주변으로 떨어졌다. 잠시 후 그녀는 진한 오렌지색으로 둘러싸였다. 나는 이런 무대 장치가 비밀스러운 의식의 일부처럼 만들어졌다는 인상을 받았지만, 그 의미가 무엇인지는 잘 떠오르지 않았다. 그늘에서 그녀의 허스키한 목소리가 관능적인 억양을 타고 흘러나왔다. 나는 힘없는 행인들의 미래를 점치는 탐욕스러운 여자 점쟁이가 떠올랐다. 바로 그때 그녀가 갑자기 말을 건네면서 나를 놀라게 했다.

"당신이 지난겨울에 자주 들르던 바에 나도 자주 갔어요. 하지만 한 번도 서로 만나지는 못했어요. 딱 한 번 마주쳤지만, 당신은 나를 보지 못했어요. 알렉스가 당신에 관해 말해주었어요. 당신이 아스토르 호텔에 머무르고 있다고 말이에요. 나는 그곳에서 아주 가까운 곳에 살고, 그 호텔 주인도 알아요. 어떻게 그 사람의 손아귀에서 벗어났는지 모르겠네요. 그가 부정한 밀매업을 하려고 짜놓은 거미줄에 걸리면 웬만해서는 도망치지 못하거든요."

"당신은 어떻게 빠져나왔나요?" 나는 그녀를 놀라게 하려고 이렇게 질문했다.

"나는 그 사람을 필요로 한 적이 없었어요. 그의 마수가 뻗칠 만한 곳에는 가지 않을 거예요."

하지만 그냥 물러설 수는 없었다. 일로나는 슬쩍 지나치듯이, 하지만 분명하게 내게 경고의 눈길을 보냈다. 나는 갈 데까지 가보는 게 좋겠다고 생각했다. 나는 이미 지금 내가 어떤 부류의 사람과 싸우고 있는지 깨닫고 있었다.

"어느 순간 그를 위해 일할 수밖에 없다는 것을 알았죠. 하지만 우리의 친구 알렉스 덕택으로 적절한 때에 그의 손아귀에서 빠져나왔고, 다른 곳에 가서 살 수 있었지요."

"그래요." 그녀가 말했다. 캄불로나무의 꽃잎은 계속해서 그녀 옆으로 떨어지고 있었다. "미라마르 호텔로 가셨지요. 그 에콰도르 여주인은 좋은 사람이에요. 지금 살고 있는 곳을 수리하는 동안 나도 그 호텔에 보름 정도 있었어요."

이제는 내가 입을 다물어야 한다는 게 명확했다. 우리 사이는 경쟁 관계가 아니었고, 심지어 분명한 알력이 있는 관계도 아니었다. 숨기고 있지만 그녀는 분명히 보통 사람들과는 매우 다른 성격이었다. 또한 용의주도하면서 나에 관해 잘 알고 있는 이 차코 아가씨에게 맞서는 것은 경솔하고 쓸모없는 짓이었다. 만일 그녀가 우리와 일하게 된다면, 아무 문제 없이 지낼 수 있도록 중립지대를 유지할 필요가 있었다. 관심을 갖고 우리 대화를 듣고 있던 일로나는 너무나 자연스럽게 라리사가 사용할 유니폼과 여승무원 역할을 위해 만들어내야 할 이야기로 화제를 돌렸다.

"나는 유니폼은 입고 싶지 않아요." 차코 출신의 여자가 너무나 단호하게 힘주어 말했기 때문에 우리는 그녀의 설명을 기다렸다. "나는 여승무원 서비스 감독관이라고 말할 거예요. 승무원들이 승객에게 규정된 대로 하고 있는지 점검하고 확인하기 위해 정기적으로 여행을 한다고 할 거예요. 나는 민간항공위원회에서 일하고 있으며, 그런 명백한 이유로 아무도 모르게 여행한다는 암시를 줄 생각이에요."

나는 민간항공위원회를 거론하는 것은 너무나 어리석은 일이라고 생각했다. 그래서 그 말을 할 경우 스스로 커다란 위험을 감수해야 할 거라고 말했다. 그녀가 쉽게 내 의견에 동의하자 나는 매우 당황했다. 그 여자에게는 끊임없이 나를 곤란하게 만드는 무언가가 있었다. 그것은 그녀가 뭔가 숨기려고 해서가 아니라, 내가 알지 못하는 세계에 속해 있었기 때문이었다. 내게 적대적이지는 않았지만, 그곳은 내가 모르는 미지의 세계에 속하는 힘과 해류와 영역이었다.

라리사가 작별을 하기 위해 일어나자 일로나도 일어나 계단까지 바래다주었다. 그들은 조용히 대화하면서 침실을 지나갔다. 그때 일로나는 팔로 라리사의 어깨를 껴안았다. 나는 그녀가 여자들에게 그런 제스처를 취하는 것을 한 번도 본 적이 없었다. 마치 보호자인 것 같은 행동이었지만, 실제로는 자기보다 더 강한 누군가에게 의지하려는 것 같아 보였다.

처음에 라리사의 존재는 그리 대단한 것도 아니었고, 비야 로사의 일상에 큰 변화를 가져오지도 않았다. 그녀는 종종 아침에 와서 우리와 함께 테라스에서 일광욕을 즐기곤 했다. 라리사는 항상 그늘에서 첫날 골랐던 의자에 앉으면서 계속해서 그녀 주변으로 떨어지고 있던 캄불로 꽃잎에 둘러싸여 있었다. 한편 우리는 책을 읽거나 대화를 계속하면서 우리가 알고 있던 도시와 장소를 떠올렸다. 라리사의 말은 항상 모호했다. 마치 안개에 휩싸여 있어서 정확한 윤곽이나 크기를 기억하지 못하는 것 같았다. 반면에 일로나는 이야기를 하거나 회상할 때 정확하다는 게 가장 눈에 두드러지는 특징이었다. 단 한 번에 그녀는 도시나 풍경, 혹은 섬이나 국가를 떠올릴 수 있었다. 라리사의 모호함은 기억력뿐 아니라 파나마에서의 그녀의 삶으로까지 확장되었다. 우리는 그녀가 어디에 살고 있는지 알 수 없었다. 유일하게 확실한 것은 전화가 없다는 사실이었다. 그녀는 우리 두 사람이 자주 다니던 그 바에서 전화를 걸었다. 그리고 우리는 그곳에 그녀와의 약속을 적은 쪽지를 남겨두었다. 다른 아가씨들과 달리 그녀는 나이와 교육 정도와 출신에 따라 조심스럽게 손님을 선정했다. 몇 번 우리를 찾아온 후, 그녀는 우리에게 발정 난 듯한 바리톤 음성으로 멍한 표정을 지으며 말했다.

"부탁이 하나 있는데, 제발 젊은 남자와는 약속을 잡지 말아주세요. 나는 적어도 다른 땅에서 교육받은 적이 있는 나이 지긋한 사람과 함께 있고 싶어요. 라틴아메리카 사람들처럼 거칠고 난폭한 태도를 취하는 사람은 싫어요. 또 그 어떤 이유로도 미국인이나 동양인은 만나고 싶지 않아요. 전화 통화만으로 이런 것들을 자세히 알아내는 게 쉽진 않겠죠. 하지만 당신들의 배려와 롱기누스의 협조가 있다면, 나머지는 내가 다 알아서 하겠어요. 나는 내 고객을 만들어나갈 거예요. 나랑 아주 잘 통하는 유형의 남자들이 있고, 그런 사람들은 반드시 나를 다시 찾거든요." 일로나가 뭔가를 이야기하려고 했지만, 라리사는 말을 하게 놔두지 않았다. "그래요, 나도 잘 알아요." 그녀는 다정해 보이려고 미소를 지으며 말했지만, 짐짓 겸손하게 군다는 인상만 주었을 뿐이었다. "아마도 내가 이 집 규칙에 위배되는 무리한 요구를 하고 있는 건지도 몰라요. 하지만 곧 이런 게 전혀 문제가 되지 않는다는 사실을 알게 될 거예요. 나로서는 이렇게 일하는 것이 모든 사람에게 좋은 결과를 가져다줄 수 있는 유일한 방법이에요."

일로나는 침묵을 지켰다. 나는 하늘을 가로질러 흐르는 구름을 바라보고 있었다. 곧 비가 올 것임을 예고하는 산들바람이 불었다.

롱기누스를 통해 우리는 새로운 물건이 어디에 사는지 알게 되었다. 어느 날 바에서 누군가가 전화를 걸어 내게 편지가 와 있다고 말해주었다. 몇몇 친구들이 계속해서 그곳으로 편지를 보내고 있었던 것이다. 롱기누스는 편지를 찾으러 갔고, 한참 후에 돌아오더니 위층으로 올라와 그 편지를 내게 건네주었다. 즐거우면서도 이상하다는 표정을 번갈아 지으면서 말했다.

"제가 편지를 받으러 갔을 때, 알렉스가 라리사에게 온 소포가 있으니 그것도 좀 갖다주라고 했어요. 여자 옷 같았습니다. 알렉스는 이곳이 아니라 그녀가 살고 있는 곳으로 갖다주어야 한다고 하더군요. 제가 그녀의 집 주소를 모른다고 얘기하자, 믿지 못하겠다는 눈으로 저를 쳐다봤습니다. 그는 잠시 머뭇거리더니 마침내 발보아 가로숫길까지 내려가서 바닷가가 나올 때까지 북쪽으로 몇 블록을 가라고 했습니다. 그러면 파도를 막기 위해 바닥에 돌과 시멘트 덩이를 흩뿌려 만든 방파제가 나오는데, 방파제 벽에 버려진 배가 한 척 기대어 있을 거라고 했어요. 보도에서 라리사를 부르면 그 소포를 받으러 나올 거라고요. 저는 그렇게 했지요. 이름을 부르자, 라리사는 유일하게 사람이 살 수 있을 것처럼 보이던 선실의 둥근 창문으로 머리를 내밀고는 무엇을 갖고 왔으며, 자기가 그곳에 사는 걸 누가 말해주었냐고 물었습니다. 저는 어떻게 알게 되었는지 말했고, 그녀는 소포를 받으러 나왔습니다. 속옷만 입고 있었는데, 화가 머리끝까지 나서 마치 미친 여자 같았습니다. '내가 살고 있는 곳을 아무에게나 말하며 다니지 마. 아무도 관심을 보이지 않을 테니까 말이야. 그리고 다시는 이곳에 오지 마. 당신 주인에게는 말하고 싶으면 말하고, 그렇지 않으면 관둬. 내가 곧 그들에게 이야기하겠어. 어서 꺼져, 빌어먹을 자식!' 라리사는 아무도 우리의 말을 듣지 못하도록 조그만 소리로 말했어요. 주변에 아무도 없었는데도 말입니다. 하지만 그 여자는 정말 굉장히 화를 냈어요. 당신들에게 그녀가 어떤 이야기를 할지 몹시 궁금합니다."

"걱정 말아요." 일로나가 안심시켰다. "당신 잘못이 아니에요. 바에 자기가 어디에 사는지 말하지 말라고 해두지 않았으니, 그건 전적으로 그녀 잘못이에요. 그곳으로 가지 않으면 해결되는 문제예요."

롱기누스는 우리 둘만 남겨놓고 아래층으로 내려갔다. 우리는 잠시 침묵을 지켰다. 콘크리트 조각과 돌이 깔린 조그만 해변에 기대어 있던 폐선을 나는 완벽하게 기억하고 있었다. 아스토르 호텔에 있을 때 침실 창문에서 매일 그 배를 보았다. 나는 무언가 잊고 있던 것을 떠올리려 했고, 뜻밖에 기억나는 게 있었다. 허물어져가는 선교(船橋) 옆에 있는 한 선실에서 밤이면 가끔 희미한 불빛을 보았던 것이다. 또한 그 배의 이름도 기억났다. 우현 난간에 나사못으로 고정시킨 거무죽죽한 청동 명판에 '레판토'*라는 글자가 아직 남아 있었다. 나는 시간을 헤아릴 수 없을 만큼 오래전부터 쓰레기장으로 변해버린 그 좁은 해안에, 거의 형체도 없이 녹슬어버린 채 놓여 있는 허름한 연안 선박의 잔해가 그 당당하고 전설적인 이름과 너무 모순적이라는 생각에 호기심이 일었다. 롱기누스는 만 끝에 정박하곤 하던 낚싯배 중 하나라고 착각했지만, 몇 군데 독특한 방식으로 설계된 부분들, 즉 둥근

---

* 레판토해전에서 따온 것. 1571년 그리스의 레판토 근해에서 에스파냐, 베네치아, 로마 교황의 연합 함대가 오스만 제국의 함대와 싸워서 크게 이긴 싸움이다.

창문 모양이나 아직도 기적적으로 그 배의 균형을 유지시키고 있던 두 개의 통풍관 덕택에 그 배가 어디서 건조되었는지 어렵지 않게 확인할 수 있었다. 그 배는 툴롱이나 제노바, 혹은 카디스 조선소에서 왔음에 틀림없었다. 그런데 어떻게 이곳까지 와서 파나마시티의 방파제에 부딪혀 좌초된 것일까? 나는 그런 의문이 생겼지만, 나중에는 그런 문제에 대해 생각하지 않았다. 이제 레판토 호의 슬픈 잔해가 새로운 과거로부터 그 모습을 드러냈다. 관대하게 잊혔지만 그런 망각에서 구원되었던 것이다. 괴로워하던 그 증거물은 델포이의 미스터리가 지닌 모든 공포와 함께 자신의 비밀을 밝혀달라고 부탁하고 있었다.

며칠 후 라리사는 우리와 얘기를 나누고 싶다고 했다. 이미 그녀는 단골손님 중 하나와 막 관계를 청산한 상태였다. 그녀는 피곤한 기색으로 우리 방에 올라왔고, 분노를 터뜨릴 탈출구를 찾지 못해 애써 참고 있는 것 같았다. 일로나가 조금씩 달래자, 마침내 그녀는 긴장과 피로를 누그러뜨리고 대화를 시작했다. 내 여자친구가 수수께끼 같은 차코 여자에게 엄청난 영향력을 행사하고 있었다. 그냥 아무 생각 없이 던진 몇 마디로 일로나는 라리사에게 며칠간 지속될 수 있는 마음의 안정과 평온을 선사해주었다. 차분해져서 자기 침실의 수수께끼를 말해줄 수 있는 상태가 되자 라리사는 이야기를 시작했다. 그녀의 이야기에는 몽상적인 세계와 맞닿은 장소와 미로와 골목길이 포함되어 있었다. 그것들은 신비주의에서 행하는 억측과 많은 관련을 맺고 있었다. 나는 혼돈을 피하려는 맹목적인 본능으로 항상 그런 신비주의를 거부하면서 나 자신을 지키려고 했는데, 내게 혼돈이란 참을 수 없고 가장 치명적인 죽음의 얼굴들 중 하나이기 때문이었다.

라리사가 말을 시작했다.

"나는 팔레르모에서 레판토 호를 탔어요. 시칠리아 귀족 부인의 안잠자기로 그곳에서 몇 년을 살았어요. 그 부인은 데 라 베가 이 오요스의 공주였는데, 스페인 왕국이 시칠리아를 빼앗겼을 때 그곳에 남아 있던 스페인 명문가의 마지막 자손이었어요. 그 늙은 귀족 부인은 어느 순간에라도 가난에 빠질 수 있다고 생각하는지, 얼마 안 되는 재산을 매우 검소하게 관리했죠. 눈부실 정도의 교양과 문화를 지닌 사람이었지요. 여러 언어로 온갖 종류의 책을 읽었는데, 특히 좋아하는 책은 고전 작품과 유명한 역사책들이었답니다. 그리고 약간 제정신이 아니었어요. 나를 고용할 때 이미 심령술과 온갖 밀교에 관심을 갖고 있었지요. 내게 다정하게 대해주었지만, 약간의 거리를 두고 있었어요. 아마도 내가 라틴아메리카 사람이라는 것이 의심스러운데다, 다른 사람들과 자주 만나지 않았기 때문이었던 것 같아요. 그녀는 도시 외곽에 있는 커다란 별장에서 혼자 살고 있었어요. 일주일에 한 번 정원사가 와서 저택을 둘러싸고 있는 정원을 손질하곤 했지요. 쓸쓸하고 황폐해진 저택을 보면 엄청난 슬픔이 엄습했어요. 말뚝처럼 아무 말도 듣지 못하는 귀머거리인 늙은 요리사는 매일 두 번의 식사를 책임지고 있었는데, 가장 초보적인 수준의 요리여서 상상력이 개입할 여지가 없었지요. 공주는 중앙 계단을 내려가다가 한쪽 다리가 부러졌고, 그래서 함께 있을 여자를 구한다고 신문에 광고를 냈지요. 나는 그녀를 찾아갔고 안잠자기로 고용됐어요. 걸을 수 있게 되어서도 그녀는 계속 자기 곁에 있어달라고 부탁했어요. '당신과 함께 있는 게 익숙해졌어. 당신이 떠나면 함께 있던 시간이 그리울 거예요.' 그녀는 마음이 산란한 귀족 특유의 오만한 태도와 다른 사람들을 어떻게 대해야 할지 모르는 고독한 사람의 퉁명스러운 말투로 말했어요. 나는 그곳에 남아 있기로 결정했어요. 하지만 너무나 불규칙적으로 돈을 줘서, 정확하게 내 월급이 얼마나 되는지, 혹은 언제가 월급을 받는 날인지도 몰랐지요. 큰 소리로 공주에게 책을 읽어주다가, 나 역시 책을 몹시 좋아하게 되었어요. 항상 밤에 그녀의 방에서 읽어주었죠. 책을 읽어주다가 새벽이 되는 걸 보고 놀란 적이 한두 번이 아니었어요. 우리는 아침 내내 잠을 잤어요. 그리고 점심을 먹은 후에는 정원을 한 바퀴 산책했지요. 공주는 내게 자기 가족에 얽힌 오래된 전설들을 들려주었어요. 그 가문의 남자들은 매우 복잡한 여성 편력을 가지고 있었고, 아직도 시칠리아에서는 그 명성에 조잡한 이야기들이 덧붙여져 전해지고 있지요. 어느 날 아침 데 라 베가 이 오요스 집안의 공주는 죽은 채로 발견되었어요. 급성 심장마비 때문이었지요. 사망진단서를 발부받으면서, 나는 그녀가 아흔네 살이나 되었다는 사실을 알게 되었어요. 그렇게 늙었으리라고는 상상도 못했어요. 이 귀족 부인의 문제를 담당하고 있던 공증인은 공주가 유언장에 남겨놓은 돈을 내게 건네주었어요. 내가 월급으로 받게 될 것이라고 생각했던 액수보다 훨씬 적은 돈이었어요. 물론 월급을 받는 날짜가 언제인지도 몰랐고 일부 받은 돈이 얼마나 되는지도 몰랐기 때문에 내 계산도 그리 믿을 만한 것은 아니었지요. 공증인은 내게 앞으로 무엇을 할지 결정할 때까지 그 집에 남아 있어도 좋다고 말했어요. 나는 그 제안을 받아들이고 싶지 않았어요. 이제는 공주도 없었고, 초라해진 그 별장의 고독이

나를 끔찍스러울 정도로 우울하게 만들었거든요. 나는 항구로 나가서 곧 떠날 배를 찾았어요. 목적지는 상관없었어요. 바로 그곳에 '레판 토'가 있었지요. 나는 선장과 이야기했어요. 선장은 카디스 출신의 교활하고 입이 거친 사람이었지요. 어렵게 흥정한 끝에 우리는 마침내 뱃삯에 합의했지요. 선장은 임시 침대가 놓여 있던 창고 한구석에 내가 있을 자리를 마련해주었어요. 선실이 하나 있기는 한데, 그 배의 공동소유주인 선박회사의 한 직원이 사용하기 위해 수리중이라면서 미안하다고 했어요. 그 직원이 누구인지는 모르겠어요. 레판토 호는 이미 최고의 시절을 다 보낸 배임에 틀림없었어요. 내가 그 배에 올랐을 때는 이미 먼바다에서 대단하지 않은 바람을 맞아도 가라앉을 것 같았거든요. 그러나 곧 침몰할지도 모른다고 생각한 건 오해였나 봐요. 레온 만의 폭풍우와 맞섰는데도 끄떡없더군요. 카디스 출신의 선장은 먼저 제노바에 들렀다가 거기서 마요르카로 가서 나를 내려주겠다고 말했어요. 나는 좋다고 했고, 얼마 안 되는 내 물건들을 가지러 갔어요. 짐은 이미 다 별장에 싸두었거든요. 레판토 호의 창고에 있던 간이침대에 자리를 잡았을 때만 해도, 나는 오늘날까지 그곳에서 살게 될 줄은 전혀 몰랐어요. 그 창고에서 일어난 일들은 바로 그 창고의 성격을 그대로 띠고 있었어요. 그 사건들은 말할 수 없이 음침하고 비밀스러운 구석에서 생긴 것이었어요. 그것에 대해서는 조금씩 이야기해드리겠어요. 지금은 너무 늦었고, 몇 차례에 걸쳐 이야기해야 할 정도로 긴 얘기니까요. 지금은 실제로 내가 레판토 호의 잔해에서 살고 있다는 사실만 알려주는 것으로도 충분하다고 생각해요. 내가 필요하면, 바에 메시지를 남겨두세요. 매일 그곳에 들르니까요. 아무도 나를 찾으러 배로 오지 않았으면 좋겠고, 그곳에서 나를 만나려고 하지도 않았으면 좋겠어요. 나는 사람들의 관심을 끌고 싶지 않고, 가능한 한 사람들의 눈에 띄지 않으면서 살고 싶어요. 바다의 쓰레기 더미에 사람이 살고 있다는 사실을 아는 사람은 거의 없어요. 사람들은 가끔씩 선실에서 불빛을 보지만, 보통은 어떤 커플이 사랑을 나누기 위해 그곳으로 숨어들었다고 생각하죠. 그곳에서 실제로 일어나는 일이 무엇인지 안다면, 아마도 사람들은 깜짝 놀라고 말 거예요."

라리사가 나가자, 우리는 침묵을 지키면서 방금 들은 이야기의 일부를 받아들이고 음미했을 뿐만 아니라, 그녀의 마지막 말 뒤에 남겨진 이야기들을 추측했다. 그녀의 마지막 말을 들었을 때 우리는 왠지 모르게 속이 답답하고 거북했다. 밤이 되었고, 뒷집의 버려진 정원에 있는 커다란 나무들의 그림자를 보자 답답한 느낌은 더욱 커져만 갔다. 우리는 결국 거의 참을 수 없는 지경에까지 이르렀다.

"아무 데나 가서 술이나 한잔해요." 일로나가 제안했다. "여긴 더이상 못 있겠어요."

우리는 호텔 상수시에 머무르던 시절에 자주 들르던 곳을 여러 군데 돌아다녔다. 술집 종업원들과 바텐더들은 놀랄 정도로 예의 바르게 우리를 맞이했다. 우리는 술과 잠에 잔뜩 취해 집으로 돌아왔지만, 라리사의 말이 남겨준 울적한 불안감을 떨쳐버릴 수는 없었다. 이후 며칠 동안 우리는 사업을 정리하기 위한 절차를 계속 밟았다. 바슈르는 우리가 보낸 돈을 받았다고 연락해왔다. 그의 말에는 안도감과 감사의 마음이 뒤섞여 있었다. 그의 종족 사람들에게는 감사의 표현이 항상 강도 높고 종교적 행위와도 같은 깊이를 지니고 있었다. 그는 이미 모든 문제에서 벗어나, 이제는 화학물질과 염료를 수송하기 위해 유조선 한 척을 준비하고 있었다. 그러면서 기쁨에 들떠 우리가 파나 마에서 만나는 것도 불가능한 일이 아니라고 말했다. 그는 배가 안트 베르펜 조선소를 떠날 준비가 되면 우리에게 그 소식을 알려주겠다고 덧붙였다. 이미 그는 배에 붙일 요량으로 '트리에스테의 요정'이라는 이름을 골라놓았다.

"레반트 사람들은 정말 어찌할 도리가 없어요." 일로나는 압둘의 말을 듣자 솟구치던 다정하고 사랑스러운 감정을 애써 숨기면서 말했다. "『아라비안나이트』에서 나오면, 그들은 폭탄을 설치하고 산 속에서 투쟁하는 데 전념하지요. 마크롤, 당신이 당신 배에 그런 이름을 붙일 거라고는 상상도 못하겠어요."

나는 우선 내가 배를 소유할 가능성이 없다고 대답했다. 그리고 물건이나 사람들에게 이름을 붙이는 것은 그녀의 일이지 내 일이 아니라고 말했다. 우리에게는 롱기누스의 문제가 남아 있었다. 롱기누스는 우리를 무척 따르고 있었다. 특히 일로나를 따랐다. 그래서 우리가 떠난다는 사실을 알게 되면 얼마나 슬퍼하고 가슴 아파할지 우리는 알고 있었다.

"내가 이야기할게요." 일로나가 약속했다. "그러지 않으면 당신은 그를 데려가겠다고 할 거예요. 하지만 그건 좋은 생각이 아니거든요."

평소와 마찬가지로 그녀의 생각은 옳았다.

라리사와 대화를 나눈 후 몇 주가 지난 어느 날 밤, 그녀는 자기 고객 중 한 사람과 약속이 있어 이곳에 왔다. 고객은 파나마에 지점을 두고 있는 스칸디나비아 은행 협회의 매니저였다. 거대한 몸집의 유순한 바이킹 후예로, 매우 예의 바르게 인사했고, 장소를 가리지 않고 잠에 빠져드는 사람처럼 보였다. 방에서 나오면서 그는 롱기누스에게 나를 불러달라고 부탁했다. 그는 잠시 개인적인 일에 관해 나와 대화를 나누고 싶어했다. 나는 거실로 내려갔다. 노르웨이 사람은 의자에 앉지도 않은 채, 손에 밀짚모자를 들고서 단지 이렇게만 말했다.

"우리 여자친구가 몸이 좋지 않은 것 같아요. 의사가 필요한 문제는 아니에요. 다른 문제예요. 그녀와 잠시 이야기를 나눠보는 게 어때요? 틀림없이 당신들은 그녀를 도와줄 수 있을 겁니다."

그게 전부였다. 그는 최면술에 걸린 사람처럼 우리와 작별했다. 열대의 밤은 이내 시끄러운 귀뚜라미 소리와 숲속에 숨어 있는 커다란 두꺼비들의 숨 넘어갈 것 같으면서도 별로 중요하지 않은 노래 속으로 가라앉았다.

바로 그날 밤, 라리사는 자기 이야기를 계속해서 들려주었다. 그리고 처음 만났을 때와 마찬가지로 다시 나를 혼란스럽게 만들었다. 그녀가 우리에게 말해주었던 사실로 인해, 이제 나는 그녀의 모습과 말과 가장 대수롭지 않은 몸짓 뒤에 어둡고 고통스러운 공간이 숨어 있다는 것을 알고 있기 때문이었다. 하지만 이번에는 또 다른 새로운 요소가 가미되었다. 그것은 나를 몹시 불안하게 만들었고, 나는 어떻게 그 상황을 처리해야 할지 몰랐다. 생각했던 것 이상으로 일로나는 라리사가 펼쳐놓은 냉혹한 현실의 그물망에 빠져 있었던 것이다. 이 여자가 저승사자처럼 비야 로사에 도착하자, 그곳은 마치 그녀가 치명적인 기체를 내뿜는 것 같은 분위기에 휩싸였고, 그런 가운데 일로나는 불안할 정도로 자연스럽게 숨을 쉬고 있었다. 바로 이런 이유로 나는 그녀의 음울한 이야기를 자세히 옮겨 적을 필요가 있다고 생각한다. 방금 전에 라리사와 함께 있었던 스칸디나비아 사람이 걱정스러운 듯 하고 간 얘기를 전하자, 일로나는 그녀를 불러오라고 했다. 우리는 테라스에서 산들바람이 불어오는 밤을 즐기고 있었다. 부드러운 산들바람은 대기를 시원하게 만들어주었고, 구름 끼었던 하늘은 맑아져 있었다. 별들이 빛나는 그 광활한 창공의 둥근 천장은 산들바람으로 쉴 새 없이 움직였고, 우리 손으로도 만질 수 있을 것 같다는 인상을 풍기며 가까이 다가왔다. 라리사는 금방 와서 앞에 놓인 의자에 풀썩 주저앉고는, 한참 동안 아무 말도 없었다. 그녀의 얼굴은 매우 피로해 보였다. 인생의 마지막 숨을 쉬고 있는 것처럼 그녀는 힘없이 가만히 있었다. 그녀가 말하기 시작했을 때, 우리는 확고하고 허스키한 목소리에 약간 당혹감을 느꼈다. 은밀하고 강렬한 에너지, 그러니까 쇠멸해가는 육체에서는 생각할 수 없는 힘, 즉 본래의 상태에서 나온 에너지를 보여주는 목소리였다.

"처음부터 모든 걸 이야기해야 할 것 같네요." 그녀가 말하기 시작했다. "레판토 호는 그 카디스 선장이 말했던 출발일보다 이틀을 더 팔레르모에 머물러 있어야 했어요. 팔마데마요르카에서 무슨 서류를 기다리고 있었는데, 그것 없이는 출항할 수 없다더군요. 하지만 난 별장으로 되돌아가고 싶지 않았고 이미 내 물건을 배에 갖다놓은 상태라, 그곳에 그냥 남아 있기로 했어요. 창고에서는 배 밑창의 퀴퀴한 썩은 냄새가 진동했지만, 첫날 밤은 깊이 잠을 잘 수 있었지요. 낮에는 항구로 가서 위생용품 몇 가지를 구입했어요. 화장실을 선장과 함께 사용해야 했지만, 선장은 이미 오래전부터 그 화장실을 사용하지

않고 있었어요. 욕실 기능을 함께 수행하던 그 조그만 화장실에는 수
건도 없었고 비누도 없었지요. 또 선상의 음식이 형편없을 것임을 예
상하고 그 음식을 보강하기 위해 식료품도 조금 구입했어요. 나는 저
녁 때 돌아왔어요. 선장은 나와 대화를 하려고 애썼는데, 그 목적은
보지 않아도 뻔했지요. 나는 단호하게 그런 의미에서의 노력은 헛수
고이니 완전히 잊어버리라고, 그리고 앞으로 아무리 졸라도 소용 없
을 것이라고 지금 알려줘야 한다고 생각했어요. 그는 별다른 이의를
제기하지 않고 내 말을 알아들었고, 우리는 다른 주제로 얘기를 나눴
어요. 나는 밤에 불을 밝힐 수 있도록 램프 하나만 빌려달라고 했지
요. 그러자 그는 벽 안쪽에 전구를 켤 수 있는 스위치가 하나 있다고
말해주었어요. 간이침대 위에 있던 쇠로 된 가로 들보에 가려져 있어
내가 못 봤던 거였어요. 잠을 자러 내려갔을 때, 불을 켜거나 끄려면
거의 창고 전체를 가로질러 오가야 한다는 사실을 알았어요. 나는 다
시 위로 올라갔지요. 그런데 그는 내가 무엇을 원하는지 듣지도 않고
건전지를 사용하는 램프를 주었어요. 아주 차갑고 전혀 다정하지 않
은 표정을 보고, 내가 제안을 거부했기 때문에 그가 몹시 불쾌하고 화
가 나 있다는 것을 알 수 있었죠. 하지만 차라리 그런 게 나았고, 나는
그의 심술궂은 태도를 무시했어요. 나는 불을 끄는 것도 잊어버린 채
눕자마자 잠들었어요. 점점 창고의 냄새에 적응되어갔고, 부두에 단
단히 묶어놓은 배의 부드러운 흔들림에 깊고 편안한 잠을 잘 수 있었
지요. 그런데 내 침대와 전등 사이에 어떤 사람이 있는 것을 보고 갑
자기 잠에서 깼어요. 아직 잠이 완전히 깨지 않은 상태에서 나는 카디
스 사람이 다시 사랑을 호소하려 한다고 생각했지요. 그 사람은 천천

히 다가와 침대 발치에 앉았어요. 그런데 그 사람 얼굴을 보자 나는 잠이 확 달아났고, 너무나 놀라 입을 뗄 수가 없었어요. 나폴레옹 제국 시대의 근위대 경기병 장교가 나를 뚫어지게 바라보고 있었던 거예요. 푸른빛이 도는 그의 잿빛 눈이 희끗희끗한 아치형 눈썹 아래서 두드러져 보였어요. 그 눈썹은 끝을 조심스럽게 말아올린 풍성한 금빛 콧수염뿐만 아니라, 황금빛 장식과 부대의 기장이 달린 군모에서 삐져나온 두 개의 노끈과도 잘 어울렸지요. 근육이 불거졌으면서도 잘 다듬어진 강인한 손은 튼튼한 기병의 무릎 위에 가지런히 놓여, 자연스럽고 허물없는 분위기를 풍겼어요. '놀라지 마십시오.' 그는 랭스*의 억양이 섞인 프랑스어로 명령하듯 말했지요. 그런 말투는 싸움터에서 지시를 내리는 데 익숙해져 있는 군인들에게서 볼 수 있는 말투였어요. '잠시 당신과 대화를 하고 싶을 뿐입니다. 잠을 깨워 미안합니다. 나는 아무와도 이야기하지 않은 채 매우 긴 시간을 보내고 있습니다. 그런데 이런 곳에 당신 같은 사람이 나타났고, 내가 말을 하기에 아주 좋은 기회라고 생각했습니다.' 내가 뭐라고 대답했는지는 기억이 나지 않지만, 그의 모습은 누군가와 함께 있는 게 필요하다는 것을 너무나 자연스럽고 다정하게 전하고 있었어요. 잠시 후 우리는 마치 오래전부터 알고 있던 사람들처럼 대화를 나누었어요. 뜻하지 않게 나타난 것에 놀란 나를 진정시킨 다음, 그는 매우 예의 바르게 자신을 소개했어요. 이름은 로랑 드루에 데를롱이었어요. 그는 근위대 경기병 대령이었고, 장군이면서 황제와 매우 가까운 사이였던 장

___
\* 프랑스 북동부 샹파뉴아르덴 지방의 도시.

바티스트 드루에 데를롱 백작의 사촌이었지요. 그는 백작에게 받은 임무를 수행하기 위해 여행을 하고 있었고, 그 임무에 관해서는 자세히 말해줄 수 없다고 했지요. 제노바로 가고 있었는데, 엘바 섬에 관한 소식을 찾고 있었어요. 내가 아는 바로 엘바 섬은 나폴레옹이 연합군의 포로로 있었던 곳이지요. 소식을 찾으면 그는 마요르카로 갈 것이라고 말했어요. 여기서 아주 중요한 것을 설명해야 하는데, 아마도 이해하기가 쉽지는 않을 거예요. 사실 나도 분명하게 이해할 수 없었거든요. 나폴레옹 제국의 군인과 대화하고 있다는 것 자체가 논리적으로 불가능한 일이었지요. 그가 현재라고 얘기하는 일들이 내게는 거의 한 세기 반이 지난 과거의 일이었으니까요. 설명할 수 없는 정신착란이라고 마음속으로 생각하고 있었어요. 그때 그가 일어났던 일을 모두 말하기 시작했어요. 부정할 수 없을 만큼 너무나 논리적이고 자연스럽게 말이에요. 다시 말하면, 과거 시대의 인물인 그가 너무나 따스하고 충만하게 이야기하는 바람에 불가능한 것이 가능한 것으로 바뀌었지만, 나는 그것에 저항하거나 경계하지 않았어요. 그가 그곳에 있다는 사실만으로도 내게는 과거가 절대적인 현재로 바뀌었어요. 일단 그런 사실을 느끼고 받아들이자, 그런 현상은 반박할 수 없는 정상적인 범위 내에서 일어나는 일이 되었어요. 그것이 내가 레판토 호를 탄 이후 일어났던 모든 것의 비밀이었어요.

우리는 그날 밤 내내 대화를 나누었어요. 주로 그가 말했고, 나는 몇몇 사실들을 분명하게 설명하거나, 아니면 공주의 별장에서 오랜 기간 책을 읽으며 친숙해지게 된 장소와 사건들을 확인해보기 위해서만 그의 말을 가로챘지요. 로랑처럼 내가 오랫동안 함께 살았던 사람의 삶을 지금 자세하게 재구성하는 것은 별로 의미가 없을지도 몰라요. 일단 한 번이라도 언급되고 나면 우리 삶의 공통부분이 되어 너무나 당연하게 여기게 되는 자질구레한 상황들을 결코 다시 입에 올리지는 않는 법이니까요. 어쨌건 그 첫날 밤 그는 한 번도 정중한 태도를 버리지 않았지만 다정했어요. 그래서 우리는 많은 대화를 나눌 수 있었지요. 우리 두 사람은 여행 동료처럼 서로를 아주 잘 이해하게 되었어요. 그런 동반자가 있으면 바다 여행의 따분함을 덜어주는 행복한 우연처럼, 서로 사이좋게 지내면서 함께 있다는 것을 즐거워하게 되지요. 갑판에서 날이 밝았다는 것을 알리는 첫 소리가 나자, 대령은 자리에서 일어나 정중하다기보다는 다정하게 내 손에 입을 맞추고 작별 인사를 했어요. 그는 창고 안쪽으로 가더니 스위치를 끄고 나를 새벽의 어둠 속에 혼자 남겨놓았지요. 나는 한참 동안 간이침대에 누워 있으면서, 실제로 일어났던 일을 내 주변의 현실과 맞춰보려고 했어요. 물론 그건 쓸데없는 일이었어요. 그때 나는 내 안에서 무언가가 영원히 바뀌었다는 것을 확신했어요. 나는 갑판으로 올라가, 생각조차 할 수 없는 경험을 너무나 생생하고 분명하게 기억하면서 팔레르모에서의 마지막 날을 보내야 한다는 게 두려웠어요. 하지만 마침내나는 창고에서 나가기로 결심했어요. 카디스 선장은 나를 염려스럽고 놀랍다는 듯이 쳐다보며 말했어요. '어디 아픈 줄 알았어요. 하루 종일 저 아래에 있을 거라고 생각했지요. 자, 식사하죠. 함께 먹을래요? 아니면 육지로 내려가서 항구에서 먹겠어요?' 나는 항구에서 먹겠다고 대답했어요. 몸과 팔다리를 쭉 펴서 약간 스트레칭을 할 필요가 있었고, 아직 별로 배가 고프지 않았기 때문이지요. 우리가 다정한 사이

는 아니었지만, 적어도 각자 어떻게 해야 하는지는 알고 있었어요. 그
래야 여행이 보다 편해질 것 같기도 했구요. 다음날 새벽 우리는 마요
르카를 향해 출항했어요. 나는 항구의 선술집에서 밥을 먹었고, 그런
다음 그 도시에서 마음에 드는 곳들을 돌아다니며 즐거운 추억거리를
만들었죠. 해가 질 무렵 나는 레판토 호로 돌아갔고 저녁식사 때까지
갑판에 있었어요. 부산한 항구를 보며 나는 다른 생각에 잠겨 넋을 잃
은 채, 시간이 가는지도 모르고 있었어요. 선장과 나는 단둘이 저녁을
먹었고, 겨우 몇 마디만 주고받았지요. 식사를 마치자 나는 즉시 창고
로 내려와 침대에 누웠어요. 자정 무렵에 불을 끄러 침대에서 나가려
고 하는데, 창고 안쪽에서 누군가가 스위치를 내리는 소리가 들렸어
요. 그러더니 이내 간이침대로 오는 발걸음 소리가 났지요. 사실 나는
그다지 놀라지 않았어요. 오히려 지난밤에 만났던 방문객을 다시 만
나려고 기다리고 있었어요. 그리고 실제로 그는 내 옆에 앉더니, 그때
까지 사용했던 점잖고 개인적 감정이 배제된 말투를 바꾸어 길고 뜨
거운 사랑의 고백을 시작했어요. 내가 한 번도 들어보지 못한 강도 높
은 사랑 고백이었지요. 그의 손이 내 몸을 더듬기 시작하더니, 갈수록
은밀하고 자유롭게 나를 애무했어요. 그는 옷을 반쯤 벗고 나는 완전
히 벌거벗은 채, 결국 우리는 사랑을 나눴어요. 그가 너무나 빠르고
강렬하게 계속해서 나를 공격했기에, 나는 충만한 축복의 상태에 도
달했지만 갈수록 기운을 잃고 있었어요. 마침내 우리는 거칠거칠한
모포 아래로 들어갔어요. 모포의 뻣뻣한 털이 여기저기 삐죽이 솟아
나 우리 피부를 가볍게 할퀴었지요. 그는 자기가 살아온 삶에 대해 많
은 이야기들을 들려주었어요. 그는 두 번이나 러시아인들의 포로가

되었어요. 한 번은 아우스터리츠 전투 후였고, 다른 한 번은 모스크바에서 후퇴하면서 베레지나 강을 건너다가 그렇게 되었지요. 두 번 모두 크림 지방에 갇혔어요. 처음 포로가 되었을 때는 그곳에 이 년간 머무르면서 온화한 기후와 그루지야 사람들의 따스한 환대를 즐겼지요. 두번째에는 그 지역의 총독으로 차르 알렉산드르 1세에게 봉사하고 있던 리슐리외 공작과 함께 있었어요. 그곳 크림 지방의 오데사와 트빌리시에서 체르케스* 여인들은 그의 요구에 쉽게 응해주었어요. 그는 사랑할 때의 그 특별하고 즐거운 리듬이 여자들에게 일종의 마약이나 신비주의자의 환희와 비슷한 의존증세를 만들어낸다는 것을 처음으로 알게 되었죠. 엔진이 윙윙거리며 레판토 호의 출항을 예고하자, 대령은 길고 뜨거운 키스로 작별 인사를 하고서 급히 옷을 입더니 새벽의 너울거리는 어둠 속으로 다시 사라졌지요. 나는 정오가 지날 때까지 깊은 잠을 잤고, 흥분과 쾌감으로 가득했던 지난밤으로부터 회복되었어요. 내가 눈을 떴을 때, 우리는 이미 먼 바다로 나와 있었지요. 배는 심하게 요동치면서, 알프스에서 불어오는 바람으로 거칠어진 파도와 싸우고 있었어요. 다음날 밤에도 큰 변화 없이 사랑을 반복했어요. 단지 차이라면, 로랑이 긴 침묵을 지키면서 마치 오랫동안 금지되었던 축제처럼 내 육체를 만끽하려고 온 정신과 힘을 기울이는 것 같았어요. 작별하기 전에, 그는 앞으로 며칠 동안은 오지 못할 수도 있다고 하면서, 우리의 첫번째 경유지가 가까워오면 다시 만나게 될 것이라고 약속했어요. 그리고 실제로 그렇게 되었지요. 나는

---

* 캅카스 산맥 북쪽의 흑해 연안.

다음날 밤을 그를 그리워하면서 가슴 두근거리며 보냈고, 아침에야 깊은 잠에 빠지고 말았어요. 욕망의 환영들이 꿈속에 나타났어요. 내 욕망을 이루지 못하도록 방해하는 가장 황당한 장애물들로 가득한 꿈이었지요.

선상 생활은 단조로운 일상의 연속이었어요. 레판토 호 같은 조그만 배로 여행할 때는 어쩔 수 없는 일이었지요. 그런 곳에서 함께 배를 탄 사람들과의 만남은 식사할 때 나누는 무의미한 대화나 항해중에 일어나는 사소한 사건에 관한 이야기가 고작이지요. 게다가 나는 로랑과 함께 보낸 시간을 기억하는 데 정신을 빼앗기고 있었어요. 초자연적일 정도로 충실하게 내 피부는 그가 있을 때의 열기를 간직하고 있는 것 같았지요. 그렇게 이틀 밤이 지났고, 사흘째 되는 밤에는 또 다른 놀라운 일이 일어났어요. 나는 잠을 자려고 애쓰면서, 모포 한쪽 자락으로 얼굴을 가려 전등의 불빛을 피하려고 했어요. 그런데 그때 다시 모포와 내 몸 사이에 누군가가 끼어들었어요. 나는 내 친구일 것이라고 생각했지요. 그를 받아들이기를 열망하면서 얼굴을 드러내 보니 다른 사람이었어요. 처음에는 그가 누군지 알아볼 수 없었어요. 그러다가 별장 서재에 걸려 있던 그림들에서 그와 비슷한 사람을 보았다는 걸 깨달았어요. 그는 키가 크고 호리호리한 사람이었고, 뼈가 앙상한 손은 창백했어요. 얼굴 역시 길쭉했고, 궁정에 있거나 은둔 생활을 하는 사람처럼 창백했지요. 눈은 짙은 검은색이었고, 거의 여자처럼 긴 속눈썹은 지적이고 절제되었으며 의식을 치르는 것 같은 광채를 발산하고 있었어요. 발끝까지 내려오는 검은 포플린 튜닉을 걸치고 있었는데, 나무랄 데 없이 우아한 두 개의 색조가 돋보였어요.

하나는 목깃에서부터 허리까지 이어지는 단추 장식으로, 주위가 은색으로 아주 아름답게 꾸며진 진한 자줏빛이었어요. 목깃뿐만 아니라 튜닉의 아랫단에도 은빛의 이중 테두리가 있었고 연두색 장식 띠가 둘려 있었지요. 머리에는 길고 딱딱한 벨벳 모자를 쓰고 있었는데, 그것 역시 자줏빛이었지요. 검푸른 색의 긴 머리카락은 정성스럽게 손질되어 있어서 약간의 허영기를 엿볼 수 있었고, 벨벳 모자가 머리카락을 에워싸고 있었어요. 가슴에 있는 금목걸이에는 날개 달린 황금 사자가 으스대듯이 달려 있었지요. 그 사자 앞발톱 중 하나에 책이 펼쳐져 있었는데, 거기에는 'Pax tibi Marce Evangelista Meus(당신, 나의 복음사가 마르코에게 평화를)'라는 글이 적혀 있었어요. 그는 튜닉의 긴 소매에 손을 숨기고는 마치 내가 누군지 보려는 것처럼 뚫어지게 쳐다보았어요. 그러다 갑자기 아주 세련되고 완벽한 이탈리아어로 말하기 시작했지요. 출신 지역이 드러나지 않게 억양이나 어휘를 감추려는 의도임이 분명했어요. 그의 목소리는 굵고 낮았어요. 따스하고 차분한 그 목소리에서 오랫동안 궁정에서 다방면에 걸친 교육을 받았다는 것을 알 수 있었지요. 그런 식으로 갑자기 나타난 것을 사과한 다음, 그는 자기가 가장 평화로운 베네치아 공화국의 최고심의회 소속 사법위원회의 서기인 조반 바티스타 차나라고 소개했어요. 무트 은행은 그 공화국 소유인 달마티아 해변의 여러 항구들을 사용한 대가를 지불해야만 했는데, 그는 그 세금을 받으러 마요르카로 가고 있었지요. 나는 그에게 내 침대 발치에 앉으라고 했어요. 위풍당당한 큰 키에 압도된 나는 좀더 자연스럽고 차분하게 대화를 나눌 수 있도록 그를 내 눈높이에서 바라보고 싶었지요. 그는 미소를 지으며 내 초대를 받아들였어요. 웃으면서 완벽한 치열이 드러나자 실제 나이보다 훨씬 젊어 보였지요. 그러자 드루에 데를롱 대위가 나타났을 때 느꼈던 자연스러운 분위기가 다시 한번 연출되었어요. 아무런 노력도 하지 않았지만, 나는 내가 살고 있는 현재와 뜻하지 않은 방문객에 의해 모습을 드러낸 과거를 다시 조화시킬 수 있었어요. 차니와는 일이 훨씬 더 빠르게 진행되었지요. 그는 한 시간 동안 베네치아의 신비로운 사회에 활력을 불어넣었던 몇몇 사건들과 놀라울 정도로 명예롭지 못한 험담들을 들려주었어요. 그러고는 손으로 내 무릎을 쓰다듬기 시작하더니, 새롱거리고 호기심을 보이던 그곳 아가씨들의 마음을 구슬리는 데 인생의 상당 부분을 바쳤던 사람답게 내 허벅지 사이로 천천히 차분하게 움직였어요. 그는 한 번도 거부당한 적이 없다는 듯 정중한 태도와 야한 농담을 섞어가며 자신 있으면서도 신중하게 행동했어요. 그는 아주 자연스럽게 천천히 튜닉의 단추를 풀더니, 얇은 무명으로 만든 내복을 벗어버리고 나와 함께 담요 속으로 들어갔어요. 그의 움직임을 보자, 사제들이 거의 움직이지 않는 것 같지만 철저하게 계산된 몸짓으로 행하는 종교의식이 떠올랐어요. 우리는 가장 평화로운 공화국의 장교가 발산하는 도취적인 꽃향기에 둘러싸여 사랑을 했어요. 동양의 향수를 팔던 리알토 거리의 조그만 가게에서 산 것임이 틀림없었어요. 새벽의 첫 햇살이 비치기 전에, 차니는 옷을 벗을 때와 마찬가지로 차분한 태도로 옷을 입고는, 내 이마에 키스를 하고서 다음날 밤에 다시 오겠다고 작별 인사를 했어요. 그는 배가 육지로 다가가면, 우리가 다시 바다로 나올 때까지 떨어져 있어야 한다고 일러주었어요.

무언가 낌새를 챈 듯이, 레판토 호의 선장은 항해하는 동안 몇몇 기항지를 경유할지도 모른다고 아주 조심스럽게 말해주었어요. 계속 항해하기 위해서는 낡은 선박의 기계 장치를 자주 수리해줘야만 했던 거죠. 그래서 우리는 살레르노에 멈추었고, 그다음에는 이틀간 리보르노에서 보냈으며, 제노바에서는 일주일 동안이나 프로펠러 굴대의 부품이 도착하기를 기다려야 했어요. 제노바에서 출항하고 니스에 정박하고, 그곳에서 끊임없이 배를 가라앉힐 것처럼 흔들어대던 폭풍을 안고 마요르카로 향했지요. 나의 야간 방문객들은 나타나는 시간을 조정했어요. 로랑은 우리가 각 항구에 도착하기 전날과 항구에 머물 때, 그리고 출항 다음날 밤에 나타났어요. 그리고 차니는 우리가 먼바다를 항해하는 동안 어김없이 나타났지요. 나는 두 사람과 극히 개인적이고 밀접한 관계를 갖게 되었어요. 제국의 대령은 독일에서의 군사 행동, 스페인에서 장 앙도시 쥐노*와 함께했던 이야기, 러시아인들의 포로로 두 번에 걸쳐 오랜 기간을 캅카스에서 보냈던 사연들을 들려주었어요. 그리고 엘바 섬에 유배된 황제의 복위를 준비하기 위해 적극적인 역할을 수행했던 그의 사촌이자 장군인 드루에 데를롱 백작의 황제 복권 음모에 참여했던 이야기도 들려주었지요. 나는 그와 사랑을 나누는 것을 너무나 좋아한 나머지 항구에 도착하기를 간절히 바랐지요. 차니와의 관계는 종교의식과 같은 성격을 띠고 있었어요. 마치 황금빛 장대한 비잔티움의 분위기처럼 나를 몽상의 상태로 빠져들게 했지요. 그러니까 베네치아 10인위원회 위원장의 숙련된 애무로

---

* 프랑스 혁명과 나폴레옹 전쟁 동안에 활동했던 프랑스 장군.

천천히 황홀경의 상태에 빠졌던 거예요. 이때도 나는 축제를 준비하는 사람처럼 항상 밤이 오기를 기다렸고, 그 축제에서는 미스터리와 비밀성이 모든 부적절한 쾌감을 진정시켜주었지요. 차니는 내게 한 번도 자기의 개인적 삶에 대해서는 말하지 않았어요. 자기가 어떤 책임을 맡고 있는지, 베네치아에서의 일상 생활과 가족관계는 어떠한지도 전혀 언급하지 않고 조심스럽게 피했어요. 물론 가족이나 친척의 이름도 말하지 않았고, 가장 평화로운 공화국의 지인이나 친한 친구들의 이름도 말하지 않았어요. 그가 이렇게 분명하고 엄격한 예방책을 취했지만, 우리 관계를 따스하고 우아하게 유지하는 데 장애가 되지는 않았지요. 그는 나에게 우리가 무언지 모르는 어떤 복잡한 일의 공모자라는 느낌을 주었어요. 하지만 나는 그게 무엇인지, 어떤 상황인지 자세히 알지도 못했고 관심도 없었어요. 나의 모든 관심과 감각은 그의 해박한 애무 이론을 익히는 데 집중되어 있었기 때문이지요. 여행하면서 일어난 사건과 복잡하고 풍부한 감각적인 경험들, 그리고 마치 과거를 의심할 나위 없는 현재처럼 살았던 기억을 모두 떠올리려면 몇 날 며칠이 걸려도 모자랄 거예요. 게다가 오랫동안 이런 일에 대해 말하는 게 나에겐 결코 쉬운 일이 아니었지요. 다른 사람들 앞에서 그것을 떠올리면, 내가 그들에게 호감을 갖고 있더라도 그들의 존재와 관심, 호기심으로 인해 그것은 내게 비현실적이고 참을 수 없이 고통스러운 악몽으로 변해버려요. 이 이야기를 마치기 위해 나는 당신들에게 어떻게 레판토 호가 이 해안에서 좌초되었고 내가 왜 아직도 그곳에서 사는지 들려주고 싶어요. 우리가 마요르카에 도착했을 때, 카디스 출신의 선장은 레판토 호 전체를 정밀하게 검사하기 시작했어요. 그는 카리브해로 항해하고 싶으며, 그 배를 중앙아메리카 해안과 섬에서 연안무역용으로 사용하려 한다고 내게 설명했지요. 그러고서 제노바건 유럽의 다른 장소건 내 인생의 새로운 방향을 찾는 동안 계속 배 안에서 살아도 괜찮다고 말했어요. 그러면서 내가 원한다면 그와 함께 서인도제도로 가도 좋다는 사실을 넌지시 암시했어요. 요금은 받지 않을 것이며, 아마도 그곳에서 내가 생계를 유지할 수 있는 방법을 찾을 수 있을 거라고 덧붙였어요. 그는 아주 조심스럽게 제안했고, 자기는 아무런 흑심도 없다고 분명하게 밝혔지요. 자기가 원하는 것은 여행을 누군가와 함께 하는 것이고, 자기를 즐겁게 해주었던 우정을 조금 더 연장시키고 싶을 뿐이라고 설명했어요. 그는 나의 독립적인 삶을 우러러보았고, 내가 세상을 돌아다니는 방식이 매우 특별하고 평범하지 않다면서 존중해주었어요. 나는 그에게 생각해보고 며칠 내로 답을 주겠다고 말했어요. 그러자 선장의 올리브빛 약삭빠른 얼굴에 공모의 미소가 스쳐 지나갔어요. 그때 내가 창고에서 밤을 어떻게 보내고 있는지 그가 알고 있을지도 모른다는 생각이 떠올랐어요. 하지만 이상하게도 이런 의심에도 나는 전혀 흔들리지 않았어요. 밤에 찾아오던 내 연인들이 배나 배의 주인, 혹은 여행이나 선상에서 일어난 그 어떤 일도 언급하지 않았지만, 어떤 형태로든 선장도 이 이야기의 일부를 이루고 있거나 아니면 중요한 부분을 차지하고 있는 것 같았어요.

그날 밤 로랑은 새벽에 나와 작별하기 전에 내 운명을 결정짓는 말을 했지요. '라리사, 그냥 배에 타고 있으세요. 우리를 버리지 마십시오. 유럽에서 멀어지면 우리가 찾아오는 횟수가 줄어들 수도 있습니다. 그러나 항상 우리는 돌아올 것이고, 단지 당신 때문에 우리는 존재할 수 있을 것입니다.' 나는 그 순간 몹시 궁금했던 것을 그에게 물어보고 싶었어요. 그것은 왜 그가 '우리'라는 복수를 사용하면서, 베네치아 사람의 존재를 알고 있다는 것을 넌지시 내비치느냐는 것이었어요. 나는 두 사람 모두에게 상대방에 관해서는 한 번도 말하지 않았어요. 대령은 마치 아이에게 조용히 하고 잠자리에 들라는 듯 다정하게 웃으면서 입술로 둘째손가락을 가져갔어요. 그리고 마요르카를 출항해서야 비로소 내가 차니를 만날 수 있을 것이라고 말했지요. 바로 그 순간 나는 그에게 아무것도 물어볼 필요가 없다는 것을 깨달았지요. 로랑은 차니라는 이름을 언급했고, 그 이상의 분명한 설명은 필요하지 않았죠. 그래서 다음날 나는 카디스 출신의 선장에게 카리브해에서 내 운명을 시험해보기로 결정했고 그의 제안을 받아들이겠다고 밝혔어요. 그러자 그는 그 어떤 공모의 표정도 짓지 않은 채 아주 심각하고 진지하게 대답했지요. '그런 말을 듣게 되어 몹시 기쁘네요. 그렇지 않았다면 선상에서 우리는 당신을 몹시 그리워했을 겁니다. 우리는 이미 당신과 함께 여행하는 것에 익숙해져 있어요. 당신은 레판토 호의 일부예요. 당신이 없는 레판토 호는 상상할 수 없어요.' 다시 '우리'라는 복수형이 사용되었어요. 그건 단순히 승무원들을 언급하는 것일 수도 있었지요. 또한 그가 배를 아주 오래된 친구처럼 불렀으니, 배를 언급하는 것일 수도 있었어요. 그러나 나는 뭐라고 정확하게 꼬집어 말하기는 어렵지만, 막연한 불안감을 느꼈어요. 그리고 그때 그런 불안감이 레판토 호에 발을 들여놓았을 때부터 계속되었다는 것을 알았어요. 마요르카를 떠나고 처음 이틀 동안의 날씨는 최악이었어요. 말라가 해변을 따라 항해하게 됐을 때쯤 비로소 날씨가 잠잠해졌고, 바다에 가라앉을 것처럼 끊임없이 출렁이던 배도 더이상 흔들리지 않았어요. 이제 해안의 불빛도 보이지 않던 어느 날 밤, 차니가 날 찾아왔어요. 종교의식과 비슷하게 강도 높으며 조용한 욕망의 의식을 시작하기 전에, 그는 예의를 갖추어 너무나 솔직하게 자신의 느낌을 그대로 담아 얘기했지요. '서인도제도까지 가는 이 모험에 우리와 함께하기로 결정해주어 나는 무한한 기쁨을 느끼오. 그것이 내가 계속해서 세상을 돌아다닐 수 있는 유일한 기회였소. 아마 예전처럼 자주 찾아오지는 못하겠지만, 자주 만나지 못하게 된다는 뜻은 아니오. 감사의 마음이 너무나 절대적일 때 말로 표현하기란 더 힘든 법이오.' 그는 다시 삶으로 되돌아온 사람처럼 서두르지 않는 열기로 나를 애무하기 시작했어요.

우리가 지브롤터 해협을 건넌 후 지중해에서 멀어지자, 내 두 연인은 예전처럼 자주 나를 찾아오지 않았어요. 그러나 가장 나를 어리둥절하고 고통스럽게 만든 것은, 처음에는 거의 감지할 수 없었지만, 그들의 태도에 변화가 있다는 것이었어요. 뭐라고 규정할 수 없는 변화였어요. 그들의 제스처는 똑같았고 애무도 똑같았지만, 갈수록 사랑의 의식에 열중하지 않았어요. 나는 그런 의식에 길들여져 있었고, 심지어 목숨을 잃지 않고는 그런 의식을 잃어버린다는 것은 상상도 할 수 없었지요. 로랑뿐만 아니라 차니도 매일 밤 점점 더 말을 아꼈어요. 그런 얼마 안 되는 말조차 밀도가 엷어졌고, 이내 그 의미마저 사라져갔어요. 그들은 나와의 사랑 행위를 통해 내가 아니라, 그들과 거의 연결되어 있지 않은 불분명한 누군가에게 말을 건네는 것 같았어요. 그들은 리듬을 잃지 않았지만, 내가 그들의 일화에 유일하게 참가하는 사람이라는, 없어서는 안 될 확신을 더이상 전해주지 못하고 있었던 것이지요. 플로리다 반도 앞을 지나 카리브해로 들어서자, 친구들의 방문을 기다리는 것도 결국 허사가 되고 말았어요. 여기저기 점점 배의 틈새가 벌어져 레판토 호는 위험에 처하게 됐고, 우리는 배를 수리하기 위해 킹스턴에서 며칠을 보내야만 했어요. 그런데 킹스턴을 출발하자 허리케인이 다가온다는 소식을 듣게 되었어요. 그날 밤 차니가 나를 만나러 왔어요. 간신히 알아들을 수 있는 말로, 그러니까 불가해한 방식으로 그는 자기가 오랫동안 목숨을 부지할 수는 없을 거라고 말했지요. 그는 닥쳐오는 시련과 맞설 힘이 없었어요. 바로 그때 그가 처음이자 마지막으로 로랑의 이름을 입에 올렸어요. '로랑 드루에 데를롱 대령은 더이상 우리와 함께 있지 않소. 나는 대령보다 더 오랫동안 머무를 수 있게 되었소. 아마도 그것은 수로와 함께 태어난 우리 베네치아 사람들이 이런 기후에서 더 오래 살아남을 수 있기 때문인 것 같소.' 그는 슬픔에 젖어 내 가슴을 어루만졌어요. 마치 살아 있는 슬픔을 나를 통해 보상받으려는 것처럼, 자신의 몸을 맡기는 여자의 육체가 지닌 열기를 다시는 손으로 느낄 수 없을 것처럼 말이죠. 그리고 즉시 허겁지겁 서둘러 떠났지요. 그동안 한 번도 볼 수 없었던 행동이었어요. 다음 날 아침, 모든 것을 부숴버릴 것 같은 기세로 허리케인이 덮쳤어요. 억제할 수 없는 분노를 쉴 새 없이 퍼부으면서 우리를 크리스토발 앞바다로 내몰았지요. 레판토 호는 표류 직전이었고, 엔진은 완전히 망가져버렸어요. 카디스 출신의 선장과 몇 안 되는 승무원들은 육지로 내려갔지요. 나는 어슴푸레한 창고의 간이침대에 누워 있었어요. 며칠 동안 성난 폭풍에 무자비하게 시달린 후여서, 온몸에 멍이 들고 감각이 없어 손가락 하나도 움직일 힘이 없었어요. 다음 날 우리는 파나마시티로 견인되었지요. 선주는 이미 레판토 호를 고물로 팔아버린 상태였어요. 배는 발보아 가로숫길 맞은편에 있는 작은 만에서 마지막 운명을 맞게 되었어요. 나는 육지로 내려가 출입국사무소에서 내 서류를 정리했어요. 그리고 레판토 호로 돌아와 선장실로 갔어요. 나는 선장이 내가 작별 인사도 하지 않고 크리스토발 항구에 내렸으리라 생각할 것이라고 확신했지요. 몇 주 후 또 다른 폭풍이 몰려와 레판토 호의 잔해를 바위와 쓰레기가 모여 있는 해변으로 밀어냈지요. 그곳이 바로 지금 배가 있는 곳이에요. 나는 배를 버릴 수 없었어요. 전혀 가망이 없었지만, 나는 내 친구들이 다시 찾아올 것이라는 희망을 간직하고 있었어요. 적어도 베네치아 친구는 찾아올 것이라고. 나는 끊임없이 그들을 생각하면서, 우리가 함께 보냈던 시간과 그들의 삶에 대한 이야기, 애무의 열기를 비롯하여 그들의 결속력과 그들과 공모한 사랑을 떠올렸지요. 팔레르모에서 가져온 돈이 바닥났을 때, 알렉스에게 비야 로사에 관해 들었어요. 그래서 베네수엘라 여자와 접촉했죠. 그렇게 나는 여기에 오게 됐어요."

일로나는 온 정신을 집중해서 라리사의 이야기를 들었다. 그 어느 순간에도 이야기를 끊으려고 하지 않았다. 나는 라리사가 말한 이상하고 있을 법하지 않은 사건들을 들으면서도 일로나가 전혀 의심하거나 놀라워하는 표정을 짓지 않는 것에 매우 의아해했다. 라리사는 우리의 의견이나 질문을 기다리지 않고 바로 떠났다. 마치 그토록 참을 수 없는 경험을 이야기하는 것만으로도 우리의 호기심이나 관심을 충분히 만족시킬 수 있다고 생각하는 것 같았다. 우리는 무슨 말을 해야 할지 모른 채 오랜 시간을 보냈다. 그런 다음 일로나가 얘기를 시작했지만, 그 목소리는 매우 낯설었다. 마치 끔찍한 악몽에서 막 깨어난 사람의 목소리 같았다.

"불쌍한 여자 같으니라고. 손님들과 관계를 유지하느라 무척 힘들었을 거예요. 또 손님들과 약속을 한 후 매번 많은 고통을 받았을 거예요. 하지만 가장 심각한 것은 그녀를 도와줄 방법이 없다는 거예요. 마치 우리의 말이 도달할 수 없는 다른 세상에 사는 것 같아요. 게다가 그녀는 우리의 말을 모르니 그 말을 이해하지도 못하겠죠. 우리들 각자는 자기만의 조그맣고 은밀한 지옥을 건설하지만, 그녀는 살아 있지도 않은 사람들의 짐까지 짊어져야 했어요. 저 차코 여자에게 끔찍한 운명이 드리워진 거죠."

우리는 계획보다 일찍 떠나기로 결심했다. 라리사의 이야기는 우리에게 막연한 불안감을 안겨주었고, 우리는 그런 불안감을 이겨낼 수 없었다. 롱기누스는 자기가 이 사업을 계속하고 싶다면서 관심을 보였다. 그는 여승무원들이 접대한다는 거짓말은 포기할 생각이었고, 실제로 이제는 거의 그런 거짓말이 사라진 상태였다. 그는 로사 부인과 대화한 끝에 우리의 계약을 양도받을 수 있게 되었다. 그녀 역시 치리키 태생의 이 똑똑하고 생각 깊은 벨보이에게 매우 호감을 가지고 있었다. 그녀는 롱기누스와 함께 종종 그 사업을 어떻게 꾸려나갈 것인지 긴 대화를 나누었고, 롱기누스는 그런 사업에 우리보다 훨씬 재능이 있고 사명감이 있다는 것을 보여주었다. 우리의 수익금 중에서 그에게 주기로 한 몫이면 그 사업을 충분히 계속할 수 있었다. 실제로 그는 이미 오래전부터 그 사업을 책임지면서 갈수록 참을 수 없었던 업무에서 우리를 해방시켜주었다. 그런 일상의 단조로움은, 끊임없이 이동하면서, 영속적인 계약과 지구상의 어느 장소건 상관없이 의무적으로 체류하는 것을 거부하는 우리의 원칙과 사뭇 다른 것이었다.

우리는 계속해서 파나마시티를 떠날 준비를 했고, 롱기누스가 비야 로사를 책임지도록 사전 작업을 해주었다. 그러는 동안 나는 라리사의 침착한 태도가 갈수록 걱정되었고, 이후에는 그녀의 이야기가 일로나에게 끼친 영향에 대한 불안감이 커졌다. 일로나가 영향을 받았다는 징조는 그리 분명하게 나타나지 않았지만, 그녀를 너무나 잘 알고 오랜 시간을 함께 살아온 나 같은 사람에게는 변화가 느껴졌다. 그 점에 관해 그녀와 얘기한다는 것은 쓸모없는 일일 뿐만 아니라, 매우 부적절한 것이었다. 일로나는 방심하지 않고 독립적인 삶을 유지했고, 절대적인 믿음과 엄격하고도 상호 이해에 바탕을 둔 우정을 느끼고 있는 사랑하는 사람과 내밀한 것을 함께 나눌 때는 매우 현명하고 신중하게 처신했다. 적당한 순간이 오면 그녀가 나에게 그 문제를 상의할 것이었다. 그리고 실제로 그렇게 되었다. 라리사의 이야기를 들은 후 몇 주 뒤에, 우리는 프랑스 라로셸의 소인이 찍힌 압둘 바슈르의 편지 한 통을 받았다. 그는 '트리에스테의 요정' 사업이 눈에 띌 정도로 진척되고 있다고 말해주었다. 그는 젊었을 때부터 알고 지내던 두 명의 시리아 상인과 제휴한 상태였다. 다음 여행의 최종 목적지는 밴쿠버였다. 그래서 그는 머지않아 파나마시티를 경유할 계획이었고 파나마 운하를 지나기 전의 기항지에서 우리에게 전보를 보낼 생각이었다. 그런 다음 비야 로사 사업에 대해 약간 언급했다. 그는 이

슬람의 엄숙주의를 거스르면서, 장난기 있는 유머도 구사하고 있었다. 그 유머에는 동방 상인의 기술 뒤에 너무나 잘 숨겨진 순진함과 재치가 한껏 드러나 있었다. 압둘의 소식은 우리에게 커다란 위안이 되었다. 우리는 조만간 그를 만날 수 있을 것이라는 기대감에 몹시 기뻐했다. 그러나 한편으로 압둘의 편지는 내가 예상했던 것처럼 일로나를 더욱 불안하게 만들었다. 어느 날 아침 우리는 테라스에서 아침 식사를 하고 있었다. 그녀는 그 문제를 꺼냈다. 감정 문제를 다룰 때처럼 강도 높은 사색에 젖은 말투였다. 일로나는 내게 차를 따라주었다. 처음 함께 살기 시작할 때부터 그녀는 그런 경우가 되면 의식을 치르는 것 같은 동작을 취하면서 차를 따라주곤 했다. 그녀는 착 가라앉은 목소리로 말했다.

"라리사를 어떻게 해야 할지 모르겠어요. 그녀가 여기에 머물 것 같지는 않아요. 하지만 우리가 그녀를 데려간다는 것 역시 엄청난 부담이 될 거예요. 당신은 어떻게 생각해요?"

일로나는 자신의 찻잔에 시선을 고정시키고 천천히 차를 따르면서, 내 의견을 학수고대하고 있다는 것을 보여주지 않으려 애썼다.

어떻게 말해야 할지 조심스럽게 고려한 다음 나는 말했다.

"나는 라리사의 문제가 당신이 생각하고 있는 것보다 훨씬 더 복잡하다고 생각해. 이 여자가 '레판토'의 잔해 속에서 계속 살아간다면, 이내 몸과 마음 모두 어떻게 손쓸 도리가 없을 정도로 망가지고 말 거야. 그녀가 기다리는 시간은 이미 끝난 상태야. 그런 상황에서, 그러니까 모든 걸 잃어버린다는 생각 앞에서, 마치 물에 빠진 사람이 구명조끼를 움켜잡는 것처럼 구조 수단을 잡은 거야. 그 수단이란 바로 당신의 우정과 이해, 그리고 그녀가 겪었던 생각조차 못할 경험에 대한 당신의 관심이지. 하지만 나는 두려워. 당신이 지금과 같은 위험한 상태에서 그녀를 구해내는 것이 아니라, 당신 자신도 헤아릴 수 없는 힘으로 당신을 끌고 가는 사람이 바로 그녀라는 사실이야. 우리가 그녀를 데려간다고 해도 아무것도 해결되지 않아. 게다가 '레판토'에서 그녀를 구해낸다 하더라도 그리 얻을 게 없을 거야. 라리사는 바로 그 배야. 그녀는 해변에 버려진 난파선 잔해의 일부야. 그래서 어디에서 잔해가 끝나고 어디에서 그녀가 시작하는지 분간할 수 없을 정도야. 문제는 라리사가 아니야. 이미 오래전부터 그녀는 어떤 질문도 하지 않고 어떤 의심도 제기하지 않아. 문제는 당신이야. 당신은 얼마나 많이 그녀의 문제에 연루되어 있는지 생각도 하지 않은 채, 알지도 못하는 길을 따라 너무나 멀리 나아갔어. 나는 당신이 되돌아올 가능성이 아직 있는지도 모르겠어. 그건 당신만이 알 거야. 나는 당신에게 크게 도움이 되지 못할 것이라는 사실을 알고 있어. 당신과 그 차코 여자를 묶어놓은 매듭이 어디까지 갔는지 난 몰라. 그것이 얼마나 긴지, 그뿐 아니라 어떤 종류인지도 모르겠어. 정말 모르겠어. 당신에게 무슨 말을 해야 할지 모르겠어."

일로나는 차를 입에 대지도 않았다. 그리고 연약한 눈으로 나를 놀랍다는 듯 바라보았다. 그녀가 대답했다.

"아니에요. 나는 그녀와 잠자리를 하지 않았어요. 그게 당신이 말하려는 거라면 말이에요. 그런 것은 그리 중요하지 않아요. 당신은 나를 충분히 잘 알잖아요, 그런 종류의 유대 때문에 내가 내 삶을 바꾸지는 않는다는 것을. 이건 좀더 심오하고 끔찍한 거예요. 일종의 가슴

이 찢어질 것 같은 애절함인데, 그래서 그녀에게 일어날지도 모르는 일에 내가 책임감을 느끼는 거예요. 또한 훨씬 더 심하고 이해할 수 없는 것은 그녀가 이미 받았던 고통에 대해서도 책임을 느낀다는 거예요. 라리사 안에 있는 무언가가 내 안에 잠자고 있던 악마를 깨우고 있어요. 내 안에 똬리를 틀고 있는 불길한 징조 말이에요. 어렸을 때부터 나는 그것들을 억누르는 법을 배웠고 그래서 표면으로 드러내지 않을 수 있었어요. 그것들이 내 삶에 종지부를 찍지 못하도록 마비시켰던 거예요. 그런데 이 여자는 그런 징조들을 일깨우는 이상한 능력이 있어요. 하지만 도움을 약속하고 관대하게 그녀의 이야기를 들으면서, 나는 그 흉악한 무리들을 다시 달랠 수 있게 되었어요. 그래서 내가 그녀를 위해 무엇을 할 수 있을지, 어떻게 그녀를 떠나야 하는지 알지 못하겠다는 거예요."

나는 우리의 삶, 모든 인간의 삶에서, 막다른 골목길에서 찾는 해답과 해결책은 시간이 흐르면서 우연한 방식으로 결국 우리에게 와준다고 대답했다. 나는 그녀에게 얄팍한 위로의 말을 하고 있었다. 그리고 그녀가 특유의 명석함으로, 그런 시간의 모퉁이들은 항상 우리가 생각할 수도 없는 음모와 의외의 사건들을 제시할 수 있다고 생각하고 있음을 알고 있었다. 우리는 아무 말 없이 아침식사를 계속했다. 우리 두 사람 모두 그다지 할 말이 없다는 것은 분명했다. 우리가 할 수 있는 유일한 것은 출발 계획을 차근차근 진행시키고, 우리 손으로 해결할 수 없는 것에 멈추지 않는 것뿐이었다. 그것은 아마도 그 해결책을 기다리는 일이 우리 안에 있지 않으며, 그 해결책을 찾는 일은 더군다나 우리의 힘 밖에 있기 때문일 것이다.

# 레판토 호의 종말

라리사는 계속해서 우리를 찾아왔지만, 그녀는 이미 고객과의 약속을 전부 중단한 상태였다. 거의 말이 없었고, 누그러뜨릴 수 없는 피로를 짊어지고 있었다. 너무나 기진맥진한 나머지 그녀는 지금 당장이라도 긴 잠에 빠질 것 같은 모습이었고, 갈수록 더욱 급하게 꿈의 세계로 들어가고 싶어했다. 롱기누스는 매우 효율적이고 신중하게 사업을 꾸려나갔다. 그래서 우리는 항상 좋은 대접을 받으면서도, 비야로사와 완전히 무관한 손님처럼 느끼게 되었다. 여승무원 흉내 내기는 이제 과거의 일이 되어버렸다. 우리는 종종 우리가 모르던 예쁜 아가씨들이나 우아한 은행 관리, 사업가와 마주쳤고, 그때마다 남자 고객은 우리를 마치 조심스럽게 피하고 싶은 침입자처럼 바라보았다. 우리는 우리 이익금을 모두 모아 압둘이 추천한 어느 룩셈부르크 은행의 공동명의 계좌에 넣어두었다. 그리고 출발 날짜를 정하기 위해 압둘의 소식만을 기다리고 있었다. 나는 일로나에게 라리사의 운명이 계속해서 고통스럽고 해답이 없는 미스터리로 남아 있다는 사실을 알고 있었다. 어느 날 아침 롱기누스가 나와 얘기하기 위해 위층으로 올라왔다. 그는 일로나가 없는 자리에서 이야기하고 싶어했다. 나는 핑계를 대고 그와 함께 아래로 내려갔고, 그는 귓엣말로 라리사가 나를 만나고 싶어하며, 그날 오후 배에서 기다릴 거라고 전해주었다.

　나는 레판토 호의 볼품없는 잔해가 누워 있는 해변에 도착했고, 라리사는 선장실의 창문에서 나를 보더니 배로 올라오라고 말했다. 카디스의 선장이 사용했던 선실은 곤혹스러울 정도로 어지럽고 초라했다. 모포가 헝클어져 있던 침대는 싸구려 향수와 땀 냄새를 발산하고 있었다. 희미한 가스 냄새가 조그만 가스 풍로에서 새어나오고 있었다. 그 풍로는 예전에는 지도와 항해도를 비치해두었을 것으로 짐작되는 선반 위에 놓여 있었다. 그 아래로 작은 프로판가스통과 이 빠지고 모양이 일정치 않은 부엌 세간이 몇 개 있었다. 붙박이 옷장은 이미 문이 떨어져나갔고, 천 조각 하나로 간신히 가려져 있었다. 거기에 옷 몇 벌이 보였는데, 그녀가 비야 로사에 올 때 입었던 것임을 즉시 알아볼 수 있었다. 라리사는 선실 창문에 기대 서서 마치 나를 알아보지 못하는 것처럼 냉담한 분위기를 풍기고 있었다. 앉을 곳이 없어서 나는 그녀가 앞뒤가 맞지 않는 말을 더듬더듬 하는 동안 그냥 서 있었다. 그녀는 출발 날짜가 임박했다고 하면서, 비야 로사가 새로운 방향으로 나아가고 있다는 등의 말을 했다. 나는 그녀가 왜 만나자고 했는지 말해주기를 기다리며 건성으로 대답했다. 잠시 침묵이 흐른 후 그녀는 침대에 털썩 주저앉아, 손으로 얼굴을 감싸더니 울음을 참으려고 애쓰면서 희미한 목소리로 말했다.

"일로나는 갈 수 없어요. 그녀는 여기에 나를 혼자 남겨둘 수 없어요. 나는 그렇게 해달라고 일로나에게 절대로 부탁하지 않을 거예요. 하지만 당신은 말해줄 수 있어요. 마크롤, 제발 부탁이에요. 일로나가 나를 버리면, 내게 남아 있는 것은 하나도 없어요. 하나도 남지 않는단 말이에요. 당신은 그걸 알고 있어요." 그녀는 팔로 애처롭고 절망적인 제스처를 취하며 선실을 가리켰다. 나는 어떤 말을 해야 할지 몰랐다.

"일로나와 얘기하도록 해요." 나는 그 말이 아무런 도움도 되지 못할 것임을 알면서도 그렇게 권했다. "지금 당장은 그 어떤 해결책도 떠오르지 않네요. 우리가 있는 곳으로 가서 함께 이야기하도록 해요. 나도 모르겠어요. 당신을 많이 도와줄 수는 없을 것 같네요."

라리사는 다시 손으로 얼굴을 감싸고 있었다. 내가 말을 끝내자 어찌할 도리 없이 패배한 사람처럼 절망적으로 어깨를 움찔거렸다.

나는 집으로 돌아와 일로나에게 라리사를 찾아가서 나누었던 대화 내용을 들려주었다.

"이 문제는 빨리 해결해야 해요. 이 상태로 놔두면 그녀는 더욱 고통을 받을 거예요. 내일 내가 어떤 결정을 내렸는지 말해주겠어요." 일로나는 불필요한 고통을 연장하기 싫다는 듯 단호하고 확고하게 말했다.

우리는 테라스에 앉아 밤이 찾아와 우리를 잠들게 해주기를 기다렸다. 우리는 압둘 바슈르와 함께 벌였던 사업과 관련된 일화들을 떠올렸고, 특히 우리를 감동시켰던 우리 친구의 특징들을 수없이 다시 떠올렸다. 우리는 그를 가장 잘 보여주는 일화를 떠올리는 것으로 마무리했다. 그가 갑자기 코트디부아르의 수도 아비장을 떠났을 때의 얘기였다. 우리는 내륙의 부족장이 팔던 오래된 청동상의 구매 거래를 끝내기 위해 그곳에 머물고 있었다. 그는 단지 트리폴리에서 메카까지 순례자들을 운반해주면서 생긴 엄청난 이익의 일부를 되돌려주기 위해 떠난 것이었다. 그는 우리에게 이렇게 설명했다. "그 순례 여행을 계약한 사람은 신심이 두터운 순수한 사람이에요. 그는 내가 처음에 말했던 가격을 그대로 받아들였어요. 나는 그 돈의 반을 되돌려줄 거예요. 그래야 내 마음이 편해질 것 같아요." 우리는 나중에 돌려줘도 되지 않냐고, 우리는 고대 아프리카의 청동조각품에 대해 아는 것이 많지 않아서 그가 코트디부아르에 반드시 있어야 한다고 설명했다. 하지만 그를 설득할 방법이 없었다. 바로 그날 밤 그는 길을 떠났고, 열흘 후에 돌아왔다. 죄책감에 사무친 그의 얼굴에는 침울한 기색이 역력했다. 압둘이 만나려 했던 부족장은 이미 세상을 떠났고, 그의 일을 인수받은 친척도 없었던 것이다. 그리고 그가 속해 있던 시아파 공동체는 압둘의 돈을 받으려고 하지 않았다. 압둘은 이렇게 말했다. "그들은 내 의도를 이해하지 못했어요. 내가 그들을 속이려 한다고 생각하고 있어요. 이 돈을 사산드라*의 나환자촌에 기부하겠어요." 그리고 그는 실제로 그렇게 했다. 그 돈만 있었다면, 우리는 청동 조각상 거래에서 이익을 두 배로 늘릴 수도 있었다. 그러나 유럽에서 가장

---

* 코트디부아르 남서부에 있는 도시.

비싼 가격으로 팔 수 있었던 가장 중요한 조각상을 우리는 자금이 부족해 사지 못했다.

그날 밤 일로나는 침대에서 뒤척였다. 나는 그녀가 일어나 시원한 공기를 마시기 위해 테라스로 가는 소리를 들었다. 잠을 이루지 못하는 것이 틀림없었다. 내가 잠에서 깨었을 때, 그녀는 테라스에 있는 즈크 의자에 누워 있었다. 너무나 피곤해 보였기 때문에, 자기가 어떤 해결책을 생각했는지 말하는 그녀의 목소리가 너무 차분해서 나는 깜짝 놀랐다.

"마크롤, 우리 떠나요. 여기를 떠나도록 해요. 난 그 어떤 양심의 가책도 느끼지 않고 여길 떠나겠어요. 나는 라리사와 함께 몰락하고 싶지 않아요. 게다가 그녀는 이미 오래전부터 다른 세상에 있어요. 구원이 있고 없고의 문제가 아니에요. 내가 구원해줄 수도 없고, 살아 있는 세상에 있는 그 누구도 구원해줄 수 없어요. 그녀가 언제부터 자기 자신의 장례식을 치르고 있었는지 누가 알겠어요. 당신이 알다시피, 나는 장례식을 좋아한 적도 없고 그런 곳에 가본 적도 없어요. 시간이 되면 내가 라리사에게 얘기하겠어요. 이 문제를 더이상 생각하고 싶지 않아요."

일로나를 알기 때문에 나는 그녀의 결정이 확고하다는 것을 의심하지 않았다. 그녀는 삶에 충실했고, 그래서 항상 교활한 그 무엇이 있었고, 이성이 아무 역할도 수행하지 못하는 즉흥적이고 반사적인 성격 역시 띠고 있었다. 사실상 라리사에 관해서는 더이상 말할 것이 없었다. 일로나가 마음속으로 얼마나 비싼 대가를 치러야 할 것인지는 중요하지 않았다. 주사위는 멈춰 있었다. 이미 내기는 끝난 것이나 다름없었다.

롱기누스는 작은 중고 왜건을 구입했고, 우리는 그 차를 타고 우리가 자주 갔던 곳들을 돌아다니며 시간을 보냈다. 바로 나의 어려웠던 시절과 일로나를 만나면서 찾아온 풍족한 나날들을 떠올리게 해주는 장소들이었다. 가끔씩 라리사가 우리와 동행했다. 일로나는 그녀에게 얘기하지는 않았지만, 라리사는 일로나가 어떤 결정을 내렸는지 예감하고 있었다. 그녀는 함께 외출할 때 그 문제에 대해 언급하지 않았으며, 평소보다 더 슬퍼 보이거나 어두워 보이지도 않았다. 압둘의 전보는 어느 토요일 오후에 도착했다. 그는 일주일 후에 크리스토발에 도착하여 갓 건조된 '트리에스테의 요정'을 타고 우리를 기다릴 예정이었다. 그는 창고에 최고급의 헝가리산 토카이 포도주를 싣고 오고 있었다. 그것이 바로 일로나에게 보낸 전보의 일부였다. 일로나가 평소 헝가리의 마자르산 포도주를 특히 좋아한다고 재미 삼아 자주 얘기했기 때문이었다. 그러나 압둘이 전혀 생각지 못했던 우리의 깜짝 선물은 우리가 그와 함께 배를 타고 여행할 것이라는 사실이었다. 우리가 출발하기 전날, 일로나는 라리사와 이야기를 해야겠다고 했다. 차분한 모습이었지만, 굳은 표정에서 그녀가 고통을 참고 있으며 지금과 같은 삶의 방식을 유지하기 위해 불가피하게 치러야 할 값으로 받아들이고 있다는 것을 알 수 있었다.

우리는 테라스에서 차가운 음식으로 가볍게 점심식사를 했다. 식사가 끝나자 나는 낮잠을 자러 갔다. 일로나는 내 이마에 키스를 하면서 작별 인사를 했다.

"쉽지는 않을 거예요, 가비에로. 당신은 그게 얼마나 고통스러운 일인지 몰라요. 마치 아무 힘도 없는 불구자를 때리는 것 같은 일이라고요. 하지만 다른 방법이 없어요. 이미 게임은 시작됐어요."

나는 문을 통해 그녀가 영원한 젊음을 상징하는 긴 다리로 유연하게 걸으면서 어깨를 흔들며 사라지는 것을 보았다. 나는 완전히 잠에 곯아떨어졌다. 눈을 떴을 때는 거의 밤이 되어 있었다. 너무 많이 자서 머리가 무거웠다. 우기가 올 때면 항상 그렇듯이, 더위는 갈수록 눈에 띄게 기승을 부렸다. 우기의 첫번째 폭풍이었다. 멀리서 번개가 치면서 오페라처럼 규칙적으로 하늘을 환하게 밝혀주고 있었다. 천둥소리는 거의 들리지 않았지만 점점 가까이 다가오고 있다는 것을 쉽게 알 수 있었다. 갑자기 롱기누스가 눈물로 범벅이 된 얼굴로 겁에 질린 표정을 하고 방으로 들어왔다. 그는 힘들게 입을 열었다.

"일로나 사장님이…… 선생님, 일로나 사장님이…… 저와 함께 가시죠."

그는 쫓기는 동물처럼 떨고 있었다. 나는 손에 잡히는 대로 아무 옷이나 걸치고서 그의 왜건을 탔다.

나는 그에게 말했다.

"내가 운전하겠네. 자네는 지금 운전할 상태가 아니야."

"안 됩니다." 그는 조금 진정하고서 대답했다. "선생님은 면허증이 없습니다. 제가 운전할 수 있습니다. 가시죠."

가는 도중에 그는 하염없이 울었고, 내게 아무것도 설명하지 못했다. 우리는 레판토 호가 있었던 곳에 도착했다. 구경꾼들이 조그만 잿더미를 에워싸고 있었고, 소방대원들이 손전등을 들고 그 잿더미를 조사하고 있었다. 전등 불빛이 일그러지고 비틀어진 쇳조각, 화재로 검게 그을린 시멘트 벽돌, 돌 사이로 모습을 드러낸 시커멓게 타버린 나무 토막을 비췄다. 나는 한 소방대원에게 다가가서 무슨 일이냐고 물었다.

"미친 여자가 선실에 두었던 가스통이 터졌습니다. 제정신이라면 누가 그런 일을 하겠습니까? 모든 게 산산조각이 되어 날아갔습니다. 순식간에 일어난 화재였습니다. 그 여자의 시체는 찾아냈습니다. 그런데 다른 사람도 함께 있었던 것 같습니다."

갑자기 그 소방대원은 궁금하다는 눈으로 나를 쳐다보았다. 그때 롱기누스가 끼어들면서 말했다.

"이 사람은 그 여자를 몰라요. 하지만 난 알아요. 당신들에게 도움이 된다면, 내가 여기에 있겠어요."

소방대원은 그의 말을 주의 깊게 듣지 않는 것 같았다. 그러더니 이내 자기의 일로 돌아갔다.

"여기 있어! 여기 있어!" 우리는 잿더미 속에서 누군가가 소리치는 것을 들었다. 잠시 후 어느 소방대원이 형체를 알아볼 수 없이 시커멓게 타버린 물체를 시트에 담은 후 시트의 네 귀퉁이를 잡고서 우리 앞을 지나갔다. 진흙과 재로 더러워진 시트에서 장밋빛 액체가 떨어져 포장된 도로를 얼룩지게 했다. 아까 대화했던 소방대원이 롱기누스에게 가까이 다가갔다.

"나중에 시체안치소로 와서 시체의 신원을 확인해주십시오. 신원 확인이 매우 힘들 것 같습니다. 거의 완전히 타버렸습니다. 하지만 아마도 서류나 보석 같은 것을 비롯해 무언가 발견할 수 있을 겁니다. 당신의 이름과 주소를 알려주십시오."

롱기누스는 그에게 자기의 정보를 주었다. 소방대원은 셔츠 주머니에서 수첩을 꺼내 롱기누스가 말해준 것을 받아 적었다.

우리는 얼빠진 모습으로 레판토 호의 잔해를 바라보았다. 구경꾼들은 흩어지고 있었다. 이제는 대여섯 명만이 남아 있었다. 포장도로에서 의족 소리가 또렷이 들려서 나는 고개를 돌려 뒤를 바라보았다. 맞은편 길의 어둠 속으로 사라지고 있는 이는 아스토르 호텔의 문지기였다. 그때서야 나는 그 사건의 충격을 완전하게 느꼈다. 모든 것이 너무나 갑작스럽게 일어났기에, 그 순간까지 나는 멍한 상태에서 생각에 잠겨 있었던 것이다. 롱기누스가 내 팔을 잡았다.

"알렉스의 술집으로 가시죠, 선생님. 술이라도 한잔하세요. 지금 선생님 얼굴이 어떤지 모르시죠?"

우리는 술집으로 향했다. 스탠드에서 알렉스는 내게 얼음을 넣은 더블 보드카를 따라주었다. 그리고 자기 손을 내 팔에 얹고는 진심에서 우러나오는 동정 어린 목소리로 말했다.

"가비에로, 이 일로 당신이 얼마나 가슴 아파하는지 나도 잘 알고 있어요. 무슨 일이든 내가 도와주겠어요. 난 당신 친구예요. 당신도 알잖아요. 잠시 여기에 있도록 해요. 아니 원하는 만큼 있도록 해요."

그는 카운터로 가더니 술집 안에 있는 시끌벅적한 손님들이 투덜대지 않을 만큼 음악 소리를 낮추었다.

가슴 한복판에서 뭐라고 꼬집어 말할 수 없는 고통이 점점 커져오고 있었다. 마치 쉬지도 않고 잔인하게 모든 것을 찌르면서 가시를 곧추세운 고슴도치 같았다. 그곳에 얼마나 오래 있었는지 모르겠다. 한밤중이 지나서 롱기누스는 나를 미라마르 호텔로 데려갔다. 역시 진심으로 가슴 아파하면서 동정하던 여주인은 바로 방 하나를 마련해주었다. 나는 비야 로사로 되돌아갈 수 없었다. 롱기누스는 나를 혼자두려고 하지 않았지만, 나는 그에게 가서 법적인 문제를 처리해달라고 고집을 부렸다. 또 나중에 옷가지 몇 개와 내 방에 있는 서류가방, 짐가방을 가져다달라고 부탁했다.

"잠시 후에 오겠습니다. 이곳을 떠나시면 안 됩니다. 부탁이니 나를 기다리세요." 그는 나를 혼자 두는 것이 몹시 걱정스럽다는 듯이말했다.

그러자 내가 말했다.

"마음 편히 가게나. 내 걱정은 하지 말게. 나는 여기가 마음에 들어. 그 누구도 만나고 싶지 않아. 가능한 한 빨리 돌아오게."

그는 다소 마음을 놓으면서 그곳을 떠났다. 나는 침대에 누워 아무생각도 하지 않으려고 애썼다. 하지만 불가능했다. 일로나에 대한 기억은, 정지한 채 차갑게 얼어버린 참을 수 없는 현재의 순간을 수시로엄습했다. 소방대원이 익명의 구급차 시트에 담아 가지고 가던 시커멓게 타버린 살덩이의 모습을 떨쳐버릴 수가 없었다. 상상도 할 수 없는 모습이었고, 내 머릿속에서 지울 수가 없었다. 그리고 장밋빛 물방울이 바닥으로 떨어지면서 막 내리기 시작하던 소나기 빗방울과 뒤섞이는 모습도 떨쳐버릴 수 없었다. 이제 그 소나기는 격노하듯이 폭풍으로 바뀌어 파나마를 강타하고 있었다. 죽어버린 일로나, 일론카, 내여자, 이거야말로 인생 최고의 순간을 강타한 야비한 충격이었다. 숱한 기억들이 줄지어 지나가기 시작했다. 눈물의 위로도 받지 않은 채나는 메마른 눈으로, 죽음이 그녀를 영원히 삼켜버리기 전 과거의 모습을 잠시나마 온전하게 간직하려고 마지막 몸부림을 쳤다. 죽음이 죽이는 것은 우리와 가까이 있는 사람들과 우리 자신의 목숨이 아니기 때문이다. 죽음이 우리에게서 영원히 가져가는 것은 그들에 대한 기억이다. 흐려지고 희미해지다가 마침내 사라져버리는 모습이며, 바로 그때 우리도 죽기 시작한다. 일로나가 살아 있을 때 그녀가 내게서 사라지는 일은 이미 경험한 바 있는 친숙한 것이었다. 하지만 그녀가 완전히 사라졌다는 사실은 상상하기조차 힘들고 고통스러운 일이라, 나는 다시 기억의 세계로 되돌아가고자 했다. 그곳에서 나는 아직 위안으로 삼을 만한 것을 찾았다. 그것은 일회적이고 나약한 것이었지만, 내가 무(無)의 나락으로 추락하지 않기 위해 의지할 수 있는 유일한 것이었다.

롱기누스는 옷과 서류를 가지고 도착했다. 그는 시체안치소에 들러 라리사의 반지로 신원을 확인할 수 있었다. 소방관들 말에 따르면 라리사는 가스 밸브를 열어 가스를 거의 배출시켰다고 한다. 그들은 동일인이 불을 붙였다고 추정하고 있었다. 너무나 강력한 폭발이 일어나 즉시 거의 모든 것을 불태워버렸다.

"라리사였어요, 선생님. 빌어먹을 년. 난 그녀를 한 번도 믿지 않았어요. 그 여자는 미쳐 있었어요. 일로나 사장님이 떠나지 못하도록 덫을 놓았던 거예요. 그래서 최근 며칠 동안 그토록 다정했던 거죠."

불쌍한 롱기누스는 원시인들과 순진한 사람들이 슬퍼할 때처럼 거리낌없이 다시 눈물을 흘렸다. 죽은 사람과 함께 있으면서 그들의 죽음으로 인한 고통을 약간 더는 유일한 방법이었다. 나는 그에게 이제 그만 가서 자라고 말했다. 다음날 나를 압둘이 오는 크리스토발 항구로 데려다주어야 했기 때문이었다.

　다음날 아침 아주 이른 시간에 이미 롱기누스는 호텔 로비에서 나를 기다리고 있었다. 우리는 먼저 은행으로 갔다. 거기서 일로나의 몫을 트리에스테에 살고 있는 오슬로 태생의 일로나 사촌에게 송금했다. 그 사촌 자매는 일로나의 가족 중에서 유일하게 생존해 있는 사람이었다. 일로나는 그녀를 몹시 사랑했다. 그러나 그녀는 일로나가 왜 그런 삶을 살고 있는지 이해하지 못했고, 일로나는 그녀의 전통적이고 부르주아적인 생각을 못 견뎌했다. 크리스토발 항구로 가는 도중에 나는 롱기누스에게 우리 여자친구의 유해를 어떻게 매장할지 의논했다. 소박한 돌비석에 '일로나 그라보브스카'라는 이름을 쓰고, 그 아래에 조그만 글씨로 '그녀를 너무나 사랑했던 친구 압둘과 마크롤'이라고 적어달라고 부탁했다. 가는 동안 우리는 더이상 말하지 않았다. 크리스토발 항구에 도착하자, 푸른색과 오렌지색으로 칠한 조그만 유조선이 천천히 선착장을 향해 다가왔다. 그때 가슴속에서 몹시 불쾌한 통증이 느껴졌고, 그러면서 나는 내가 해야만 하는 지난한 과제가 무엇인지 깨달았다. 압둘에게 이제는 우리의 여자친구인 일로나가 더이상 우리와 함께 있지 않다고 말해야 했다. 이제 유조선의 뱃머리에 쓰여 있는 '트리에스테의 요정'이라는 글자를 선명하게 읽을 수 있었다.

아름다운 죽음

가비에로의 문제에 정통한 추종자이며
모범적인 친구인 호르헤 루이스 두에냐스에게

아름다운 죽음은 평생의 명예.

— 프란체스코 페트라르카


모든 것은 망각으로 사라지고,
원숭이의 울부짖음과
고무나무의 상처 입은 껍질에서 흐르는
매끄럽고 보드라운 수액,
그리고 여행중인 배의 물 튀기는 소리는
우리의 기나긴 포옹보다 더 기억에 남을 것이다.

— 「아름다운 죽음」, 알바로 무티스, 『잃어버린 작업』


돌이킬 수 없는 것을 되풀이하라!
우리의 운명보다 더 나아가라!
모든 것은 죽음으로 나아갈 뿐이며,
거기에는 항구가 없다.

— 쥘 라포르그, 「달빛의 사람」


모든 사람은 쫓기는 동물과 같은 삶을 산다.

— 니콜라스 고메스 다빌라, 『주석』

모든 것은 가비에로가 상류지역으로 계속 여행하는 것을 무기한 연기하고 라플라타 항구에 머무르기로 결정했을 때 시작되었다. 큰 강 상류로 향하는 이번 항해에서, 그는 몇 년 전 있었던 경악스러운 탐험에 참가했던 사람들의 흔적을 찾고자 했다. 옛 동료들에 관해 아무런 소식도 듣지 못하고, 그토록 먼 곳에서 그곳까지 그를 오게 만든 향수의 자양분인 마지막 샘들이 어떻게 메말라가는지 보면서, 그는 가슴 깊은 곳에서 씁쓰름한 맛을 느꼈다. 그러자 허름한 부락에 머물든 계속해서 강물을 거슬러 올라가든 별로 중요하지 않다는 결론을 내렸다. 이제 강물과 싸우면서 상류로 갈 이유가 더이상 없었기 때문이었다.

그는 라플라타 항구에서 머물 곳을 찾던 중 빈 방을 하나 잡았다. 그 마을에서 몹시 존경받고 있는 눈먼 여인의 집이었다. 사람들은 그녀를 엠페라 부인이라고 불렀다. 숙박료, 식대와 몇 벌 안 되는 옷가지의 세탁과 같은 서비스 요금에 대해 합의한 후, 그는 아주 이상하고 놀라운 위치에 있는 방을 골랐다. 공간 활용을 위해 여주인은 강물 위로 두 개의 방을 지었고, 강둑에 비스듬한 각도로 끼워넣은 긴 철로가 그 방들을 지탱하고 있었다. 집의 구조는 두꺼운 대나무의 모든 가능성을 이용할 줄 아는, 그 지역 사람들이 알아낸 기적적인 균형 기술로 견고하게 유지되고 있었다. 그곳에서 '과두아'라고 알려진 그 대나무는 매우 가볍고 다양한 용도로 사용할 수 있었는데, 특히 건물을 짓는 데 그 어느 자재보다 뛰어났다. 벽 역시 과두아로 만들었는데, 붉은 진흙으로 마감하고 틈을 메워놓았다. 붉은 진흙은 강물로 벼랑이 만들어지는 강폭이 좁아지는 곳에서 많이 볼 수 있었다.

방은 졸졸 소리를 내며 조용히 흐르는 담배 색깔의 강물 위에 매달린 새장 같았다. 강물에서는 시원한 진흙 냄새와 더불어 항상 변덕스럽고 예측 불가능한 강물로 인해 뿌리째 뽑혀버린 식물에서 나는, 진정제 효과를 가진 향내가 올라왔다. 엠페라 부인은 다른 방들을 잠시 머물다 가는 커플들에게 빌려주고 있었는데, 그들에게는 단지 그곳에 머무를 기간에 해당되는 숙박료를 선불로 지급할 것과 각자의 물건을 엄격히 정리 정돈할 것만 요구했다. 그녀는 손수 방 정리를 했는데, 첫날에 손님들에게 매우 예의 바르면서도 단호하게 각각의 물건을 놓을 자리를 알려달라고 요구했다. 그렇게 하여 그녀는 방을 청소하고 항상 동일한 장소에 손님들의 물건을 놓아둘 수 있었다. 가비에로가 그 집에 도착해서 빈 방이 있느냐고 물었을 때, 여주인은 주저하지 않고 이렇게 대답했다.

"나는 당신을 알고 있어요. 당신은 몇 번이나 라플라타 항구를 지나갔지만, 여기에 머문 적은 한 번도 없지요. 나는 당신에 관해 사람들이 얘기하는 걸 들었어요. 물론 아무도 당신의 직업이 무엇이며 어디에 사는지 말해주지는 못했어요. 하지만 나는 그런 것에 매혹된 게 아니에요. 내가 궁금해하는 건 따로 있어요. 여자들이 당신에 관해 말할 때 원한이나 증오가 나타나진 않았지만, 목소리에서 나는 그 여자들에게 말할 수 없는 두려움이 서려 있다는 것을 간파했지요."

"부인, 사람들은 항상 너무 말이 많습니다." 가비에로가 대답했다. 그는 발길을 멈출 장소를 찾아 서너 번이나 이미 그곳을 지나갔었고, 그와 함께 있었던 여자들, 특히 익명의 얼굴과 기억할 만한 어떤 특징도 없는 일회용 여자들은 엠페라 부인의 호기심을 일깨울 만한 사람들이 아니었다. "나는 그 여자들에게 말할 거리를 많이 주지 않았습니다. 아마도 그래서 그 여자들이 바보 같은 것들을 상상하는 모양입니다."

"그럴 수도 있겠네요." 그녀는 이렇게 대답했지만 그의 말을 그리 믿고 있지 않았다. "내가 중요하게 생각하는 것은 당신이 신뢰할 수 있는 사람이며, 내가 믿어도 될 사람이라는 거지요. 나머지는 전혀 중요하지 않아요. 우리 장님들은 볼 수 있는 눈을 가지고 있으면서도 그 눈을 제대로 사용하지 못하는 사람들보다 더 많이 사람들에 관해 알고 있지요. 우리가 속는다면, 그건 우리가 그러기를 원하고 그렇게 하도록 내버려두기 때문이지요. 당신은 경험이 많은 사람이니 내 말이 무슨 뜻인지 알아들을 거예요."

여주인은 인사를 하고 나갔다. 가비에로는 자기 물건을 정리하고 방을 정돈했다. 그가 정리를 마치자 여주인이 돌아왔고, 그는 각각의 물건이 어디에 있는지 알려주었다.

"짐이 많지 않네요." 여주인이 말했다. 그녀의 궁금증에 약간의 동정심이 곁들여 있었다.

"필요한 것만 있습니다. 정말 필요한 것만 있지요." 가비에로는 이렇게 대답하면서 대화를 끝내려고 했다.

"저 책들 역시 필요한 거죠?" 엠페라 부인은 장님들이 호기심에 질문을 할 때 미안하다는 뜻으로 짓곤 하는 엷은 미소를 띠고 물었다. "어떤 책들이죠?" 그녀는 노골적으로 관심을 표하면서 다시 물었다. 그러자 가비에로는 그녀가 왜 그토록 책에 관심을 보이는지 궁금했다.

"하나는 아시시의 성 프란체스코의 일생에 관한 것으로 덴마크 사람이 썼습니다. 이것은 프랑스어로 번역된 책이지요. 두 권으로 된 다른 책 역시 프랑스어로 되어 있습니다. 리뉴의 왕자*가 쓴 편지가 수록된 책입니다. 이 편지는 사람들, 특히 여자들에 대해 많은 것을 가르쳐줍니다." 맹인 여주인의 관심은 독자이자 책의 주인에게 이런 상세한 말을 들을 자격이 있음을 보여줄 뿐만 아니라, 거의 그런 것을 요구하고 있었다.

여주인이 계속해서 말했다.

"내 손자가 내게 많은 책을 읽어주었지요. 특히 역사책을 읽어주었어요. 하지만 연방군들이 손자를 죽이자, 난 그 책들을 모두 팔아버렸

---

* 벨기에의 장교이자 문인인 샤를 조제프(1735~1814)를 가리킨다. 장 자크 루소나 볼테르와 같은 유럽의 중요 인물들과 주고받은 편지 및 자신의 회고록으로 벨기에 문학에 큰 영향을 미쳤다.

어요. 손자가 항상 책을 읽으며 다녔기 때문에 연방군들은 그를 게릴라라고 의심했지요. 그애는 내가 시간을 보내도록 하려고 그랬던 것뿐인데…… 하지만 그 사람들은 묻는 법이 없어요. 그냥 들어와 총을 쏘지요. 그들은 항상 겁에 질려 다닌답니다."

"연방군들이 라플라타로 자주 옵니까?" 군대가 언급되자 가비에로는 관심을 가지고 물었다. 그는 어떤 곳에서도 군대와 좋은 관계를 유지한 적이 없었다.

"아니에요. 오래전부터 이곳으로는 내려오지 않아요. 지금은 모든게 아주 조용하고 평온해요. 하지만 그것도 의미가 없죠. 그들이 어떻게 할지는 아무도 모르거든요."

가비에로는 아무 말도 하지 않고 자기 물건을 정리했고, 방 안에 있는 허름한 가구들 몇 개의 위치를 바꾸었다. 사실 그 주제는 그의 관심을 끌지 못했다. 그가 무기를 거래했던 곳은 이런 곳과 완전히 다른 장소였고, 거래 상대도 아주 다른 부류의 사람들이었다. 게다가 그 모든 것은 이제 그에게 완전히 잊힌 과거의 문제였다. 그것은 인간의 모든 어리석은 행위에 영향을 미쳤던 수많은 경험 중 하나에 불과했다. 엠페라 부인은 나가면서 일종의 원칙을 설명했다. 여자 방문객들에 대한 행동 수칙이었다. 그 규칙은 마음에 들었고, 그는 여주인의 예리한 지성을 엿볼 수 있었다.

엠페라 부인이 계속 말을 이었다.

"여자친구를 데려와 함께 밤을 보내고 싶다면, 원칙적으로 나는 아무런 반대도 하지 않아요. 그러나 당신이 이미 이 마을이 어떤지 알고있고 우리 모두가 오래전부터 서로 알고 지내는 사이이기 때문에, 당신을 위해 충고를 하나 하지요. 누군가를 이곳에 초대하기 전에 미리 나에게 말해달라는 거예요. 내가 당신 문제에 참견한다고 받아들이지는 말아요. 단지 나는 우리 두 사람에게 서로 문제가 생기지 않도록 하려는 거니까. 나는 당신이 골치 아픈 문제를 피하는 데 필요한 방법들을 말해줄 수 있어요. 내 말이 무슨 뜻인지 잘 알 거예요. 당신에게 해줄 수 있는 또 다른 충고는 돈을 잘 보관하라는 거예요. 그 누구에게도 당신이 돈 많은 사람이라는 생각을 품지 않도록 하세요. 가난 속으로 빠져들고 있는 이런 궁핍한 마을에서는 그렇게 해야 해요. 어쨌거나 푹 쉬세요. 행운을 빌어요."

바닥을 탁탁 치는 그녀의 지팡이 소리가 멀어져가더니 이내 집 뒤로 사라졌다. 가비에로는 딱딱한 간이침대에 드러누웠다. 매트리스가 얇은 탓에, 과두아 대나무의 딱딱한 침대 밑판으로부터 몸을 보호해줄 수 있을지 몹시 의문이 들었다. 쉴 새 없이 지나가는 일상처럼 단조롭게 흘러가는 물소리가 들렸다. 그는 물소리를 자장가 삼아 이내 깊은 잠에 빠졌다. 저녁이 되자 산들바람도 멈추고 모기가 기승을 부리더니 무자비한 더위가 엄습했다. 그러자 그는 갑자기 잠에서 깨어났다. 오래전부터 모기에 물리는 일은 없었지만, 이제는 윙윙거리는 잔인한 모기 소리를 피할 방법이 없었다.

라플라타에서의 삶은 강가에 있는 다른 작은 마을들과 똑같았다. 그 마을의 주요 사건은 황토색의 커다란 스크루가 달린 여객선이 도착하는 것이나 탕탕거리는 예인선에 끌려 바지선들이 도착하는 것이었다. 그럴 때면, 종종 광장 역할을 하던 강둑과 마주보고 있는 주택들 속에 묻혀 있던 술집은 평소와 달리 일시적이나마 활기를 띠었다.

배들이 항해를 떠나면 마을은 다시 사우나 같은 후덥지근한 기후 속에 파묻혀 수면 상태로 들어갔다. 너무나 조용한 나머지 삶이 영원히 침거해버린 것 같은 인상을 풍겼다. 가끔은 밤의 조용한 어둠 속에 전축에서 흘러나오는 날카로운 음악 소리가 울려퍼졌다. 그 소리는 1930년대의 탱고에서 나온 알아들을 수 없는 탄식이거나, 아니면 통속적으로 숙명적인 과오를 범한 사랑을 이야기하는 오르티스 티라도*의 코맹맹이 노래였다.

가비에로는 방에서 책을 읽거나 술집이 거의 비어 있는 시간에 그곳을 조심스럽게 찾아가면서 하루하루를 보냈다. 엠페라 부인은 그에게 여자친구 몇 명을 소개시켜주었다. 마을에 하나밖에 없는 가게에서 물건을 사기 위해 산에서 내려온 시골 아낙네들이었다. 가게 주인인 하킴은 터키 사람으로, 사정이 몹시 급하다고 애걸복걸하면서 여자들을 귀찮게 굴었지만, 항상 대가는 형편없게 지불했다. 여자들은 농장에서 가져온 몇 푼 안 되는 돈을 부수입으로 불려서 모조 장신구나 약간의 천을 구입하곤 했다. 눈먼 여자의 남자친구들은 그런 거래를 위한 가장 안전하고 비밀스러운 원천이었다. 가비에로는 자기와 하룻밤을 함께 보낸 일회용 여자들의 이름을 하나도 기억할 수 없었다. 가끔씩 그는 피부 냄새나 인생 이야기로 그 여자들을 알아보았다. 그 여자들의 인생 이야기는 항상 똑같았고, 사랑을 하는 사이사이에 생기는 틈을 메우기 위해 그런 이야기를 들려주었다. 이런 에로틱한 만남으로 그는 연금술사와 비슷한 과정을 따르게 되었다. 즉 향수를

* 멕시코의 의사이자 테너 가수.

불러일으키는 데 반드시 필요한 장소를 보존하고, 얼굴 없는 현재에 몰두하지 않으며, 무(無)를 향해 천천히 미끄러지고 있는 자기를 구해줄 수 있도록 여자들이 마음껏 솜씨를 발휘하도록 해야만 했다. 사실 가비에로는 자기가 무로 향하고 있다는 확신으로 너무나 자주 고통을 받고 있었다.

그의 방 창문들 중 복도 쪽 창문은 강물 위로 매달린 채 흔들거리는 과두아 발코니를 향해 열려 있었다. 그곳에서 가비에로는 난간에 기댄 채, 아무런 기억도 간직하고 있지 않은 갈색 흙탕물의 흐름이 항상 갑작스럽게 바뀌는 것을 응시하면서 많은 시간을 보냈다. 반대편 강둑에서는 광활한 들판이 보였다. 사탕수수와 목화를 번갈아가면서 심는 곳이었다. 강철처럼 어두운 색의 사탕수수는 상상도 할 수 없을 만큼 하얀 눈송이 색깔과 대조를 이루었고, 그런 경치는 악몽과 같은 분위기를 어렴풋이 전해주고 있었다. 들판 뒤로는 장엄한 산맥이 우뚝 솟아 있었다. 산맥의 산봉우리들은 현기증 날 정도로 빙빙 도는 안개 장막이나 몇 시간이고 떨어지는 강한 소나기 장막으로 둘러싸여 있었다. 종종 비가 갠 저녁에는 가장 높은 봉우리에서 심장이 멈출 정도로 오싹하고 뚜렷한 불모지의 모서리를 볼 수 있었다. 그곳은 도저히 접근할 수 없는 고독한 고원지대였다. 조망은 제대로 정돈되어 있는 것 같았다. 몽롱하면서 불투명한 그 광경이 커다란 강의 녹슬고 풍부한 강물이 게으르게 흘러가는 것과 어울렸기 때문이었다. 강물은 조용히 바다를 향해 흘러가고, 커다란 슬레이트로 만들어진 여울목 주변에서 이는 거품 가득한 소용돌이만이 잔잔한 수면을 깨뜨릴 뿐이었다. 밤이 다가오면서 비로소 해체되는 이런 장황한 의식에 몰입한 채 가비에로는 여러 시간을 보낼 수 있었다. 그리고 그런 밤은 귀뚜라미 울음 소리와 강물이나 집 처마를 스칠 듯이 성급하게 날아가는 박쥐들의 비명으로 이루어진 소란스러운 합창으로 가득하곤 했다.

커다란 강변에 주택이 줄지어 늘어선 라플라타는, 마비되고 단조로운 삶을 살면서 아무런 이유도 결정적인 목표도 없이 죽어가는 다른 마을들과 비슷했다. 야자수로 지붕을 올린 집은 몇 채에 불과했다. 군대 막사와 하킴의 가게는 함석 지붕이었다. 부대 건물은 쥐색으로 칠해져 있었고, 터키 사람의 가게는 불필요하게 아주 새빨간 딸기색으로 칠해져 있었다. 가비에로는 이미 행복으로 충만한 고요의 세계에 들어가 있었지만, 그런 세계가 끝없는 그의 방랑벽과는 거리가 있다고 느꼈기 때문에 마음속으로는 괴로워하고 있었다. 그는 애초부터 방랑이 없는 세계를 받아들이려 하지 않았고, 그래서 그런 세계는 그의 존재 양식에 급격한 변화가 있음을 지적하는 것일 수도 있었다. 그는 항상 이런 종류의 변화에 두려움을 느꼈다. 정확하게 설명할 수는 없지만, 그런 변화는 마치 전혀 준비가 되지 않은 상태에서 커튼이 내려오는 것처럼 비참하고 불길한 결과의 조짐인 듯 느껴졌다. 가비에로는 이런 생각을 하며 발코니에서 평온하게 책을 읽다가, 갑자기 멀리 보이는 산맥에서 가장 높고 황량한 지역 중 하나인 탐보 산마루를 따라 이루어질 철도 건설 계획 소식을 떠올렸다. 매일 아침 방에서 그는 거의 1년 내내 헤아릴 수 없는 안개의 담요로 뒤덮여 있는 그 산마루를 볼 수 있었다. 엠페라 부인은 이미 그 산마루를 언급하면서 무자비한 폭력으로 가득한 믿을 수 없는 이야기를 그에게 들려주었다. 그 이야기를 듣자 그는 뭐라고 형언할 수 없는 어둡고 불길한 예감으로 속이 메스꺼웠다.

가비에로가 탐보 산마루에서 철도 회사를 만난 것은 생각과는 달리 평범한 우연이자 별 특징 없는 향수의 결과였다. 엠페라 부인의 집에 거처를 정한 지 이미 몇 달이 흘렀다. 그와 여주인의 관계는 우정의 단계를 넘어 거의 가족처럼 되었다. 비범한 지성의 소유자였던 여주인은 자기 손님에게 어머니와 같은 애정을 갖게 되었다. 이제 그녀는 그 남자에 관해 적지 않은 궁금증을 가지고 있었고, 식사 시간에 긴 대화를 나누면서 그의 삶을 알아가고 있었다. 또한 그가 도착하기 이전에 듣고 시샘하듯이 간직했던 이야기를 통해서도 그를 알아가고 있었다. 가비에로는 그것을 숨기기 위해 비밀스럽게 행동하는 눈먼 여인의 태도를 언짢아했다. 그 정보가 그가 도로 옆에 있던 고지의 불모지에 살았던 시기와 관련이 있다는 사실을 그는 알 수 있었다. 그의 궁금증은 더욱 커졌지만, 엠페라 부인은 그 점에 관해 철저히 침묵으로 일관했다.

가비에로는 트리에스테의 은행에서 송금되는 얼마 안 되는 돈으로 살고 있었다. 정확한 날짜에 돈이 도착하느냐 아니냐는, 예측할 수 없고 아주 황당하며 불규칙적인 우편 제도에 달려 있었다. 그는 송금된 수표를 하킴의 가게에서 현금으로 교환했다. 자신에게 신비스러울 정도로 영향력을 행사하는 눈먼 여인의 알선으로 하킴은 그렇게 해주기로 승낙했다. 혼란스러운 우편 제도 때문에 방값을 늦게 지불하더라도 엠페라 부인은 최대한의 이해와 인내심을 보여주었다. 그리고 얼마 후에는 자기 손님에게 당장 지급해야 할 비용과 하킴의 가게와 술집에 남아 있던 빚을 갚도록 약간의 돈을 빌려주기도 했다. 전자의 비용은 가비에로의 일시적인 사랑 때문에, 후자의 빚은 오랫동안 그를 쫓아다니며 괴롭히던 것을 잊어버려야 하는 절박한 필요성 때문에 생긴 것이었다. 실제로 그는 갑작스럽게 엄습하는 절망감을 쉽게 견뎌 낼 수 있을 것이라 생각하면서 술집에서 위로를 찾았다. 그런 절망감은 대부분, 지치고 구제받을 길 없는 방랑의 몸이 세월의 흐름과 더불어 어떻게 변했는지 그가 인식하면서 느낀 것이었다. 충분히 예측할 수 있는 것처럼, 이런 위기는 그의 인생이 어떻게 끝날 것인지에 관해 갈수록 구체적인 환상으로 나타났고, 그 환상은 그를 계속 살아가도록 만들어주던 허약한 이유를 점점 더 과격하게 파괴하는 행동을 수반했다. 그럴 때면 그는 술집에 쳐들어가 오랜 시간 동안 머물렀고, 구석자리에 앉아 평소처럼 침묵을 지켰다. 가비에로가 아주 조심스럽게 안쪽 구석의 동떨어진 테이블에 앉아 더블 브랜디를 주문했던 첫번째 방문 이후, 술집 주인과 그곳 단골손님들은 그를 존중하는 법을 배웠다. 축음기가 음악을 요란하게 울리더라도 상관하지 않는 것이, 가비에로는 전혀 음악을 듣는 것 같지 않았다. 그의 흐리멍덩하고 칙칙한 눈이 내면의 풍경 속으로 사라지는 동안 그는 브랜디 잔을 규칙적으로 비웠다. 그런 내면은 그에게는 굉장히 친숙했지만 남들에게는 접근 불가능하고 놀라운 것이었다. 그렇게 그는 그곳에 앉아 몇 시간을 보냈다. 밤이 되면 계산서를 달라고 했다. 트리에스테의 은행에서 송금을 받았을 때는 현금으로 지불했고, 아니면 명확하면서도 어린아이 같은 커다란 글씨체로 계산서에 서명을 했다. 엠페라 부인은 가비에로에게는 아무 이야기도 하지 않고 술집 주인에게 그의 편의를 봐주도록 말해두었다.

가비에로가 앉아 있는 테이블에는 그 누구도 가까이 오지 않았다. 그가 라플라타에서 만나 알고 있던 여자들이 산 속에 사는 남자들에게 갖다주기 위해 아과르디엔테를 사러 술집에 들르곤 했는데, 그녀들조차 그에게 다가오지 않았다. 작은 선박이나 바지선이 라플라타에 닻을 내리면, 술집은 난폭하고 술 좋아하는 손님들로 가득 찼다. 그러면 머리카락과 수염이 희끗희끗하고 보기 드물게 짙은 검은색 피부를 가진 엄숙한 표정의 흑인 주인은 단지 눈빛만으로 그곳 분위기를 통제하곤 했다. 초기에 가비에로가 그곳을 찾아왔을 때, 한번은 흑인과 원주민 혼혈에 힘이 엄청나고 사팔뜨기였던 예인선 기술자가 술을 너무 마셔서 야생동물처럼 취한 채 가비에로 앞에 멈추었다. 그는 침을 흘리며 떠듬거리는 말로 왜 혼자 있느냐며 가비에로에게 도전했다. 가비에로는 눈을 들어 그런 상황에 종지부를 찍는 법을 아는 사람처럼 지친 시선으로 그를 침착하게 쳐다보면서 조그만 소리로 말했다.

"썩 꺼져, 이 입술 두터운 놈아. 자꾸 귀찮게 굴면 가만있지 않겠어…… 아마 별로 네가 좋아하지 않을 일이 일어날 거야."

기술자는 비틀거리며 그곳을 떠나면서 알아들을 수 없는 욕을 중얼거렸다. 그러나 그것은 마음에 들지 않는 적을 향해 내뱉는 말이 아니라 오히려 자기 자신에게 하는 욕이었다. 가비에로는 겸손하게 웃으면서 브랜디 잔을 비웠지만 그 기술자에게서 결코 눈을 떼지 않았다.

어느 토요일에 마을 단골손님들을 깜짝 놀라게 하는 일이 발생했다. 그날 가비에로는 아주 이른 시간부터 술을 마시기 시작했다. 붉은 수염이 텁수룩하고 불그스레한 얼굴에 수상해 보이는 호의를 담고 있는 땅딸막한 이방인이 술집으로 들어와 카운터로 가더니, 주인에게 뭔가를 달라고 주문했다. 주인은 그 말을 알아듣지 못했다. 그러자 구석에 앉아 있던 가비에로가 고개를 들더니 주인에게 큰 소리로 설명했다.

"진, 진과 물을 달라는 거요."

가비에로는 플랑드르 말로 그 사람과 이야기를 하면서, 자기 테이블로 초대했다. 그러자 그는 가비에로에게 걸어갔고, 가비에로는 테이블 맞은편에 있는 의자를 꺼내주었다. 술집 주인은 손수 물과 진을 그곳으로 가져오면서 방금 도착한 손님에 대해 경고하듯 가비에로를 쳐다보았다. 가비에로는 주인의 경고에 주목하면서 볼이 토실토실한 이방인의 말을 들을 준비를 했다. 이방인은 짧고 통통하고 불그스레한 팔로 과장된 제스처를 취하며 끝없는 독백 속으로 빠져들었다. 또 표정이 풍부한 크고 툭 튀어나온 석판색 같은 눈을 굴렸는데, 그 눈동자에는 그가 끝없는 달변을 늘어놓으면서 무의식중에 보여줄 수 있는 최소한의 성실함도 없이 간담이 서늘할 정도의 위선만이 얼어붙어 있었다. 잠시 후 그 사람은 스페인어로 말했다. 비록 영어 단어를 많이 사용했고 특히 문장 끝에서는 더욱 그랬지만, 어느 정도 유창하게 스페인어로 말하고 있었다. 그는 자기 이름이 판 브란덴, 즉 얀 판 브란덴이며, 직업은 철도 기술자라고 소개했다. 플랑드르 사람들과 오랫동안 알고 지냈던 가비에로는 자기가 기억하는 플랑드르 사람들의 여러 유형 중에 그 사람을 어느 부류라고 해야 할지 판단이 서지 않았다. 또 판 브란덴이 자기 고향이라고 말한 지역의 언어를 말할 때도 여기저기 오류가 보였다. 벨기에보다는 네덜란드에서 더 흔히 쓰는 용어를 사용하기도 했다. 그러나 이것은 영국과 네덜란드의 항구를 전전하면서 인생의 대부분을 보낸 플랑드르 사람에게는 그리 이상한 것이 아니었다. 마음속으로 이런 생각을 하고 있었지만, 가비에로는 네덜란드에 대한 향수에 자극되어 지긋지긋한 복병에 사로잡힌 채 어떻게 거기서 빠져나와야 할지 몰랐다. 기억 속에서 그는 견딜 수 없을 정도로 네덜란드에 매혹을 느끼고 있었고, 그래서 그의 말을 계속 듣기로 했다. 그는 베네딕트회 수사와도 같은 인내심으로 철도 기술자의 쓸데없는 말에 귀를 기울였다. 그런데 기술자는 갑자기 그곳에서 방을 임대하는 집을 아느냐고 물었다. 그들은 엠페라 부인의 집으로 갔고, 엠페라 부인은 그 기술자에게 방을 내주기로 했다. 그 벨기에 사람이 마음에 들지는 않았지만 가비에로의 친구라는 생각에 그렇게 하기로 했다. 판 브란덴은 다음 선박이 올 때까지, 그러니까 약 이 주 동안 라플라타에 머무를 것이라고 했다.

판 브란덴은 가비에로에게 자기는 탐보 산마루의 철도 건설 구간에서 기술적인 측면을 담당하고 있다고 말했다. 내친 김에 그는 어쩌면 가비에로가 철도 건설과 관련된 일에 참여할 수 있을 것이라고 했다. 그런 종류의 사람들에게 흔히 있는 것처럼, 판 브란덴은 새로운 친구의 관심을 당연하고 자연스러운 것으로 받아들였다. 그것은 누구든 자신과의 소중한 교우 관계에서 이득을 볼 수 있다는 것을 자랑스럽게 널리 알리는 사람들의 특징이었다. 그들에게 감사의 마음이나 훌륭한 예의범절은 상상할 수도 없는 것이었다. 하지만 고지에 대한 가비에로의 향수는 너무나 강했고, 그래서 결국 그 벨기에 사람과 친구가 되었으나 불행하게도 그것은 피할 수 없는 몰이해를 바탕으로 한 것이었다. 판 브란덴은 왜 가비에로가 진흙투성이 강물이 종잡을 수 없이 흐르는 산맥의 외딴 구석에 오게 되었는지 만족할 만한 설명을 듣지 못했고, 그 수다쟁이 기술자가 철도 계획을 핑계로 너무나도 설득력 있게 주장을 펼쳤지만, 가비에로 역시 왜 그가 그곳에 있는지 알지 못했다. 가비에로는 벨기에 친구가 얼떨떨해하고 있을 것이라 예상했지만, 자신들 둘 다 상대방에 관해 동일한 문제로 애태우고 있을 것이라고 생각하면서 즐거워했다. 그러나 자신은 특별하고 한 치의 수상쩍은 점도 없다고 생각하던 판 브란덴은 자기의 과거를 자세히 설명할 필요가 없다고 믿고 있었다. 이런 한계를 극복하고 두 사람은 사이좋게 지냈다. 그러나 특별히 지정되지는 않았지만 분명하게 설정된 한계를 넘지는 않았으며, 그런 한계를 위반하겠다는 생각조차 하지 않았다. 두 사람은 이틀이나 사흘에 한 번씩 술집에서 만났다. 가비에로는 가능한 한 시간을 지체하면서 브랜디를 마셨고, 반면에 판 브란덴은 진 반 병에 물을 섞어 힘들이지 않고 훌쩍 마셔버리곤 했다. 그는 항상 영어가 가득한 플랑드르 말을 쓰면서, 두 사람을 둘러싼 모든 것에 야비한 적개심을 품고 그것을 혐오했다. 가비에로는 그런 것에 개의치 않았다. 그리고 한밤중이 되면 그들은 비틀거리지 않고 천천히 걸어서 하숙집으로 돌아왔다.

물론 엠페라 부인은 판 브란덴에게 집에서 어떻게 행동해야 하는가를 가르쳐주었고, 평소와 마찬가지로 가끔씩 여자 동반자를 제공한 것도 분명했다. '내가 알고 믿는 여자들'이 그녀의 좌우명이었다. 라플라타에 있으면서, 그는 매주 키가 크고 볼품 없는, 이가 거의 빠진 나이 든 여자의 방문을 받았다. 그녀는 다섯 살과 일곱 살 된 두 아이를 데리고 산에서 내려왔고, 두 아이는 자기 어머니가 기술자를 접대하는 동안 강가에서 장난치며 놀았다. 흰색이라 하기 어려운 황당한 나이트가운으로 간신히 몸을 가리고서, 그녀는 종종 창문을 내다보며 아이들이 강가에서 멀리 떨어져 놀고 있는지 확인했다. 그러는 동안 가비에로는 정기적으로 까무잡잡한 피부에 검고 표정이 풍부한 큰 눈을 지닌 젊은 여자의 방문을 받았다. 그녀의 몸은 강하고 근육질이었지만, 호리호리하고 잘 균형 잡혀 있었다. 그녀의 이름은 암파로 마리아였다. 캅카스 북쪽 흑해에 위치한 체프케스의 공주와 같은 면을 지니고 있어서 그는 그녀에게 몹시 매력을 느꼈다. 그 젊은 여자는 신중하고 별로 말이 없었다. 사랑을 나누는 동안 그녀는 폭발하는 감정에서 갑작스레 거리를 두는 여인처럼 정숙하게 행동했고 말을 삼갔다. 그래서 가비에로는 새로운 여자친구의 육체와 태도가 완벽한 조화를 이루고 있다고 생각했다.

눈먼 여인의 두 손님은 서로 철저하리만큼 여자들 얘기를 하지 않았다. 그러나 어느 날 판 브란덴이 이런 암묵적인 동의를 깨뜨렸다. 그는 여자와 작별한 후 자기 방으로 돌아가던 길에 방에서 나오고 있던 가비에로를 만나자 그의 팔을 잡았다. 가비에로는 몹시 불쾌해했지만, 판 브란덴이 갑자기 말했다. 그는 음탕하고 돼지 같은 표정을 지은 채 툭 튀어나온 눈을 지그시 감고 있었다. "이 열대의 여자들은 끝내줘! 기질도 과격하고 너무나 매력적이야!" 가비에로는 자신을 붙잡고 있던 마수의 발톱에서 살며시 빠져나와 아무 말도 하지 않았다. 단지 그 벨기에 사람의 말을 긍정도 부정도 하지 않으려는 듯 넌지시 미소를 지었는데, 거기에는 어느 정도 놀랍다는 의미도 담겨 있었다.

그 즈음 가비에로는 탐보 산마루의 작업장에서 일하자는 판 브란덴의 제안을 수락했다. 벨기에 사람이 항상 이 철도 사업에 관해 얘기한 것은 아니었다. 편지를 받을 때면 그는 하숙집 동료에게 철도 설계 계획에 관해 약간 말을 했지만, 항상 불명확하고 지나가는 말로 하기 일쑤였다. 그러나 어느 날 그는 점심을 함께 먹자면서 가비에로를 술집으로 초대했다. 점심은 그곳에서 가끔씩 먹을 수 있는 생선 스튜였지만, 실제로는 엠페라 부인이 집에서 만든 것이었다. 음식이 준비되면, 술집 주인은 사람을 보내 그 음식을 가져와 손님들에게 제공했다. 라 플라타에서 생선 스튜는 아주 특별한 날짜를 기념하는 행사의 의식이 되어 있었다. 판 브란덴은 탐보 산마루 계획을 효과적이고 구체적으로 시작하게 된 것을 축하하자고 했다. 그리고 철도 건설을 담당하는 기술자들과 다른 인력들이 배로 도착할 것이며, 그들이 작업에 사용할 기계와 장비들도 올 것이라고 말했다. "자네를 생각했네." 두 사람이 이미 푹푹 찌는 술집에서 펄펄 끓는 뜨거운 스튜를 먹으려 애쓰고 있는데 판 브란덴이 말을 꺼냈다. "내가 절대적으로 신뢰할 수 있는 사람을 필요로 하는 일이네. 그래서 이곳에서 만난 그 누구에게도 이 일을 맡기지 않을 작정이네, 내 사랑하는 친구여." 갑자기 이렇게 친하게 대하자 가비에로는 기뻐하기보다는 오히려 경계심을 늦추지 않았다. 그는 판 브란덴이 어떤 사람인지 알고 있었다. "이 일은 탐보 산마루까지 노새들을 데려가는 것이네. 아주 정교하고 값비싼 기계 상자를 옮기게 될 것일세. 그곳에서 철도를 놓는 데 필요한 것들을 측정하는 장비라네. 이 일을 해주면 자네가 관심을 보일 수 있을 정도의 돈을 주겠네. 이 작업은 효율적이고 아주 신중하게 이루어져야 하는데, 자네는 충분히 해낼 수 있을 것이네." 가비에로는 벨기에 남자의 입에 발린 칭찬을 흘려들었다. 그는 노새도 없으며 노새를 구할 돈도 없다고 말했다. 그리고 어렸을 때 사탕수수를 농장의 제당 공장으로 가져가던 노새지기를 도와준 이후, 한 번도 노새를 몰아본 적이 없다고 말했다. 게다가 나이를 먹은 지금도 아직 그런 일을 할 수 있을 만큼 기운과 체력이 되는지도 확신하지 못했다.

 판 브란덴은 성격대로 가비에로의 말을 듣지 않는 척하면서, 김을 내뿜는 송어와 푸짐하게 곁들인 야채 위로 몸을 구부리더니 가비에로의 어깨에 손을 얹고서 뻔뻔스럽게 대단히 의욕적인 사람인 척하며 말했다. "훌륭하네, 친구여, 훌륭해. 나는 자네가 도와줄 거라고 알고 있었네. 이제 곧 알게 될 걸세. 우리는 서로를 잘 이해하게 될 걸세. 물론 노새를 비롯해 틀림없이 자네가 갖추고 있어야 할 것들을 구입할 수 있도록 선금을 지불하려고 하네. 그런 건 전혀 문제가 되지 않네. 견적을 내보고 얼마나 필요한지 내게 말해주게나. 자네의 노임 총액에 대해서는, 회사가 승인한 운영 경비와 탐보 산마루로 장비를 얼마나 보낼 계획인지에 대한 보고서를 받으면 정확한 액수를 말해주겠네. 기술자들과 장비들이 올 때 그 예산과 보고서가 함께 도착할 걸세. 이제 이 문제에 대해서는 더이상 왈가왈부하지 말고, 술 한 잔 더 시켜서 함께 축하하도록 하세." 그는 웨이터를 불러 브랜디 한 잔과 진토닉 한 잔을 주문했다. 그리고 계속해서 말했는데, 이번에는 "물론이지, 그럼, 내 말을 따를 생각이지?"라는 말을 영어를 살짝 섞어가면서 플랑드르어로 말했다. 그리고 상대를 짜증나게 하는 과장된 영어가 다시 계속되었다. 그런 언어의 샐러드에는, 가비에로에게 숨기고 그의 관심을 다른 곳으로 돌리며 연막을 쳐서 그가 무언가를 잡으려고 할 때마다 살짝살짝 빠져나가도록 하려는 분명한 의도가 숨어 있었다.

판 브란덴이 예고했던 것처럼 실제로 그다음 주에 모든 인력과 장비가 도착했다. 그날 아침 가비에로가 눈을 떴을 때, 배와 예인선에 끌려왔던 바지선은 이미 강의 하류, 즉 바다를 향해 내려가고 있었다. 사람들은 즉시 탐보를 향해 발길을 옮겼다. 벨기에 사람은 "시원한 새벽을 이용하기 위해"라고 말했다. 묻지도 않았는데, 그는 다른 곳을 쳐다보면서 청산유수로 설명을 늘어놓았다. 도착하지 않은 것이 하나 있었는데, 바로 운영 경비였다. 그러나 그건 중요하지 않았다. 그에게 돈은 이미 충분했고, 나중에 그들이 전체 금액을 지불하면 되기 때문이었다. 판 브란덴에게 돈 문제는 불확정적이고 파악할 수 없으며 절대로 정확하지 않은 성질을 띠고 있었다. 무의식의 한구석에서 가비에로는 이미 그 일에 대한 대가는 가장 예측할 수 없는 사건에 좌우될 것임을 알고 있었다. 너무나 전형적인 그의 성격 그대로, 그는 맹목적인 습관의 희생물이 되었다. 공중에 지어진 것과 마찬가지지만, 어떤 때는 아부의 말로 또 어떤 때는 거만한 말로 합리화되곤 하던 부류의 사업을 그는 항상 수락하고 거기에 가담해왔다. 그는 또 사업과 관계된 모든 책임과 비용을 부담하곤 했다. 판 브란덴의 제안은 이미 친숙해진 모델과 놀랄 정도로 너무나 잘 맞아떨어졌다. 가비에로는 철도 장비를 탐보 산마루까지 운반할 것이었다. 그는 자기 방 발코니에서 새벽이나 맑고 조용한 저녁에 그 산마루를 볼 수 있었다. 이 웅장한 산맥을 바라보자, 가비에로는 벨기에 사람이 말한 아주 정교하고 깨지기 쉽다는, 이름도 모르는 장비를 싣고 노새들을 몰아 그곳으로 올라간다는 것이 미친 짓임을 깨달았다. 게다가 그는 그때까지 벨기에 사람이 영수증이나 서류, 혹은 그 계획을 맡은 회사의 이름이 인쇄된 그 어떤 것도 보여주지 않았다는 사실을 미처 깨닫지 못했다. 그러나 판 브란덴과 이야기할 때마다 가비에로는 그의 말과 계획, 그리고 정확한 설명과 두 사람이 함께 과거에 찾아갔던 장소에 대한 불확실한 기억들에 뒤얽혀버렸다. 그래서 자기가 분명하고 단순하며 흠잡을 데 없이 모든 것을 보고 있다고 생각했다.

벨기에 사람은 제안을 한 후 그리 오래지 않아, 계획이 성공한 것을 축하하기 위해 가비에로를 술집으로 초대했다. 그곳에서 그는 충분한 돈을 건네주면서, 다섯 마리의 노새와 노새에 필요한 장구를 비롯하여 불모의 고지에서 필요할 몇 가지 물품을 구입하고 함께 갈 노새지기를 한 명 구하라고 말했다. 그리고 노새지기는 완전히 신뢰할 수 있는 사람이어야 하며, 마찬가지로 확실히 믿을 수 있는 사람의 추천을 받아야 한다고 덧붙였다. 가비에로가 돈을 받자, 판 브란덴은 회사 이름이 찍혀 있지 않은 줄 쳐진 종이로 된 영수증에 서명을 하라고 했다. 가비에로는 종이에 적힌 돈의 액수가 자기가 받은 것보다 많다면서 이의를 제기했다. 그러자 벨기에 남자가 서둘러 해명했다. "나중에 나머지 금액을 주겠네. 지금 내게 약간의 문제가 발생했지만, 걱정 말게. 우리는 서로 잘 이해하고 있네. 돈이 충분하지 않다면 내게 알려주기 바라네. 자네가 그곳으로 떠나기 전에 모든 게 해결될 걸세." 억지로 웃음을 지으려는 넌더리 나는 공모의 표정이 코맹맹이 소리를 내는 그의 넓적한 얼굴 속에서 어슬렁거리고 있었다. 썩어가는 생선처럼 툭 튀어나온 눈만이 집요하고 무표정하며 차가워 보였다.

가비에로는 불모의 고지로 여행할 준비를 시작했다. 그는 가장 먼저 엠페라 부인에게 말했다. 그녀는 이미 친구가 된 자기의 손님이 왜 그렇게 어려운 일을 떠맡으려는 것인지 이해할 수 없었다. 하지만 그에게 도움을 주기로 결심했고, 실제로 그렇게 했다. 그녀는 노새를 사는 데 가장 좋은 방법은 '알바레스 가족의 평원'으로 가는 것이며, 그곳에는 그녀가 잘 아는 친구들이 소유한 커피와 사탕수수 농장이 있고, 거기서 아주 괜찮은 가격으로 좋은 노새들을 살 수 있을 것이라고 말했다. 그러면서 그 농장의 주인인 아니발 알바레스의 이름을 언급하는 것으로도 충분하다고 덧붙였다. 두 사람은 오래전부터 친하게 지내는 사이였다. 가비에로는 그곳에서 익히 알고 있던 얼굴들을 만날 수도 있을 것이다. 그리고 그 고지의 평원지대에서 그 지역을 잘 알고 있는 노새지기를 찾을 수도 있을 것이다. 그런 노새지기의 도움은 필수적인 것이다. 고지는 경험이 없는 사람이 함부로 들어가는 곳이 아니었다. 광활하고 고독한 그 공간에는 치명적인 위험이 도사리고 있었다.

가비에로는 엠페라 부인의 추천을 받은 후, 알바레스 가족이 소유한 평평한 고원으로 어떻게 가야 하는지 설명을 듣고서 다음 날 새벽에 길을 떠났다. 눈먼 여자는 가비에로에게 조그만 배낭을 하나 빌려주었고, 그는 거기서 하룻밤을 보내게 될 경우를 대비해 필요한 물품을 그 안에 넣었다. 그리고 노새를 사는 데 필요한 돈을 바지 허리춤 안에 넣은 후 꿰맸다. 한 시간 동안 그는 사탕수수 들판을 걸었다. 오솔길 옆으로 용수로가 있었다. 조용히 흐르는 투명한 물은 어떤 풍경이 그를 기다리고 있을지 미리 예고하고 있었다. 그것은 바로 어린 시

절의 경치였다. 평평한 땅이 끝나자 가파른 언덕길이 시작되었다. 그
는 속도를 줄였고, 여러 번 길가에 앉아 쉬어야 했다. 오랜 세월을 바
다에서 보냈고 항구에서 너무 오랫동안 머물렀기 때문에, 그는 이런
종류의 운동에 익숙지 않았다. 언덕길이 끝나자 오솔길은 완전히 커
피 농장으로 들어갔다. 농장 너머로 푸른빛에 감싸인 산맥이 가까이
솟아 있었고, 푸른빛 사이로 화사한 색의 지붕들과 꽃이 활짝 핀 과수
원이 눈에 들어왔다. 그러자 갑자기 그는 어린 시절의 기억으로 돌아
갔다. 그 시절의 향기와 풍경들, 그리고 사람들의 얼굴과 강이 떠오르
면서 순간적으로 행복이 물밀듯이 밀려들었다. 그는 다시 울창한 숲
을 가득 메우고 있던 향내와 슬픔과 노랫소리를 느꼈다. 그곳은 이름
모를 꽃들로 장식된 축축한 은신처였고, 산골짜기의 어두운 고독 속
에서 꽃들만이 유일하게 기쁜 색조를 선사하고 있었다. 고지에서 흘
러온 강물과 시냇물이 낭떠러지 아래로 흐르고 있었고, 그 급류 주변
의 둑에는 갈대가 자라고 있었다. 도도하고 겁 많은 왜가리들은 은빛
깃털과 목 부분의 자줏빛 깃털로 아름다움을 뽐내듯 몸을 흔들었다.
가비에로는 산기슭의 작은 언덕에 있는 커피 농장으로 들어갔다. 초
록색의 커피나무 우듬지는 주로 숯으로 쓰이던 카르보네로나무와 캄
불로나무의 보호를 받고 있었다. 진한 오렌지색인 캄불로나무의 커다
란 꽃은 좀처럼 보기 힘든 장관을 이루고 있었다. 위압적일 정도로 큰
수백 년 된 나무들은 각자의 꽃을 인간의 호기심어린 손길이 닿지 않
도록 굳건히 지켜주고 있었다. 단지 바닥에 떨어질 때만 여자아이들
은 그 꽃잎을 주워 머리에 꽂았고, 그 꽃들은 거기서 몇 시간 있다 시
들곤 했다. 커피나무는 흡사 베르사유처럼 질서 있게 배열되어 있었

다. 가비에로는 사방으로 그런 커피나무에 둘러싸여, 어두운 그림자라고는 전혀 없는 무한한 행복이 밀려오는 것을 느꼈다. 바로 그의 어린 시절을 지배했던 행복감이었다. 그는 천천히 걸으면서 흠잡을 데 없이 완벽한 어린 시절을 충분하게 음미하고자 했다. 그것은 이 땅에서 그 누구도 물리칠 수 없는 그의 유일한 행복이었다. 그는 그곳에서 기운을 회복할 수 있을 만한 열정을 비축했다. 잠시 후 그가 황량하고 위험한 산등성이로 험준한 오르막길을 올라가기 시작할 때 많은 도움이 될 것이다. 커피 농장은 작은 언덕 기슭에서 갑자기 끝났다. 언덕 꼭대기에는 자연적으로 만들어진 평지가 있었는데, 그곳에 집 한 채가 있었다. 오렌지와 레몬 나무, 그리고 어둡고 강건한 잎사귀가 달려 있는 오뚝 솟은 망고나무에 둘러싸인 모습이었다. 이 작은 고원이 바로 '알바레스 가족의 평원'이라는 이름이 붙은 곳이었다. 알바레스 가족이 바로 그 농장을 세운 이들이었다. 그는 눈먼 여자를 통해 이미 그 농장의 역사를 알고 있었다. 그들은 삼형제로 20년 전 고향 땅의 정치적 탄압을 피해 도망친 후 그곳에 정착했다. 산사람들인 그들은 커피나무와 사탕수수를 재배했으며, 땅과 목초가 허락하는 한에서 종종 목축을 하기도 했다. 또한 강인하고 과묵하고 유능했으며, 자기 것을 지키는 데는 집요할 정도로 영리했다. 그들은 아내들과 아이들을 비롯해 할아버지 시절부터 연결되어 있던 몇몇 소작인 가족들과 함께 이곳에 왔다. 그러나 첫째는 몇 년 후 고향으로 돌아갔고, 막내는 계곡에 발을 헛디딘 송아지를 구하려다가 오사 골짜기에서 빠져 죽었다. 아니발 씨만 유일하게 남아 아내와 세 아이들과 함께 살고 있었다. 그들 모두는 황량한 땅을 조금씩 농지로 개간하기 위해 쉬지 않고 열심히 일했다.

 가비에로가 집 입구에 도착했을 때, 한 사람이 계단 꼭대기에서 그를 기다리고 있었다. 계단은 건물을 에워싼 복도와 이어져 있었다. 그는 키가 크고 꼿꼿하며 호리호리했다. 까무잡잡한 얼굴에 깡마른 체구였고 인상은 평범했다. 그리고 쌀쌀맞고 딱딱하며 점잖은 사람처럼 보였지만, 눈을 보면 좀더 부드러워 보이는 인상이었다. 그의 까만 눈은 항상 경계하는 듯했고, 예의 바르면서도 동시에 장난기가 가득하여 얼마나 정이 많은 사람인지를 여실히 보여주었다. 가비에로는 인사를 하고서 자기는 엠페라 부인의 집에 살고 있으며 그녀가 보내서 왔다고 말했다. 농장주는 그에게 복도로 가자고 했다. 복도는 아주 넓었다. 마치 웅장한 산들과 꽃이 핀 광활한 커피 농장을 바라볼 수 있는 베란다 같았다. 아니발 씨는 커피를 가져오라고 시켰고, 손님에게 다정하게 왜 왔는지 이유를 물었다. 가비에로는 판 브란덴과의 사업에 관해 간략하게 언급했고, 엠페라 부인이 '알바레스 가족의 평원'에서 노새들을 구입하라고 해서 왔다고 했다.

 그러자 아니발 씨가 입을 열었다.

 "잊을 만하면 산마루 철도 계획에 관해 듣게 되는군요. 갑자기 첫번째 공사 계약을 체결하고 기술자를 데려올 정도로 그 계획이 구체화되었다는 사실이 놀랍군요. 난 그에 관해 아무 소식도 들은 바가 없습니다. 노새는 당신에게 다섯 마리 정도 팔 수 있습니다. 지금 당장 세 마리를 가져갈 수 있고요. 내일 모레면 이곳에 두 마리가 더 올 겁니다. 기본적으로는 모두 같습니다. 미리 말해두는데, 일등급은 아니지만 성질이 나쁜 놈은 없습니다. 라플라타에 가면, 바나나 잎사귀나 강가에 있는 풀을 먹지 않도록 조심해야 합니다. 먹으면 병에 걸릴 수도 있거든요. 라플라타에서는 알곡만 주도록 하십시오. 산마루로 올라가는 도중에 다시 이곳을 지나게 되면, 올라갈 때까지 먹일 만큼 충분히 건초를 드리겠습니다."

  가비에로는 솔직하고 명확하게 문제를 처리하는 아니발 씨의 행동이 몹시 마음에 들었다. 그는 즉시 농장 주인이 프랑스의 베리*나 스페인의 카스티야 평원, 폴란드의 갈리치아**, 혹은 아프가니스탄의 험준한 산꼭대기 출신 시골사람들과 정신적으로 유사하다는 것을 간파했다. 그들은 땅을 경작하면서 땅에 집착하고, 선천적으로 완고한 기사도 정신을 지키면서 변하지 않은 중세의 행동 양식을 준수하며 살아간다. 아니발 씨는 그에게 여행 초반에 함께할 젊은 사람을 소개해주겠다고 말했다. 그리고 어떻게 노새를 다뤄야 하는지, 어떻게 메마른 땅에서 살아남을 수 있는지를 가르쳐주었다. 가비에로는 농장 주인이 요구한 노새 가격이 합당하다고 생각했고, 동시에 판 브란덴이 얼마나 믿을 수 없는 사람인지 깨달았다. 그 값은 거의 가비에로가 갖고 있는 돈 전액에 해당하는 액수였던 것이다. 그는 돌아가면 벨기에 사람에게 그 문제를 논의해야겠다고 마음먹었다.

  커피가 나왔을 때도 가비에로는 농장 주인과 계속 얘기하고 있었다. 가비에로는 소박하면서도 간소하게 매력적으로 단장하고 쟁반을

---

* 프랑스 중부에 위치한 지역으로 프랑스의 몇몇 왕과 왕족이 태어났으며, 발자크 같은 유명 작가들의 고향이기도 하다.
** 폴란드 남동부로부터 서우크라이나 지방에 이르는 지역. 18세기 말부터 제1차 세계대전까지는 폴란드 영토였으나, 현재는 커즌라인에 의해 폴란드령과 우크라이나령으로 분할되었다.

가져온 여인을 보자 놀라움을 감출 수 없었고, 감추려고 하지도 않았다. 그녀는 바로 암파로 마리아였다. 그 여자는 전혀 놀랍다는 표정을 짓지 않았다. 틀림없이 그가 찾아올 것을 미리 알고 있었던 것 같았다. 가비에로는 이미 두 사람이 아는 사이라는 사실을 숨기지 않은 채 인사를 했고, 아니발 씨는 너무나 자연스럽게 그런 사실을 받아들였다. 암파로 마리아가 떠나자 농장 주인이 말했다.

"아주 아름다운 여자지요. 수줍고 진지하지만, 다정하고 성실합니다. 그녀의 부모는 이 지방에 폭력 사태가 일어나면서 살해되었습니다. 우리는 그녀를 이곳으로 데려왔지요. 지금은 숙부, 숙모와 함께 살고 있는데 그들은 그녀를 딸처럼 보살피고 있답니다. 내 아내는 저 여자를 몹시 좋아합니다. 우리 아이들을 학교에 보내기 위해 수도로 가면서 함께 데려가려고 했지만, 암파로 마리아가 거부했답니다. 부모를 잃은 후 매우 겁이 많아지고 소심해졌어요. 충분히 이해할 만한 일입니다."

그는 더이상 말하지 않았다. 바로 그때 일꾼이 와서 노새가 준비되었다고 알려주었다. 그들은 마구간으로 갔다. 가비에로는 노새에 대한 농장 주인의 평가를 완전히 믿었다. 농장 주인은 일을 시킬 때 알고 있어야 할 노새의 장점과 단점을 지적해주었다. 아니발 씨는 가비에로에게 노새들을 그곳에 놔두는 것이 좋을 것 같다고 제안했다. 그는 다른 두 노새와 함께 보내면서, 그때 운반 작업을 도와줄 노새지기도 보내겠다고 말했다. 가비에로는 노새 값을 지불했고 라플라타로 돌아갈 채비를 차렸다. 작별 인사를 하자, 농장 주인은 점잖게 말했다. "여행을 하다 보면 이곳을 지나게 될 겁니다. 여기서 우리와 함께 주

무시도록 하십시오. 그래야 다음 날 피곤하지 않은 몸으로 길을 갈 수 있을 겁니다. 우리의 우정을 믿으시고, 내가 필요하다면 서슴지 말고 도움을 요청하십시오." 그는 손을 내밀었고, 가비에로는 따뜻하게 악수했다.

그는 길을 떠났다. 첫번째 커브에서 암파로 마리아가 그를 기다리고 있었다. 두 사람은 서로 상대방의 허리를 끌어안고서 꽤 오랫동안 걸었다. 그들은 가장 임박한 것 이외에는 아무 말도 하지 않았다. 풍경이나 기후와 관련된 익히 예측할 수 있는 말이나, 두 사람의 친밀한 관계와 사랑이 영속하리라는 것을 암시하는 내밀한 말밖에는 하지 않았다. 커피 농장 입구 앞에서 작별하면서, 암파로 마리아는 가비에로의 입 한가운데에 키스를 했다. 그러자 그는 너무 뜻밖의 행동에 어안이 벙벙했다. 그때까지 그녀는 열정을 숨기고 있었던 것이다.

"그런 얼굴 하지 마세요. 길 가다 한눈팔지 마세요. 도랑에 빠지고 말 거예요." 여자는 그렇게 말하면서, 체프케스 여인다운 하얀 이를 드러내며 웃었다.

가비에로는 횡격막에서 나비가 펄럭거리는 듯한 느낌을 받으며 라플라타까지 걸어갔다. 그것은 그가 전적으로 헌신할 만한 여자와의 우정이 시작될 때 항상 느끼곤 하던 기분이었다. 가비에로는 이 나이에 더이상 그런 일은 일어나지 않을 것이라고 생각했다. 하지만 그럴 수도 있다는 것을 깨달으면서, 세월의 무게를 덜 수 있었다.

도착한 다음 날, 가비에로는 엠페라 부인에게 농장에 다녀온 결과를 얘기하고 농장 주인과 그곳에서 만난 사람들에게 좋은 인상을 받았다고 말했다. 눈먼 여인은 암파로 마리아에 관한 얘기라는 것을 눈치 챘지만 아무 말도 하지 않고 만족스럽다는 미소만 지었다. 그런 다음 가비에로는 판 브란덴을 찾아 나섰다가 선착장에서 그를 만났다. 판 브란덴은 다음 배가 언제 들어오는지 알아보기 위해 그곳에 간 것이었다. 가비에로가 술집에서 맥주 한잔 하자고 말하자, 벨기에 남자는 곁눈으로 슬쩍 쳐다보면서 마지못해 응했다.

가비에로가 말했다.

"노새를 구했네. 내일이나 모레 올 걸세. 그 노새들을 데리고 나와 산마루에 갈 노새지기도 함께 올 걸세. 아주 믿을 만한 사람이라네. 알바레스 씨가 추천한 사람일세. 그건 그렇고 나는 이제 거의 돈이 다 떨어졌고, 자네가 내게 주었던 만큼의 돈이 더 필요하네. 그렇지 않으면 그 일을 할 수 없네."

판 브란덴은 적절하지 않은 핑계를 대면서 그 문제를 얼버무리려고 했다. 그러자 가비에로는 단호하게 그 일을 그만두겠다고 선언했다. 그러면서 잔꾀에 속아 넘어갈 다른 순진한 사람을 찾아보라고 했다. 그러자 벨기에 사람은 즉시 태도를 바꾸더니 지갑에서 지폐 더미를 꺼내 세어보지도 않은 채 건네주었다. 골치 아픈 고객의 요구에 지쳐버린 은행가 같은 행동이었다. 하지만 너무나 위선적이고 과장돼 보여서 가비에로는 노골적으로 빈정대는 웃음을 짓지 않을 수 없었다. 판 브란덴은 그 상황에서 빠져나오기 위해 두어 번 헛기침을 하는 척하면서 말했다.

"좋네. 이건 처음에 도착한 짐을 옮기는 비용이네. 내가 생각했던 것보다는 훨씬 많은 액수지만, 괜찮네. 나를 불신하지 않았으면 좋겠네. 그 돈이 떨어지면 내게 알려주게나. 하지만 그만하면 아주 충분한 액수일 걸세."

가비에로는 약 올리듯 천천히 돈을 세었다. 그러자 벨기에 사람의 얼굴이 벌겋게 변했다. 가장 암울했던 시절에 그랬듯 얼굴이 자줏빛이 되었던 것이다. 돈을 세는 일이 끝나자, 가비에로는 말할 필요도 없다는 듯 아주 자연스러운 태도로 얘기했다.

"물론 지금 당장 영수증에 서명하겠네. 그러면 모든 게 분명하게 마무리될 것이네, 메인 헤르*. 이것은 처음 세 번 여행의 대가로 지불하는 돈이라고 명시하는 게 좋을 것 같지 않나?"

"아니네." 판 브란덴은 독일 잡지 『심플리시시무스』에 나오는 집정자의 태도를 다시 취하면서 대답했다. "이번에는 영수증을 만들지 않겠네. 우리 두 사람이 믿고 거래한 것으로 하겠네. 나는 자네를 믿고 우리가 서로를 신뢰해야 한다는 것을 의심하지 않겠네. 우리 두 사람은 신사니까 말일세."

가비에로는 이 미꾸라지 같은 교활한 인간을 절대로 이길 수 없다는 것을 깨달았다. 그는 더이상 말하지 않고 자리에서 일어났다. 그러자 판 브란덴도 일어났다. 그리고 아무것도 드러나 있지 않으며 현실성과 중요성을 모두 상실한 복화술사의 거짓이 가득한 눈으로 그를 쳐다보며 말했다.

"잘 가게, 메인 헤르. 자네에게 행운이 있길 빌겠네."

판 브란덴은 가비에로를 비웃듯이 플랑드르 말로 호칭을 반복했지만, 가비에로는 태연했다. 이미 그는 이 벨기에 사람의 됨됨이를 파악

---

* '내 친구'라는 뜻.

하고 있었고, 그를 영원히 교활한 인간으로 분류했기 때문이었다. 그는 방랑 생활을 하는 동안 판 브란덴과 같은 사람들을 수없이 많이 만났다. 이미 오래전부터 그런 부류의 사람들과 그들이 사용하는 방법을 혐오했기 때문에 그의 말에 전혀 개의치 않았다. 판 브란덴 같은 사람을 만나면, 그는 산초 판사가 등장하는 훌륭한 작품을 참고하지 않고도 '각자는 하느님이 만든 그대로이고, 심지어 그보다도 못하다'라는 말을 떠올렸다. 하숙집으로 돌아오자, 그는 엠페라 부인에게 판 브란덴과의 대화 내용을 상세히 말해주었다. 그러자 그녀가 말했다.

"하지만 그 사람처럼 비열한 인간에게 무엇을 기대할 수 있나요? 심지어 그를 만나러 오는 불쌍한 여인도 그의 탐욕에 희생되었어요. 그녀에게 돈을 빚지고 있는데, 항상 며칠만 기다리면 그녀의 이빨을 고쳐줄 것이며 산 미겔의 기숙학교에 아이들을 보내도록 해주겠다는 이야기만 늘어놓아요. 나를 무서워해서 하숙비만은 제때에 내죠. 그는 내가 자기를 아주 잘 알고 있다고 생각해요. 계속해서 그런 잘못된 생각을 하는 게 바람직해요. 그래야 이 집의 규칙을 지킬 거니까요. 어쨌든 조심하세요. 당신에게 한 푼이라도 정확하게 지불하지 않으면, 선착장에 철도 장비를 던져버리고 알아서 끌고 오라고 하세요. 그러면 마지못해 곧 지불할 거예요."

가비에로는 그 영리한 여자의 빈틈없는 충고를 듣자 어느 정도 안심이 되었다. 하숙집 여주인은 대단한 사람이었고, 마귀를 쫓아내는 훌륭한 무당과 같았다. 그래서 그는 불모의 고지에 올라가는 동안 라플라타의 일을 그녀에게 맡길 수 있었다.

다음날 노새지기가 노새들을 데리고 도착했다. 엠페라 부인은 집 뒤에 있는 조그만 마구간에 노새들을 보관하도록 편의를 제공했다. 첫 여행에 필요한 모든 준비가 끝나 있었다. 아니발 씨가 보낸 젊은이는 그 지역을 자기 손바닥처럼 잘 알고 있었으며, 가무잡잡한 피부에 활달하고 수다스러운 사람이었다. 그는 지치지 않는 열정으로, 그 길이 얼마나 멋진지를 비롯해 거기에 도사리고 있는 위험과 함정에 대한 지식을 늘어놓으며 즐거워했다. 그의 이름은 펠릭스였지만, 모두들 그를 '옥수수 수염'이라는 별명으로 부르고 있었다. 하얀 머리카락 한 줌이 이마 위로 드리워져 있기 때문이었다. 가비에로는 이내 '옥수수 수염'의 도움 없이는 탐보 산마루에 살아서 도착할 수 없을 것이라는 사실을 너무나 분명하게 깨닫게 되었다. 가장 먼저 펠릭스는 어떻게 노새에게 짐을 실어야 하는지 보여주었다. 그들은 이미 선착장 창고에서 산마루로 가지고 올라가야 할 상자들을 찾아놓은 상태였다. 노새지기는 다섯 마리의 노새가 다치지도 지치지도 않으면서 걷는 속도를 유지할 수 있도록 적절하게 짐을 분산해 실었다. 또한 가비에로에게 어디에서 쉬어야 하며, 누가 잠잘 곳을 제공할 수 있는지 가르쳐주었다. 첫번째 구간은 '알바레스 가족의 평원'까지였다. 그리고 그곳에서 밤을 보낼 예정이었다. 가비에로는 이미 그 구간을 가보았고, 그래서 알바레스 가족의 농장이 있는 고원지대에 도착하기 위해서는 빗물에 휩쓸린 오솔길로 네 시간 동안 올라가야 한다는 것을 알고 있었다. 게다가 그 길에는 커다란 바위들이 산재해 있어서, 조금만 스쳐도 길에서 벗어나 도랑이나 계곡의 심연으로 굴러 떨어져 죽을 수도 있었다. 그런 다음에 어린 시절을 즐겁게 떠올리며 행복한 기분을 느꼈던 커피 농장을 지나가야 했다. 다음날 그들은 골짜기 아래로 흐르는 강가를 따라 황금을 찾던 광부들이 버려둔 오두막까지 가야 했다. 그곳에서 자고, 그런 다음 고지를 지나는 힘든 여정 후에 탐보 산마루의 캠프에 도착할 예정이었다. '옥수수 수염'이 앞으로 펼쳐질 시련과 그 지역 주민들의 성격을 설명하자, 가비에로는 그 일이 처음에 상상했던 것보다 훨씬 힘들고 벅차다는 사실을 깨달았다. 그러나 동시에 동료가 될 노새지기가 고운 마음씨를 지니고 있으며, 낙천적이면서도 단호한 정신의 소유자이고, 그들 앞에 놓인 어려움에 대해 현명하게 판단하고 있다는 것을 알게 되자 자신감을 가지고 그 모험에 도전해보기로 마음먹었다. 그 순간 필요한 것은 무엇보다 바로 그런 자신감이었다.

노새에게 짐을 실려 탐보 산마루까지 올라가는 데 사흘이 걸리고 내려오는 데 사흘이 걸릴 총 엿새의 여정에 필요한 준비 작업이 모두 끝나자, 그들은 성공을 빈다는 눈먼 여인의 진심 어린 격려의 말을 들으면서 새벽녘에 길을 나섰다. 길도 모른 채 혼자서 올라갔던 지난번과 마찬가지로, '알바레스 가족의 평원'까지 올라가는 일은 그리 힘들지 않았다. 커피 농장 지역에 도착하자, 그는 지난번과 마찬가지로 자신을 따스하게 맞이해주는 분위기에 다시 매료되었다. 그곳은 화사한 색의 식물들로 가득해서, 자연적이면서도 정돈된 아름다움의 효과를 자아내기 위해 사람들이 정성스럽게 식물들을 고르고 보살핀 것 같은 인상을 풍겼다. 하지만 사실 그런 점에서 사람들이 한 것은 별로 없었다. 열대 지방에서 그토록 조화롭고 천국과 같은 아름다움을 선사하는 요소는 사람의 노력보다는 오히려 기후였다. 천천히 각각의 나무를 음미하고, 흔들거리는 양치류 식물로 가득한 진흙 바닥을 따라 조용히 흘러가는 맑은 물의 용수로를 바라보면서 그는 커피나무들을 지났다. 그리고 목장의 주택으로 향하는 완만한 경사를 오르기 시작했다. 그때 암파로 마리아가 어느 커피나무 뒤에서 나와 그를 껴안았다. '옥수수 수염'은 노새들을 데리고 앞장서서 가고 있었다. 여자는 그를 만나자 행복한 감정을 전혀 숨기지 않았다. 노새지기는 그녀가 종종 라플라타에 왔으며, 가비에로와 관계를 맺고 있다는 사실을 알고 있는 게 분명했다. 그녀는 그 어느 때보다도 아름다웠다. 검은 무명옷은 몸에 꼭 달라붙어 늘씬한 몸매를 강조하고 있었다. 그녀의 몸은 힘줄과 뼈를 살처럼 부드럽게 만들어버리는 물질로 되어 있는 것처럼 보였다. 허리의 굴곡, 튼튼한 다리, 새까맣게 빛나는 머리띠로 목덜미에서 묶여 있는 검은 머리카락을 보자, 그는 베헤르 데 라 프론테라*와 카디스의 젊은 플라멩코 무용수들을 떠올렸다. 늘 그렇듯 암파로 마리아는 말없이 가비에로의 몸에 기대 그의 눈을 쳐다보기만 했다. 그런 그녀의 표정은 실수로 들어온 방 안을 조심스레 살펴보는 크고 수줍은 새와도 같았다. 가비에로는 조금씩 자기가 살아왔던 세월의 무게뿐만 아니라 방황과 불행, 기쁨과 재앙의 얽히고설킨 실타래를 고통스럽게 의식했다. 그런 슬픔과 악몽에서 찾을 수 있는 유일한 위안은, 관대한 동정심의 길을 선택했던 젊은 운명의 여신처럼, 그와 함께 있는 온화하고 고양이 같은 젊은 여자를 곁에서 느끼는 것이었다.

아니발 씨가 베란다에서 그를 맞이하는 동안 '옥수수 수염'은 짐을 내려놓고 노새들을 먹이기 위해 마구간으로 데려갔다. 주인은 갓 구

---

* 스페인 안달루시아에 있는 작은 마을. 오렌지 과수원으로 둘러싸여 있는데, 언덕 위에 자리 잡고 있어서 지브롤터 해협이 내려다보인다.

운 카사바 비스킷과 김이 무럭무럭 나면서 거품이 이는 초콜릿을 내와 손님과 함께 마셨다. 두 사람은 흔들의자에 앉아 꼭 해야 하는 말이외에는 하지 않았다. 그러면서 한쪽에 있는 위압적인 거대한 산맥과 다른 쪽에 있는 조용하고 화사하면서 넓디넓은 커피 농장을 바라보았다. 밤이 되자 아니발 씨는 다음날의 여정을 생각해서 일찍 잠자리에 드는 것이 좋겠다고 말했다. '옥수수 수염'과 가비에로는 잠을 자면서 힘과 체력을 비축할 필요가 있었다. 가비에로는 그렇게 하겠다고 동의했지만, 잠자리에 들기 전에 자기 여자와 다시 얘기할 기회를 만들기 위해 조심스러운 핑계를 댔다. 그녀가 그 일을 더 쉽게 해주었다. 주인이 가비에로와 '옥수수 수염'에게 마련해준 마구간 위의 방으로, 밤에 마실 우유 한 잔을 들고 찾아왔던 것이다. 그들은 마구간 옆의, 기적과도 같은 수백 년 된 나뭇가지를 하늘로 뻗어올린 거대한 케이폭나무 아래서 한참 동안 이야기를 나누었다. 암파로 마리아는 자기가 남자친구와 밤을 보낼 수 있도록 '옥수수 수염'에게 다른 곳에서 자달라고 부탁했다. 내키지는 않았지만 가비에로는 그렇게 하지 말라고 그녀를 설득했고, 마침내 암파로 마리아는 산마루까지 올라가야 하는 이틀 동안의 여정이 매우 힘들 것이라는 데 동의했다. 그리고 이내 그녀는 작별 인사를 했다. 겉으로 나타난 것보다 훨씬 더 깊은 실망감을 더 연장하고 싶지 않은 것 같았다. 가비에로는 자기 방으로 들어가 옷을 벗었고, 이부자리에서 잠시 책을 읽기 위해 촛불을 켰다. 바닥에 깔려 있는 이불은 라플라타의 침대보다 훨씬 더 편안했다. 그는 책을 읽지 않으면 잠들기가 몹시 어려울 것임을 알고 있었다. 잠시 후 노새지기가 들어왔다. 그는 옷을 완전히 벗지 않은 채 구석에 있던 또 다른 이불을 바닥에 폈다.

가비에로는 외르겐센의 『아시시의 성 프란체스코의 일생』을 가져왔다. 그는 책을 아무 데나 펼쳐서 읽었다. '옥수수 수염'은 그의 이런 행동이 특이해 보였는지 관심을 보이며 물었다.

"기도하고 있는 겁니까? 피곤하지 않으세요?"

"조금이라도 읽지 않으면 잠을 잘 수 없다네." 여행 동반자의 기발한 질문을 듣고 가비에로가 웃으면서 대답했다. "기도하고 있는 게 아닐세. 지금 내 모습이 그 정도는 아니지 않나? 나는 동물과 산과 태양과 계곡과 가난한 사람을 사랑했던 어느 성인의 일생을 읽고 있다네. 그는 아주 부유한 가정에서 태어났지. 그런데 육체적으로는 자네와 비슷하게 생긴 것 같네. 그는 자기가 사랑했던 것을 위해 모든 걸 남겼고, 모든 피조물을 위해 자기의 사랑을 하느님에게 바쳤다네." 가비에로는 자기 설명이 너무나 불충분하고 단편적이라서 '옥수수 수염'에게 성 프란체스코에 대해 불완전하고 피상적인 인상을 남겨줄 것 같다는 생각을 했다. 하지만 '옥수수 수염'의 대답을 듣자 마음을 놓았다.

"물론이지요. 동물과 산과 태양을 사랑했다면, 그는 돈이 필요 없었을 겁니다. 틀림없이 그는 기적도 행하셨을 겁니다. 하느님께서는 기꺼이 그를 도와주셨을 겁니다."

"그렇다네." 젊은이의 순간적인 명석함에 감탄한 가비에로가 대답했다. "아주 훌륭한 기적을 많이 행했다네. 나중에 그 기적들에 관해 말해주겠네. 오늘은 이쯤에서 자도록 하세."

'옥수수 수염'은 눈을 감고 깊은 잠에 떨어진 사람처럼 규칙적으로 숨소리를 내기 시작했다.

다음날 새벽 암파로 마리아가 두 사람을 깨웠다. 그녀는 갓 만든 커피와 지난밤에 먹었던 비스킷을 가지고 왔다. 이미 머리카락을 뒤로 늘어뜨린 다음 완벽하게 머리띠로 매고 말끔하게 옷을 차려입고 있었다. 가비에로는 커피를 마시면서 농장의 파티를 관장해도 전혀 손색이 없을 거라고 생각했다. 그런데 갑자기 그녀는 뒤로 돌더니 집 안으로 사라졌다. 가비에로 역시 작별 인사를 하고 싶은 마음이 없었다. 그녀는 너무나 아름다웠기에 그는 그곳에 영원히 머무르면서 모든 것을 잊고 싶었다.

'알바레스 가족의 평원'부터 버려진 오두막까지 올라가는 데 하루 종일이 걸렸다. 길은 갈수록 비가 온 뒤의 시냇물 바닥처럼 질척질척해졌다. 노새들은 힘들게 앞으로 나아가면서 뜻하지 않게 나타나는 수렁과 위험한 바위들을 피하려고 애썼다. 수렁에 미끄러지거나 바위에 부딪혀서 벼랑으로 떨어질 뻔한 경우가 한두 번이 아니었다. 가비에로의 영혼은 계속해서 낙담하고 있었다. 고생과 시련은 계속될 것이며, 얼마나 반복될지도 몰랐다. 그가 이 일을 하고 이익금을 얻을 수 있을지는 아마도 불분명하게 둘러대기만 하는 판 브란덴과 탐보 산마루 작업을 한다는 그의 유령 건설회사에 달려 있을 것이었다. 오래전부터 익히 알고 있던 씁쓸함이 그의 영혼을 짓누르기 시작하면서, 격노한 오름길에 발길을 옮길 때마다 갈수록 힘들어졌다. 동시에 산맥의 가장 험준한 부분으로 들어가면서 계속 축축한 풀 냄새가 났고 풍요로운 색깔은 한없이 펼쳐졌다. 물이 계곡 아래서 사납게 콸콸 떨어지면서 거품이 일고 우레 같은 소리를 냈다. 그러자 옛날의 행복했던 평화가 되돌아왔고, 노새와 힘겹게 걸으면서 느꼈던 피로감이 씻은 듯이 가셨다. 불확실한 사업에서 감지했던 야비한 속임수는 완전히 현실감을 상실했고, 그는 회교의 숙명론에 기대 그런 속임수를 체념적으로 받아들이고 말았다. 갈수록 많아지고 다양해지는 새들의 노랫소리가 들렸다. 그리고 이따금 잉꼬떼들이 붉은 꽃으로 불타는 것 같은 커다란 캄불로나무와 아침의 추위로 아직 잠들어 있는 자카란다나무의 우듬지 위로 소란스럽고 무질서하게 날아다녔다. 이런 장면을 보자 다시 구원의 충만함은 순간적이라는 확신이 들었다. 그럴 때면 가비에로는 어디를 가든 가지고 다니던 몇 권 안 되지만 확실하게 읽은 책을 자양분으로 사색하고 예측했다.

그 결과 이 세상에 살고 있는 판 브란덴과 같은 모든 사람은 그의 피할 수 없는 고독이나 허황되고 집요한 인간의 모든 시도 앞에서 느끼는 확고부동한 회의론만을 확인시켜주었다. 이런 인간들은 세상의 기적이 있는지조차 생각해보지 못한 채 죽음의 세계로 들어가는 눈먼 사람들이었다. 그리고 그들은 우리가 지금 살아 있으며, 그 어떤 경계도 없이 순수하고 무한한 현재이기에 시작도 끝도 없는 죽음 역시 우리 삶의 일부라는 기적의 열정도 알지 못하는 존재들이었다. 이런 생각을 하면서 그는 고지의 풍경을 한껏 음미하는 데 온 정신을 쏟았다. 그러나 그는 여러 감각이, 경이로우며 끝이 없는 의식과 더불어 피로로 마비되어버린 자신의 몸을 꿰뚫으면서, 기나긴 세월을 살며 부식되고 좀먹은 기억을 건드리고 있음을 알았다.

'옥수수 수염'은 첫번째 노새를 몰고 앞장서더니 먼저 올라갔다. 종종 그는 통행이 불가한 구간을 피하기 위해 길을 벗어나곤 했다. 높이 올라갈수록 바람은 더욱 거세졌다. 처음에는 나무의 우듬지를 다니며 양치류의 잎사귀를 흔드는, 귀에 윙윙거릴 정도의 가벼운 산들바람에 불과했다. 계곡을 흐르는 급류 소리는 바람의 강도에 따라 희미해지고 커지기를 반복했다. 벼랑과 바싹 붙어 있는 좁고 꾸불꾸불한 길에 도착할 때까지 바람은 지속적으로 격렬하게 불어대고 있었다. 발육을 방해받아 잎사귀가 두껍고 꺼칠꺼칠한 키 작은 나무들이 많아졌다. 그것들은 광석과도 같은 나무줄기를 지닌 커다란 나무들 주위에서 자라고 있었다. 그리고 잎사귀가 별로 없는 키 큰 나무들의 우듬지는 산맥 정상까지 퍼져 있는 안개 속에 묻혀 있었다. 그들은 이미 불모지대로 들어가 있었다. 가비에로가 이런 풍경 속에 있어본 것은 정말 오랜만이었다. '옥수수 수염' 말에 따르면, 몸을 피할 곳을 찾지 못한 채 노천에서 갑자기 밤을 맞이하는 여행자들은 그 관목의 두꺼운 잎사귀로 몸을 덮는데, 그 관목은 파두나무라고 불리며, 잎사귀는 바람막이로 사용되어 여행자의 곱은 몸을 보호해준다고 했다. 가비에로는 점차 숨이 가빠졌고, 숨쉬기가 어려워졌다. 관자놀이는 고동쳤으며, 입은 바싹 메말라서 마치 갈증이 나는 것 같은 느낌이었다. 그가 잠시 쉬자고 제안하려는 바로 그 순간, '옥수수 수염'도 잠시 걸음을 멈추고 휴식을 취하자고 하면서 이렇게 설명했다. "지금은 아무것도 할 수 없어요. 가능한 한 적게 마셔야 합니다. 이것을 천천히 씹도록 하세요. 그러면 다시 침이 돌 겁니다." 그는 가비에로에게 레몬 한 조각을 건네주었다. 그런 다음 다시 레몬 한 조각을 잘라 자기 입속에 집어넣고는 길 한쪽에 파두나무 잎사귀를 깔더니 그 위에 드러누웠다. 가비에로도 아무 말 하지 않은 채 똑같이 따라했다. 두 사람은 그곳에 누위 심호흡을 하며 몸이 혹독한 고지에 적응하기를 기다렸다. 레몬은 즉각 효과를 발휘했다. 한참 전부터 괴롭히던 갈증과 쇠처럼 씁쓸한 맛이 사라지는 것 같았다.

다시 길을 떠날 때는 숨쉬기가 훨씬 편해졌다. 그날 저녁의 마지막 햇빛이 비치고 있을 무렵, 그들은 광부들이 버린 오두막에 도착했다. 오두막의 벽은 돌로 만들어져 있었고 회반죽이나 시멘트는 사용하지 않았다. 돌 사이의 틈은 그들이 길가에서 깔고 잤던 바로 그 잎사귀들로 메워져 있었다. 슬레이트 지붕은 거칠게 자른 두꺼운 대들보로 지탱되고 있었다. 오두막 안은 똑같은 크기로 나뉘어 있었는데, 하나는 침실, 다른 하나는 마구간이었다. 두 방을 가르는 벽은 진흙과 대나무로 만들어져 있었는데, 그 벽은 지붕까지 닿아 있지 않았다. 여행자들이 묵는 방에는 돌과 놋쇠로 만든 벽난로가 완벽하게 작동하고 있었다. 방은 생각보다 깨끗했다. 이전에 사용했던 사람들은 벽난로 철판에 한 줌의 차가운 재를 남긴 것 이외에는 어떤 흔적도 남기지 않았다. 벽난로 옆에는 땔감이 비축되어 있었다. 여행자가 오두막을 떠날 때는 사용했던 만큼 다시 채워놓는 것이 그곳의 법칙이었다. '옥수수 수염'은 나뭇잎으로 만든 매트리스 두 개를 준비하고는 식사 전에 잠시 쉬자고 하면서, 그러지 않으면 밥을 먹고 나서 다시 두통을 느낄 것이라고 말했다.

"이곳까지 올라오는 사람들은 많지 않습니다. 거의 대부분 두통을 참아내지 못합니다." 노새지기가 가비에로에게 이야기하기 시작했다. 그러는 동안 가비에로는 지붕을 쳐다보면서 '옥수수 수염'이 지펴놓은 불의 온기로 몸이 회복되고 있음을 느꼈다. "먼저 광부들이 여기 와서 이 피난처를 지었지요. 그들은 계곡의 강물을 따라 사금을 찾으러 온 거였죠. 하지만 그리 많이 발견하지는 못했답니다. 그들 다음에는 금광의 이야기를 꿈꾸었던 외국인들이 도착했어요. 나는 이 불모지에 풍부한 광물이 매장되어 있을 것이라고 생각하지 않지만 말입니다. 그리고 이제 철도 건설업자들이 모습을 드러내고 있지요. 그들이 이 오두막을 어느 정도 정돈하고 깨끗하게 유지하는 겁니다."

"그런데 이 오두막을 지은 사람들은 어디서 왔지?" 가비에로는 오두막의 건축 양식에 호기심이 생겨 이렇게 물었다. 그러자 '옥수수 수염'이 대답했다.

"캐나다에서 왔어요. 좋은 사람들이었지요. 하지만 라플라타로 내려오면서 미친 듯이 술을 퍼마시기 시작했고, 결국 그런 난장판은 끔찍한 싸움으로 발전했지요. 군대도 그들을 통제할 수 없었습니다. 싸움이 끝난 후 그들은 거리에 쓰러져 잠을 잤고, 개들은 그들에게 오줌을 쌌습니다. 새벽이 되면 그들은 터키인의 가게에서 필요한 것들을 산 후 마치 아무 일도 없었던 것처럼 산마루로 돌아갔어요. 큰 몸집에 빨간 수염을 기르고 있었는데, 한 번도 그걸 자르지 않더군요. 그들은 산마루로 사라진 후 하루 종일 계곡의 강변에서 냄비로 모래를 일어 금 쪼가리를 찾았어요. 무언가를 발견하면, 다른 사람이 대답할 때까지 큰 소리를 질렀지요. 그렇게 이 년 넘게 여기 살았답니다. 그리고 밤새 싸움을 벌이고 병사 넷을 죽인 후, 하킴의 가게에 돈을 지불하지 않은 채 떠나버렸습니다. 군인들은 그들을 잡지 못했습니다. 그후 아무도 그들을 다시 보지 못했죠."

식물 잎사귀로 만든 부드러운 매트리스 위에서 한 시간가량 푹 쉰 다음, 그들은 커피를 끓이고 바나나를 튀기고, 스크램블드 에그를 만들었다. 라플라타에서 가져온 빵은 도저히 먹을 수 없었다. '옥수수 수염'은 가비에로에게 잘게 간 마른 고기를 준 후 자기 몫으로 남겨둔 고기를 다른 음식과 뒤섞었다. 가비에로도 그와 똑같이 고기를 다른 음식과 섞었다. 맛은 아주 괜찮았다.

그러자 노새지기는 간결하게 말했다.

"먹어야 합니다, 선생님. 내일은 가장 어려운 구간이 우리를 기다리고 있거든요. 이제 잠을 자도록 하십시오. 너무 늦은 시간까지 책을 읽지는 마세요. 여기서는 잠이 피로를 치료할 수 있는 유일한 방법입니다."

가비에로는 빙긋이 웃으면서, '옥수수 수염'이 그를 챙겨주면서 충고하는 태도를 즐겼다. 노새지기는 가비에로가 최악의 조건에서, 심지어 그곳보다 훨씬 황량한 지역에서 얼마나 많은 밤을 보냈는지 알지 못했다. 그가 훨씬 더 열악했던 장소를 언급하더라도, '알바레스 가족의 평원'에서 온 노새지기에게는 아무 의미도 없을 것이다. 가비에로는 아프가니스탄의 사리풀에서, 새벽녘까지 그치지 않고 포효하듯이 텐트를 휘젓던 산바람과 함께 여러 밤을 보냈다. 또 인도의 케랄라에서는 보라색의 장례식 불빛을 내뿜는 반딧불떼의 멋진 춤을 보면서 계피와 생강 냄새를 풍기는 공기를 맞으며 여러 밤을 보냈다. 기아나의 국경지대에서는 맹그로브 습지의 악취 풍기는 진흙에 빠진 채 밤을 보내기도 했고, 아나톨리아*에서는 지독한 배고픔에 시달리며

---

* 흑해와 지중해 사이에 있는 터키의 넓은 고원 지대.

위험한 밤을 보냈다. 그리고 영원한 저주를 내리듯이 비가 퍼붓는 파나마의 베라과 만에서는 고열에 시달리며 모기떼와 함께 밤을 보냈고, 미시시피 강이 권태로워하면서 모래를 퇴적시키는 칼혼 호수의 늪지 언저리에서도 밤을 보냈으며, 전쟁으로 파괴된 예멘의 바람 한점 없이 잠잠한 해변에서 밤을 보내기도 했다. 그를 기다리고 있는 불모지대와 같은 곳에서 너무나 많은 밤을 보낸 탓에, 그런 장소들은 이미 그의 뇌리에서 사라지고 없었다.

가비에로는 용의주도한 엠페라 부인이 다른 물품과 함께 배낭에 넣어주었던 양초 심지에 불을 붙이고 외르겐센의 책 속으로 빠져들었다. 12세기의 아름다운 움브리아의 시골 경치가 서술되고 있는 부분으로, 부유한 집안 출신의 어느 젊은이가 하느님을 찾아 나서는 이야기가 펼쳐지고 있었다. 그는 조금씩 잠에 굴복했고, 마침내 손에서 책을 떨어뜨렸다. 그 소리에 그는 잠을 깼고, 책을 배낭에 넣은 후 촛불을 껐다.

가비에로는 꿈을 꾸었다. 모든 근육이 이완되면서 피로감은 기분 좋게 술에 취한 듯한 기분으로 변하고 있었다. 이런 일종의 온화하고 자비로운 도취 상태는 그를 명석하게 만들면서 동시에 행복감을 주고 있었다. 어린 시절의 기억에나 견줄 수 있는 그런 상태였다. 어린 시절 그의 주변에 있던 모든 것은 정돈되어 있었고, 눈을 떴을 때 그는 지금 꿈속의 상태와 비슷한 행복감을 느꼈다. 꿈속에서 그는 스위스의 마지오레 호숫가에 있었다. 그는 산책을 하기 위해 물가로 나 있던 오솔길로 나왔다. 누군가와 함께 걷기로 되어 있었지만, 그는 더이상 시간을 허비하고 싶지 않았다. 계속 기다리면 지금 느끼는 이례적인 만족감이 갑자기 사라질 것이라고 확신했기 때문이었다. 그는 최대한 그런 느낌을 온전하게 간직하고 싶었다. 그는 호숫가로 내려가 오솔길을 따라 걸었다. 바람이 약간 불어오면 파도가 일면서 호숫가로 밀려왔다. 건너편에는 키 작은 나무들이 있었다. 월계수처럼 보였지만 강한 백단향 냄새를 발산하고 있었다. 그는 뒤에서 발소리를 들었다. 뒤를 돌아보지 않았지만 그가 기다리고 있던 사람의 발소리라는 것을 알고 있었다. 만일 뒤를 돌아보았다면, 그의 커다란 기쁨은 예측할 수 없는 것으로 바뀔 것이었다. 목소리로 그는 그 사람이 여자임을 알았다. 그녀는 정확한 스페인어를 구사하고 있었지만, 어느 지방의 것인지 알 수 없는 강한 억양이 배어 있었다. 그녀는 그에게 기차 시간표에 관해 이야기하고 있었다. 하지만 시간표가 제대로 맞지 않아 기차역에서 오랫동안 기다려야 했으며, 그 호수로 오기까지 많은 어려움을 겪어야 했다.

그녀가 말했다.

"밀라노에서 노바라까지는 모든 게 예정대로 잘되었어요. 하지만 거기서 올레조와 아로나로 가는 게 아니라 북쪽으로 가고 있다는 사실을 알았어요. 그래서 다음 역에서 내려 창구로 가서 기차표를 바꾸려고 했지요. 그런데 신부처럼 보이던 창구 직원이 자꾸만 가슴을 보여달라고 졸랐어요. 나는 그렇게 했어요. 그것만이 되돌아갈 수 있는 유일한 방법이었으니까요. 짐이 노바라에 있었어요. 나는 기차를 탔고, 나중에 그 기차의 종착지가 올레조라는 것을 알았어요. 그곳에서 우리가 만나기로 했던 호수 기슭의 아로나로 가는 기차를 타기 위해서는 여섯 시간을 기다려야만 했지요. 그래서 나는 아로나에서 몇 킬로미터 떨어진 곳까지 버스를 타기로 마음먹었어요. 내가 그 버스 정류장에서 당신을 보았을 때 얼마나 놀랐는지 상상이 되세요? 당신은 거기에 있었던 거예요. 평소처럼 제정신이 아닌 채로 길을 잃고 헤매고 있었던 거예요. 억지로 배에서 내린 선원처럼 행동하는 당신은 어느 길이 맞는지 결코 알지 못할 거예요."

이 마지막 말을 듣자 갑자기 견딜 수 없는 쓸쓸함이 느껴졌다. 그녀는 트리에스테 출신의 여자친구인 일로나였다. 유일무이하게 그녀만이 그렇게 말할 수 있었다. 그것은 그 무엇과도 혼동할 수 없는 그녀만의 독특한 억양이었다. 목소리와 유연하고 견고한 발걸음도 그녀였다. 파나마에서 황당한 가스 폭발로 재가 되어버린 쾌활하고 하얀 그녀의 몸이었다. 그는 고개를 돌려 그녀를 바라보았다. 그리고 무어인 귀족의 자태를 지닌 스페인 풍의 여인을 바라보았다. 그녀는 혼란스러운 철도 시간표로 겪은 불편이 마치 그의 책임인 양, 책망하는 듯한 표정으로 그를 쳐다보고 있었다.

"일로나!" 그가 말했다. 그는 자기의 눈이 눈물로 가득하며, 자기가 바보처럼 오류를 범하고 있다는 사실을 깨닫지 못하고 있었다. 그녀는 이상하다는 표정으로 그를 바라보았다. 마치 자기 앞에 모르는 사람이 갑자기 나타나 말을 건다는 듯한 표정이었다. 그녀는 갑자기 뒤로 돌아 발랄하고 활기차게 걸으면서, 일정한 리듬으로 엉덩이를 흔들었다. 그것은 일로나의 전형적인 모습이었다.

그는 잠에서 깨어나 흐느껴 울었다. 돌벽을 내리치는 차가운 바람과 매트리스에서 풍겨오던 강한 잎사귀 냄새 때문에 바로 제정신을 되찾았지만, 그 순간 그는 아귀가 맞지 않는 그 꿈을 전혀 이해할 수 없었다. 잠시 후 그는 다시 잠들었는데, '옥수수 수염'이 그를 깨우더니 커피를 주었다. 가비에로는 멍하면서도 유감스러운 표정을 지으며 천천히 커피를 마셨다.

그때 노새지기가 그에게 알려주었다.

"선생님, 꿈을 조심하셔야 해요. 목숨을 부지하기 위해서는 여기서는 그래야만 해요. 이 고지에서는 고도와 피로 때문에 꿈을 많이 꾸게 돼요. 그건 선생님 건강에 해롭습니다. 기운을 회복하지 못하게 되니까요. 게다가 결코 좋은 꿈들이 아니지요. 순전히 악몽이에요. 지금 왜 내가 이런 말을 하느냐 하면요, 금을 찾으러 왔던 외국인들은 하나같이 미쳐버렸고, 술집에서 싸우면서 서로를 죽이려 하거나 강물의 소용돌이에 몸을 던져 빠져죽곤 했거든요."

가비에로는 '옥수수 수염'의 이런 경고에 아무 말도 하지 않았다. 그는 노새지기 청년의 말이 사실이라는 것을 잘 알고 있었다. 일로나에 관한 꿈은 아직도 그의 마음을 교란시키면서 잠자고 있던 악령들을 깨우고 있었다. 그런 것으로 고통받기는 참으로 오랜만이었다. 그는 아무 말도 없이 노새에게 짐 싣는 일과 오두막 청소를 도왔다. 그런 다음 두 사람은 탐보 산마루로 향하는 오르막길을 걷기 시작했다. 얼마 가지 않아 바람이 도저히 참을 수 없을 정도로 불어왔다. 그러자 노새지기는 내의와 셔츠 사이에 파두 잎사귀를 넣어 가슴과 등을 보호하는 게 좋다고 충고했다. 효과는 즉각 나타났다. 온몸이 따뜻하게 유지되었던 것이다. 화산모래로 이루어진 바닥 때문에 오르막길은 더 고통스럽게 느껴졌다. 발을 디딜 때마다 밟고 지나가야 하는 화산모래는 노새의 발굽을 상하게 하고 신발 바닥을 닳게 했다. 게다가 마찰 때문에 참을 수 없는 열기와 코의 점막을 얼얼하게 하는 유황 냄새가 났다. 세 발짝을 올라가면 두 발짝이 미끄러지는 일이 여러 시간 동안 일어났다. 그래서 휴식 시간을 줄여야만 했다. 불모지대에서는 밤이 일찍 찾아오고, 어둠 속에서 계속 길을 가는 것은 자살 행위나 다름없기 때문이었다. 그날의 마지막 햇빛이 비추고 있을 무렵 그들은 용암이 황량하게 펼쳐져 있는 곳에 있었다. 그곳에서 유일하게 살아 있다는 신호를 보여주는 것은 이따금 나타나는 키 작은 관목들뿐이었다. 관목의 줄기는 밤에 창백하게 빛나는 장례식 불빛처럼 아름다운 꽃을 자랑하고 있었다. 밤이 오기 바로 직전에 그들은 캠프의 불빛을 보았다. 그곳에 도착하려면 적어도 한 시간 정도는 걸릴 것 같았다. 보름달이 길을 비추기 시작했다. 그 달이 하늘에 있는 동안에는 아무 문제도 없을 것이다.

가비에로는 꿈의 기억에 빠진 채 터벅터벅 걸어갔다. 시간이 흐르면서 꿈의 이미지와 말, 숨겨진 의미는 더욱 정확하고 광범위해지면서, 갈수록 그의 존재 깊이 파고들었다. 벌꿀색의 머리카락에 마케도니아 사람 같은 옆모습을 하고 있는 트리에스테 출신의 일로나, 변하지 않는 애정을 보여주던 현명하고 빈틈없는 그 친구는 불분명한 사업에 대한 그의 취향을 이해해준 유일한 여자였다. 그의 사업은 항상 문제를 야기했고 불법 행위의 경계에 있었다. 그녀는 그가 그런 상황으로 빠져들 때마다 적당한 순간에 딱 두 마디로 손해의 길에서 빠져나오게 하는 법을 알고 있었다. 뱃대끈이 있는 곳까지 빠져버린 노새들을 화산모래에서 꺼내도록 도와주는 동안, 그는 일로나와 함께 살았던 시기가 유일하게 그가 행복에 근접했던 시간이었고, 있을 것 같지 않은 엘도라도나 엄청난 부귀영화를 꿈꾸지 않으면서 방랑벽을 만끽했던 시간이었다는 것을 깨달았다. 두 사람이 함께 여행할 때면, 그녀는 가장 훌륭한 여정대로 따르려고 애쓰곤 했다. 그녀는 입술 위로 트라키아 여자농부 같은 커다란 이빨을 드러내며 웃던 미소 외에 그 어떤 권위도 행사하지 않았다. 그렇게 그녀는 훌륭한 분별력과 판단력을 너무나 자연스럽고 남의 눈에 띄지 않게 보여주었다.

황무지를 지나 꾸불꾸불한 구간을 올라가는 동안, 가비에로는 자기가 꾸었던 꿈의 숨겨진 부분을 반추했다. 그러면서 자기가 그토록 많이 겪어온 절망과 실패의 핵심을 발견했다. 그는 일로나와 플로르 에스테베스를 비교했다. 플로르 에스테베스는 역시 잊을 수 없는 그의 동반자로 '제독의 눈'이라는 곳에서 그가 독거미에 물려 회복되는 동안 그를 보살펴준 여자였다. 허물어질 것 같은 그녀의 가게는 이곳과 비슷한 불모의 고지를 가로지르는 커다란 도로 옆에 있었다. 그러자 가비에로는 플로르가 일로나와 달리 그의 백일몽에 완전히 자기 자신을 바쳤으며, 연인의 머리에 떠오르던 가장 무모하고 방종한 것에도 기꺼이 함께 동승했다는 사실을 깨달았다. 플로르는 그가 생각도 할 수 없었던 제재소를 찾아 슈란도 강으로 어리석은 여행을 하도록 용기를 북돋운 사람이었다. 그는 그곳에서 심각한 병에 걸렸고, 돌아와 그녀를 찾았을 때는 그녀는 이미 사라진 뒤였다. 그러나 오두막에서 꾼 꿈에서 얻은 암호를 통해, 그는 두 여자를 비교하는 것이 완전히 얼빠진 짓이고 백해무익한 것임을 알았다. 플로르 에스테베스는 계속되는 욕망의 충동에 사로잡혔고, 항상 그 욕망을 성취했지만 완전히 만족한 적은 거의 없었다. 그녀는 어찌할 바 모른 채 관계를 유지했고,

그래서 모든 것을 모호하게 만들고 왜곡하며 어떤 출구도 발견하지 못한 감각의 아우성 속에서 살았던 것이다. 그것은 마치 이해할 수 없는 쾌락의 꿀벌과 함께 터널 속에서 끊임없이 몸부림치는 것 같았다.

그가 현실로 돌아왔을 때, 그들은 이미 철도 작업용 창고 앞에 있었다. 창고는 주름지고 색 바랜 회색 함석으로 만든 두 개의 땅딸막한 건물이었다. 노동자들은 키가 크고 깡마른 사람의 지시를 받고 있었다. 그의 옆모습은 사냥칼처럼 길쭉했고, 말투에서 북유럽의 억양을 두드러지게 엿볼 수 있었다. 그가 불쾌하다는 표정을 지으며 피로에 지친 발걸음으로 그들에게 다가왔다. 갓 도착한 사람들 앞에 오자, 그는 그곳을 지나는 노새지기가 또 왔구나 하는 표정으로 가비에로를 바라보았다. 하지만 무언가를 떠올린 듯 갑자기 태도를 바꾸더니, 가비에로에게 인사를 하고서 예의를 차리는 척하면서 악수를 청했다. 그는 프랑스어로 바꾸어 그곳 산마루까지 오는 건 괜찮았냐고 물었다. 가비에로는 같은 언어로 그의 무관심한 어조를 그대로 따라하면서 여행에 관해 몇 가지를 자세히 설명하고서, 이미 창고에 내려놓고 있던 짐의 인수증을 요구했다. 그 남자는 정중하게 웃었지만, 그 미소를 보자 가비에로는 울화통이 터졌다. 그는 급하지 않으니 내일 인수증을 주겠다고 말했다. 그러면서 그들이 틀림없이 밤을 그곳에서 보낼 것이라고 생각했는지, 창고 안으로 들어가자고 했다. 사실 한밤중에 광부들이 세운 오두막에 도착하기 위해 화산모래에 미끄러지면서 돌아가겠다는 것은 생각도 할 수 없는 일이었다. 그러나 가비에로는 그렇게 하고 싶은 마음이었다. 그는 그들이 상자들을 어떻게 정리해 두었는지 보기 위해 창고 안으로 들어갔다. 두 개의 콜먼 램프가 창고 내부를 비추고 있었고, 다양한 크기의 상자들이 가지런히 정렬되어 있었다. 몇몇 상자에는 '파손 주의'라는 단어가 커다란 검은 글씨로 적혀 있었다. 이번처럼 해서 그가 적어도 열 번은 왔다 갔다 해야 가져올 수 있는 분량의 상자가 쌓여 있었다. 판 브란덴은 이에 관해서는 아무 말도 하지 않았다. 아마도 그들은 다른 길로 그것들을 가져온 것 같았다. 가비에로를 맞이했던 남자—그의 국적은 알 수가 없었다—는 막 도착한 상자들을 아주 조심해서 다루었다. 몇몇 상자는 움직일 때마다 금속성을 냈고, 그 소리가 들릴 때마다 그 남자는 걱정된다는 듯이 이마를 찌푸렸다. 가비에로는 왜 이제야 그런 금속성을 듣게 된 것일까, 하는 의문이 들었다. 아마도 외부의 소음과 불모 고지의 바람 때문에 그런 것 같았다. 그러나 가장 당황스러운 것은 나무 상자나 그들의 도착이 기록된 종이, 그리고 창고의 그 어디에도 건설 회사의 이름이 드러나 있지 않다는 사실이었다.

창고에서의 일이 끝나자, 가비에로는 창고와 똑같이 생긴 건물에서 식사를 하자는 초대를 받았다. 그 건물과 창고는 모두 골함석으로 덮인 작은 통로로 연결되어 있었다. '옥수수 수염'은 창고에 남아 상자들을 보관하는 인부들과 함께 저녁을 먹었다. 식탁의 상석에는 키가 작고 등이 약간 구부정하며, 희끗희끗하지만 진한 눈썹에 코가 납작한 사람이 그를 기다리고 있었다. 그는 자기가 측량기사이며 단치히 출신이고 별명은 '크라켄'이라고 말했다. 그리고 키 큰 사람은 벨기에 출신의 기술자라고 자신을 소개했다. 그가 나지막하게 이름을 말했기 때문에 가비에로는 제대로 들을 수가 없었다. 대충 마르텐스나 하를렌스라고 한 것 같았다. 그 지역에서 좀처럼 볼 수 없는 고급 포도주와 맥주로 씻은 통조림 음식이 주를 이루고 있는 저녁식사는 사실상 아무런 대화도 오가지 않는 가운데 이루어졌다. 기후나 오르막길 여행의 어려움과 관련된 사소한 주제로 간단한 대화가 오가긴 했지만, 이내 따분하고 불편한 침묵이 이어지곤 했다. 가비에로는 접시나 식기, 혹은 과거에는 보다 좋은 용도로 쓰였지만 이제는 한낱 식탁보로만 사용되고 있는 천 조각에서도 어디서 만들어졌는지를 보여주는 그어떤 상표나 흔적도 없다는 것을 알았다. 하지만 그가 가장 의아했던 것은 포도주병이나 맥주병, 참치 통조림이나 정어리 통조림, 그리고 야채 통조림도 라벨이 뜯겨져 있었고, 모든 상표나 글자가 아주 조심스럽게 찢겨져 있다는 사실이었다. 식후의 대화는 그리 오래 지속되지 않았다. 건성으로 "안녕히 주무세요"라고 말한 후, 두 외국인은 식당으로 사용되고 있던 건물의 반대편에 있는 좁은 방으로 자러 갔다. 그들은 가비에로에게 일꾼들이 창고 한쪽 구석에 걸어놓은 그물침대에서 자라고 말했다. 그는 먼저 욕실로 갔다. 그런데 '옥수수 수염'이 그곳에서 기다리고 있었다. 그는 단둘이 이야기하고 싶다는 눈짓을 했다. 그들은 임시로 만든 마구간으로 갔다. 그곳에 도착하는 방문객들이 데려온 노새들이 밤을 보내는 곳으로, 창고와 붙어 있고, 거칠게 자른 통나무로 만들어져 있었다. '옥수수 수염'이 말했다.

"저 사람들이 철길을 일 미터도 놓지 않았다는 걸 아세요? 일꾼들이 철길이나 그와 유사한 것에 대해 아는 게 아무것도 없어요. 선생님, 조심하셔야 할 것 같습니다. 나도 이유는 모르겠지만, 선생님이 저들의 계략에 빠져 곤란을 겪게 될 것 같다는 생각이 드네요."

가비에로가 대답을 하려는 찰나, 갑자기 벨기에 출신이라는 사람이

들어왔다. 그는 잠을 자기 전에 마구간을 점검하는 척하며 '당신들이 무슨 이야기를 하는지 모르겠지만, 나는 관심없소'라는 표정을 지으려 했다. 그것은 정확하게 이유를 알고 관심이 있는 사람들이 짓는 전형적인 표정이었다. "안녕히 주무십시오." 그는 이렇게 말하면서 억지로 미소를 지었다. 그러자 담배에 찌들고 제대로 닦지 않아 제 색깔을 잃어버린 이빨이 드러났다.

가비에로는 손에 넣을 수 있는 모든 것을 두르고 그물침대에 누웠다. 그리고 '옥수수 수염'이 준비해준 잎사귀 매트리스도 깔았다. 그렇게 가비에로는 자기가 완전히 피곤한 몸이라고 믿으면서 즉시 잠들려고 노력했다. 하지만 쉽게 잠이 오지 않았다. 암파로 마리아와 모호하게 닮은 모습으로 위장하여 전날 밤에 찾아온 일로나 때문에 불안하고 꺼림칙한 나머지, 오래전의 고통과 괴로움을 느껴야 했다. 그것은 얼마 남아 있지 않던 그의 힘을 갉아먹었고 일을 진행하는 데 필요한 사기도 떨어뜨렸다. 일로나의 방문에 꼼짝도 할 수 없이 얽혀든 것 이외에도 가비에로는 이 사업이 골칫거리가 되어가고 있는 데 힘들어하고 있었다. 이제는 판 브란덴이 너무나 명확하면서도 서투른 속임수로 그를 희생양으로 만들었다는 게 분명해졌다. 사실 돈이 필요한 것도 아니었는데, 어떻게 속아 넘어갈 수 있었을까? 트리에스테에서 보내주는 돈이 있었기에 그는 훨씬 확실하고 모호하지 않은 일을 찾을 수도 있었다. 그가 지금 돈과 능력을 낭비하면서, 거기에 그냥 자기 자신을 방치하고 있다는 것은 분명했다. 그 상태로 놔두면 그는 파산하고 말 것이다. 그는 돌아가면 벨기에 사람과 얘기를 해봐야겠다고 결심했다. 노새를 팔고 가능한 한 빠른 시간에, 그러니까 강을 내려가는 바지선이나 그곳을 들르는 첫 배를 타고 라플라타를 떠나면서 그 거래에서 빠져나올 작정이었다. 마침내 그는 잠들었다. 새벽에 '옥수수 수염'이 그를 깨우더니, 노새들은 준비가 끝났다며 아침식사를 하자마자 떠날 수 있다고 알려주었다. 그러면서 노새지기는 창고에 아무도 없다고 말했다. 모두가 산마루의 가장 높은 구간을 측량해야 한다는 핑계를 대고 아주 일찍 그곳을 떠났다는 것이었다. 그러면서 '옥수수 수염'은 이렇게 덧붙였다. "커피를 마시세요. 그리고 이곳을 떠나도록 해요. 그들은 우리가 이곳에 더 오래 머무는 것을 바라지 않는 것 같습니다. 아주 이상한 사람들이에요."

가비에로는 커피를 마셨다. 그들은 산맥의 차가운 바람에 휘날리는 짙은 안개 사이로 하산을 시작했다. 찬바람을 맞자 얼굴이 찢어지는 것 같았고, 허벅지는 계속해서 이빨로 물어뜯는 것처럼 아려왔다. 그들은 파두 나뭇잎으로 몸을 감싸고 계속 내려왔다. 내려오는 길은 올라가는 것보다 훨씬 더 위험했다. 이제 짐을 싣지 않은 노새들은 발길을 재촉하려고 했고, 움직이는 화산모래 속에서 끊임없이 미끄러졌다. 노새들의 눈에서 위로할 길 없는 공포를 엿볼 수 있었다. 마침내 그들은 기진맥진하고 손발이 추위로 마비된 채 광부들이 지은 오두막에 도착했다. 다리는 욱신거리며 아팠고, 징벌의 찬바람에 노출된 얼굴 피부는 타들어가는 것 같았다. 그들은 찬바람 때문에 도중에 쉴 수도 없었고 피로를 풀 수도 없었다. 다행히 전날 '옥수수 수염'이 준비해놓았던 나뭇잎 매트리스는 그대로 있었다. 그들은 매트리스를 펴자마자 피로에 지쳐 풀썩 누워버렸다. '옥수수 수염'은 가져왔던 야자수 기름으로 노새들의 발을 문질러주어야만 했다. "야자수 기름을 발라야 온기가 유지됩니다. 그러지 않으면 무슨 수를 써도 노새들은 내일 일어나지 못해요." 가비에로는 우리도 그 기름을 사용하면 안 되느냐고 물었다. 그러자 젊은 노새지기가 대답했다. "안 됩니다, 선생님. 사람은 스스로 온기를 되찾습니다. 조금만 있으면 우리는 괜찮아질 겁니다. 제 말이 맞는지 틀린지 한번 지켜보세요. 하지만 노새들의 피는 훨씬 점도가 진하고, 한 번 차가워지면 좀처럼 따뜻해지지 않습니다. 노새들은 피가 따뜻해져야 휴식을 취할 수 있어요." 가비에로는 '옥수수 수염'의 이상한 이론이 맞다는 것을 인정해야만 했다. 그는 『아시시의 성 프란체스코의 일생』을 펼쳐서 여러 시간 동안 정신을 집중해 책을 읽었다. 그러자 변함없이 슬픔이 가셨고 가끔씩 그의 얼굴에서는 미소가 스쳤다. '옥수수 수염'은 감히 방해하지 못한 채 놀라서 그를 쳐다보고 있었다. 그에게 성인들의 이야기는 신비스럽고 금지된 것이었다. 그는 성인들의 삶에 관해 너무 많이, 자세히 알려고 하지 않는 게 더 좋다고 생각했다.

다음 날 그들은 '알바레스 가족의 평원'으로 내려왔다. 늘 그랬듯 따스한 기후가 가비에로의 정신과 사기를 북돋웠다. 그는 아니발 씨와 얘기해서 철도와 철도 건설과 관련된 사람들에 대해 더 자세히 알아보고 싶었다. 농장 주인은 그들을 정중하게 맞이하면서, 탐보 산마루로 올라가면서 얼마나 많은 어려움을 겪었는지에 관심을 보였다. 가비에로와 노새지기가 단둘이 남아 노새 안장을 벗기고 있을 때 암파로 마리아가 나타났다. '옥수수 수염'은 살며시 자리를 비켜주었고, 여자는 전에 없이 뜨겁게 가비에로를 껴안았다. 그녀는 흐느끼면서 불모의 고지에서 그가 겪을 고생뿐만 아니라, 그곳에서 만나게 될 사람들 때문에 몹시 걱정이 되었다고 다정하게 말했다. 그러면서 그 사람들에게 음침하고 설명할 수 없는 불길한 예감이 느껴졌다고 덧붙였다. 그녀의 따뜻하고 강인한 몸이 다시 뜨겁게 그의 몸에 달라붙자 가비에로는 평화와 행복감을 느꼈고, 그런 느낌은 자비롭고 온화한 커피와 사탕수수의 땅에 의해 커지고 있었다. 그곳에서 그는 살고자 하는 욕망과 이 세상이 주는 선물을 사랑하고자 하는 마음을 완전히 되찾고 있었다.

복도에서 저녁을 먹으면서, 가비에로는 아니발 씨에게 탐보 산마루에서 느꼈던 의문점들에 관해 말하기 시작했다. 집주인은 그 점에 관해 구체적인 대답을 피했다. 모두가 잠자리에 들고 나서 얘기하려는 게 분명했다. 가비에로는 그렇게 이해했고, 그 시간을 기다렸다. 저녁식사가 끝나자 아니발 씨는 시가에 불을 붙이고, 흔들의자에 앉아 브랜디 몇 방울을 넣은 블랙커피를 음미했다. 가비에로 역시 커피를 마셨다. 하지만 그의 커피에는 술이 한 방울도 들어가 있지 않았다. 암파로 마리아는 저녁식사를 내오는 여자들 속에 끼어 종종 모습을 드러냈다. 하지만 이제 여자들은 테이블을 치우고 잘 자라는 인사를 한 다음 각자의 방으로 돌아갔다. 잠시 침묵이 흐른 후, 아니발 씨가 얘기를 시작했다. 이미 밤이었고, 그의 말하는 리듬에 따라 담뱃불만이 같이 빛을 내곤 했다. 가비에로는 그의 말을 들을 준비가 되어 있었다. 전혀 졸리지 않았다. 그는 농장 주인의 말에 특별한 관심을 보이고 있었다.

아니발 씨는 말을 시작하면서 시가를 깊이 빨았고, 그 불빛에 순간적으로 그의 얼굴이 보였다.

"그 작업에 대해 당신에게 말해줄 수 있는 건 많지 않습니다. 산마루를 지나 산맥을 횡단하는 철도를 건설하겠다는 계획은 이미 오래전부터 있었어요. 우리가 이곳에 왔을 때 이미 아버지에게 그것에 대해 들었어요. 하지만 얼마 후 다른 곳을 지나는 도로가 만들어지기 시작했답니다. 철길과 동일한 기능을 하는 도로였죠. 그러자 철길은 사람들의 기억 속에서 지워져버렸지요. 가장 먼저 설계도면을 만들어 사전 작업을 시도했던 건 영국인들이었어요. 처음에 그들은 매우 진지하고 조직적이었답니다. 하지만 그들 중 몇 사람이 남는 시간에 계곡 강가에서 모래를 씻으면서 사금을 찾기 시작했습니다. 조그만 금덩이를 몇 개 발견했던 것 같아요. 그러자 모두 그 일에 달려들었지요. 모래를 씻으면서 얻은 조그만 금덩이로 번 돈이 철도 공사로 받던 월급보다 훨씬 많았습니다. 그러자 철도 건설 작업은 중지되었고, 그 지역은 금을 찾으려는 사람들로 가득 찼지요. 아직도 몇몇 지역에는 그 철길 구간과 심지어 철로 건설에 썼던 도구와 통조림으로 만든 음식을 보관하기 위해 사용했던 철도 차량들이 있어요. 탐보 산마루의 창고들도 그때 지어졌지요. 하지만 골드러시는 실패하고 말았습니다. 초기의 흥분 이후로 그다지 가치 있는 금덩이는 발견되지 않았던 것 같습니다. 그러자 철길뿐만 아니라 채광업도 철저히 망각 속에 파묻혀버렸지요. 그런데 몇 달 전에 그 작업을 어느 벨기에 회사에서 재개할 것이라는 소문이 들렸습니다. 그리고 라플라타에서 어느 정도의 움직임이 감지되었어요. 노새 몇 마리가 당신이 방금 전에 날랐던 것과 비슷하게 생긴 상자들을 옮겼지요. 하지만 몹시 이상했습니다. 저 산마루에 있는 사람들은 아무것도 세우지 않았고 철로를 부설하지도 않았거든요. 겉으로 보기에는 아무런 구체적인 목표도 없이 산을 돌아다니는데, 그들이 무엇을 찾고 있는 것인지 아무도 모릅니다. 라플라타에 도착한 사람들은 꼬박꼬박 빚을 갚고는, 다시 강을 오르내리면서 가끔씩 탐보 산마루까지 가곤 하지요. 하지만 역시 다른 것을 찾고 있는 것 같은 인상을 줍니다. 그런데 판 브란덴이라는 사람이 이곳에 들렀지요. 나는 여행이라곤 한 번도 해보지 않았고 심지어 수도에도 가보지 않았지만, 그 사람이 전혀 마음에 들지 않았다는 사실은 말해줄 수 있어요. 우선 나는 그의 이름이 판 브란덴이라고는 생각하지 않습니다. 그는 가끔씩 자기 이름을 혼동하고는 엉뚱한 이름을 말하는 모순을 범합니다. 또한 휘갈겨 쓴 글씨로 서명을 하지만, 그 서명은 항상 다르지요. 그가 이곳에 머무른 적이 있지만, 다른 이름을 사용했을 거라는 짐작이 듭니다. 아마도 영국인들이 있었던 시절이었을 겁니다. 우리는 항상 이방인들에게 해온 것처럼, 그를 따뜻하게 대접했지요. 하지만 이내 그는 우리가 그를 의심하고 있다는 것을 눈치 챘고, 그후 우리는 그를 보지 못했지요. 어두워지면 그가 이곳 주위를 어슬렁거린다는 말을 들었습니다. 하지만 그 말이 맞는지 나는 몰라요. 내가 당신에게 해줄 수 있는 유일한 말은 그 사람은 행운아라는 사실입니다. 군대는 라플라타 지역의 기지를 폐쇄했고, 그 이후로 아무도 이 지역을 감시하지 않아요. 이곳에 군대가 주둔했다면, 판 브란덴이라는 그 사람은 자기의 신원을 정확히 밝혀야만 했을 것이고, 그와 관련된 사람들이 무엇을 하고 있는지 분명하게 설명해야 했을 겁니다. 그것만은 내가 장담할 수 있어요."

일련의 불안감이 다시 가비에로를 엄습했다. 라틴아메리카 국가에서 그는 군인들을 여러 번 경험했고, 그 경험은 매우 교훈적이었다. 슈란도 강을 여행하면서, 그는 그들이 어떤 종류의 통제를 하고, 어떤 방법으로 질서를 강요하고 유지하는지 직접 두 눈으로 목격했다. 개인적으로 그는 아무런 불평이나 고충도 없었다. 오히려 그가 그 지역을 휩쓸고 지나간 고칠 수 없을 것 같은 질병의 희생자가 되어 사경을 헤매고 있을 때, 군인들은 그의 목숨을 구해주었다. 또한 돌아오는 여행에서 그의 동료들이 목숨을 잃었던 급류에 빠지기 직전에 그를 구해주기도 했다. 그러나 그는 즉결재판의 장면도 보았고, 그것을 기억할 때면 아직도 소름이 끼치는 것 같았다. 이런 모든 것이 거스를 수 없는 격류처럼 그의 뇌리를 스쳐 지나갔다. 마치 과거의 악몽이 다시 시작되는 것 같았다. 기운도 많이 떨어지고 나이만 많아진 지금, 그런 생각을 하자 그는 공포에 사로잡혔다. 차라리 그 일을 더이상 생각하고 싶지 않았다. 가비에로의 반응을 감지한 아니발 씨는 그를 돕기 위해 자기가 농장을 어떻게 개선하려고 하는지 자세한 설명을 늘어놓으면서, 한시도 마음을 놓지 못하는 도망자처럼 바다와 항구를 돌아다니며 오랜 세월을 보낸 가비에로가 이미 그런 유년 시절과 같은 세상을 잊어버렸다는 사실을 염두에 두지 않았거나, 염두에 두지 않으려고 했다. 아니발 씨는 말을 멈추었고, 두 사람은 한참 동안 침묵을 지키면서 별이 총총한 하늘을 바라보았다. 하늘에서 부드러운 평화와 안도감이 느껴졌다. 우주의 평면도가 우리라는 존재는 거의 중요하지 않다는 것을 보여주고 있었다. 그러자 가비에로의 영혼에 평온함이 깃들었고, 그런 느낌과 더불어 잠을 자고 싶어졌다. 고개를 돌려 상대방을 바라보니, 그는 입에 시가를 물고 조용히 꾸벅꾸벅 졸고 있었다.

시가의 재가 풀 먹인 하얀 셔츠에 떨어지고 있었다. 작은 목소리로 그는 아니발 씨에게 잘 자라는 인사를 하고서, 손님용으로 마련된 마구간 옆의 조그만 건물로 잠을 자러 갔다.

라플라타로 돌아오자, 그는 판 브란덴이 아직 도착하지 않았음을 알았다. 그가 떠나면서 다음 배로 돌아올 거라고 말하긴 했지만, 그게 그대로 이루어질지는 모르는 일이었다. 빚쟁이들과 그의 계획과 연루된 사람들을 안심시키기 위해 했던 그의 말을 진지하게 받아들이는 사람은 이제 아무도 없었다. 가비에로는 그를 기다릴 준비를 했다. 탐보 산마루로 가져갈 새로운 짐도 도착하지 않았다. 그는 눈먼 여인과 대화하고 책을 읽어주는 일을 재개했다. 그는 기쁜 마음으로 자기가 가져왔던 두 권의 프랑스어 책의 많은 부분을 번역해주었다. 그리고 그녀는 그 지역에 관한 정보와 최근 20년 동안 그곳에서 일어난 사건에 관해 알려주었다. 가비에로는 엠페라 부인을 알면 알수록 더욱 존경하게 되었다. 그녀의 지성과 분별력으로 따지면, 그 지역을 강타한 혼돈과 간헐적인 폭력 사태 속에서 하숙집을 운영하며 저주받은 조그만 마을에 파묻혀 사는 것보다 더 나은 운명을 살 자격이 충분히 있음을 알 수 있었다. 가령 그녀가 리뉴의 왕자가 했던 몇 가지 행동을 어떻게 평가하는지 듣는 것은 즐거운 일이었다. 그 왕자의 진정한 동기는 명쾌하고 향긋한 그의 편지 속에 조심스럽게 숨겨져 있었다. 눈먼 여인은 위대한 벨기에의 영주가 숨겨놓은 진실을 파헤치면서 그것을 쉽고 분명하게 해석했다. 엠페라 부인은 거의 항상 목표물을 정확하게 겨냥했고, 사건들은 그녀가 예측한 대로 흘러가기 일쑤였다. 기나긴 저녁 시간 동안 뜻하지 않게도 가비에로는 지나간 시절을 돌아보게 하는 자기의 재정적 곤란과 육체적 질병을 잊을 수 있었다.

그 시기에 암파로 마리아가 그를 찾아왔다. 그녀가 방으로 들어오자, 그는 잠시 방에서 나가 하숙집 여주인과 이야기를 했다. 그는 이제 아니발 씨와 자기 사이에 돈독한 우정과 믿음이 있으니 그런 관계를 계속하고 싶지 않다고 말했다. 그 문제로 볼썽사나운 험담이 생기면 그가 진심으로 존경하는 농장 주인과 곤혹스러운 상황에 처하게 될지도 모르는 일이었다. 눈먼 여인은 그를 안심시키면서 농장 주인은 그런 문제에 관심이 없다고 설명했다. 그리고 이미 이전에도 암파로 마리아는 농장으로 올라가기 전이나 그곳에서 돌아온 알바레스의 친구들과 함께 하숙집을 찾아온 적이 있으며, 게다가 그녀는 매우 입이 무겁고 분별이 있다고, 또한 그렇게 하는 것이 그녀에게 바람직하고 유리한 처사라고 말했다. 그것은 그녀가 고향으로 돌아가게 되면, 그곳에는 아주 골치 아픈 문제가 기다리고 있기 때문이었다. 그녀를 강간하려고 시도했던 해병대 대위가 골짜기 밑바닥에서 가슴에 두 번 칼에 찔린 채 발견된 사건이 있었던 것이다. 누가 범인인지 밝혀지지 않았지만, 병사들은 그런 일을 잊지 못하는 법이다. 가비에로는 모든 의심이 가시지 않은 채 방으로 돌아갔다. 그 젊은 여자가 그에게 일깨운 욕망은 그의 두려움과 신중함보다 더욱 강력했다.

그들은 다시 강도 높게 사랑을 했다. 아마도 그 강도는 그들 주변에 쌓이기 시작한 어둠에서 태어난 것 같았다. 그들은 부서질 것 같은 딱딱한 과두아 대나무 침대 위에 누워, 얇은 방충망으로 덮인 창문 앞으로 흐르는 강을 바라보면서 그날 밤새 대화를 나누었다. 까무잡잡하고 집시 여자처럼 허리가 나긋나긋하고 가냘프며 별로 말이 없는 암파로 마리아는 강인하고 엄숙한 분위기를 풍기고 있었지만 사랑에 목말라하고 있었다. 하지만 사랑을 할 때 마치 학대당한 인생을 살아온 여인처럼 불신과 상처에 대한 두려움을 갖고 있었다. 이것은 그녀가 왜 이따금 갑자기 퉁명스럽게 변하는지를 설명해주었고, 마찬가지 이유로 사랑을 하면서 왜 항상 마지막 순간을 자제하는지도 설명해주었다. 그래서 가비에로는 사랑을 하는 동안 그녀의 몸 위에서 자신의 기쁨을 조절하려고 무진 애를 쓰게 되었다. 그러자 불안해하면서도 대담한 그녀의 아름다운 육체는 광활한 가능성을 열어주었고, 그래서 그는 갈수록 머리를 써서 협상을 해야만 했다. 그러나 암파로 마리아는 다정하고 따뜻했으며, 애무를 기다리며 사는 사람들이나 자신들이 만든 새장에서 자신들을 구원해줄 사랑스러운 말을 기다리며 사는 사람들처럼 자발적이었다. 살면서 겪어온 역경과 불운 때문에 그녀는 이런 감정을 잘 표현하지 못했지만, 그녀 성격의 진정한 핵심을 이루고 있는 것은 인자함과 은밀함이었다. 대화는 항상 긴 침묵, 아니 무뚝뚝한 침묵으로 시작하여 나선형 식으로 전개되다가, 마침내는 어린아이 같은 유머와 전혀 꾸밈없는 솔직함으로 가득한 쾌활하고 장난기 섞인 기쁨에 이르렀다. 두 사람은 믿음과 숨김없는 애정을 쌓으면서 친한 친구가 되었다. 이것이 바로 그녀의 진정한 본성을 예측했던 가비에로의 작품이었다. 그는 자기 나이에 젊은 여자를 품에 안는 것이 좋았다. 게다가 그녀의 성격과 외모는 한때 지중해의 조그만 항구에서 이루어졌던 여자들과의 우정을 떠올리게 했다. 목숨을 건 약간의 위험을 감수한다면 그는 그런 자질을 가진 여자를 오랑*이나 수사**의 어두운 후궁에서 언제든지 정복할 수 있었다. 늘그막의 입구에서,

가비에로는 이룰 수도 있었지만 결국 이루지 못했던 것을 포기하는 대신에 주어진 것을 어쩔 수 없이, 하지만 관심을 가지고 받아들이는 법을 배우고 있었다. 운명은 그에게 암파로 마리아를 선사해주었고, 그는 이십 년 전에 그녀를 사랑했다면 좋았을 것이라고 생각했다. 그랬다면 카타니아의 외딴 농장에 그녀를 데리고 있었을 것이다. 하지만 세상에 진저리를 내고 기운이 빠진 지금 가비에로는 공포와 무력함의 땅인 여기에서 그녀를 품에 안고 있었다. 그녀는 신이 그에게 내려준 선물이었다.

그는 이런 생각을 하숙집 여주인에게 조금 말했고, 여주인은 아이로니컬한 체념의 표정을 지은 채 대답했다.

"그래요, 가비에로. 우리는 나이를 먹어가면서 체념이라는 걸 알게 되죠. 누구에게나 일어나는 일이에요. 문제는 그 체념이라는 것이 갑자기 우리를 사로잡는다는 거죠. 우리가 미처 깨닫기도 전에 체념은 시작되어 있지요. 당신도 상상할 수 있겠지만, 눈이 보이지 않는 사람들은 시력을 잃어버리는 순간부터 체념하는 법을 배우게 되지요. 그건 더욱 힘든 일이에요. 그렇게 생각하지 않아요?"

가비에로는 엠페라 부인이 말하고자 하는 의미를 완전히 파악하지 못한 채 동의했다. 그녀의 말은 그를 안심시켰다.

"아니에요, 그건 사실이 아니에요. 가비에로, 똑같아요, 모두 똑같아요. 인생은 모든 걸 평평하게 만들고 마는 이 강물과도 같아요. 강

---

\* 알제리 북서부 지중해 연안에 있는 항구도시. 10세기에 이슬람이 건설한 후 에스파냐, 오스만투르크, 프랑스 등의 지배를 받았다.

\*\* 이란 남서부의 고대도시. 페르시아제국 정치, 행정의 중심지였다.

물은 그런 것들을 가져오다가 버리기도 하면서 바다에 도착해요. 강물은 항상 똑같아요. 모든 게 똑같은 거예요."

그는 눈먼 여자의 말에 어떤 말도 덧붙일 수 없었다. 아니 덧붙이고 싶지 않았다. 그 말들은 그가 오래전부터 자기 자신에게 되뇌던 것과 너무나 비슷했다. 불모 지역으로 올라가자 그런 생각이 진실이라는 사실을 확인할 수 있었고, 그는 다시 무관심으로 돌아가게 되었다. 그것은 항상 그를 심각한 불행에서 구해준 죽마고우였으며, 그의 영혼이 가끔씩 도망칠 수 있다고 느끼던 틈을 봉해주었다. 그것은 눈먼 여자가 가르쳐준 것과 똑같은 아주 특별한 무관심이었다. 무관심은 그가 무너지지 않게 해주었고, 끊임없이 세상이 주는 선물을 선사하면서 그가 살아갈 수 있는 유일하고 확실한 이유를 제공해주었던 것이다.

판 브란덴은 정말 다음 배로 도착했다. 가비에로가 그가 도착한 것을 알았을 때, 이미 벨기에 사람은 술집 안쪽에 있는 테이블에 앉아 긴 잔에 담긴 진토닉을 여러 잔째 급히 비우고 있었다. 눈은 충혈되어 있었으며, 견디기 어려운 불만이 무자비한 불면으로 인해 생긴 다크서클에 아로새겨져 있었다. 대화는 쉽지 않을 듯했다. 가비에로는 그에게 첫번째 여행의 결과를 알려주었다. 판 브란덴은 어물쩍거리면서 애매한 말을 중얼거리더니, 젊은 노새지기를 왜 산마루까지 데려갔느냐고 나무랐다. "그런 염병할 놈들을 사용하고 싶다면, 광부들의 오두막에 남겨두시오. 저 위에 있는 사람들과 나를 골치 아프게 하지 말란 말이오." 가비에로는 그 문제로 말다툼을 벌이지 않으려고 노력하면서 관심 있는 문제로 화제를 바꿨다. 그의 노동에 대한 대가 얘기였다. 벨기에 사람은 가끔씩 무언가를 숨기려는 듯이 어정버정하며 말했는데, 거기서 그가 이해할 수 있는 유일한 것은 다음 선박 편으로 산마루로 올라갈 새로운 상자가 도착한다는 것이었다. 이번에는 지난번보다 더 크고 더 조심스럽게 다루어야 할 상자이며, 그가 받은 돈은 적어도 두 번 정도 더 올라가고도 남을 액수인데 왜 불평하느냐는 것이었다. 가비에로는 그 이외에는 어떤 것도 알 수 없었다. 판 브란덴은 술고래가 되어 집요하게 투덜대면서, 모든 걸 예전과 마찬가지로 모호하게 남겨놓았다. 그러나 이 만남에서 새로운 요소가 하나 생겼다. 가비에로는 무언가 불확실하지만 불안한 신호를 감지했던 것이다. 불확실하지만, 예전부터 알고 있던 방어책을 취해야 한다는 느낌을 받은 것이다. 그런 방어책은 세상 여기저기에서 그에게 행운을 가져다주었던 것이었다. 그는 판 브란덴의 횡설수설에서 조심스러운 공포와 두려움의 그림자를 감지할 수 있었다. 지금까지 벨기에 사람이 보여온 오만하고 도도하면서 어떤 것에도 책망받지 않을 듯하던 태도가 비겁한 수다로 바뀐 것이었다. 엉성하게 얽힌 모호함이 교활하나 눈에 거슬리지 않는 술고래의 완곡하게 에두른 주정으로 집요하게 반복되고 있었던 것이다.

방으로 돌아오자, 발코니는 온화하게 흘러가는 밤의 물길을 향해 활짝 열려 있었다. 가비에로는 벨기에 남자와 대화를 나누면서 자기 안에서 감지된 급박한 위험 신호를 포착하려고 애썼다. 몇 시간 동안 잠을 자지 않고 생각한 후, 그는 분명해 보이는 결론에 도달했다. 그가 말하는 철길이 설사 사실로 존재한다 할지라도, 거기에는 숨겨진 무언가가 있었다. 불법적인 것이기 때문에 그 목적을 숨긴 채 유지하려는 것이었다. 산마루의 창고에 있던 두 명의 외국인과 판 브란덴은 그 음모의 일부이며, 그래서 라플라타의 주민들과 '알바레스 가족의 평원' 사람들은 철도 계획의 진실에 의문을 품고 그 계획에 관여된 사람들을 불신하고 있었던 것이다. 수상쩍게도 그들은 농장에 얼굴을 드러내는 것을 내켜하지 않았다. 이 모든 것은 일시적이긴 하지만 그 지역에 군대가 주둔하고 있지 않기 때문에 가능한 일이었다. 이것이 바로 그가 분명하게 얻어낸 결론이었고, 따라서 곧 다가올 두번째 등정에 대한 예방책을 강구하기에는 충분했다. 가비에로는 아니발 씨에게 자신이 추측한 결론에 대해 말해볼 생각이었다. 그는 건전한 판단력과 엄격한 정직성을 겸비하고 있는 농장주가 아직도 모호한 상태로 남아 있는 부분들을 밝혀낼 수 있도록 도움을 줄 것이라고 확신했다. 암파로 마리아의 고용인과 거래를 할 때 분명하게 드러났듯이, 그는 상호 이해심과 동정심에 기대고 있었다.

이틀 후에 라플라타에 새로운 선적물이 도착했다. 일곱 개의 긴 나무 상자였는데, 너무 무거워 노새 한 마리가 상자 하나를 간신히 나를 수 있었다. 가비에로는 남은 두 개의 상자를 엠페라 부인의 하숙집 판브란덴의 방으로 가져갔다. '옥수수 수염'은 노새들이 다치지 않고 상자들이 언덕길에서 미끄러질 위험이 없도록 짐을 싣는 책임을 맡았다. 쉽지 않은 일이었지만, 노새지기가 능숙한 솜씨를 발휘해 끈덕지게 노력한 끝에 마침내 만족할 정도로 모든 게 준비되었다. 짙은 안개가 낀 축축한 어느 날 새벽에 가비에로는 엠페라 부인과 작별 인사를 하면서 상자를 아주 조심스럽게 보관해달라고 부탁한 후, 탐보 산마루를 향해 두번째 등정을 떠났다. 첫날 등정의 중간 지점에 도착했을 때, 커피 농장은 꽃이 만발해 있었다. 여자들은 나무에서 마른 잎사귀를 떼어내고, 과일에 해를 끼칠 만큼 크게 자란 줄기들을 잘라내고 있었다. 따스한 공기가 커피나무의 꽃송이 향기를 실어오고 있었다. 그 하얀 꽃송이로 마치 커피 농장의 초록색 둥근 지붕에 뜻하지 않게 눈이 내린 것처럼 보였다. 여자들의 노랫소리와 산에서 내려오는 계곡의 물소리를 듣자, 가비에로는 순수하고 더럽혀지지 않은 기쁨을 느끼며 모든 어둠을 잊어버릴 수 있었다. 열대 지방의 아침을 맞이하자 마치 기적처럼 그는 어린 시절로 되돌아갔다. 반투명한 안개의 푸른 베일에 둘러싸인 산들과 지그재그로 비탈을 올라가면서 소작인들의 허름한 집을 연결해주는 오솔길은 무시무시한 힘을 숨기고 있는 광활하고 무한한 땅이라는 인상을 풍겼다. 이런 장엄한 모습을 보자, 그는 바다에 있을 때 종종 꾸곤 했던 꿈을 떠올렸다. 이제 그는 이런 풍경과 그런 것을 낱낱이 간직한 자신의 놀라운 기억력이 절대적인 연관성을 띠고 있다는 것을 깨달았다. 길이 굽어지는 곳에서, 즉 농장으로 가는 오르막길이 막 시작되기 전에 암파로 마리아가 그를 기다리고 있었다. 긴 앞치마를 한 그녀의 모습은 여사제 같은 분위기를 풍겼다. 그녀가 손에 들고 있던 전지가위가 그런 효과를 더욱 증대시켰다. 그녀는 도발적으로 그의 입에 키스를 하고 따스한 숨으로 그의 귀를 간질이면서 말했다. "아니발 씨가 당신과 단둘이 이야기하고 싶어해요. 집에 도착하면 그가 당신에게 몇 가지 핑계를 댈 거고, 그럼 그와 함께 밖으로 나가자고 하더군요. 하지만 먼저 내가 방금 다듬은 저 커피나무 아래서 잠시 쉬도록 해요. 아무도 우리를 보지 못할 거예요."

　그녀의 초대는 달콤한 약속을 숨기고 있었다. 그 말을 듣자 그의 몸에서 뜨거운 만족감이 엄습했다. 그는 '옥수수 수염'에게 앞으로 계속

가라는 신호를 보낸 후, 아드리아해의 어느 박물관에서 보았던 에트루리아의 조그만 조각상처럼 수수께끼 같은 미소를 짓고 있는 여자의 안내를 받아 커피 농장 안으로 들어갔다. 하늘색과 초록색이 어우러진 나뭇잎의 둥근 천장 아래, 암파로가 마른 바나나 잎사귀로 만든 침대가 있었다. 그녀는 갑작스럽고도 단호한 몸짓으로 옷을 벗으면서 침대에 누웠다. 가비에로는 천천히 그녀를 애무하면서, 동시에 조용하고도 차분한 동작으로 옷에서 해방되었다. 그는 즉시 그녀 안으로 들어가면서 마치 성스러운 의식을 치르는 것 같은 느낌을 받았다. 여자는 절정에 도달하는 척했지만, 이내 그 소리는 현실이 되었다. 그것은 오랜 세월의 무게를 짊어지고 있으며, 미지의 땅에 대한 외롭고도 무기력한 경험을 갖고 있을 뿐만 아니라 그 미지의 땅들이 지닌 중독적인 위험과 기쁨을 잘 알고 있는 이방인에 대한 존경과 감사의 결과였다. 두 사람은 한참 동안 껴안은 채 있었다. 그러는 동안 태양은 나뭇잎으로 이루어진 둥근 돔의 틈새를 체로 치듯이 스며들더니, 시간의 흐름을 알리는 얼룩진 빛을 비추며 그들의 몸을 따라 움직였다. 마침내 가비에로가 출발하기로 결정하자, 암파로 마리아는 옷을 벗었을 때처럼 재빠르게 옷을 입었다. 마치 갑자기 성숙한 것처럼, 진지하면서도 열정적인 표정을 짓고 있었다. 그녀는 다시 격렬하게 가비에로의 입에 키스하고는 점심식사를 하기 위해 떠나고 있던 다른 동료들과 합류하기 위해 뛰어갔다.

'옥수수 수염'은 이미 언덕을 상당히 올라간 상태였다. 가비에로는 발길을 재촉해 '옥수수 수염'을 따라잡았다. "노새들이 몹시 피곤해해요. 자, 불모지대를 견뎌내는지 한번 보도록 하죠." 그는 가비에로에게 말했다. 가비에로의 얼굴이 축복받은 사람처럼 평온하고 차분해 보였는지, 노새지기가 놀리는 어조로 이렇게 말했다. "선생님이 깨어나면 말하도록 하지요. 누가 이런 불모지에 커피 농장이 있다고 생각하겠어요? 우리 할아버지는 모든 게 때가 있다고 말씀하셨지요. 할아버지는 커피를 재배하셨습니다. 하지만 나는 그 일을 하지 않고, 지옥에서 출발한 것 같은 이런 동물들과 여기서 싸우고 있답니다. 오늘은 그 어느 때보다도 좋지 않아요. 짐 때문에 노새들이 몹시 힘들어하고 있어요. 무거워서가 아니라, 궁둥이가 쓸려 벗겨져서 그래요." 가비에로는 아무 말 없이 계속 걸었다. '옥수수 수염'의 말에 아무런 평도 할 것이 없었고, 그래서 그의 순간적인 행복을 조금 더 연장시켜줄 침묵을 택했던 것이다. 가비에로는 다시 그런 기쁨을 선사받으리라고는 기대하지 않았다. 그는 뜻하지 않은 그 기쁨을 자세히 기억해놓았다. 그러자 그의 내부에서, 그런 것들은 이제 끝나고 있으며, 이런 충만의 순간들은 소멸될 것이라는 목소리가 들려왔다.

그들이 '알바레스 가족의 평원'에 도착하자, 아니발 씨가 그들을 맞이하러 나왔다. 그는 아직도 바지 위에 입는 가죽 앞가리개를 하고 있었다. 농장과 불모지의 경계에서 잃어버린 소를 몇 마리 찾고 있었다고 말했다. 그는 가비에로에게 테라스로 가자고 하더니, 커피를 가져오라고 지시한 후 옷을 갈아입으러 갔다. 김이 무럭무럭 나는 향긋한 커피가 큰 컵에 담겨 왔다. 그는 따뜻한 커피를 아무 말 없이 마셨다. 잠시 시간이 지나자, 농장주는 자기 말에 그다지 큰 중요성을 부여하지 않은 채 자연스러운 말투로 이렇게 제안했다. "저 계곡까지 함께 가지 않겠소? 당신에게 냇가에 심은 과실수들을 보여주고 싶어요. 아주 훌륭한 과일이 주렁주렁 달려 있다오. 아마 당신도 관심을 보이게 될 거요." 가비에로는 즉시 좋다고 동의했다. 부자연스러운 핑계가 약간 재미있게 느껴졌다. 가비에로가 기나긴 선원 생활과 동떨어진 이질적인 것에는 별 관심을 가지고 있지 않다는 것을 아니발 씨가 이미 알고 있기 때문이었다. 두 사람은 천천히 계곡을 향해 내려가면서, 축축하고 미끈거리는 오솔길에서 미끄러지지 않으려고 애를 썼다. 농장주는 냇물을 따라 자라고 있던 조그만 나무들 사이로 들어갔다. 잉꼬들이 지저귀는 소리는 거의 참을 수 없을 지경이었다. 그는 계곡의 조용한 물 위로 우뚝 솟아 있는 커다란 돌로 가더니 가비에로에게 자기 옆에 앉으라고 권했다. 그는 주변을 둘러보더니 서론 없이 바로 본론으로 들어갔다.

"음, 친구. 철로 이야기와 관련된 얘기예요. 분명히 당신은 그 계획에 관해 큰 의심을 갖고 있었지요. 나는 내가 지니고 있던 의심을 확인해보기 위해 오늘 새벽에 불모지 근방까지 올라갔어요. 잃어버린 소들을 찾는다는 핑계를 댔지만, 실은 저 위의 내 양떼들을 보살피고 있는 목동들과 이야기하기 위해서였소. 그들은 그곳에서 일어나는 모든 일을 알고 있지요. 그들이 내게 말해준 것과 내가 라플라타에서 받은 소식들을 통해 나는 당신에게 이렇게 말할 수 있어요. 철로는 없으며, 그런 계획에 대한 미미한 징후도 없다는 것입니다. 그들이 창고에 쌓아놓는 것, 그리고 당신이 지금 담보로 가져가는 것은 정밀 기계도, 그 어떤 종류의 기계도 아니랍니다. 그 상자, 아니 그 상자에 든 내용물을 가지러 가기 위해 한밤중에 세 번이나 사람들이 창고로 왔지요. 그걸 가지고 그들이 어디로 갔는지는 아무도 몰라요. 두 가지 이유로

나는 당신에게 이 사실을 알려주기로 마음먹었답니다. 첫째는 당신이 이 사업에 직접 연루되지 않았다는 것을 확신하고, 내가 당신과 당신의 성품에 동정을 느끼기 때문에, 위험천만인 저 도둑놈들의 소굴에서 비참하게 끝나는 것을 보고 싶지 않기 때문이라오. 둘째는 나 자신과 내 사람들의 이해와도 연관이 있기 때문이지요. 이제 당신에게 내 의견을 말해주었으니, 이 문제와 관련하여 탐보 산마루와 라플라타에서 일어날 모든 것을 내게 알려주면 좋겠어요. 그래야 내가 적절하게 위험을 피할 수 있고, 혹시 무슨 일이 일어나더라도 농장과 사람들을 보호할 수 있을 테니까요. 그런 일은 좀더 시간이 지나야 일어날 것입니다. 아마도 당신은 노새에 물건을 싣고 한두 번 더 산마루로 가게 될 거요. 우선 위험 신호는 산마루가 아니라 라플라타에 먼저 도착할 거요. 산마루는 그들이 생각 이상으로 믿고 있는 곳이니 말입니다. 생각보다 암파로 마리아는 충성스럽고 눈치가 빠르니, 그녀를 통해 새로운 소식을 알려주기 바랍니다. 그러면 여기서 나는 즉시 불행을 피할 조치를 취하겠어요."

"아니발 씨." 가비에로가 대답했다. "구체적으로 당신이 두려워하고 있는 게 뭡까? 물론 나는 라플라타와 탐보에서 알게 될 모든 것을 당신에게 알려주겠습니다. 하지만 도대체 우리를 위협하고 있는 게 무엇인지 조금 더 알고 싶습니다. 그래야 중대한 소식과 하찮은 소문을 혼동하지 않을 겁니다. 솔직히 말하자면 라플라타 마을의 모든 게 나를 불안하게 만듭니다. 그곳에서는 아무리 멍청한 바보라도 마음 편히 있을 수 없는 일들만 일어납니다. 나는 당신과 당신 사람들을 진정으로 아끼고 존경합니다. 지금 당신이 보여준 믿음으로 나는 당신을 더욱 가깝게 생각하고, 당신이 얼마나 정의롭고 당신 사람들을 아끼는지 알 수 있게 됐습니다. 하지만 당신이 두려워하는 위험이 어떤 것인지 보다 구체적으로 얘기해주지 않으면, 내가 그 위험을 보지 못하고 그냥 흘려버릴 수도 있다는 것을 아셔야 합니다."

"친구, 당신 말이 맞아요." 아니발 씨가 대답했다. "당신에게 약간의 배경을 설명해주지요. 이 지역은 오래전부터 폭동이 있었답니다. 지금 당장은 정확하게 무슨 일이 일어날지 모르고, 배후에 누가 있는지 몰라요. 날이 밝기 전에 아주 어둡고 구불거리는 길로 이동하는 그런 것들의 흔적을 뒤쫓기란 쉽지가 않다오. 엠페라 부인의 집에서, 술집에서, 부둣가에서, 저 위의 탐보에서, 심지어 광부들의 오두막에서, 새롭게 일어나는 모든 일과 일상적이지 않은 모든 일, 그리고 당신이 만나는 사람들의 삶에서 일어나는 모든 변화의 징조를 눈여겨 살펴보십시오. 더이상은 말해줄 수 없어요. 비밀을 지켜야 하기 때문이 아니라, 그런 갑작스러운 강풍이 어디에서 올지 모르기 때문입니다. 내가 그것이 반란군의 움직임이라고 말하는 것은, 아마도 군대의 기동 작전이나 아니면 군대 내에서의 복수나 서로 다른 밀수꾼들의 원한 맺힌 복수일 수도 있기 때문입니다. 나는 당신이 탐보에서 보게 될 것보다 라플라타에서 알게 될 것에 더 관심이 많아요. 나는 그곳 동향을 끊임없이 주시하는 사람들을 이미 확보해놓고 있어요. 그렇다고 해서 당신이 산마루에 숨어 있는 도둑놈들에 대해 경계를 게을리해도 된다는 말은 아니에요. 절대로 경계를 소홀히 하면 안 됩니다. 하지만 친구, 가장 끔찍한 뜻밖의 일을 가져오는 것은 바로 강이라오. 내가 여기서 사는 동안, 이 강물을 따라 좋은 일이 일어난 적은 한 번도 없었다오. 자신있게 말할 수 있어요. 그럼 이제 돌아갑시다. 농장의 그 누구도 당신과 내가 무언가를 획책하고 다닌다고 의심하기를 바라지 않아요. 그들은 불쌍한 사람들이에요. 감동적일 정도로 내게 충성을 다하고, 그래서 나는 그들에게 일어날 수 있는 일에 책임을 느끼는 것입니다. 그들을 이곳으로 데려온 장본인이 바로 우리예요. 물론 '옥수수 수염'에게는 아무것도 말하지 말아요. 그는 충성스럽고 매우 똑똑하지만, 너무 말이 많아서 이미 문제가 됐던 전력이 있답니다. 그를 불신하지는 말아요. 당신이 믿지 말아야 할 것은 바로 그의 혀입니다. 이게 전부요."

두 사람은 농장 가옥으로 올라갔고, 가비에로는 다시 노새들을 보러 갔다. '옥수수 수염'은 이미 농장 일꾼의 도움을 받아 짐을 내려놓은 상태였다. 두 사람은 그곳에서 나무 상자가 참으로 희한하게 생겼다고 말하고 있었다. 가비에로는 '옥수수 수염'에게 대화를 중단하라는 신호를 보냈다. 그러자 일꾼은 즉시 그곳을 떠났고, 노새지기는 노새들에게 먹을 것을 주기 시작했다. 그날 밤 가비에로와 '옥수수 수염'은 마구간에서 함께 잠을 잤다. 가비에로가 어떤 구경꾼도 나무 상자에 접근하는 걸 바라지 않았기 때문이었다. 아니발 씨와의 대화로 인해 그는 경계를 게을리하지 않으려 했다. 이제 그는 판 브란덴과의 대화와 엠페라 부인의 몇 가지 암시를 한데 엮으려고 애썼다. 그러자 그가 얼마나 위험한 지뢰밭을 지나고 있는지 명확하게 알 수 있었다.

다음날 아침 해가 뜨기 전에 그들은 광부들의 오두막을 향해 길을 떠났다. 시간이 조금 지나자 노새들은 다시 피곤한 기색을 보이기 시작했고, 갈수록 '옥수수 수염'의 말을 듣지 않았다. 마침내 그들은 산

비탈에 이르렀다. 길은 벼랑을 따라 지그재그로 올라가고 있었다. 그리고 올라갈수록 벼랑은 깊어졌다. 오솔길은 험준한 절벽과 바싹 붙으면서 위험할 정도로 좁아졌다. 절벽에서는 도저히 움직일 수도 없는 커다란 바위들이 삐져나와 있었다. 오르막길이 시작되자 노새들은 떨기 시작했고, 앞으로 나가려고 하지 않았다. "짐 때문에 그렇습니다"라고 '옥수수 수염'이 설명했다. "균형이 맞지 않는 짐 때문에 위험을 느끼는 것이죠. 한 마리씩 통과시켜야 합니다. 모두가 오르막길 중간에서 멈춰버리면 뒤로 돌아갈 방법이 없고, 이 동물들과의 싸움에서 질 수밖에 없습니다. 설상가상으로 바닥은 비 때문에 비누처럼 미끈거립니다."

가비에로는 조금 더 앞으로 가자고 제안했다. 길을 가는 도중에, 그러니까 오두막에 도착하기 전에 밤을 맞이하고 싶지 않았기 때문이었다. 하지만 비탈길 중간을 조금 더 지났을 무렵, 노새들은 더이상 발을 내디디려고 하지 않았다. 그들은 '옥수수 수염'의 계획을 실행에 옮기기로 했다. 첫번째 노새들은 아무 문제 없이 지나갔다. 가비에로는 위에서 노새들을 기다리고 있고, 노새지기는 한 마리씩 고삐를 잡고 이끌었다. 마지막 노새와 함께 '옥수수 수염'이 올라오고 있는데, 노새가 절벽에서 갑자기 날아오른 새를 보고 놀라고 말았다. 길은 너무나 좁았고, 노새는 뒷걸음질쳤다. 그러다 짐 무게를 이기지 못해 짐과 함께 절벽으로 떨어지고 말았다. 노새는 떨어지면서 아무 소리도 내지 않았다. 그 나락은 그토록 깊어서, 구름이 바닥을 뒤덮고 있었다. 노새들은 자기 동료 하나가 없어졌다는 것을 알았고, 불안해하는 기색이 더욱 역력했다. 그들은 완전히 지칠 대로 지쳐서 마침내 정상에 도착했다. 밤이 다가오고 있었다. 차가운 비가 번개를 동반하여 억수처럼 내리기 시작했는지, 빗소리가 갈수록 가깝게 들리고 있었다. 노새들은 벌벌 떨었고, 번개는 공포에 사로잡혀 어쩔 줄 모르는 노새들의 눈을 환하게 비추었다. 마침내 오두막에 도착했을 때는 거의 한밤중이었다. 그들은 즉시 짐을 내려주어 노새들을 피로에서 해방시켰다. 그리고 탁발수사의 침대처럼 그곳 오두막에 항상 보관되어 있던 나뭇잎으로 침대를 준비했다. 가비에로가 밤에 책을 읽기 위해 가져온 초에 불을 붙이자마자, 노새들의 마구를 걸거나 나그네의 옷을 걸기 위해 박아놓은 녹슨 못에 종이 하나가 있는 것이 보였다. 인쇄체 글씨로 뒤범벅된 스페인어가 쓰여 있었다. 쓴 사람이 누구인지 확인하지 못하도록 하기 위한 것이 분명했다. 그곳에서 기다리라는, 짐은 다음날 점심 이전에 가져갈 것이라는 내용이었다. 탐보 산마루까지 불모지의 끔찍한 길을 가지 않아도 된다는 안도감과 뒤섞여 숨겨진 위험이 말없이 존재하고 있음을 느낄 수 있었다. 두 사람은 그 위험에 관해서 아무 말도 하지 않는 편을 택했다. 각자가 상대방의 생각을 알고 있는 것 같았다. 열대의 폭풍처럼 밤새 한시도 쉬지 않고 비가 내렸다. 마치 전 세계를 휩쓸 것 같은 홍수가 시작된 것 같았다. 아침이 되자 두 사람은 커피를 데우고 바나나 몇 조각을 튀겼다. 하지만 고된 여정으로 배가 몹시 고파서, 더 영양가 있는 음식이 필요했다. 두 사람은 갈수록 더해가는 식욕을 잠으로 속이기 위해 다시 잠자리에 들었다. 그리고 문을 두드리는 소리에 소스라치게 놀라며 잠에서 깼다. 두 사람 모두 자기들이 어디에 있는지 완전히 잊어버리고 있었다.

산마루에서 그들을 맞이했던 야위고 떨떠름한 기술자가 다른 다섯 사람과 함께 들어왔고, 생기 있고 윤기 흐르는 노새 다섯 마리가 밖에서 기다리고 있었다. 아무 말도 하지 않은 채 일꾼들은 극도로 조심하면서 상자를 들었고, 벨기에 출신이라는 그 기술자는 노새들의 옆구리에 실어 가져왔던 짐의 숫자와 목록을 확인했다.

"두 개가 부족합니다." 그는 교활한 불신의 눈빛으로 가비에로를 쳐다보고 말하면서 불안한 표정을 애써 감추려고 했다.

"아닙니다." 가비에로가 대답했다. "하나만 부족합니다. 노새가 짐을 실은 채 벼랑으로 떨어졌습니다."

"그럼 다시 한번 살펴보겠습니다." 그 남자는 일꾼들이 이미 실어놓은 상자와 목록을 다시 대조했다. "당신 말이 맞습니다. 하나가 부족합니다. 하지만 하나건 둘이건 똑같습니다. 노새가 어디서 굴렀습니까?"

"산타아나의 평지 바로 전입니다. 마지막에서 두번째 굽은 길이지요. 구름이 모든 걸 뒤덮고 있었습니다." 가비에로보다 그 지역을 잘 알고 있던 '옥수수 수염'이 급히 설명하면서, 그 이방인의 의심을 해소시키고자 했다.

"이 사실을 당신의 고용주에게 말하십시오." 기술자는 가비에로에게 자세히 설명했다. "당신에게 문제가 생길 겁니다. 이 상자들에 담아 가져온 것은 산 속에 그냥 버려둔 채 놔둘 수 없는 것입니다. 그 상자를 찾아오는 편이 나을 겁니다. 그리고 당신이 그 내용물을 보거나 발견한다면, 침묵을 지키는 편이 좋을 겁니다. 누군가가 당신보다 먼저 그곳에 도착한다면 아마도 마음을 단단히 먹어야 할 겁니다. 우리는 빈둥거리며 배회하면서 말만 앞세우는 사람이 아닙니다. 자, 그럼 갑시다." 그는 어깨를 움찔거리면서 뒤로 돌아 노새를 출발시켰다. 그리고 악몽처럼 끈질기게 내리던 빗속으로 사라졌다.

두 사람만 남게 되자 '옥수수 수염'이 말했다.

"걱정 마세요. 나는 계곡의 바닥까지 내려가는 길을 알고 있습니다. 비탈길 중간에 노새들을 묶어놓도록 하지요. 그곳에서 멀지 않은 곳에 지름길이 있으니, 한 시간이면 바다에 도착할 수 있습니다. 거기서 어떻게 해야 할지 생각해보지요. 안전한 장소에 짐을 묻어놓으면 됩니다. 광부들이 여기에 남겨놓은 삽을 가지고 가죠."

가비에로는 안도의 한숨을 내쉬었다. 동료의 말을 듣자 커다란 위험 없이 어려움에서 벗어날 수 있으리라는 믿음이 되살아났던 것이다. 기술자의 경고는 그의 가슴에 깊이 아로새겨져 있었다. 그를 임시로 고용한 사람들의 불가해하고 모호한 위협만큼 불안한 것은 없었다. 그러나 이 경우 두려움은, 존경할 필요도 없고 감사할 필요도 없는 사람의 손에 자신의 운명이 좌우된다는 것을 아는 데서 나오는 반감에 비하면 아무것도 아니었다. 이런 관계는 그가 가능한 한 피하고자 애썼던 것이었다.

비가 멈췄다. 두 사람은 '옥수수 수염'이 지시한 장소까지 노새들을 데리고 내려갔다. 그리고 절벽 아래로 향하는 지름길을 찾았다. 어떤 구간에는 길도 없었지만, '옥수수 수염'은 어떻게 가야 할지 완벽하게 알고 있었다. 비로 인해 진흙은 너무나 미끄러웠고, 어떤 구간에서는 아래로 내려갈수록 커지고 두꺼워지는 풀을 잡으면서 미끄럼을 타야만 했다. 마침내 그들은 강렬한 초록색 수풀이 우거진 곳에 도달했다. 주변이 습기로 가득 차 숨을 쉬기가 좀 편해졌고, 추위와 내려오느라 애쓰는 바람에 굳어진 근육도 풀렸다. 점심 무렵에 그들은 거품과 소용돌이를 일으키며 즐겁고 소란스럽게 흘러가는 급류 언저리에 도착했다. 차갑고 맑은 물이 포효하는 소리가 계곡의 높은 벽에 부딪혀 울려 퍼지고 있었다. 침입자들이 그곳을 지나자 놀란 잉꼬들이 갑자기 소란스럽게 떼를 지어 절벽에서 날아올랐고, 커다란 새들은 짝을 지어 멋지게 비행하면서 그곳을 떠나, 그곳은 마치 허망한 작업이나 속세의 시간 너머에 존재하는 것처럼 델포이* 같은 분위기를 풍겼다. 강변으로 내려가면서, '옥수수 수염'은 눈을 들어 노새가 절벽으로 굴러 떨어졌던 위치를 확인했다. 그리고 갑자기 발길을 멈추더니, 가비에로에게 그 장소를 가리켰다. 하지만 노새의 사체나 노새가 싣고 온 짐의 흔적이 보이지 않자 적잖이 당황했다. '옥수수 수염'은 사체가 강물에 휩쓸려 내려가 바위에 걸려 있을 수 있다고 설명했다. 하지만 짐이 강물에 떠내려가기란 쉽지 않은 일이었다. 실제로 조금 더 앞으로 나아가자, 부풀어 오른 노새의 사체가 눈에 들어왔다. 사체는 커다란 돌 주변의 소용돌이에 휩쓸려 이리저리 돌과 부딪치고 있었다. 독수리들이 썩은 고기 위에서 열심히 쪼아대면서, 사정없이 내려오는 강물 속에서 균형을 유지하려고 안간힘을 쓰고 있었다.

그들은 노새가 떨어졌을 것으로 추측되는 장소로 되돌아가, 거기서 상자를 찾아보았다. "빌어먹을!" '옥수수 수염'이 바닥에서 무언가를 들어 올리면서 소리쳤다. "누가 와서 상자를 가져갔어요. 이것 좀 봐요!" 그는 가비에로에게 무언지 금방 알아볼 수 있는 나무 조각을 건

---

* 아폴로 신전이 있던 고대도시.

네주었다. 그들은 그 장소를 샅샅이 뒤졌고, 얼마 되지 않아 가비에로는 또 다른 단서를 건져냈다. 하지만 그것은 그를 더욱 걱정스럽게 만들 뿐이었다. 그것은 비닐 라벨 조각이었는데, 거기에 타이핑된 몇몇 단어는 물과 비 때문에 흐릿하게 지워져 있었다. 그러나 아래 모서리에서는 아직도 'Made in Czec……'라는 인쇄된 글씨를 알아볼 수 있었다. 마지막 단어의 끝부분은 라벨 조각에 나타나 있지 않았지만 쉽게 짐작할 수 있는 단어였다. 가비에로는 그 비닐 조각을 주머니에 넣고는, '옥수수 수염'에게 이제 노새들이 있는 곳으로 돌아가자는 신호를 보냈다. 그 계곡에서 너무 많은 시간을 보내는 것은 그리 신중한 행동이 아니었다. 노새지기는 가비에로에게 강을 따라가면 머지않아 '알바레스 가족의 평원'에 도착할 수 있을 것이라고 설명했다. 그리고 자기가 노새를 데리러 가겠다고 했다. 이제는 짐이 없으니 훨씬 쉽게 다룰 수 있었고, 게다가 미끈거리는 지름길로 올라가는 것은 엄청나게 피곤한 작업이었다. 가비에로는 고개를 끄덕였지만 썩 내켜하지 않았다. 밤이 될 때까지도 그 길에 있게 되면, 상자를 가지러 왔던 바로 그 사람들이 '옥수수 수염'을 공격할 수도 있었기 때문이었다.

그러자 노새지기가 말했다. "밤에는 그 누구도 비탈길을 올라오려고 하지 않습니다. 내가 알아서 조심할 테니 걱정하지 마십시오." 그 말을 들은 가비에로는 이렇게 대답했다. "상자를 찾으러 그들이 어젯밤에 이곳으로 왔는지는 확실하지 않아. 그들은 비탈길을 두려워하지 않으니까." '옥수수 수염'이 다시 대답했다. "아닙니다, 선생님. 그들은 지름길로 왔습니다. 그건 전혀 다릅니다." 가비에로는 '옥수수 수염'의 주장에 자기 생각을 접었고, 두 사람은 거기서 헤어졌다. 강물을 따라 내려오는 동안, 무언의 불안감이 가비에로를 사로잡았다. 뭐라고 정확하게 말할 수는 없지만, 위험이 존재한다는 것은 분명했다. 그러자 그는 너무나 익숙한 기분에 빠져들었다. 권태와 진저리나는 피로감이 그에게 졌다는 것을 인정하라고, 세월의 흐름을 멈추게 하라고 권하고 있었다. 사실 그가 보내온 세월, 지금 살고 있는 시간은 모두가 일종의 모험적인 사업으로 흠이 나 있었고, 항상 다른 사람이 그 사업에서 돈을 벌고 주도권을 쥐고 있었다. 그는 자신도 깨닫지 못한 채 다른 사람의 목표에 봉사하는 순진한 얼간이 역할만 강요당하는 듯한 느낌을 받아왔다. 입에서 쓸쓸한 맛이 느껴졌고, 관자놀이에서는 고통스러운 맥박이 고동쳤고, 배에서는 꾸르륵 소리가 났다. 그것은 두려움이었다. 음험한 고양이처럼 정기적으로 달려드는, 오래전부터 알고 있던 두려움이었다. 그 두려움은 그가 코코라 광산에서, 슈란도의 급류에서, 안트베르펜과 이스탄불에서, 레판토 호의 배 밑창에서, 그리고 야비하고 천한 재앙과 마주치거나 이따금씩 이해할 수 없는 기쁨으로 혼란스러운 순간마다 항상 느꼈던 것이었다.

'알바레스 가족의 평원'에 도착했을 때, 가비에로가 아는 사람은 한 명도 없었다. 부엌에서 중국 미라의 얼굴을 한 여자가 그를 맞이했다. 이빨 빠진 입에서 서투르게 나오는 말로, 그녀는 모두 나갔지만 아니발 씨가 그에게 할 말이 있으니 집 안으로 들어와 편히 쉬면서 자기를 기다려달라고, 그리고 자기를 만나기 전에 항구로 내려가면 안 된다는 말을 남겼다고 전해주었다. 다른 사람들은 산속에 있는 제초한 땅으로 갔기 때문에 다음 날이나 돌아올 것이었다. 암파로 마리아 역시 저 위의 산속에 있었다. 늙은 여자는 음흉한 미소를 지었는데, 가비에

404

로는 그 미소가 몹시 마음에 들지 않았다. 그는 그곳에 남아 커피를 마시고 싶지 않았다. 그래서 여인이 데워준 음식과 커피를 들고 그를 위해 마련된 방으로 갔다. 아침부터 하루 종일 그를 괴롭히던 배고픔을 충족시킨 후, 가비에로는 깊은 잠에 빠져들기 전에 침대에 누워, 계곡에서 발견한 라벨의 'Made in Czec……'를 다시 보았다. 그는 그것이 의미하는 바를 알고 있었지만, 더이상 결론을 진척시킬 수 없었다. 아니 진척시키고 싶지 않았다. 그들이 말하는 철길은 없었다. 그건 명목상의 간판이었고, 그 간판 뒤에는 모종의 위험한 일이 도사리고 있었다. 그 위험한 사업의 톱니바퀴는 어느 순간에라도 그의 목숨을 앗아갈 수 있었다. 그렇게 그가 방심한 틈을 이용해 너무나 쉽게, 이유도 없이, 그리고 경고도 전혀 없이 그런 종류의 일이 갑작스럽게 일어나곤 했었다.

가볍게 문을 두드리는 소리에 그는 잠에서 깼다. 아직 밤이었다. 그는 오랜 시간을 한 번도 깨지 않고 잠을 잤고, 그래서 몇 시가 되었는지 전혀 알 수가 없었다. 그는 문을 열었다. 문을 두드린 사람은 아니발 씨였다. 그는 발끝까지 내려오는 생고무로 만든 판초를 걸쳤는데, 아직도 판초에서는 빗방울이 흘러내리고 있었다. 그는 방금 말에서 내렸고, 말은 베란다의 난간에 묶여 있었다. 그의 옆에는 '옥수수 수염'이 있었다. 농장주와 동시에 도착한 그는 아직도 노새의 고삐를 손에 쥐고 있었다.

"안녕하시오, 친구." 아니발 씨가 그에게 정중한 말투로 인사했지만, 그의 말에는 어느 정도 걱정하는 기색이 배어 있었다. "푹 쉬었다니 다행이군요. 내일 해가 밝기 전에 우리는 여기서 그리 멀지 않은 곳에 가서 작은 업무를 처리해야 합니다. 나는 당신이 함께 가기를 원할 것이라고 확신해요. 당신은 거기서 당신과 우리에게 도움이 될 만한 것을 배울 수 있을 거요. 이미 당신이 탈 말에 안장을 얹고 있고, 당신이 입을 비옷을 찾아보고 있소. 어제부터 쉬지 않고 비가 내리고 있어요. 농장 입구에서 기다리고 있겠소. 나는 몇 가지 지시를 남겨야 한다오. '옥수수 수염'이 노새들을 보관하고, 당신에게 말을 한 마리 가져올 거요. 그럼 잠시 후에 만납시다."

'옥수수 수염'은 모든 게 잘되었다는 것을 보여주는 제스처를 지은 다음 아니발 씨를 따라갔다. 가비에로는 입을 옷을 찾기 위해 방으로 들어갔고, 노새지기는 얼마 지나지 않아 말과 비옷을 가지고 돌아왔다. 아니발 씨는 가비에로의 말 타는 실력이 보통 이하라는 것을 이미 짐작하고 그에게 아주 순한 암말을 골라주었다. 고삐는 약간 단단했지만, 다루기는 아주 쉬웠다. 그는 약간 걱정하면서 암말을 탔고, '옥수수 수염'은 생고무로 만든 비옷을 건네주었다. 가비에로는 즉시 비옷을 입었다. 폭우는 전혀 그칠 기색을 보이지 않은 채 퍼부었다. 가비에로는 농장 입구에서 아니발 씨와 만났다. 두 사람은 나란히 서서 말을 몰기 시작했고, 아무 말 없이 한참을 갔다. 굵은 빗방울이 떨어지면서 둔탁한 소리를 냈고, 그 리듬은 갈수록 빨라졌다. 가비에로는 어디로 가는 거냐고 물었다. 아니발 씨는 아직 말하지 않는 게 좋겠다는 제스처를 취했다. 나중에 말해주겠다는 의미였다. 비옷 주머니에서 가비에로는 생고무로 만든 모자 하나를 발견했다. 바다에서 폭풍이 일 때 사용하던 모자와 비슷했다. 모자를 쓰니 갑자기 바다 한가운데에 있는 듯했다. 따뜻한 빗물이 이따금 그의 얼굴을 때리자 그는 약간 졸음을 느꼈다. 마침내 아니발 씨가 가비에로의 암말 쪽으로 조금 가까이 오더니, 작고 신중한 목소리로 말했다.

"우리는 산속의 한 장소로 가고 있소. 그곳에는 당신과 얘기하고 싶어하는 사람이 우리를 기다리고 있어요. 내가 오래전부터 알고 있는 사람이며, 완전히 신임하는 사람이기도 하지요. 몇 가지 자료를 미리 알려주겠습니다. 이 사람은 당신의 노새 한 마리가 짐을 실은 채 떨어졌으며, 어제 당신이 그 짐을 찾으려 했다는 것을 내게 알려준 사람이오. 당신은 훨씬 더 비싼 대가를 치를 수도 있었소. 그들은 사체 주위를 도는 콘도르들 덕택에 굴러 떨어진 노새를 발견하고, 그 상자를 주워서 안전한 곳으로 옮겼어요. 그리고 상자를 열었는데, 그 상자는 이중 상자였소. 나무로 된 상자는 심연으로 굴러 떨어지면서 산산조각이 났답니다. 그 안에는 체코제 AZ-19 기관단총이 들어 있었소. 그것은 현재 제작되는 무기 중에서 가장 현대적이고 치명적인 자동화기입니다. 그래서 무기 암시장에서 엄청나게 수요가 많지요. 이제 조금만 있으면 더 많은 것을 알게 될 겁니다. 아직도 몇 가지 의문점이 남아 있지만, 철길 계획이 허구라는 것은 이제 만천하에 드러났소. 하지만 그 문제는 그리 쉽게 해결될 수 없어요. 나는 당신이 이런 모든 작전과 하등 관계가 없으며, 이 지역을 모르기 때문에 당신이 이용당한 것이라는 사실도 알고 있어요. 이런 이유 때문에, 그리고 당신과 나의 진실한 우정 때문에, 나는 당신이 아무 잘못도 없다는 것을 그들에게 보증했소. 그러나 그들은 당신에게 협력을 요구할 것이고, 그 요구에 응해야 당신은 이 곤경에서 보다 쉽게 빠져나올 수 있을 것이오. 또한 나도 당신에게 나 역시 이 문제와는 아무런 관련도 없으며, 단지 내 목숨과 내 농장 사람들의 목숨에만 관심이 있다는 것을 말해주고 싶소. 물론 가능한 한 농장도 지키고 싶다오. 우리 형제들과 나는 인생의 대부분을 그 농장에 바쳤답니다. 나는 극도로 조심스럽게 행동해야만 해요. 이곳에서 우리가 잠시 누리고 있던 평화는 이제 끝났소. 이미 군대가 이곳에 도착했고, 아마도 많은 사람이 피를 흘리게 될 것이오. 우리는 그게 어떤 것인지 잘 알고 있소. 나는 농장을 지키기 위해 노력하겠지만, 농장을 위해 목숨을 바칠 준비는 되어 있지 않소. 나는 내 농장 사람들 몇몇이 그랬던 것처럼 인생을 마감하고 싶지는 않아요. 당신이 라플라타에 도착했을 때, 여기는 언제 터질지 모르는 화약고와 같다고 아무도 알려주지 않았나요?"

"엠페라 부인과 다른 사람들의 말을 통해 미루어 헤아릴 수는 있었습니다. 하지만 그들의 말을 중요하게 생각하지는 않았지요." 가비에로가 말했다. "나는 이런 경우, 문제에 개입하고자 하는 사람만이 위험하다고 항상 생각했습니다. 세계 이곳저곳에서 이와 비슷한 상황에 처해본 적이 있었고, 내 행운의 별은 항상 그런 어려움 속에서 나를 구해주었습니다. 내가 여기에 있겠다고 결정했을 때, 분명히 나는 행운의 별을 너무 많이 믿었습니다. 하지만 사실상 모든 게 내게는 별 차이가 없어 보입니다. 나는 그런 걸 구별할 능력을 잃어버렸고, 그래서 운명에 몸을 맡기는 겁니다. 나는 세상을 너무 많이 방황한 탓에 다소 지쳐 있습니다. 나는 세상을 바꾸기 위한 이런 시도가 항상 두 가지 방식으로 끝나는 것을 보았지요. 하나는 단순한 이데올로기조차 제대로 소화하지 못한 볼품없는 독재 체제지요. 그것은 그리 초보적이지 않은 수사법을 이용합니다. 또 다른 하나는 소수의 냉소적인 사람들의 수익 사업이지요. 그들은 항상 국가와 주민의 안녕을 책임진 사람들로 대개 언제나 사리사욕이 없으며 점잖은 사람처럼 보이려고 하지요. 이 두 경우 모두 죽은 사람들과 고아들, 그리고 미망인들은 너무나 구역질나고 위선적인 시위 행진과 행사의 핑곗거리로 사용됩니다. 고통 위에 거대한 거짓말이 건설되는 법이지요. 나는 수년 전에 끔찍한 폭력 사태의 물결이 라플라타를 지나갔다는 것을 알고 있습니다. 하지만 별로 마음을 쓰지 않았습니다. 내게 힘든 것은 계속 살아가는 것이지 죽는 게 아니기 때문입니다. 내게 라플라타는 이 지겨운 방랑 생활, 그러니까 중심을 못 잡고 이리저리 비틀거리는 내 생활을 잠시라도 멈추게 할 수 있는 이상적인 장소로 보였습니다. 앞 못 보는 여인의 집에는 과두아 대나무 침대가 있고, 강물은 내 방 밑으로 흘러가면서, 기억이 떼지어 몰려들어 빚을 청산하자고 요구하는 그 무섭고 끔찍한 밤들을 잊게 해줍니다. 또한 술집에서는 내게 기운을 북돋워주고 나와 공범 관계에 있는 술을 마십니다. 나는 자신과의 싸움이 너무나 힘들 때면 술집으로 달려가지요. 아무도 나를 모르고 그 누구와도 청산할 것이 없는 그 마을에서 내가 얻고자 하는 건 그게 전부입니다. 하지만 내게 그런 바보 같은 일을 시작하도록 강요하고, 다른 사람들의 문제에 관여하게 만들고, 그들과 뒤섞이면서 나를 그들 운명의 작은 일부라고 느끼게 해주는 악마와 같은 수호천사가 있습니다. 그래서 나는 이 철로 사업에 빠지게 되었던 것이지요. 최근 며칠 동안, 나는 이 세상 곳곳에서 판 브란덴과 탐보 산마루에 있는 그의 패거리 같은 사람들을 얼마나 많이 만났느냐고 나 자신에게 수없이 말했습니다. 그런 사람들은 항상 똑같습니다. 심지어 전혀 독창성도 발휘하지 못한 채 피곤할 정도로 똑같은 속임수를 씁니다. 항상 아무도 속이지 못하는 늑대와 같은 탐욕을 지니고 있지요. 여기서 고백하건대, 마음속으로는 절대로 그 철길 이야기를 믿지 않았습니다. 바로 그런 이유로 내가 그 일에 연루되었던 것입니다. 아마도 나는 못된 내 수호천사를 만족시키고 어제 죽은 노새처럼 내 목숨이 끝나기를 비밀리에 소망하고 있었던 것 같습니다."

"이보시오, 친구, 마지막 말은 좀 과장된 것 같군요." 아니발 씨가 대답했다. "나는 당신을 매우 다르게 보고 있어요. 나도 고백하는데, 단지 나는 당신을 좋아하고 존경할 뿐만 아니라 당신의 경험과 이야기 역시 즐기고 있어요. 내게는 그것이 가르침입니다. 생각해보시오. 나는 이 산속에 터전을 잡았고, 그래서 이 계곡들, 악어에게 적당한 이 기후를 제외하고는 이 세상의 그 어느 것도 모르오. 나는 탐보에 있는 사람들과의 경험이 왜 당신에게 그와 비슷한 다른 상황들을 되새기게 했는지 충분히 이해합니다. 나는 우리 모두가 어느 정도 미련을 가지고 있다고 생각해요. 당신은 이제 모든 것을 어두운 패배주의로 보고 있어요. 하지만 나는 당신이 살아온 과거의 이야기를 들었소. 틀림없이 그건 지금 당신이 겪고 있는 것과는 달랐을 거요."

아니발 씨는 가비에로에게 아주 솔직하게 대답했다. 그는 가비에로의 삶이 열정적인 관심이 빚은 일화로 점철된, 예기치 않은 일을 가장 다양하게 겪은 대표적인 삶이라고 생각하고 있었다. 농장 주인의 따분하고 의미 없는 일상과는 정반대의 삶이었다. 두 사람은 그 주제에 관해 열심히 말을 주고받았다. 그리고 각자 자신의 의견을 주장했다. 무자비하게 내리는 비와 그들에게 임박한 미래 위로 닥쳐오는 불길한 구름이 각자 자신들의 운명을 검은 잉크로 묘사하는 데 적잖이 영향을 끼쳤음이 분명했다.

비가 갑자기 멈췄고, 하늘이 즉시 맑아지면서 열대의 밤을 반짝거리게 만드는 기적을 보여주었다. 모든 게 선명한 별빛을 받아 은은한 형광색으로 빛났다. 별빛이 축축한 잎사귀와 웅덩이에 반사되면서, 특히 반반한 웅덩이 표면은 말발굽으로 인해 수천 개의 빛으로 쪼개지고 있었다. 두 사람은 나무들이 죽 늘어선 곳으로 발길을 재촉하여 들어갔다. 농장주는 그곳을 아주 잘 알고 있음이 분명했다. 암말도 유순하게 발길을 서둘렀고, 가비에로는 위아래로 흔들렸다. 그는 서둘게 고삐를 잡아당기면서 제어하려고 했지만 아무 소용이 없었다. 어느 정도의 거리를 그렇게 가다가 아니발 씨는 약간의 경사를 이루며 아래로 내려가는 오솔길로 접어들었다. 오솔길은 도저히 침투할 수 없어 보이는 빽빽한 숲으로 이어지고 있었다. 아니발 씨는 그 숲에서 말을 멈추더니 어떤 신호를 기다렸다. 짧은 휘파람 소리가 들리자, 그는 가비에로에게 말에서 내리라는 손짓을 하고는 가까운 나무에 말을 매러 갔다. 가비에로도 똑같이 하고서 아니발 씨를 따라갔다. 아니발 씨는 천천히 걸어서 빽빽한 숲속으로 들어갔다. 길을 알고 있는 듯 그의 발걸음은 자신 있고 차분했다. 조그만 빈터에, 번개를 맞아 쓰러져 이끼에 뒤덮인 나무 몸통에 한 남자가 앉아서 그들을 기다리고 있었다. 그는 자리에서 일어나 갓 도착한 사람들에게 인사했다. 굳건한 목소리는 입고 있는 야전복과 황록색 셔츠에 달린 대위 계급장과 잘 어울렸다. 두 사람에게 나무 몸통에 앉으라고 권하면서 그는 팔짱을 끼고 서 있었다. 희미한 별빛에 보니, 그의 얼굴은 마르고 창백했고, 며칠 동안 수염을 길러 환자 같은 모습이었다. 단호하고 기운 넘치는 그의 목소리와 몸짓은 그런 첫인상, 그러니까 잘못된 인상을 일시에 없애버리기에 충분했다. 하지만 긴장과 피로로 다크서클이 새겨진 크고 검은 눈은 최대한 방심하지 않으려 애쓰는 듯 번뜩이고 있었다. 아니발 씨는 서둘러 그 사람이 누구인지 가비에로에게 설명했다.

"세구라 대위가 당신과 얘기하고 싶어합니다. 오래전부터 우리의 친구이며, 따라서 아주 자유롭고 솔직하게 말해도 좋을 겁니다. 세구라 대위는 당신이 누구인지 내게 들어 어느 정도 알고 있소. 지금부터 당신이 말하는 것에 따라, 당신이 무심코 말려든 상황에서 빠져나올 수 있을지 없을지가 좌우될 거요." 그러고는 대위를 쳐다보면서 덧붙였다. "오는 도중에 상자가 발견되었다는 사실과 그 상자의 내용물이 어떤 것이었는지 알려주었습니다. 말할 필요도 없겠지만, 그는 자기가 무엇을 운반하고 있었는지 전혀 모르고 있었어요. 그럼 대위님, 이제 얘기를 시작하시죠."

대위는 그 작은 공터를 왔다갔다하면서 가끔씩 손으로 얼굴을 만졌다. 마치 꿈을 쫓아버리거나 피로를 떨쳐버리려는 것 같았다. 엄한 군인의 어조 때문인지, 그의 말은 매우 진지하게 들렸다.

"이보시오, 우리는 당신에 관해 우리가 알아야 할 거의 모든 것을 알고 있소. 그런데 아니발 씨는 당신의 무죄를 장담하고 있소. 당신이 탐보 산마루를 여행했다는 사실로 볼 때 수긍하기가 그리 쉬운 말은 아니오. 그래서 나는 몇 가지 질문을 하겠소. 우선 탐보 산마루의 창고에서 외국인을 몇 명이나 보았는지 알고 싶소."

"나는 그곳에서 두 사람과 함께 있었습니다. 한 사람은 벨기에 사람이라고 했고, 또 한 사람은 별명이 '크라켄'인 것으로 볼 때 단치히 출신인 것 같습니다. 그곳에서 두 사람 이외에 다른 외국인은 보지 못했습니다." 가비에로는 대위가 군대식으로 단도직입적으로 물어본 것처럼, 개인적 감정을 배제하고 간결하고 정확하게 말했다.

"좋소." 대위가 말했다. "당신이 단치히 출신이라고 추정하는 사람은 브레멘에서 태어난 독일인이오. 푼타아레나스에서 청산할 문제가 있는 사람이오. 그는 경사 두 명을 죽였고, 밀수 혐의로 감옥에 갇혀 있다가 탈옥을 시도했소. 벨기에 사람은 실제로는 네덜란드인이고 파나마시티에서 무기를 구입한 장본인이오. 그럼 이제 말해주시오. 광부들의 오두막에서 눈길을 끄는 것이 있었소? 이상하다거나 여느 때와 다른 것을 보았소? 누군가 당신들과 함께 잠을 잤소? 최근에 그곳을 사용했던 사람의 흔적이나 이와 비슷한 징후가 있었소?"

"아닙니다, 대위님." 가비에로가 대답했다. "우리는 아무도 보지 못했고, 그곳에 누군가가 있었다는 흔적도 보지 못했습니다. 그곳은 평소처럼 깨끗하게 유지되고 있었고, 먼젓번 그곳에서 잠을 잤던 때처럼 모든 게 제자리에 있었습니다. 그래요, 이제 기억납니다. 쪽지 하나가 못에 걸려 있었습니다. 탐보까지 올라가지 말고 그곳 오두막에서 기다리면 누군가가 짐을 가지러 올 것이라는 내용이었습니다. 실제로 어제 그 네덜란드 사람이 일꾼들과 함께 와서 짐을 노새에 실어 갔습니다. 아주 근사해 보이는 노새들이었습니다." 말을 하면서 가비에로는 평소의 태도를 되찾았다. 그리고 상대방에게 자발적으로 신뢰를 느꼈다. 자신이 지키고 있는 지역과 자기가 어떤 사람들을 상대하고 있는지 잘 알고 있는 사람처럼, 대위가 자신감을 발산하고 있었기 때문이었다. 게다가 그가 가비에로에게 품었을지도 모르는 그 어떤 의심도 완전히 자취를 감추었기 때문이기도 했다.

"이 일에 당신을 고용한 사람은 땅딸막하고, 눈은 개구리처럼 튀어나왔고, 항상 핏발이 서 있으며, 얼굴은 불그스레하고, 술을 좋아하거나 아니면 좋아하는 척하고, 이름은 판 브란덴 혹은 브랜던이라고 하지요, 맞습니까?"

"그렇습니다, 대위님. 맞습니다. 하지만 분명한 것은 나도 그가 원하는 만큼의 술을 모두 마시는 사람이라고는 생각하지 않는다는 것입니다. 또한 돈 문제에서, 그는 이상하게도 격식을 차리지 않습니다. 돈을 주고 나서 영수증을 요구하지도 않고, 얼마나 사용했는지에 대한 영수증도 원하지 않습니다. 나는 내가 하는 일에 정확히 얼마를 지급할 것인지 한 번도 그와 구체적인 액수를 정할 수가 없었습니다."

"그건 충분히 이해할 수 있는 일이오." 장교는 살며시 피로에 지친 미소를 지었다. "그 남자는 자기가 고용하는 사람들에게 정확한 액수를 제시하지 않소. 그런 유의 무기 거래는 돈에 관해 매우 애매한 입장을 취하는 법이오. 각 중개인의 이익률도 정하지 않는 경향이 있소. 그 작자의 실제 성은 브랜던이고 아일랜드 사람이오. 그의 전력은 이루 말할 수가 없소. 트리니다드에서는 수표 위조로 체포되었고, 영국인들은 중동에서 백인노예 매매를 했다는 혐의로 그를 뒤쫓고 있으며, 사우디아라비아에서는 어느 족장의 명령으로 죽도록 매를 맞기도 했소. 그는 알리칸테 출신의 처녀 둘을 그 족장에게 팔아넘겼는데, 그 여자들이 산 페드로 술라의 창녀들이라는 것이 들통났기 때문이었소. 말한 것처럼 그의 전력은 이루 다 헤아릴 수 없소. 여기서 저지른 죄는 그것들보다 훨씬 중대하오. 아마도 당신은 그를 다시 만날 수 없을지도 모르오. 자, 그럼 계속합시다. 라플라타에서 탐보 산마루로 옮길 짐이 더 남아 있소? 아니면 혹시 이동중인 다른 화물이 있는지 알고 있소?"

"라플라타에 있는 브랜던의 방에 상자 두 개를 남겨두었습니다. 그저께 내가 가져갔던 것과 똑같은 것들입니다. 도착 예정인 다른 화물에 대해서는 들은 바가 없습니다." 가비에로는 장교의 눈이 자신의 눈을 뚫어지게 쳐다보고 있다는 것을 알았다. 대위는 좀더 초조한 표정으로 손을 얼굴로 가져갔다. 그러더니 약간 목소리를 바꾸어 이렇게 물었다.

"그 상자가 있다는 것을 아는 사람이 누구요? 혹시 암파로 마리아가 그 짐에 관해 알고 있소?"

무지근한 분노가 가비에로의 가슴속에서 커지기 시작했다. 갑작스러운 감정의 분출로 그는 지금 군대의 무한한 힘에 복종하고 있다는 것을 알게 되었다. 평생 그는 가능한 한 군대와의 접촉을 피하려고 애써왔다. 그는 간단하게 대답하려고 노력했다.

"그녀가 알 것이라고 생각하지 않습니다. 엠페라 부인이 그녀에게 이야기하지 않았다면 말입니다. 눈먼 여인은 내가 탐보 산마루로 올라가는 것과 관련된 모든 것을 알고 있음이 분명합니다."

"미안하오. 하지만 나는 당신의 극히 개인적인 것과 관련된 질문을 해야만 하오. 나는 방법을 찾을 수 있다면 무엇이든 알아야 하오. 당신은 우리가 상대하는 사람들이 어떤 유형인지, 그리고 그들이 어떤 일을 할 수 있는지 익히 짐작할 수 있을 것이오. 물론 나는 당신 사생활에 전혀 관심이 없지만, 암파로 마리아에게 브랜던과의 일에 관해 어떤 말을 했는지는 알고 싶소." 대위는 자기의 질문이 가능한 한 일상적인 것처럼 보이게 하려고 애썼고, 그건 너무도 분명하게 드러나고 있었다.

"그녀에게 구체적으로 말한 것은 하나도 없습니다. 암파로 마리아는 다른 모든 사람들이 알고 있는 것만을 알고 있을 따름입니다. 즉, 내가 철로 공사에 필요한 기계류와 장비가 들어 있는 상자를 노새로 옮기고 있다는 것만 압니다. 브랜던이나 탐보의 창고에 관해서는 일언반구도 하지 않았습니다. 그러나 암파로 마리아가 엠페라 부인과 얘기를 했다면 상황은 달라질 수 있습니다. 엠페라 부인은 자세하게 많은 것을 알고 있습니다. 내가 그들에 관해 말했기 때문입니다. 이 지역과 이곳 주민들에 대한 그녀의 지식은 내게 많은 도움이 되었습니다." 가비에로는 하숙집 여주인을 위험에 빠뜨릴 수도 있다는 두려움에 더이상은 말하고 싶지 않았다.

"엠페라 부인은 무엇을 말해야 하는지 알고 있으며, 그런 것만을 이야기하오. 틀림없이 암파로 마리아나 다른 사람들에게 필요한 것 이상은 절대 말하지 않으려고 조심했을 것이오. 좋소. 그럼 이제 당신에게 우리를 도와달라고 부탁하고 싶소. 당신이 이미 한 일보다 위험하지는 않을 것이오. 이제부터 내가 하는 말을 주의 깊게 잘 들으시오. 우선 당신은 아무것도 모르는 것처럼 당신의 일을 계속하시오. 나와 결코 만난 적이 없는 것처럼 행동하시오. 나머지 두 개의 상자를 비롯해서 요 며칠 사이에 도착할 예정인 선박으로 올 다른 짐들도 산마루로 옮기시오. 이게 당신의 마지막 여행이 될 것이오. 그곳으로 올라가는 도중에 아니발 씨의 농장에 들르게 되면, 그가 내 지시 사항을 전해줄 것이오. 이 모든 것에 관해 너무 많이 알려고 하지 마시오. 라 플라타에서는 당신이 운반하는 것이 무엇인지 궁금해하는 기색을 보이지 마시오. 모르면 모를수록 좋소. 만일 그들 손에 체포되고, 당신이 무언가를 숨기고 있다고 그들이 의심하는 경우가 발생하면, 지금 내가 당신에게 해줄 수 있는 말은, 당신이 아무리 세상을 많이 돌아다녔고 수많은 경험을 했을지라도, 당신이 알고 있는 것을 캐내기 위해 그들은 당신이 상상할 수 없는 어떤 일이라도 저지를 수 있다는 것이오. 그들은 오랫동안 이 사업을 해왔고 자비라는 게 무엇인지 이미 오래전에 잊어버린 사람들이오."

"만약 판 브란덴이 돌아온다면, 그에게 뭐라고 말합니까?" 가비에로는 순진한 것처럼 보이기 위해 물었다. 물론 대위는 그 질문을 귀담아 듣지 않았다.

"브랜던에게 무슨 일이 일어났는지 정말로 당신이 알고 싶다면, 미리 말해주겠소. 지금은 그런 것을 확인해보지 않는 게 좋을 것이오. 아마도 적당한 때가 언제인지 알게 될 것이오. 아니, 그런 때가 오지 않을지도 모르오. 하지만 알거나 모르거나 무슨 차이가 있겠소? 지금은 그를 만나지 못하리라는 사실을 아는 것만으로도 충분하오. 좋소, 그럼 계속합시다. 라플라타에서는 지금까지 살았던 대로 사시오. 작은 변화라도 생기면 그들은 의심할 것이오. 전과 마찬가지로 술집을 자주 드나들고, 그곳에서 브랜던을 찾는 것처럼 행동하시오. 그 장소는 밀수꾼들의 소굴이라, 항상 그들 일당이 어슬렁거리고 있을 것이오. 그리고 부두로 내려가서 배가 언제 도착하는지 확인하시오. 엠페라 부인에게 계속 책을 읽어주고, 계속해서 암파로 마리아와 만나시오. 이 모든 것에 대해 의심받을 행동은 절대로 하지 마시오. 계속해서 최대한의 순진함을 유지하고, 이 나라와 관련된 모든 것, 특히 이 지역과 관련된 것에 대해서는 아무것도 몰라야 하오. 항구에서 새로운 얼굴을 볼 수 있을지도 모르겠소. 아마도 그들은 당신에게 접근해서 탐보 산마루에서 일어나는 일에 관한 정보를 캐려고 할 것이오. 그러면 철길에 관한 이야기만 계속 들려주고, 결코 거기서 벗어나지 마시오. 그리고 라플라타를 떠날 생각이라는 사실을 그 누구에게도 말하지 마시오. 간단히 말하자면, 당신은 브랜던이 고용한 사람으로 계속 있어야 하오. 그리고 혹시 누군가가 갑자기 그 이름을 언급하더라도, 절대로 그의 진짜 이름을 발음하거나 아는 기미를 보이지 마시오. 마지막으로 내가 이 모든 것을 말해주는 이유는 우리 때문이라기보다는 당신을 위해서라는 사실을 알아주기 바라오. 하지만 당신이 실수를 범하면 우리의 많은 목숨이 희생될 수도 있소. 지금 우리는 많은 목숨을 희생시킬 여유가 없소. 자, 이제 모든 게 분명해졌소? 다른 질문은 없소?"

"모든 걸 잘 알겠습니다, 대위님. 나는 이와 비슷한 상황을 수없이 겪었고, 그래서 나 자신을 어떻게 지켜야 하는지, 말을 어떻게 조심해야 하는지 잘 알고 있습니다. 나와 당신 사람들에 대해서는 걱정하지 마십시오. 나는 내가 어떤 위험에 처할 수 있으며, 당신들이 어떤 위험과 마주치고 있는지 완벽하게 이해했습니다." 가비에로의 가슴에서 약간의 분노가 끓어오르기 시작했다. 그는 제복 입은 군인들이 자기들만의 영역이라고 생각하는 이 세상의 몇몇 측면들을 시민도 이해할 수 있고 맞설 수 있다는 사실을 상상조차 못하는 데 항상 분개했다.

세구라 대위는 잠시 생각에 잠겼다. 마치 가비에로의 말에 무슨 말을 해줄까 생각하는 것 같았다. 그러나 그는 손을 모자로 가져가더니 간결하게 "그럼 좋은 밤 보내시오, 여러분"이라고 말하고는 뒤로 돌아 빽빽한 숲속으로 모습을 감추었다. 그의 군화가 축축이 젖은 바닥에서 첨벙거리는 소리를 냈지만, 그 소리는 점점 희미해지더니 마침내 그가 어느 방향으로 갔는지도 모르게 완전히 사라져버렸다. 마치 밤이 군인 특유의 거만함과 지울 수 없는 전사의 운명을 포함해 그의 모든 것을 삼켜버린 것 같았다.

농장으로 돌아오는 길에 아니발 씨는 대위가 말하지 않고 지나쳤던 몇 가지를 더 설명해주고자 했다. 화물 발송 항구에서 라플라타까지 무기를 운송하려는 계획은 처음부터 발각되었다. 군 첩보부는 국제 세관 창고에서 즉시 그 상자들을 확인했다. 그리고 참모 본부는 그들의 꼬리를 밟아 그 무기를 받는 사람들을 급습하기로 결정했다. 가비에로의 뒤를 쫓아 그들은 탐보의 창고까지 갔다. 그러는 동안 군 첩보부는 철로를 건설한다는 명목으로 국내에 입국한 외국인들의 정보를 수집했다. 몇 년 전에 세구라 대위는 그 지역에 주둔했던 병력을 지휘했다. 그러나 그의 부대는 수많은 사상자가 나는 참사를 겪었고, 그는 불모 고지의 창고에 비축된 무기를 찾으러 오는 사람을 모두 체포하기 위한 작전의 책임자로 임명되었다. 아니발 씨는 군부가 대위의 계획을 너무 믿고 있다는 의견을 밝혔다. 저 위에 보관된 무기가 값비싸고 중요하다는 사실을 감안한다면, 무기 밀매업자들의 숫자는 세구라 대위가 생각하는 것보다 훨씬 많을 수 있다는 것이었다.

"나는 겨우 두 번만 올라갔습니다." 가비에로가 말했다. "하지만 그 무기들이 아무리 현대식이고 강력하다 할지라도, 많은 사람들이 무장하기에 충분하다고는 생각하지 않아요. 물론 이전에 운반된 상자들이 창고에 있긴 하지만 말입니다."

그러자 농장주가 설명했다.

"당신은 가장 복잡하고 다루기 힘든 무기들을 운반했어요. 하지만 전에 이미 많은 양의 탄환과 경화기가 운반되었지요."

가비에로는 그의 친구가 더이상 이것에 관해 말하고 싶어하지 않는다는 것을 눈치 챘다. 하지만 그에게 마지막 질문을 했다.

"누가 그 무기들을 옮겼습니까?"

"터키인 하킴과 연관된 사람들입니다. 일에 대한 보수를 받자마자 그들은 모두 자취를 감추었어요. 나는 그들에게 노새를 빌려주었지요. 그건 나의 실수였어요. 하지만 그들은 노새를 구입하려고 하지 않았고, 나도 그들과 문제를 만들고 싶지 않았답니다. 이미 오랫동안 지속되고 있는 이런 폭력 사태에 휘말리지 않고 살아가려면 얼마나 아슬아슬하게 곡예를 해야 하는지 당신은 상상도 못할 겁니다."

"그렇다면 당신은 세구라 대위와 문제가 있었습니까?"

"아니에요." 아니발 씨가 대답했다. "대위와는 문제가 없었어요. 나를 잘 알고, 내 행동을 이해했지요. 그러나 이 지역을 관할하고 있는 해병 군 첩보부와는 문제가 있었지요. 그들은 나를 약간 싫어하면서 감시하고 있어요. 그들은 '적당'이나 '중도'란 말을 모르는 사람들입니다. 누군가가 고의건 그렇지 않건 수상쩍은 일에 참여한다면, 그는 어떤 사전 경고도 없이 제거되어야 할 후보가 되는 것이지요."

"그렇다면 세구라 대위가 돌아온 게 천만다행이군요." 가비에로가 말했다.

"모르겠어요, 난 모르겠어요." 아니발 씨는 마치 크게 소리를 내어 생각하는 사람처럼 어리벙벙한 말투로 대답했다. "그의 계획이 제대로 작동한다면, 잠시 동안은 아무 문제도 없을 겁니다. 그러나 그렇지 않다면, 그는 우리 모두를 비극으로 몰고 가고 말 겁니다. 해병대가 더 나쁜지, 아니면 무기 밀매업자들이 더 나쁜지 감을 잡지 못하겠어요. 오래전부터 양측은 강의 이 지역을 따라 서로 싸우고 있어요. 그리고 그들의 방법은 결국 똑같아지고 말았지요. 그들은 분노도 없이 냉혹하게, 서슴지 않고 잔인한 짓을 저지릅니다. 하지만 갈수록 가공할 만한 상상력을 발휘하고 전문가답게 세련되고 정밀한 방법을 사용하고 있어요. 그들의 법은 정복의 법입니다. 이곳에 사는 사람은 그 누구라도 죄가 있다는 것이지요. 그게 전부랍니다. 양측은 즉석에서 그 법을 집행하거나 다른 행동으로 옮겨가지요. 하느님, 우리를 보호해주소서." 그는 깊은 한숨을 내쉬며 말을 마쳤다. 그리고 두 사람은 아무 말 없이 말을 타고 갔다.

가비에로는 자기가 얼마나 위험한 상황에 빠졌는지 깨닫기 시작했다. 용서할 수 없이 순진한 생각으로 지독한 악몽의 중심으로 걸어 들어왔고, 온전하게 빠져나갈 가능성은 많지 않은 것 같았다. 그는 자기가 라플라타로 들어오게 된 과정과 어떻게 판 브란덴의 마수에 걸려들게 되었는지 깊이 생각했다. 모든 게 너무나 단순하고 가능성이 충분해 보였다. 그러나 작중인물의 책략과 기만이 서툴렀다는 것은 너무나 자명했다. 아니발 씨도 처음 만났을 때부터 그 철도 계획이 의심스럽다고 말했다. 적지 않은 공포와 불안을 느끼면서, 가비에로는 그런 종류의 위험을 피하는 데 이미 검증된 자신의 방어력이 너무나 분명하게 약화되었다고 생각했다. 그의 사업에는 항상 환영적인 흔적이 있었고, 그런 환영적인 측면은 결국 바람에 날린 종이나 재가 되어 사라지곤 했다. 지금까지 그는 불필요하고 잔인한 모든 위험을 피하고, 최후의 순간에 도망칠 수 있도록 조심했다. 하지만 그도 깨닫지 못하는 사이에 이런 능력은 세월의 흐름과 더불어 손상되었고, 그는 함정에 빠지고 말았던 것이다. 죽음이 이미 그를 통제하고 눈물과 고통을 수확하려고 준비한 함정이었다. 그는 뼛속 깊이 패자의 절망을 느꼈다.

"당신이 생각하고 있는 것을 익히 짐작할 수 있어요." 불현듯 그의 동료는 가비에로의 어두운 침묵을 보고 불안해하면서 말했다. "상황은 심각하지만 절망적이지는 않아요. 세구라가 말한 대로 하시오. 그는 당신에게 보증서와 같습니다. 그는 언행이 일치하는 사람이라오. 나는 그를 아주 잘 알고 있어요. 모든 게 끝나면, 가능한 한 빨리 이곳을 떠나는 게 좋을 거요. 어디로 가도 상관없지만, 이 지역은 떠나도록 하시오. 적당한 때가 되면, 나도 내 사람들과 함께 떠날 수 있는 방법을 찾아볼 거요. 함께 가자고 하지는 못하겠어요. 당신은 외국인이고 이 나라와 아무런 관련도 없기 때문에, 우리의 탈출을 힘들게 만들 수도 있고, 위험에 처하게 할 가능성이 더 많으니까 말이오. 바다로 가시오. 바로 그곳에서 당신은 목숨을 구할 수 있을 겁니다."

"아니발 씨, 나는 항상 바다에 있었습니다. 바다는 한 번도 나를 저버린 적이 없었습니다. 내륙 지방에서는 무언가를 시도할 때마다 항상 잘못되었습니다. 그러나 그렇다는 걸 나는 미처 생각하지 못한 것 같습니다. 아마도 나이 때문에 그럴 겁니다." 가비에로는 자신의 기력이 쇠퇴하고 있음이 분명하다고 생각하면서 비탄에 잠겨 대답했다.

다음날 그들은 라플라타로 돌아왔다. '옥수수 수염'은 노새들을 마구간으로 데려가 먹을 것을 주고 코코넛 기름으로 문질러주면서, 죽을힘을 다해 짐을 옮기느라 완전히 지쳐버린 노새들의 피로를 덜어주었다. 가비에로는 엠페라 부인에게 인사를 한 후 방에 틀어박혔다. 혼자 있고 싶었다. 또한 여행 도중에 일어난 일들과 자기 앞에 펼쳐진 어두운 미래로 인해 복잡해진 마음을 정리하고 싶었다. 몇 시간 후 엠페라 부인이 그를 사색의 세계에서 꺼내주었다. 그녀가 조심스럽게 문을 두드렸고, 가비에로는 기쁜 마음으로 그녀를 맞았다. 그 또한 하숙집 여주인과 그곳 상황에 대해 몇 가지 이야기하고 싶었다. 그는 여주인의 지혜와 그곳 사람들과의 경험을 완전히 믿고 있었다. 그녀의 판단은 항상 정확했고, 한 치의 감정도 개입되지 않은 객관성을 유지하고 있었다. 여자는 가비에로가 누워 있던 침대의 다리 쪽으로 가서 앉은 다음 그가 이야기하기를 기다렸다. 그녀는 그가 방으로 들어오라고 했을 때 이미 손님이 자기와 이야기하고 싶어한다는 것을 감지했다. 가비에로는 판 브란덴의 침대 아래 숨겨놓았던 상자에 관해 물었다. 그러자 여주인은 상자가 그곳에 있으며, 아무도 그 상자를 본 사람이 없고 자기가 방 열쇠를 보관하고 있다고 했다. 가비에로는 지난 여행에서 일어난 일을 모두 이야기했다. 심지어 세구라 대위와 만난 이야기도 들려주었다.

"경직된 면이 있긴 하지만 충실하고 신중한 사람이지요." 그녀가 말했다. "나는 몇 년 전 그들이 여기에 마지막으로 머물렀을 때 만났어요. 우리는 친구가 되었고, 나는 가끔씩 여자들을 소개해주었어요. 그 여자들은 아직도 그를 아주 좋게 기억하고 있어요. 그는 믿을 수 있는 사람이고, 당신 또한 그를 믿어야만 해요. 하지만 그는 직업군인이며, 군에 충성을 다해야 할 문제가 생기면 주저 없이 자신의 의무라고 생각하는 행동을 실천에 옮길 것이라는 사실을 명심하세요. 그가 당신의 무죄를 받아들이겠다고 말했다면, 그것은 그가 정말로 그렇게 믿고 있으며, 그의 상관에게도 그렇게 말하리란 것을 의미해요. 그건 당신에게 안전통행증이나 마찬가지예요. 당신의 다음 여행은 매우 위험할 거예요. 지금 저 위에는 밀매업자들이 있어요. 게다가 군대가 그들을 쫓고 있으니, 어느 순간에 일이 추하게 변할지 몰라요. 하지만 다른 대안은 없어요. 지금 당장 여기를 떠날 생각은 하지 말아요. 그랬다가는 세구라가 결코 용서하지 않을 테니까요." 가비에로가 무언가를 말하려고 했지만, 눈먼 여인은 조용히 하라는 제스처를 취하고서 계속 말을 이었다. "나는 당신이 그런 일들을 생각하지 못했다는 사실을 알고 있어요. 그러나 어쨌거나 나는 내 사람들을 알기 때문에 당신에게 미리 알려주고 싶어요. '옥수수 수염'에게는 이 일에 관해 아무 말도 하지 말아요. 암파로 마리아에게도 마찬가지예요. 말이 나왔으니 말인데, 그녀는 내일 자기가 이곳으로 와서 며칠 동안 당신 곁에서 보내겠다는 말을 전해달라고 부탁했어요. 각자의 방식대로 두 사람은 충성스럽고 매우 정직해요. 암파로 마리아는 당신을 높이 평가하고, 마치 아버지처럼 여기고 있어요. 물론 연인으로도 고맙게 여기고 있지요. 방랑을 포기하지 않는 당신의 명성이 매력을 잃었다고는 생각하지 말아요. 모든 사람의 시선을 한몸에 받을 정도로 아름다운 그런 삶을 꿈꾸는 마리아 같은 사람에게는 아직도 매력적이니까요."

마침내 가비에로는 그녀에게 판 브란덴에 관해 몇 가지 질문을 했다. 그리고 다음 선박이 언제 도착하는지, 술집과 하킴의 가게에서 새로운 고객들의 동향은 어떤지도 물었다. 눈먼 여인은 다시 다정하게 세구라 대위가 시킨 것만 완수하는 게 좋을 것이라고 충고했다. 그리고 새로운 것이 있으면 그에게 알려주겠다고 말했다. 그녀는 방을 나가려다 다시 뒤로 돌더니 그에게 봉투 두 개를 건네주었다. "깜빡 잊어버릴 뻔했어요. 어제 도착했어요. 수표인 것 같아요." 실제로 트리에스테에서 온 수표였다. 가비에로는 자기가 다음번에 탐보 산마루에서 돌아올 때까지 보관해달라고 부탁했다.

얼마 후 가비에로는 깊은 잠의 세계로 들어갔다. 그는 달콤하고 포근한 잠으로 점점 빠져들고 있었다. 그 잠은 그의 존재의 한쪽 구석, 바로 삶과 세상과 피조물에 대한 집착이 아직도 완전하게 보존된 곳에서 솟아나고 있었다. 잠에서 깨었을 때는 이미 밤이었다. 강물은 그의 방바닥 아래로 졸졸거리면서 흐르고 있었다. 가끔씩 강물에 휩쓸려 내려가는 나무 줄기로 인해 생긴 잔물결 소리나 밤의 은신처를 찾아 강변으로 헤엄치는 동물들의 소리만 들릴 뿐이었다. 며칠간 쉬지 않고 비가 내린 후 다시 더위가 찾아왔다. 몇 시인지는 전혀 알 수 없었다. 적막이 마을을 완전히 지배하고 있어 이미 한밤중이 지났을 것이라는 추측만 할 수 있었다. 그는 촛불을 켜고 아시시의 성 프란체스코에 관한 외르겐센의 책을 펼쳐서 읽기 시작했다. 열대의 평화로운 밤과 잔잔하게 흘러가는 강물 덕택에 그는 중세 움브리아의 풍경이 보여주는 축복에 넘친 고요한 아름다움의 세계로 빠져들 수 있었다.

과거에 그와 비슷한 상황에 있을 때도 종종 그랬듯이, 가비에로는 덴마크 작가가 불러낸 세계로 완전히 빠져들면서, 황당하고 의미 없는 사건으로 가득한 현재를 지울 수 있었다. 그는 그런 사건들을 완전히 타인의 것으로 느낄 수 있었다. 그런 거리감에는 어느 정도의 반항심이 배어 있었지만, 그는 뒤늦게 확인한 현재의 상황에서 멀어질 수 있었다.

새벽의 첫 햇살이 대나무와 진흙으로 지은 벽 틈새로 들어왔다. 마을 사람들이 잠에서 깨어나는 소리를 들으며 가비에로는 다시 깊은 잠에 빠져들었다. 점심 무렵 잠을 깼을 때는 여행의 피로에서 상당히 회복되어 있었다. 부엌에서는 엠페라 부인이 가벼운 점심을 준비해놓고 그를 기다리고 있었다. 점심을 먹고 커다란 컵에 담긴 진한 커피를 마시자 그는 라플라타의 세상으로 다시 돌아왔다. 대부분 피로와 배고픔으로 심해졌던 어둡고 불길한 예감도 사라졌다. 그는 샤워를 하기 위해 강을 마주보고 있는 집 지하의 임시 칸막이로 내려갔다. 그곳은 종종 화장실로도 쓰이는 곳이었다. 그는 손으로 조작하는 펌프로 물 저장 탱크까지 올라온 흙탕물을 한참 동안 즐겼다. 진흙 이외에 강물에 떠 있는 아주 작은 쇳조각도 들어 있어서, 마치 철분이 함유된 온천에 있는 것 같았다. 그래서 엠페라 부인의 집에서 샤워를 할 때면 그는 그 물이 치유력이 있고 기운을 북돋워준다는 느낌을 받았다. 나흘 동안 수염을 기른 탓에 패배한 방랑자 같은 모습으로 마을 사람들에게 필요 이상의 의심을 샀던 터라 그는 면도를 했다. 그리고 암파로 마리아가 마지막으로 찾아왔을 때 다림질해준 깨끗한 셔츠와 카키색 바지를 입고, 다음 배가 언제 올지 알아보기 위해 부둣가로 내려갔다.

아무리 늦어도 이틀 안에는 배가 도착할 것이라고 했다. 그는 창고에 들러서 기다리던 적하 목록이 왔는지 알아보았다. 그런데 비 때문에 전신이 불통이라는 것이었다. 그는 아마도 또 다른 이유가 있을 것이라고 생각했지만, 그 점에 관해서는 아무 말도 하지 않았다. 가비에로는 광장으로 올라갔고, 맥주를 마시러 술집을 지나가다가 문이 닫힌 것을 알았다. 그곳을 배회하던 행인들에게 이유를 물었지만, 아무도 알지 못했다. 그는 그들이 대답을 회피하려고 한다는 느낌을 받았다. 어떤 두려움이나 걱정 때문이기보다는 단지 구체적인 사실을 알려주기를 주저하는 듯한 느낌이었다. 마치 모르는 게 훨씬 안전한 그런 정보의 소식통으로 나중에 인용되기를 원치 않는 것 같았다.

배는 이틀 후에 도착하지 않았고, 암파로 마리아도 예고했던 것과 달리 그를 만나러 오지 않았다. 그는 과두아 대나무 침대에 누워 지루한 시간을 보내면서 야자수 잎사귀로 된 지붕을 쳐다보았고, 방 밑 마루청 아래로 끊임없이 졸졸거리면서 급하게 흘러가는 강물 소리를 자장가로 삼았다. 그는 자기가 어떤 희생을 치르더라도 지키려고 했던 내면의 조화를 유지하고자 소망하면서, 폭력과 테러의 소용돌이로 빠져들어갈 찰나에 있는 라플라타와 그 주변 지역, 그리고 그곳 사람들의 작은 세계와 연결된 모든 것에 무관심해지기 시작했다. 그 모든 것은 혼돈이 지배하는 머나먼 지역에서 일어나는 것처럼 느껴지고 있었다. 다시 말하면 그의 삶과 사건들과 기억들이 하나로 단단히 묶여서 그의 존재를 구성하는 양도할 수 없는 확실한 재료를 이루고 있었는데, 그런 것과는 전혀 상관없는 것으로 모습을 드러내고 있었던 것이다.

가비에로는 현재를 무시하고 싶었다. 현재와 거리를 두면서 생긴 공백을 메우기 위해, 그는 한가로운 낮과 밤의 대부분을 과거를 회상하면서 보냈다. 침대에 누워 양손으로 머리를 받치고, 해독할 수 없고 수시로 변하는 천장의 무늬를 응시하면서 기억 나는 일화들을 하나씩 차례로 떠올렸다. 그 기억들은 겉으로 보기에 순서 없이 마구 떠오른 것 같았지만, 그의 운명의 숨겨진 설계도를 드러내려는 목적을 지니고 있음이 분명했다. 가끔씩 박쥐 한 마리가 지붕에서 날아와 두세 번 그의 머리 위로 낮게 비행하고는, 기름칠하지 않은 금속의 소리처럼 삐걱거리는 소리를 내면서 원래의 자리로 돌아갔다. 한가함과 기다림으로 점철된 그 시간을 보내며 재생한 여러 장면 중에서 특히 하나가 그에게 사실적으로 다가왔다. 그 장면에는 가장 뚜렷한 계시적 의도가 내포되어 있는 것 같았다.

그 장면은 일로나와 함께 이제는 '고리키'라고 개명된 니즈니노브고로드*로 여행했을 때였다. 그들은 결코 '고리키'라는 말을 입에 올리지 않았는데, 그것은 위대한 소설가에 대한 적대감 때문이 아니라, 거룩한 러시아의 유명한 국경 항구가 예로부터 가지고 있던 이름에 대한 헌신적인 애정 때문이었다. 그들은 고대 성화(聖畵) 수집가를 만나러 가는 중이었다. 그들은 런던의 어느 예술작품 판매상의 중재로 러시아 비자를 받았는데, 그 판매상은 러시아 전문가가 거의 틀림없이 그림을 몇 장 소장하고 있을 것이라고 생각했고, 그 그림을 구입하고 싶어했다. 그들은 상트페테르부르크 시에서 리빈스크로 내려갔

---

* 모스크바 동쪽에 있는 공업 도시. 1868년에 이곳에서 태어난 작가 막심 고리키를 기리기 위해 1932년에 고리키로 개명하였으나 1990년 원래 이름을 되찾았다.

고, 볼가에서 니즈니노브고로드까지 배를 타고 갔다. 수심이 얕은 곳을 운행하도록 만들어진 선박이었지만 3층짜리 선실을 구비하고 있었고, '강을 항해하는 데 필요한 모든 현대식 편의 시설이 갖춰져 있어서, 이 세상의 그 어느 곳에서라도 여행자가 즐길 수 있는 대형 유람선과 비교될 수 있는' 거대한 규모였다. 북유럽의 여름은 영원하고 변치 않으며 불안할 정도로 맑고 투명한 것처럼 보인다. 그리고 그때도 마찬가지였다. 하늘은 메탈릭 블루처럼 구름 한 점 없었고, 바람은 전혀 불지 않았으며, 커다란 말파리들이 그들을 괴롭히고 있었다. 말파리들은 항상 갑자기 물곤 했는데, 물리면 충격적일 정도로 지독하게 아팠다. 선실의 선풍기는 번쩍거리며 화려했지만 고장 나 있었다. 식당 지붕에 달려 있는 선풍기들도 작동하지 않았다. 멈춰버린 선풍기 날개들은 모호한 세기말풍의 장식으로 뒤덮여 있어, 마치 괴로워하는 승객들을 조롱하는 것처럼 느껴졌다. 더위를 참지 못하고 바람을 쐬기 위해 창문을 열려고 해도 복잡하게 생긴 빗장이 망가져 열 수 없게 되어 있었다. 아마도 창문을 설치한 순간부터 망가져 있었던 것 같았다. 일로나는 용기를 내서, 유창한 러시아어로 뒤 테이블에 앉아 있던 선장에게 잘 들릴 만큼 아주 크게 말했다. "창문 하나도 제대로 열지 못할 정도로 혁명이 성공하지 못했다면, 완전히 실패했다고 생각해야겠군요. 사회주의가 도착하기도 전에 이 불쌍한 러시아 사람들은 숨 막혀 죽을 거예요." 그는 여자친구의 대담한 발언의 결과를 얼마 되지 않아 느끼기 시작했다. 다음 식사 때, 다른 승객들에게 음식이 제공된 지 한참이 지나서야 그들의 테이블에 음식이 도착했다. 이미 음식은 식어 있었다. 웨이터에게 물 한 잔도 가져다달라고 할 수 없었다. 그러자 그들은 선박 안의 술집에서 보드카 여러 병을 사서 선실에서 완전히 취할 때까지 마셔버리기로 결정했다. 그리고 가능한한 시끄럽고 괘씸하게 사랑을 했다. 일로나는 발정기에 있는 암늑대처럼 긴 신음 소리를 냈고, 가비에로는 자기가 알고 있는 온갖 언어로입에 담을 수 없는 음탕한 말을 내뱉으면서 황홀경에 빠진 하시디즘*신자처럼 소리를 질렀다. 이들 커플의 색정적인 신음과 비명은 긴장된 분위기를 자아냈고, 대부분 휴가중인 소심하고 잘 훈련된 공무원승객들에게 불쾌감을 선사했다. 결국 선장이 양보해야만 했다. 일로나가 식당에서 겁 없는 발언을 한 지 나흘 후, 가비에로 커플은 선실에서 차와 제과를 비롯해 선박의 메뉴에 등장하지 않는 캅카스 잼과다른 맛있는 것들을 받았다. 그리고 얼마 안 있어 옥수수 색깔의 머리카락에 복사처럼 얼굴에는 홍조를 띠고, 정교회 성직자처럼 뚱뚱한모습의 우크라이나 사람이 선실 문을 두드렸다. 일로나는 타월을 두르고서 그 일등 항해사에게 문을 열어주었다. 머리카락까지 새빨개진그 남자는 최선을 다해 중얼거리며 선장의 초대를 전했다. 그날 선장실에서 별빛을 보며 함께 저녁식사를 하자는 것이었다. 그들은 그게무엇을 의미하는지 궁금해하면서 초대를 받아들였다. 약속된 시간에선장실에 도착하자, 뱃머리 갑판이 내다보이는 개인 발코니에 근사한저녁식사가 차려져 있었다. 네 대의 선풍기는 후덥지근한 공기를 시원하게 해주는 동시에 말파리를 쫓아버리고 있었다. 그토록 많은 캐비아나 훈제 연어를 먹은 것은 그때가 처음이었다. 최고의 보드카로

---

* 성속일여(聖俗一如)의 신앙을 주장하는 유대교 신비학파.

씻은 그 음식들과 함께 얼음으로 차가워진 보드카 병이 식탁에 올라와 있었다. 그들은 이상적인 온도로 차갑게 보관된 그루지야산 백포도주로 입가심을 했다. 그렇게 상호 정중한 분위기 속에서 관계는 회복되었고, 그런 관계는 여행 내내 지속되었다. 선장의 태도 변화로 어느 정도 진정되기는 했지만, 승객들은 아직도 이 외국인 커플에게 적대감을 보였다. 한편 니즈니노브고로드의 수집가는 형편없는 위조자에 불과했고, 그의 천재적인 위조 실력은 위치토폴스에서 제일가는 게걸스러운 구매자도 속일 수 없을 정도였다. 돌아오는 여행에서 그들은 기차를 타기로 했다. 핀란드의 모든 보드카를 마셔버리고, 항구의 술집에서 얌전 빼는 그 어떤 누드쇼 하나도 놓쳐버리지 않을 태세의 수많은 러시아 관광객들과 함께 여행한 후, 그들은 헬싱키 역에서 내렸다. 그리고 헬싱키에서, 볼가 강을 항해하면서 강을 여행하는 사람들을 뚱뚱한 외모로 압도하던 선장에게 아주 무미건조하고 에로틱한 엽서를 보냈다. 엽서에는 그의 배려에 감사한다는 말을 적었다. 물론 그들은 그 엽서를 두터운 봉투에 넣어 숨겨 보냈다. 이후 그에 대한 소식을 듣지는 못했다. 일로나는 그가 시베리아 벌판으로 보내졌을 것이라고 주장했다. 그것은 물론 엽서 때문이 아니라, 실크로 뒤덮인 벽에 은으로 만든 꽃병이 걸려 있는 매혹적인 선실에서 사치스러운 식사를 했기 때문이었다. 또한 그곳에 있던 세기말 스타일의 자줏빛 벨벳 안락의자는 차르스코예 셀로*의 가구들을 떠올리게 했다.

일로나와 했던 이 여행이 그토록 자세하고 충실하게 그의 기억 속

---

* 러시아 북서부 상트페테르부르크 남쪽 교외에 있는 도시. '차르의 마을'이라는 뜻인데, 현재는 푸시킨 시로 개명되었다.

에 떠올랐다는 사실은 아름답고 똑똑한 트리에스테 여인과의 만남이 그의 삶에서 얼마나 중요했는지를 확인해주었다. 파나마시티에서 있었던 그녀의 섬뜩한 죽음은 아직도 그를 고통스럽게 했고, 그 때문에, 세월이 흘렀어도 운명을 거부하는 그의 행동은 전혀 줄어들지 않았다. 그녀를 잊기는커녕 오히려 반대로, 나이가 들었다는 첫번째 징후들이 나타나자 그는 둘도 없는 동료이자 쾌락의 공범자가 없다는 것을 마음속 깊이 슬퍼했다. 일로나와의 기억은 위험에 처한 그를 위로해주었지만, 그런 위안 효과는 이내 사라졌다. 얼마 후 암파로 마리아가 라플라타에 모습을 드러낸 것이었다. 크고 검은 눈은 더 커져 있었고 전에 없이 더욱 놀란 모습이었다. 신중하고 고양이 같은 발걸음은 허리 곡선을 더욱 강조했다. 도도한 자세는, 마치 두번째 피부인 것처럼 그녀의 몸에 달라붙은 검은색 싸구려 무명옷을 숨기기보다는 오히려 더 드러내고 있었다. 가비에로는 그녀가 매우 가난하다는 것을 알고 있었지만, 암파로 마리아의 도도함과 우아함, 그리고 망명한 여왕에게나 어울릴 만한 자태에 항상 놀라곤 했다. 이런 불일치는 그에게 강렬한 성적 흥분을 불러일으켰다. 마치 그녀가 세련된 퇴폐적 감각으로 성적 효과를 준비해놓은 것 같았지만, 사실 그녀는 그런 감각을 갖고 있지 않았다.

암파로 마리아가 약속했던 날짜에 오지 못했던 것은 아니발 씨가 향후 농장을 떠날 것을 대비하여 준비 작업을 지시했기 때문이었다. 모든 게 절대적으로 비밀리에 이루어지고 있었다. 농장 사람들은 산속에 정해놓은 장소로 여러 번 올라갔고, 그곳에 음식과 옷과 마구들과 길고 불확실한 길을 떠날 때 없어서는 안 될 다른 것들을 비축해놓왔다. 암파로 마리아는 예전보다 더 말랐고, 피부도 더 검어진 것처럼 보였다. 일이 아주 힘들고 강도가 높았음에 틀림없었다. 그러나 그녀가 보여준 것은 피로보다도 계속된 경계 상태였다. 그런 상태로 인해 그녀는 훨씬 더 천천히 신중하게 행동했고, 호흡은 더 가파르고 초조해 보였다. 그들은 문을 닫았다. 그러자 그녀는 옷을 벗고 가비에로의 옆에 누웠다. 그들은 오랫동안 침묵을 지켰다. 그는 그 육체의 고딕 양식 비율을 찬양했다. 그에게 알제리 혹은 다마스쿠스의 어두운 구석에서 흘낏 보았던 여성의 형체나, 엘 그레코의 환희에 찬 천사들을 떠올리게 했기 때문이었다. 그들은 아무 말 없이 제식을 치르듯이 천천히 사랑을 나누었다. 마치 고대의 엑소시즘을 치르듯이, 혹은 페니키아 사원의 궁정 여인을 묘사한, 가비에로의 친구가 쓴 「케데십 케데 쇼트」*라는 시처럼 그렇게 했다. 가비에로가 너무나 친숙하고 심오한 의미를 지닌 이 환상의 시구를 쾌락의 정점에 있는 순간을 지칭하기 위해 떠올린 것은 처음이 아니었다.

암파로 마리아는 이틀 더 머물렀다. 그녀는 눈먼 여인과 부엌에서 식사를 할 때만 방을 비웠다. 그녀는 거의 말을 하지 않았다. 예전보다 더욱 말이 없었고 다정하고 너그럽게 그를 대했다. 가비에로는 그것이 반드시 일어나고야 말 이별의 전조임을 알았다. 배가 계속 지연되자 가비에로는 초조하고 불안했다. 지금까지 항상 예정된 날에 배가 도착했기 때문이었다. 암파로 마리아는 비오는 날 아침에 '알바레스 가족의 평원'으로 되돌아갔다. 친구와 작별하면서, 그녀의 까무잡

---

* 170쪽 역주 참조.

잡하고 부드러운 뺨에서 눈물이 흘러내렸다. 가비에로의 마음을 설레게 했던 굳으면서도 섬세한 얼굴 위로 우뚝 솟아 있던 광대뼈에 눈물이 흘렀다. 두 사람은 가비에로가 다음번 여행을 하면서 그 평원을 지나게 되면 다시 만나기로 약속했다. "길에서 당신을 기다릴게요. 나는 당신이 집에 도착하기 훨씬 전부터 항상 당신이 올라오는 모습을 보았어요. 부디 조심하세요. 내 말이 무슨 뜻인지 알죠?" 여자는 겉으로 보이는 것보다 훨씬 더 많은 것을 알고 있었다. 그녀가 눈먼 하숙집 여인과 친했고, 농장에서 절대적인 신뢰를 얻고 있다는 것을 생각할 때 그것은 충분히 예측할 수 있는 일이었다. 이 성숙하고 자제력 있는 신중함은 그녀의 아름다움이 보여주는 자연스러운 도도함과 너무나 잘 어울렸다. 이런 점에서 그녀 역시 가비에로의 삶에서 결정적인 역할을 했던 일로나 플로르 에스테베스 같은 여인들과 비슷했다. 이런 유사성을 깨닫자, 그는 그런 특별한 여인들과의 교제와 뜨거운 합일을 마음껏 즐기도록 해주었던 방랑과 고난의 시절에 사무치는 향수를 느꼈다.

어느 날 새벽 가비에로는 부두로 다가오는 선박의 둔탁한 고동 소리에 잠을 깼다. 그는 잠시 더 침대에 있었다. 마치 그를 기다리고 있는 적대적인 현실과 마주칠 순간을 미루려고 하는 것 같았다. 그가 강으로 내려가기로 마음먹었을 때는 이미 더위가 절정에 달해 있었다. 배에 실려 온 짐은 이미 하역되어 있었다. 그는 창고로 가서 그가 탐보로 운반했던 것들과 비슷해 보이는 상자들을 찾아보았다. 하지만 비슷한 것은 아무것도 없었다. 그가 막 떠나려는 찰나, 창고 관리인이 그를 불렀다. 그는 선원의 베레모를 쓴 혼혈이었다. 베레모는 오래전에는 흰색이었겠지만, 이제는 때와 악취 풍기는 땀으로 뒤범벅되어 뭐라고 규정할 수 없는 색깔을 띠고 있었다. 그 남자는 이전에 가비에 로가 짐을 실으러 갔을 때부터 그를 알고 있었다.

"친구, 찾고 있는 짐이 있소?" 귀찮게도 그는 친밀한 말투로 물었다.

"항상 같은 짐이지요. 판 브란덴이라는 사람이 보낸 짐을 찾고 있어요." 가비에로는 이렇게 대답하면서, 상대방의 썩은 동태 같은 눈을 바라보았다. 창고 관리인은 악의를 품고 의심하듯이 그를 자세히 쳐다보고 있었다.

"판 브란덴이라고? 아, 맞소. 여기 당신 앞으로 온 짐이 두 개 있소. 다른 짐보다 가장 먼저 내렸기 때문에, 지금 저 그늘에 있소. 직사광선을 쐬면 안 되는 짐이라는 걸 알고 있소? 그것들은 철로 건설에 필요한 것이지 않소? 물론 그럴 거요. 자, 들어오시오. 저기 있소." 그는 창고 안쪽 끝에 있던 두 개의 상자를 가리키면서 말했다. 그의 말은 숨겨진 의미가 내포된 이중적인 의도를 내뿜고 있었다.

가비에로는 상자를 가지러 갔다. 그리 무겁지는 않았다. 나무 상자 위에 빨간 점이 새겨진 금속지로 또 한 번 포장돼 있었는데, 그 금속지는 여기저기 검은 페인트가 칠해져 있었다. 창고 관리인은 영수증도 주지 않고 단지 이렇게만 말했다.

"조심해서 다루시오. 그늘에 있어야 하고 충격을 받으면 절대 안 되오. 그리고 탐보 산마루에 있는 사람들에게 가능한 한 빨리 배달되어야 하오. 즐거운 여행이 되길 바라오."

모든 게 놀라울 정도로 빠르게 움직이기 시작했다. 그 남자는 철도에 관한 광대극을 모두 알고 있는 게 틀림없었고, 아마도 산마루에 할

당된 일에 대해 더욱 자세히 알고 있을지도 몰랐다.

배가 도착하면 아이들이 일거리를 찾아 부둣가를 어슬렁거리곤 했다. 하지만 가비에로는 아이들의 도움을 받지 않고 손수 상자 두 개를 옮겨야겠다고 마음먹었다. 상자를 보자마자 그는 내용물이 무엇인지 알 수 있었다. 그는 코코라 광산에서 폭약에 관해 배웠다. 이미 고갈된 갱도에서 광석을 캐내기 위해 1년 넘게 폭약을 다루었던 것이다. 누군가 인쇄된 글자를 지우려고 했지만, 포장과 그 상자 취급 설명서는 너무나 분명하게 그것이 TNT라는 것을 암시하고 있었다. 적어도 각각의 상자에 보호용 젤라틴 형태로 된 열두 개의 막대와, 조그만 마분지 용기에 그 숫자에 해당하는 뇌관이 들어 있을 것이다. 그는 상자를 노새에 싣고 벼랑길을 걷다가 깎아지른 절벽에서 상자 하나가 움푹 튀어나온 바위에 부딪힌다면, 그래서 노새가 거의 지나갈 수 없게 된다면 어떻게 될까 생각했다. 이미 알고 있던 위험에 새로운 위험이 더해졌지만, 그는 마음속으로 일종의 무관심과도 같은 감정을 느꼈다. 그것은 자기가 마지막으로 무엇을 운반해야 하는지, 그리고 철도 계획이라는 거짓말 뒤에 실제로 무엇이 있는지 마침내 알게 되었다는 안도감이기도 했다. 모든 게 명확해지자 기분이 가벼워졌고, 심지어 그 도전을 받아들이면서 일종의 쾌감을 느꼈다. 판 브란덴인지 브랜던인지 하는 작자의 그럴듯한 거짓말과 속임수로 인해 함정에 빠져 어찌할 바 모르던 그는 자기 칩에 신경을 쓰는 노름꾼처럼 침착해졌고, 모험에 다시 흥미를 붙이게 되었다. 모든 징후가 그 빌어먹을 인간이 이제는 죽었다는 것을 분명하게 보여주고 있었다.

암파로 마리아는, 라플라타에서 '알바레스 가족의 평원'에 이르는 첫날 여정에 '옥수수 수염'이 그와 함께할 수 없을 것이라고 말해주었다. 아니발 씨가 피난을 가야 할지도 모르는 상황을 대비하여 산속에 준비해놓은 식량을 점검하는 임무를 그에게 맡겼기 때문이었다. 세구라 대위의 지시가 있었지만, 그는 라플라타의 누군가에게 노새에 짐을 싣도록 도와달라고 부탁하는 수밖에 없었다. 평소와 마찬가지로 엠페라 부인이 그의 문제를 해결해주었다. 그녀는 그 일을 할 정신지체아 젊은이를 구했다. 그 청년의 어머니는 가비에로가 항상 먹을 수 없는 것이라고 생각하던 빵을 그 지역에 공급하는 빵집 주인이었다. 자기 의사를 아주 힘들게 표현하곤 하던 그 청년은 배달부로 일하고 있었다. 그는 침을 비오듯이 흘렸고, 듣는 사람이 현기증 날 정도로 고개를 심하게 흔들면서 말해 알아듣기가 쉽지 않았다. 일반적으로 그렇듯, 그 불행한 청년은 놀라울 정도로 근력이 좋았고, 그 힘만큼은 라플라타에서 인정을 받고 있었다. 심지어 가장 험악한 부둣가의 하역 인부들도 그를 두려워했다.

출발하기 전날 밤 가비에로는 하숙집 여주인과 오랫동안 대화를 나누었다. 마지막 여행이 위험하다는 것은 자명했다. 그는 자기가 목숨을 잃을 경우에 대비해서 그녀에게 몇 가지 사항을 부탁해두었다. 그에게 수표를 보내던 트리에스테 은행에 죽음을 알리고, 그곳에 남긴 두 권의 책을 보관해달라고 했다. 언젠가 프랑스어를 아는 손님이 와서 그녀에게 그 책을 읽어줄 것이라고. 또한 그가 가방 아래의 생고무 주머니에 보관하고 있던 모든 서류를 아무에게도 보여주지 말고 불태우고, 그리고 암파로 마리아에게 그녀를 만난 것은 신들이 마지막으로 그에게 준 최고의 선물이었다는 말도 전해달라고 했다. 마지막으로 밀린 하숙비를 정산하고 자기 앞으로 도착한 수표를 주면서 모든 걸 마무리한 후, 다음 날 일찍 일어나기 위해 잠자리에 들었다.

첫 햇살이 비치자 눈먼 여인은 그를 깨워서, 청년이 노새에 짐을 실을 준비를 마치고 기다리고 있다고 말해주었다. 그녀는 블랙커피 한 잔을 갖다주었고, 가는 도중에 먹도록 카사바 과자를 주었다. 가비에로는 자리에서 일어나 상자를 잘 나눠두었는지, 그리고 짐바구니에 단단하게 실었는지 점검하러 갔다. 청년은 브랜던의 방에 있던 상자들을 눈먼 여인의 지시에 따라 이미 마구간으로 가져온 상태였다. 가비에로는 자기 방에 있는 두 개의 상자를 그에게 보여주면서, 극도로 조심해서 다루어야 한다고 충고했다. 짐을 다 싣고, TNT 상자를 옥수수 껍데기로 덮은 후 그 위에 직사광선을 피하기 위해 타르 칠을 한 방수포를 덮는 일이 끝나자, 가비에로는 빵집 아들에게 돈을 지불했다. 그는 그 청년을 '알바레스 가족의 평원'까지도 데려갈 수 없는 게 안타까웠다. 노새를 다루는 그의 솜씨가 매우 뛰어났기 때문이었다. 그러나 위험에 처하게 될 경우, 그 청년은 도움이 되기보다는 장애가 될 것이 분명했다. 가비에로는 떠날 준비를 했고, 눈먼 여인과 작별 인사를 했다. 가비에로가 무어라 말을 하려 하자 엠페라 부인이 가로막았다.

"당신은 돌아올 거예요. 난 알아요. 나는 아직 당신에게 할 말이 있어요. 당신이 관심을 보일 만한 거예요. 하지만 돌아오면 말해줄게요. 돌아오면 가능한 한 빨리 이곳을 떠나세요. 이곳에서는 대학살이 일어날 거예요. 당신이 신속하게 나갈 수 있도록 내가 도와주겠어요. 하지만 지금은 아주 조심해야 해요. 바보 같은 짓은 하지 말고, 힘을 남용하지 말고, 항상 눈을 크게 뜨고 다니세요. 여기서 당신을 기다리겠어요. 그럼 잘 갔다 와요." 여자는 초조하게 지팡이로 벽을 두드려 길을 찾으면서 서둘러 부엌으로 돌아갔다.

길을 가는 도중에 눈먼 여인의 말이 수시로 떠올라 그는 무사히 살아남을 수 있을 것이라는 막연한 확신이 들었다. 하지만 동시에 그가 특별히 관심을 보일 만한 것을 전해주겠다는 그녀의 약속 때문에 꺼림칙한 느낌을 지울 수가 없었다. 뜻밖의 소식일지도 모른다는 두려움이 일었다. 즉, 그때까지 더럽히지 않고 어둠 속에 보관하고자 했던 그의 과거의 어떤 부분들을 휘저어놓을 가슴 아픈 소식이 아닐까 두려웠다. 노새들이 '알바레스 가족의 평원'으로 올라가기 전에 계곡에서 물을 마시기 위해 발을 멈추었을 때까지도, 여주인의 약속을 너무나 마음에 두고 있던 나머지 불모 고지로의 이 마지막 여행이 의미하는 중대한 위험은 크게 신경 쓰이지 않았다. 암파로 마리아와 만날지도 모른다는 사실과 그녀를 품에 안고 느낄 쾌락도 과거의 슬픈 안개 속에 가려져 있었다.

농장에 도착하자, 나이 든 여자 몇 명만이 그곳에 남아 있었다. 전날 아니발 씨를 비롯해 모든 사람이 이미 산으로 떠난 상태였다. 그들과 함께 갈 수 없었던 서너 명의 병들고 늙은 여자들만이 남아 있었던 것이다. 그 여자들과 아이들이 다른 일행과 합류할 수 있도록 '옥수수수염'이 다음날 올 예정이었다. 암파로 마리아의 숙부들과 함께 살고 있던 그 노파들 중 하나가 가비에로에게 다가와, 아무것도 모르는 척하면서 말했다.

"암파로 마리아가 자기를 잊지 말라고, 그리고 가능한 한 빨리 이곳을 떠나라는 메시지를 남겨놓았어요. 암파로 마리아는 당신을 몹시 필요로 하지만, 여기서 당신이 살해당하느니 차라리 살아 있다는 소식을 듣는 게 더 좋다고 생각하고 있어요. 조심해서 갔다 오라고 전해 달랬어요."

가비에로는 이제 평원에 아무도 없게 되리라는 것을 생각하니 두려워졌다. 하지만 친구들이 안전하게 있는 편이 더 나을 것이라고 생각하면서 만족해했다. 그러자 더 위험한 다음 구간 여행을 더욱 굳은 각오로 임하겠다는 결심이 생겼다. 여자들은 노새에서 짐을 내리는 일을 도와주고, 그에게 약간의 먹을 것을 주었다. 그는 짐에서 눈을 떼지 않기 위해 마구간에서 잠을 자기로 결심했다.

다음 날 아침 여인들이 다시 노새에 짐을 싣는 일을 도와주었다. 급히 커피 한 잔을 마신 후, 가비에로는 광부들의 오두막을 향해 등정을 시작했다. 그 구간이 가장 위험한 지역이었다. 게다가 군대뿐만 아니라 무기밀매업자들도 그 지역을 배회하고 있음이 분명했다. 그러나 한편으로는 화약을 싣고 절벽 옆의 좁은 길을 지나야 하는 것이 당장 당면하게 될 확실한 위험이었다. 절벽에서 위협적으로 고개를 내밀고 있는 바위와 부딪친다면 모든 게 끝장이었다. 코코라에서의 경험을 통해 그는 아무리 조심해서 폭탄을 다루더라도 생명을 앗아갈 놀라운 사건은 언제든지 발생할 수 있다는 것을 알고 있었다. 추운 날씨는 보호용 젤라틴을 딱딱하게 만들며, 노새들이 발걸음을 옮길 때마다 열두 개의 막대가 서로 부딪칠 수도 있고, 혹은 뇌관이 들어 있는 상자들이 열려 막대 사이로 굴러 내려올 수도 있었다. 그런 경우 폭발의 위험은 엄청나게 커질 것이다. 광산에서 경비원으로 일할 때, 그는 노새떼들이 짐을 실은 채 노새지기들과 함께 공중으로 날아가는 것을 자주 보았지만, 사고의 원인은 결코 알 수 없었다. 가비에로는, 죽으면서 자기 자리를 그에게 넘겨준 늙은 경비원의 마지막 말을 떠올렸다. "청년, 다이너마이트를 조심해. 그건 여자들과 같아. 왜, 그리고 언제 폭발할지 결코 알 수 없거든."

게다가 '옥수수 수염'이 없었기 때문에, 절벽을 따라 노새가 지나가게 하는 일은 너무나 힘든 과제였다. 가비에로는 자기가 그 일을 어떻게 처리할지 알아내야만 했다. 그러면서 그는 다시는 암파로 마리아를 볼 수 없을 것이라는 막연한 예감을 깊이 생각하기 시작했다. 마리아와의 마지막 만남, 그러니까 라플라타에서 그녀와 함께 지내던 나날 이후, 암파로 마리아는 일로나, 플로르 에스테베스와 함께 일종의 친절하고 다정한 트리오를 이루었다. 세 여자는 공모자들처럼 충성스럽고 반드시 필요한 즐거운 동반자들이었고, 그의 나날들을 의미 있게 해주고, 죽음만큼이나 그가 두려워하던 권태와 패배라는 악마의 공격을 떨쳐버리게 만들어주었다. 세 여자는 각자 자신의 방식으로, 그리고 가비에로의 삶에서 너무나 자주 일어났던 운명의 변덕을 통해, 짝을 잃어버린 맹수처럼 갑작스럽고 격렬하게 그의 마음을 빼앗았다. '알바레스 가족의 평원'의 여자와 그가 하나가 된 것은 지중해 여인들의 용모에서 볼 수 있는 놀라울 정도의 우아한 자태와 고대의 아름다움 때문이었지, 플로르 에스테베스의 강력한 열정의 폭발이나 일로나의 표독스럽고 벅찬 유머와 반대되는 멍하면서도 무언가에 억눌린 것 같은 달콤함 때문이 아니었다. 이제 암파로 마리아가 과거의 영역으로 들어간 것이 틀림없다는 확신이 들었다. 그녀는 고갈되지 않는 기적, 즉 신이 은총을 베풀어 여성의 몸을 품에 안을 수 있는 마지막 기회였다.

　오르막의 벼랑이 시작될 무렵 그는 노새떼들을 묶고 있던 줄을 제거하고, 각각의 노새가 앞서 가는 노새와 아주 멀리 떨어져서 가도록 신중하게 거리를 유지했다. 잠시 후면 노새들이 다시 한 무리로 합쳐질 거라는 사실을 알고 있었지만, 부디 바위들이 고개를 내밀고 있는 절벽을 지난 후이기를 바랐다. 지난 두 번의 여행으로 이미 그런 과정에 익숙해져 있던 노새들은 가비에로가 기대했던 대로 해주었다. 선두에 선 노새는 폭약 상자를 싣고 가고 있었고, 그 노새의 뒤를 따르던 두 마리는 자동화기 상자를 짊어지고 있었으며, 마지막 노새는 또다른 TNT 상자를 옮기고 있었다. 그런데 이 마지막 노새는 깎아지른 비탈에 도착하자 네 다리로 흙을 파헤치면서 앞으로 나아가려고 하지 않았다. 채찍을 휘둘러 억지로 앞으로 가게 했지만 허사였다. 뒷걸음질치면 짐이 절벽에 솟은 바위에 부딪힐 수도 있었다. 이제 가비에로가 직접 상자를 안아서 가져가는 수밖에 다른 도리가 없었다. 그는 세 마리의 다른 노새들을 앞서 보냈다. 그러자 앞으로 가지 않으려던 노새도 아무런 저항 없이 그 노새들 뒤를 따라갔다. 가비에로는 최대한 조심스럽게 오르막길로 발을 내디디면서, 바닥을 제대로 디디면서 가고 있는지 확인했다. 상자를 안고 있었던 탓에 길을 볼 수 없었기 때문이었다. 좁은 산길로 밀고 들어온 바람은 긴 신음 소리를 냈고, 그 소리는 산 정상을 향해 도망치던 안개와 함께 산속으로 사라지고 있었다. 위험한 구간을 지나자, 가비에로는 길가에 상자를 내려놓고 바위에 몸을 기대고서 숨을 돌렸다. 심장은 재갈이 풀린 말처럼 마구 뛰고 있었고, 강렬한 통증이 갈수록 심하게 관자놀이를 조여왔다. 그는 눈을 감고 깊이 숨을 들이마시면서 자기가 어디에 있는지조차 알 수 없게 될 때까지 긴장을 풀려고 애썼다. 다시 한번 갑작스럽게 그런 증상이 나타나자, 그는 지난 세월을 떠올렸다. 아직도 그 통증은 마치 처음인 것처럼 그를 불시에 덮치고 있었다. 그는 늙는다는 것의 진정한 비극은 저곳, 그러니까 우리 내부에 시간의 흐름을 알지 못하는 영원한 아이가 계속 살고 있다는 사실이라고 생각했다. 그 아이의 비밀은 가비에로가 아라쿠리아레 협곡에 칩거했을 때 아주 선명하게 감지되었다. 그 아이는 늙지 않는다는 특권을 가지고 있었다. 그것은 그가 깨어진 꿈과 완고한 희망, 그러나 시간에 구애받지 않으며 시간이라는 것을 상상할 수도 없는 혼잡하고 난잡하며 환영적인 정신이라는 짐을 지고 있기 때문이었다. 어느 날 육체는 우리의 노화, 즉 누군가가 우리의 삶을 살면서 우리의 기력을 소비하고 있다는 증거를 알려주며, 잠시 그런 증거에 대한 경각심을 불러일으킨다. 그러나 즉시 우리는 더럽혀지지 않은 젊은 시절의 착각으로 돌아가며, 그렇게 불가피하게 다가오는 마지막 자각의 순간까지 계속 착각 속에서 살아간다.

동물들은 자신들이 언젠가는 죽을 존재라는 사실을 모른다. 그렇게 노새들은 차분하고 무관심하게 그의 옆에서 발길을 멈추고 있었다. 마른 나뭇가지 부서지는 소리 같은 희미한 소리가 저 멀리 산에서 들려왔다. 노새들은 동시에 고개를 들었다. 가비에로는 그게 무슨 소리인지 깨닫는 데 잠시 시간이 걸렸다. 그것은 한 발씩 쏘아대는 자동화기 소리였다. 이따금 집중 사격 소리가 들려왔다. 의심의 여지 없이 같은 장소에서 들려오는 소리였다. 그런 다음 두 개의 폭발음이 메아리를 치며 사방으로 울려 퍼지면서 계곡을 가득 메웠다. 마치 바주카

포나 강력한 수류탄 소리 같았다. 그는 자리에서 벌떡 일어났다. 그리고 앞으로 가기를 거부했던 노새에 폭탄 상자를 싣고, 가능한 한 빨리 광부들의 오두막에 도착하기 위해 급히 나머지 오르막길을 올라갔다. 뜻하지 않은 안도감 때문인지 발길이 가벼웠다. 그가 그토록 두려워했던 것이 이미 그곳에 있었던 것이다. 이제 불확실성은 끝나고 있었고, 그와 더불어 모든 것을 흉하게 만들고 망가뜨린 불안감도 끝나가고 있었다. 사람들은 다시 한번 죽음을 호출하는 어두운 작업을 시작하고 있었다. 그렇게 모든 게 순서대로 진행되고 있었다. 이제 그는 살아서 나가려고 노력할 것이다. 그는 이 게임에 참여하지 않을 것이다. 총성은 더이상 들리지 않았다. 비탈의 끝, 오두막에서 그리 멀지 않은 곳에 이르렀을 때, 아까보다 훨씬 더 큰 폭발음이 들렸다. 저곳에, 그러니까 탐보 산마루 정상에 시커멓고 짙은 연기가 솟구치면서 갑작스러운 분노로 안개를 휘저었다. 가비에로는 계속해서 길을 갔다. 그는 짐을 오두막에 놔두기로 결심했다. 탐보 산마루의 창고는 막 폭파되어 산산조각이 났고, 이제는 강력하고 격노한 불길 속에서 활활 타오르고 있었다. 그는 절벽의 내리막길에서 밤을 맞는 한이 있더라도 즉시 내려갈 생각이었다. 노새들은 무서워 떨었고, 그들의 숙소로 향하는 평평한 길을 따라가지 않으려고 고집을 부렸다. 가비에로는 차분하게, 그리고 부드러운 말로 노새들을 진정시키려고 애썼다. 마침내 노새들을 앞으로 나아가게 하는 데 성공했다. 해가 질 무렵 그는 오두막에 도착했다. 가끔씩 멀리서 불모지 방향으로 총소리가 들려왔다. 그는 오두막 안에 상자들을 정리하면서, 폭발물이 서로 떨어져 있도록 신경을 썼다. 벽난로는 차가웠고 불이 꺼져 있었지만, 벽난로에서도 멀리 떨어뜨려놓았다. 그는 노새들을 먹이기 위해 마구간으로 데려갔다. 항상 그곳에 비축되어 있던 옥수수 자루를 열었다. 그때 편지지 윗부분의 인쇄문구가 찢겨 나가 있는 종이 한 장을 발견했다. 거기에는 다음과 같은 메시지가 인쇄체로 적혀 있었다. "이곳에 상자들을 놓고 즉시 강으로 되돌아가시오. 여기서 사라지시오." 글자는 자줏빛이었다. 그는 그것이 세구라 대위의 작품이라고 거의 확신했다.

심한 배고픔이 이내 그를 엄습했다. TNT 상자를 운반하느라 마지막 노력을 기울인 탓에 그는 기진맥진해 있었다. 하지만 저녁 햇빛을 최대한 이용해야 했기에 즉시 길을 떠났다. 그는 노새가 모두 함께 내려가도록 네 마리를 하나의 줄로 엮었다. 한 마리씩 보살피지 않기 위해서였다. 그리고 길에서 먹으라고 눈먼 여인이 준 카사바 비스킷을 씹기 시작했다. 침이 끈끈하고 쓰디썼기 때문에, 입 안에 있는 과자를 충분히 부드럽게 할 수 없었다. 가비에로는 길가에서 샘솟고 있는 작은 물줄기를 발견할 때까지 그냥 과자를 입에 물고 있었다. 그는 물줄기 옆에 잠시 앉아 비스킷을 마구 먹어치웠다. 그러자 내리막길을 계속 갈 기운이 생겼다. 입 안은 메말랐고, 짙은 침에서는 버베나 맛이 났기 때문에 계속해서 침을 뱉어야만 했다. 그것은 그가 두려움에 사로잡혀 있다는 것을 보여주었다. 그런 증상은 가비에로도 익히 알고 있는 것이었다. 그는 다시 일종의 안도감을 느꼈다. 두려움은 그의 오래된 친구였고, 그의 교활함과 자기방어의 크기만큼 컸다. 두려움과 함께 사는 것이 마크롤에게는 일상이었고, 그가 자기 마음대로 기운을 사용할 수 있던 과거 시절로 돌아가게 만드는 자극제였다.

절벽에 도착하자 노새들은 일렬로 서서, 좁은 산길의 장애와 마주치는 데 전혀 거부감을 보이지 않았다. 그러나 가끔씩 멀리서 들려오는 위험을 감지한 듯 귀를 씰룩씰룩 움직였다. 맑고 고요한 하늘에서는 천천히 평온하게, 그리고 거의 화해하는 듯이 달이 떠오르고 있었다. 가비에로는 노새를 타는 것이 아주 불편했고 훌륭한 기수로서의 자질도 전혀 없었지만, 너무나 피곤하고 배고픈 탓에 맨 뒤에 가는 노새를 타야만 했다. 짐을 제자리에 고정시키기 위해 사용했던 갈퀴를 피하려고 그는 수시로 위치를 바꾸었다. 가비에로는 잠깐씩 졸기 시작했다. 그러다가 노새가 헛발을 디뎠거나 아니면 가파른 길을 내려가기 시작했을 때 잠에서 깼다. 아무 생각도 나지 않았다. 피로와 무언가 따뜻한 것을 먹고 싶다는 갈망이 기억을 마비시켰다. 길이 좀 평평해지자 노새들은 급히 발길을 재촉하기 시작했다. 노새들은 '알바레스 가족의 평원'과 옥수수 먹이가 기다리고 있는 따뜻한 마구간이 가까이 있다는 것을 알고 있었다. 가비에로는 걸어서 가는 편을 택했다. 노새를 타자 뼈가 으스러지는 것 같았고, 바다에서도 겪어본 적 없는 멀미가 났기 때문이었다. 한밤중이 지나 그는 농장에 도착했다. 주인집에는 인기척이 없었고, 소작인들이 사는 오두막도 마찬가지였다. 그는 노새들을 마구간으로 데려가서 먹을 것을 주었다. 바로 그때 농장 문이 삐걱거리는 소리가 들렸다. 주인집에서 나는 소리였다. 누군지 확인하기 위해 뛰쳐나갔다가 그는 아니발 씨와 정면으로 마주쳤다. 아니발 씨는 집 입구의 계단 아래서 길을 밝히기 위해 손에 콜먼 램프를 들고 그를 기다리고 있었다.

"다시 만나게 되어 기쁘오. 몹시 걱정하고 있었어요. 저기 위에서 어제 저녁부터 총격이 시작되었는데, 우리는 당신이 어디에 있는지 모르고 있었으니까요." 가비에로는 농장주의 애정 어린 관심에 감동을 받았다.

그들은 부엌으로 들어갔다. 아니발 씨는 몇 시간 전부터 저녁식사를 차려놓고 그를 기다리고 있었다며 저녁을 먹으라고 권했다. 가비에로는 너무 맛있게 먹었고, 그 모습을 본 아니발 씨는 미소를 지었다. 이제 기운을 회복한 가비에로는 커피를 마시면서 최근 소식을 물었다.

"농장 사람들은 산으로 갔소." 농장주가 말했다. "내일 새벽이 밝아오기 전에 나는 그들이 있는 곳으로 떠난다오. '옥수수 수염'이 여자들과 아이들, 그리고 거의 걸을 수 없는 병든 두 남자를 태우기 위해 말 몇 마리를 가지고 올 거요. 어제 총소리를 듣지 않았나요? 이미 일은 시작되었고, 내가 보기에는 상황이 그리 좋은 것 같지 않아요. 군대는 탐보 산마루에 비축된 무기와 폭약을 가지러 온 사람들을 포위하려 하고 있소. 당신이 어제 올려다놓은 상자를 가지러 가기 위해 오는 사람들을 급습하려고 오늘 광부들의 오두막으로 갈 거요. 하지만 나를 몹시 불안하게 하는 게 있어요. 어젯밤의 마지막 폭발은 불모지의 창고에서 일어난 것이 틀림없소. 그 소리를 들었나요?"

"예, 들었습니다. 나 역시 산마루의 창고에서 난 소리라고 생각해요." 가비에로가 대답했다.

"그게 난 몹시 마음에 걸려요." 아니발 씨가 말을 계속했다. "불길한 징조입니다. 그 창고를 폭발시킨 사람들이 무기밀매업자들이라면, 그것은 그들이 충분한 무기를 가지고 있으며, 그들이 실질적으로 통제하고 있는 다른 지역에서 보충 병력을 데려왔다는 의미지요. 세구라가

지휘하는 병력은 그리 많지 않아요. 아주 훌륭히 훈련받은 사람들이지만 서른 명이 넘지 않습니다. 거기에 중위와 세 명의 하사관이 있을 뿐이지요. 아마도 그 정도 병력이면, 탐보에 있는 외국인들과 모든 인원들을 소탕할 수 있을 겁니다. 하지만 더 많은 사람들이 와 있다면 군대는 위험에 처하게 될 거예요. 이제 우리가 이용하려는 산의 지름길이 공습을 받지 않기를 바랄 뿐입니다. 만일 세구라를 급습하기 위해 그곳으로 밀매 조직이 들어왔다면, 우리는 끝난 것이나 다름없어요. 하지만 난 위험을 감수할 수밖에 없어요. 다른 출구는 없습니다."

"라플라타를 통해 떠나는 건 어떻습니까?" 가비에로가 물었다. "그게 더 쉽고 더 가깝습니다."

"아니요, 친구. 그건 쉽지 않아요." 농장주가 설명했다. "그들이 매복해서 군대를 공격하고자 한다면 그 장소는 항구가 될 것이고, 거기서 모든 게 끝날 거요. 게다가 강으로 사람들을 피신시킬 방법이 없어요. 라플라타에 있는 두세 개의 바지선으로는 충분하지 않소. 바지선 하나당 기껏해야 서너 명만 탈 수 있고, 상태도 아주 좋지 않아요." 그는 아무 말 없이 가비에로를 쳐다보고는 말을 이었다.

"내일 당장 어떤 방법을 써서라도 떠나도록 하시오. 밤이면 좋을 것 같군요. 카누건 무엇이건 당신이 탈 수 있는 것이라면 무엇이든 타고 떠나시오. 어쨌든 세구라 대위는 이틀 정도 더 버틸 겁니다. 그들은 잘 훈련된 사람들이고 전투 경험이 많은 군인들이지요. 그리고 오래전부터 전투에 참가해온 사람들이에요. 당신에게는 아직 시간이 있소. 엠페라 부인이 도와줄 수 있을 거요. 그녀는 마을 사람들을 아주 잘 알고 있고, 그들도 그녀를 높이 평가하고 있다오. 좋습니다. 그럼 이만 잠자리에 드시죠. 걱정 마세요. 당신은 여기에 그 어떤 전력도 갖고 있지 않아요. 그러니 걱정할 게 없소. 안심하시오."

"난 잘 모르겠습니다, 아니발 씨. 무기를 운반했다는 이유로 나는 비싼 대가를 치를 수 있습니다. 내게 아무 죄가 없다는 것을 군대가 믿지 않을까 걱정됩니다. 한편 밀매업자들은 내 입을 막으려고 관심을 보일지도 모릅니다."

"세구라는 당신을 믿었소. 그러니 마음 편히 주무시오. 내일이 되면 또 괜찮아질 거요. 피곤하면 모든 게 검게 보이는 법이지요."

가비에로는 작별 인사를 하고서, 집주인이 준비해놓은 방으로 가서 잠을 청했다. 침대는 부드러웠고, 시트는 시원하고 깨끗했다. 그런 사치를 누려본 것은 실로 오랜만이었다. 그는 깊은 잠에 빠져들었다.

날이 밝자마자 아니발 씨가 방문을 두드렸다.

"친구, 일어나시오. 커피가 준비되었고, 어제 먹었던 음식을 데워 놓은 게 있어요. 당신은 가능한 한 빨리 라플라타로 가야만 하오. 오늘 새벽에 다시 총격이 시작되었소. 내가 보기에는 광부들의 오두막에서 나는 소리 같았어요."

가비에로는 자리에서 일어나 아니발 씨와 아침식사를 했다. 그리고 노새를 꺼내기 위해 마구간으로 갔다. 그가 노새들을 농장 입구로 데려가고 있는데, 농장주와 '옥수수 수염'이 말을 타고 각각 또 다른 말의 고삐를 잡고 있는 것이 보였다. 작별하기 위해 그를 기다리고 있는 것이었다. 그들은 불확실성으로 가득한 감정을 숨기려고 애쓰면서 몇 마디를 주고받았다. 가비에로는 아니발 씨에게 다정하게 대해주고 많은 도움을 주어 고맙다고 말하면서 뜨겁게 그의 손을 잡았다. 그리고

'옥수수 수염'과도 악수하며 말했다.

"'옥수수 수염', 우리가 다시 만나지 못할지도 모르지만 자네는 나의 훌륭하고 모범적인 동반자였다는 사실을 알아주었으면 좋겠어. 나는 자네가 얼마나 훌륭한 사람인지 알아. 자네를 잊지 못할 거야. 행운을 비네. 그리고 암파로 마리아에게도 안부를 전해주고, 항상 그녀를 기억할 것이라는 말도 전해주기 바라네. 아니발 씨, 당신에게도 행운이 있길 빕니다. 모든 호의에 다시 감사드립니다."

"친구, 나도 즐거웠소." 아니발 씨가 슬픔을 억누르며 미소를 지었다. "행운을 빌겠소. 우리 모두에게 행운이 함께해야 할 거요. 하느님의 축복이 있길 빌겠어요." 그는 박차를 가하더니 급히 말을 몰았다. 노새지기가 다른 두 마리의 말을 이끌고 그 뒤를 따라갔다. 가비에로는 그들이 농장의 앞마당부터 산기슭의 작은 언덕으로 이어진 좁은 오솔길로 사라지는 것을 보았다. 그는 커피 농장으로 내려가서 그곳을 가로질렀다. 그는 완전히 슬픔에 눌려 있었고, 그 슬픔은 사원의 궁정 여인과 같은 기품을 지닌 여자에 대한 그리움과 목숨을 건 위험과 마주치고 있던 두 친구에 대한 사랑, 그리고 아마도 이제는 영원히 떠나게 될 열대 지역에 대한 향수로 어우러져 있었다.

하숙집에 도착하자 엠페라 부인이 초조하게 그를 기다리고 있었다. 그런 초조감은 그녀가 희끗희끗한 머리를 손으로 만지고, 머리에서 약간의 떨림이 있는 것에서 알 수 있었다. 가비에로는 여행에서 일어났던 일들을 이야기했고, 아니발 씨와 '옥수수 수염'과도 작별 인사를 했다고 말했다. 엠페라 부인은 잠자코 그의 말을 들었다. 그의 이야기가 끝나자, 의자에 앉아 무릎을 계속 손으로 비비면서 말했다. 자신의 말에 관심을 기울여달라는 그녀의 제스처였다.

"당신은 여기를 떠나야 해요. 빠를수록 좋아요. 그럼 이제 어떻게 해야 하는지 말해주겠어요. 나는 바지선을 팔고 싶어하는 친구와 얘기해두었어요. 이름이 토마스 이스키에르도이지만, 사람들은 그를 토마시토라고 부르지요. 오래전에는 아주 부자였지만, 노름에서 돈을 모두 잃었어요. 지금 그가 가지고 있는 것이라고는 강가에 있는 허름한 오두막 하나와 디젤 엔진을 얹은 바지선 한 척이 전부예요. 그는 그 배를 이용해 그리 멀지 않은 곳까지 물건들을 운반했지만, 열병을 앓아 침대에 누웠고, 지금은 기운이 빠져 아무것도 할 수 없어요. 난 이미 그와 합의했어요. 그는 노새들과 약간의 현금을 주면 바지선을 건네주겠다고 했어요. 그 벨기에 사람이 준 돈 중에서 틀림없이 남은 돈이 있을 거예요. 게다가 당신에게는 내가 보관하고 있는 수표도 있어요. 내 생각에 돈은 충분하고, 어쩌면 여행 경비 정도는 남을 수도 있어요. 내일 일찍 바지선을 보러 가세요. 적어도 넉 달은 사용하지 않았으니까 엔진을 점검해야 해요. 선체는 누더기처럼 덕지덕지 기웠지만, 항해하는 데는 문제가 없어요. 그 배를 타고 강어귀까지도 갈 수 있을 거예요. 내일이면 불모 고지에서 무슨 일이 있는지 소식을 들을 수 있을 거예요. 그러니 지금은 잠시 쉬고 짐 정리를 하세요."

가비에로는 눈먼 여인의 제안을 수락했고, 당장 토마시토를 만나 바지선이 어떤 작업을 필요로 하는지 미리 준비하고 싶다고 말했다. 그러자 엠페라 부인이 말했다.

"지금은 만날 수 없어요. 그는 지금 조카와 함께 있는데, 그 조카는 믿을 만한 사람이 못 돼요. 밀고자로 유명한 사람이거든요. 아마도 양쪽을 위해 일하는 것 같아요. 내일 새벽이면 강 위쪽에 있는 아보카도 과수원으로 돌아간다고 하니 서두르지 말아요. 내일이면 모든 게 준비될 거예요. 이 사건들이 절정에 이르려면 아직 이틀 정도는 있어야 하니 시간이 없지는 않아요."

　아무것도 할 일이 없어지니 가비에로의 마음은 무거워졌다. 자기가 빠진 함정이 더 위험하고 심각하게 생각되었다. 그는 강 맞은편에 있는 개간지를 둘러보기 위해 나갔다. 술집은 닫혀 있었다. 그는 방으로 돌아와서 리뷰의 왕자가 쓴 편지에 온 정신을 집중하려고 애썼다. 이 위대한 귀족이자 외교관이며 근사한 남자의 무한하게 우아하고 지성이 넘치는 글은, 마치 즉각적인 효과를 발휘하는 진통제처럼 그의 산란한 마음을 진정시켰다. 그의 모든 마음과 정신은 19세기 초로 빠져들었다. 프랑스 외교관이자 작가였던 탈레랑이 말했던 것처럼, 앙시앵레짐의 황혼 속에서 삶의 달콤함을 알았던 그 시기의 사람들은 계속해서 훌륭한 예법과 차분한 회의주의, 그리고 정치적 변화에 대한 냉소적 판단에 훌륭한 교훈을 주고 있었다. 항상 행운이 따랐고, 다정한 미소를 지으면서 자코뱅당의 교수대와 빈 경찰의 감시와 차르 궁정의 음흉한 내각과 치명적인 매복을 피한 그 위대한 벨기에의 귀족만큼 현재 당혹해 있는 그의 상태를 효과적으로 완화해줄 진정제는 없었다. 가비에로는 완전히 다른 시기, 즉 현재와 아주 멀리 떨어진 시대의 분위기에 빠질 수 있는 능력이 있었다. 그런 능력은 방랑자로서의 소명 의식이 가져왔던 고난과 시련에서 자주 그를 구해주었다. 마음이 진정되자 그는 잠의 세계로 이끌렸고, 대나무 매트리스 위에서 옷도 벗지 않은 채 방 밑으로 흐르는 물소리를 자장가 삼아 깊은 잠에 빠졌다.

다음 날 그는 아주 이른 시간에 잠에서 깼다. 부엌에서 아침식사를 하는 동안 눈먼 여인이 말했다. "내 친구는 지금 혼자 있고, 당신이 살펴볼 수 있도록 바지선을 준비해두었어요. 당신도 이미 알고 있듯이, 그 사람 이름은 토마스 이스키에르도지만 모든 사람이 그를 토마시토라고 불러요. 그가 사는 오두막은 강 아래쪽에, 그러니까 창고를 지나면 나오는 바나나나무들 속에 있어요. 두엔데 시내가 강으로 흘러드는 곳이죠." 가비에로는 그곳을 향해 걸으면서, 야자수 지붕을 얹고 회반죽을 칠한 집들이 한 줄로 늘어선 곳을 지나갔다. 그 초라한 동네는 얼마 지속되지 않았던 광산 열풍이 불던 시기에 형성되었고, 그때 이름이 붙여진 곳이었다. 거리에는 아무도 없었다. 창문은 굳게 닫혀 있었고, 집 안에서는 아무 소리도 들려오지 않았다. 평상시에 그곳은 아이들의 소리가 시끌벅적하게 넘쳐흘렀고, 아낙네들이 빨래를 하거나 음식을 만들면서 이 마당에서 저 마당으로 큰 소리로 말을 건네곤 하던 동네였다. 모두가 이미 잠자리에서 일어났음이 분명했다. 이른 아침부터 침대에서 나와야 할 정도로 더운 날씨였기 때문이었다. 그 동네에는 공포가 떠다니고 있었다. 뭐라고 꼭 집어서 말할 수 없는 모호한 공포였기에, 사람들은 재앙이 곧 다가올 것임을 알고 조용히 그 재앙을 기다리기로 작정한 것이었다.

가비에로가 토마시토의 오두막에 도착했을 때, 주인은 오두막 지붕을 지탱하고 있는 들보에 기대어놓은 갈대 의자에 앉아서 그를 기다리고 있었다. 오두막에는 벽이 없었다. 집 안에는 그물침대가 걸려 있었고, 그 아래로는 개가 한 마리 자고 있다가 낯선 목소리를 듣고 잠에서 깨어났다. "조용히 해, 카이저!" 노인이 소리쳤다. 개는 포기하고 다시 잠들었다. 토마시토는 나이를 알 수 없는 사람이었다. 쉰 살처럼 보이기도 했고 아흔 살처럼 보이기도 했다. 기후가 그를 너무 심하게 풍화시켜서 어떤 곳은 피부가 뼈와 붙어 있었고, 또 어떤 곳은 생명이 없는 누런 피부가 덜렁덜렁 매달려 있었다. 이빨 빠진 입에는 불 꺼진 시가가 물려 있었다. 그는 기계적일 정도로 규칙적으로 입 한쪽에서 다른 쪽으로 그 시가를 옮겼다. 망가져 떨리는 육체의 나머지 부분과 달리 눈은 활력을 지니고 있었다. 검고 강렬하며 몹시 궁금해하는 그의 눈은 번뜩이면서, 한시도 쉬지 않고 열심히 움직였다. 마치 꺼지기 직전의 아궁이 잿더미에서 깜박거리며 타오르는 불꽃처럼 보였다. 토마시토는 가비에로에게 강변으로 내려가 바지선을 보자고 말했다. 두 사람은 사람들의 발길에 닳아 미끈거리는 진흙 강둑으로 내려갔다. 느리고 잠잠한 강물은 강으로 몇 미터 정도 나아가 있던 붉은 흙벽의 방파제에 부딪히고 있었다. 바지선은 난간에 묶여 있었다. 기껏해야 길이 팔 미터에 폭은 삼 미터 정도 돼 보였다. 용접하여 기운 자국으로 가득한 선체는 단조롭게 물 튀기는 소리를 내면서 강물에 이리저리 흔들리고 있었다. 바지선 양쪽으로 네 개의 녹슨 막대가 고정되어, 새똥과 강변에 우뚝 솟아 있던 커다란 망고나무에서 떨어지는 액즙으로 더럽혀진 두 개의 양철판을 지탱하고 있었다. 토마시토는 엔진에 연료가 없으며, 자기 친구인 엠페라 부인의 집에 보관된 배터리를 설치해야 한다고 설명했다. 그들은 배터리를 가지러 갔고, 하킴의 가게에서 디젤 사 갤런을 샀다. 처음에 하킴은 가게 문을 열려고 하지 않았지만, 눈먼 여인의 목소리를 듣고는 황급히 열어주었다. 하지만 그의 얼굴은 별로 다정스럽게 보이지 않았다. "그가 여자를 원한다면, 우리의 부탁을 들어주는 수밖에 없어요. 그는 그걸 잘 알고 있어요." 엠페라 부인의 말은 더이상 설명을 필요로 하지 않았다.

그들은 배터리를 설치했고, 빈 연료통에 연료를 넣었다. 몇 번의 시도 끝에 시동이 걸렸다. "점화 시기를 조정해야만 해요. 이 상태로는 멀리 가지 못할 겁니다." 가비에로가 말했다. 노인은 그 의견에 동의했고, 강렬한 태양 아래서 두 사람은 작업을 시작했다. 마침내 엔진 튜닝이 끝났으나, 스크루가 균형을 이루지 못하고 있었다. 그런 상태로 강 아래쪽으로 출발한다는 것은 불가능했고, 수심이 얕은 구간에서 바지선을 제대로 통제할 수가 없었다. 토마시토는 여분의 스크루가 있으며, 그것 역시 엠페라 부인의 집에 있다고 말했다. 그들은 스크루를 찾으러 갔다. 스크루를 설치했을 때는 이미 밤이 다가오고 있었다. 열대 지방답게 밤은 아주 빠른 속도로 몰려왔다. 가비에로는 얼마 안 되는 소지품을 꾸리기 위해 엠페라 부인의 집으로 출발했다. 집에 거의 다 왔을 때 부엌에서 누군가의 목소리가 들렸고, 어조로 보아 무언가 중대한 일이 벌어졌다는 것을 알 수 있었다. 집으로 들어가자 청년 하나가 그물 의자에 앉아 있었다. 청년은 눈을 크게 뜨고 있었지만 초점이 없었고, 몸은 말라리아에 걸린 것처럼 벌벌 떨고 있었다. 그의 셔츠는 피로 물들어 있었고, 팔과 무릎도 마찬가지였다. 엠페라 부인은 자기 의자에 앉아서 청년을 향해 고개를 돌리고 있었다. 그녀의 얼굴은 대리석처럼 창백해졌고, 표정은 굳어 있었다. 아무것도 할 수 없는 어둠 속에서 단지 눈먼 사람들만이 느낄 수 있는 공포의 표정이었다. 가비에로는 무슨 일이냐고 물었다. 하숙집 여주인은 힘들게 몇 마디만 간신히 말할 수 있었다. "암파로 마리아의 사촌인 나치토예요. 저 위에…… 산속에…… 그들 모두가…… 이분에게 말해라, 아들아. 여기는 안전해. 그러니 말하도록 해……" 그러나 그 불쌍한 청년은 한 문장도 완벽하게 말할 수 없는 것이 분명했다. 눈먼 여인은 가비에로에게 자기가 헤아린 바로는 그 청년이 끔찍한 소식을 가져왔다고 말했다. 가비에로가 함께 있자 그녀는 약간 마음을 진정시킬 수 있었다. 그리고 잠시 후 거의 울음을 멈출 수 있을 만큼 청년을 안정시킬 수 있었다. 청년의 뺨으로 눈물이 흘러내려, 이미 피가 엉겨붙은 셔츠로 떨어지려 하고 있었다.

청년의 이야기는 거의 한 시간 정도 지속되었다. 그는 뭔가를 자세히 말하다가, 이내 몸을 떨면서 목소리를 내지 못했다. 아니발 씨와 일행은 숲 한가운데서 급습을 받았다. 매복하고 있던 사람들은 무기 밀매업자들이 사용하는 자동화기를 가지고 있는 것 같았다. 그들은 모두가 피 웅덩이 속에 쓰러질 때까지 일제히 총을 쏘고 또 쏘았다. 첫 사격이 끝났을 때만 해도 아직 목숨이 붙어 있던 여자들과 아이들의 비명 소리가 들렸다. 그러자 그들은 더 가까이에서 마지막으로 일제 사격을 가했고 그들 모두를 영원히 입 다물게 했다. 나치토는 첫번째 사격에서 가슴에 총을 맞고 쓰러진 자기 아버지의 몸을 꼭 껴안고 있었다. 너무나 무서운 나머지 청년은 꼼짝도 하지 않고 아무 말도 못한 채 그곳에 몇 시간 동안 있었다. 그의 아버지는 곧 세상을 뜨고 말았다. 그는 숲이 가장 울창한 지역으로 급히 사라지는 발소리를 들었고, 멀리서 이따금 말소리도 들렸지만 하나도 알아들을 수 없었다. 몇 시간 후 그는 공포에 사로잡혀 라플라타로 내려갈 때 항상 이용하던 길을 통해 도망쳤다. 그리고 마을 근교에서 저녁 내내 기다렸다. 그런 모습으로 낮에 마을로 들어올 용기가 없었던 것이다. 그리고 밤이 되자 엠페라 부인의 집으로 온 것이었다. 그녀에게 메시지를 전달하는 일을 했기 때문에 그는 그녀를 잘 알고 있었다.

청년이 이야기를 마치자 가비에로는 그를 자기 옆에 앉혔다. 가비에로는 그의 머리를 쓰다듬었지만 아무 말도 할 수 없었다. 그 가냘프고 약한 몸에 말 못할 연민을 느꼈고, 그 연민은 점점 커져서 그를 더욱 고통스럽게 만들었다. 그는 이유도 없이 죽어가야만 했던 지인들에게 고통스러운 연민을 느꼈다. 바로 우리 인간이라는 종족만이 저지를 수 있는 냉정한 잔인함에 희생된 것이었다. 얼굴, 말, 몸동작, 웃음, '알바레스 가족의 평원'의 주민들에 대해 알고 있던 가족사 등이 그의 기억 속에 밀어닥쳤다. 그는 아무런 의미도 없는 그런 잔인한 대학살을 도저히 이해할 수도, 받아들일 수도 없었다. 그런 생각을 하자 강도 높은 연민은 물리적 통증으로 변했고, 통증은 그의 몸을 파고들어 마치 무언가에 찔려 상처를 입은 듯이 그를 쓰러뜨리고 있었다. 눈먼 여자는 나치토를 데려가 옷을 갈아입히고, 온몸에 말라붙은 피를 씻어주었다. 그리고 그를 자기 옆에 있던 조그만 그물침대에 눕혔다. 그 청년이 라플라타에서 밤을 보내게 될 때마다 사용하던 그물침대였다.

여러 시간 동안 가비에로는 결정을 하려고 애썼다. 그런 상황에서 출발한다는 것은 생각도 할 수 없는 일이었다. 그는 다음 날 아침까지 기다릴 작정이었다. 그러면 엠페라 부인이 약간 정신을 차릴 것이다. 산에서 희생된 사람들의 친근한 모습이 다시 그의 주변을 에워쌌다. 고야의 마하*와 같은 분위기를 풍기면서 아무것도 바라지 않은 채 아무에게도 종속되지 않은 사랑을 베푼 암파로 마리아, 자신의 농장에서 훌륭한 귀족처럼 행동했고 친구들에게 충실하고 공정했으며『돈키호테』에 나오는 초록색 외투의 기사처럼 체념적이고 숙명적이었던 아니발 씨, 불모 고지에서 고갈되지 않는 지혜를 발휘했으며 똑똑하고 충성스럽고 고집 세고 독립적이었던 '옥수수 수염'이 떠올랐다. 그리고 다정하고 호의적이었던 이름 모르는 다른 사람들도 생각났다. 그들 모두가 익명의 살인자들의 손에 무참하게 목숨을 잃은 것이다. 사람을 죽이는 습관이 유일한 존재 이유인 작자들에게 희생된 것이다. 그 작자들은 저 위에서 무자비한 탐욕의 줄을 움직이는 사람들의 명령을 받아 기꺼이 수행하는 발광한 앞잡이들이었다. 가비에로는, 계속 여기에 머무른다면 자기의 절망은 갈수록 커질 것임을 알았다. 그는 의자를 발코니로 옮겨 수천 년 동안 인간들이 범한 어리석음, 즉 희생이라는 불행한 인간의 소명 의식에는 개의치 않고 무심히 흘러가는 강물을 보았다. 밤의 고요한 침묵은 때때로 길을 잃은 어느 새의 갑작스러운 비명 소리나 강물의 소용돌이치는 소리로 깨졌다. 단지 별들만이 무겁게 깔린 어둠 속으로 들어오려고 헛되이 노력하고 있었다. 달은 이미 오래전에 모습을 감추고 있었다. 음산하고 애처로우며 장례를 치르는 것 같은 무언가가 공중을 떠다니고 있었다. 어쩌면 가비에로의 영혼이 그의 목에서 느껴지던 죽음과 파괴의 맛을 밤 풍경에 전달하고 있는지도 몰랐다. 새벽의 첫 햇빛이 비치기 전에, 그는

---

* 스페인 화가 고야의 대표작 〈옷을 벗은 마하〉와 〈옷을 입은 마하〉를 가리킨다. '마하'는 멋진 젊은 여인이라는 뜻. 고야는 작품 속 모델로 추정되는 알바 공작부인이 안달루시아의 영지에 체류할 당시에 그린 드로잉을 다수 남겼다.

침대로 돌아가 잠시 눈을 붙이려고 애썼다. 강 하구로 가는 그의 여행에서 첫 구간은 예측할 수 없는 숨겨진 위험으로 가득할 것이다. 그런 여행이 그를 기다리고 있었다.

그는 깊은 잠을 자고 있었다. 그때 지붕 위로 귀를 멍하게 할 정도로 커다란 엔진 소리가 휘몰아쳤다. 그는 갑작스러운 공포에 사로잡혀 일어나 앉았다. 그는 공포를 좀 진정시키고는 무슨 일인지 알아보기 위해 발코니로 달려갔다. 바로 그 순간 날개에 해병대 기장을 새긴 회색 카탈리나 수상 비행기 두 대가 거의 연속적으로 강에 착륙했다. 부두에는 해병대 소속의 커다란 거룻배 두 대가 정박해 있었고, 그 거룻배에서 질서정연하고 조용히 회색 전투복과 회색 철모를 쓴 해병대원들이 줄지어 나오고 있었다. 장교들은 대원들의 하선을 통제하며 단호하고 짧은 목소리로 명령을 내리고 있었다. 수상 비행기들이 바지선 옆으로 빠르게 다가갔다. 비행기 문이 열리자 장교들이 내려왔다. 의무대 군복을 입은 군의관들, 서류 가방과 휴대용 타자기를 든 병참부대 대위들이었다. 또한 흰 상의와 밝은 베이지색 바지 차림의 사복을 입은 것으로 보건대 의심의 여지가 없는 첩보 부대원들도 있었다. 순간적으로 가비에로는 그날 아침의 출발 계획이 망가졌다는 사실을 알았다. 그러나 어떤 일이 있어도 시도해보기로 마음을 굳혔다. 그는 얼마 안 되는 짐을 챙겼고, 엠페라 부인이 준 배낭에 그것들을 넣었다. 아무 말 없이 꼭 껴안으면서 그는 하숙집 여주인과 작별했다. 여주인은 마치 몽유병자처럼 이렇게 되뇌었다. "서둘러요, 부디 서둘러요." 그녀는 기도문을 읊으면서, 도저히 이해할 수 없는 언어가 뒤섞인 말로 모든 성인과 성녀들을 부르며 하느님의 은총을 빌었다.

가비에로는 나머지 옷과 서류가 들어 있는 가방을 남겨두면서, 눈먼 여인에게 자기가 죽으면 그것을 모두 불태워달라고 부탁했다. 그가 토마시토의 집에 도착했을 때, 토마시토는 전보다 더 멍하고 불안한 눈으로 그를 기다리고 있었다. "조심해서 가시오. 해병대를 속일 생각은 마시오. 그 사람들은 이곳에 질서를 유지하기 위해 왔고, 어떻게 해야 질서가 유지되는지 잘 알고 있소." 가비에로는 바지선 대금의 일부로 합의했던 현금을 주었다. 노새들은 마구간에 있었고, 눈먼 여인은 그것들을 토마시토에게 주어야 한다는 것을 알고 있었다. 가비에로는 바지선 바닥에 배낭을 던지고 펄쩍 뛰어 배를 탔다. 즉시 엔진에 시동이 걸렸다. 노인은 배를 매고 있던 밧줄을 풀었고, 손을 흔들며 작별을 고했다. 그런 손동작에서 그가 절망적인 축복을 빌고 있다는 것을 알 수 있었다.

중간 속도로 엔진을 놓고, 가비에로는 바지선을 강 한가운데로 이동시킨 다음 천천히 강을 내려가기 시작하면서 반대편 강둑을 무관심한 척 쳐다보았다. 마치 단지 강을 건너려는 의도밖에 없는 것처럼 보이게 하기 위해서였다. 군 거룻배 앞을 지나자, 배의 조종실 지붕 위에 설치된 확성기에서 목소리가 흘러나왔다. "어디로 가려는 것이오? 바지선을 타고 있는 당신, 즉시 되돌아오시오! 이쪽으로 오시오! 그렇소, 당신 말이오!" 명령조의 단호한 어조가 메아리가 되어 멀리까지 울려 퍼졌다. 가차 없이 모든 것을 마비시키는 메아리였다. 그는 항해하던 것과 마찬가지로 천천히 지시를 따라 거룻배 옆으로 배를 이동시켰다. 여러 명의 병사가 갑판에서 그를 기다리면서 신호를 했다. 그리고 손을 내밀어 거룻배로 올라오게 도와주었다. 병사들 중 두 사람이 바지선으로 뛰어내리더니 배를 카탈리나 수상 비행기가 정박한 곳으로 가져갔다. 마을이 끝나는 강 아래쪽이었다. 하사 한 명이 가비에로에게 앞으로 걸어가라고 제스처를 취하면서, 문이 열린 선실을 가리켰다. 그리고 아무 말도 없이 뒤에서 바짝 쫓아왔다. 선실로 들어가자, 가비에로는 벽에 고정시켜 설치해놓은 작은 탁자 위에 지도를 펴놓고 몸을 웅크린 채 면밀히 살펴보고 있는 장교를 보았다. 그 몇 초가 그에게는 몇 시간같이 느껴졌다. 장교는 계속 몸을 구부린 채 컴퍼스를 들고 무언가를 측정했다. 그러더니 마침내 눈을 들었다. 하사는 경례를 하고서 말했다. "대위님, 명령대로 했습니다." 그러자 대위가 코끝에 걸치고 있던 무테 안경을 벗으면서 대답했다. "나가봐." 그런 다음 방금 도착한 사람을 뚫어져라 바라보았다. 마치 더 잘 보기 위해 눈의 초점을 맞추는 것 같았다. 그의 눈은 강렬한 파란색이었지만, 선실의 불빛을 받아 빛바랜 하늘색으로 바뀌어 있었다. 짧게 바싹 밀어버린 머리카락은 금발이었고 희끗희끗했다. 이미 이마에는 머리카락이 거의 없어서 군인이라기보다는 은행 관리처럼 보였다. 그가 손수건으로 안경을 닦았다. 순전히 반사적인 행동이었다. 그러면서 그는 외모와 전혀 어울리지 않는 굵은 목소리로 가비에로에게 말했다.

"나는 당신이 탐보 산마루까지 파나마의 암시장에서 구입한 자동화기와 폭약을 옮긴 사람이 아닌가 생각하오. 내 기억이 잘못되지 않았다면, 당신 이름은 마크롤이오. 하지만 가비에로라고도 알려져 있소. 이곳에 얼마 전에 도착했고, 당신의 서류가 제대로 갖추어지지 않았다고 알고 있소. 내 말이 맞소?" 그의 말과 행동에는 쌀쌀맞은 예의가 깃들어 있었다. 마치 가비에로와 단호하게 거리를 두고자 하는 것 같았다. 그것은 아마도 장교 훈련 과정에서 획득하게 된 일상적인 태도로, 전적으로 무의식적인 것 같았다.

"그렇습니다. 대위님 말이 맞습니다. 하지만 무기에 관해서는 조금 더 분명하게 말하고 싶습니다." 가비에로는 차분하게 대답했다. 그것은 그가 오래전부터 두려워했던 체념에서 나오는 것이었다.

"당신이 내게 그런 해명을 할 필요는 없소. 적절한 시간이 되면 담당자가 당신을 심문할 것이오. 나는 단지 계엄령 상태 동안 군대에게 부여된 특별 권한에 의해 당신을 체포하겠다는 것만 알려주고 싶소." 일상적인 장교 어조로 이 말을 마치자, 대위는 가비에로를 데려다놓은 후 선실 밖에서 기다리고 있던 하사에게 명령했다. "당번 경비병을 불러와." 즉시 재빠른 발소리가 들리더니 병사 한 명이 입구에 부동자세로 섰다. "대위님, 부르셨습니까?" "이 사람을 사령부로 데려가. 아리사 대위에게 그에 관해서는 내가 나중에 이야기하겠다고 전해." "알겠습니다, 대위님." 병사는 다시 경례를 하면서 대답했다. 그는 포로의 팔짱을 끼고는 함께 선실을 나갔다. 두 사람은 바지선이 계류되어 있던 부두로 걸어갔다. 그러고는 제방을 마주보고 있던 약간 경사진 길을 올라갔다. 병사는 축구 선수처럼 생긴 흑인과 원주민의 혼혈로, 몸집은 뚱뚱했고, 나무랄 데 없는 군복을 입고 있었다. 또한 쉽게 기억할 수 없을 것 같은 모호한 얼굴을 하고 있었다. 그는 가비에로의 팔을 놓지 않았지만, 어떤 폭력적인 동작도 하지 않았다. 마치 검거된 사람이 전혀 모르는 장소로 안내하는 것 같았다. 두 사람은 군부대에 도착했다. 가비에로는 항상 그곳이 닫혀 있는 것만 보아왔는데, 이제 그 기지는 북적대며 활력이 넘치고 있었다. 그것을 보자 그는 개미집이 떠올랐다. 병사들과 장교들이 끊임없이 드나들고 있었다. 권위적인 목소리의 명령이 들렸고, 무기들이 서로 부딪쳐 뗑그렁대는 소리, 가구와 집기들을 건물의 한쪽에서 다른 쪽으로 옮기는 소리도 들렸다. 모든 게 빠르고 정확하게 제자리를 찾아가고 있는 것이, 두려움과 존경심을 불러일으키는 효율성과 규율을 잘 보여주고 있었다. 공중에는 방금 기름칠한 소총 냄새가 떠돌고 있었다. 또한 막 연필을 깎았을 때 나는 나무 냄새와 교실에 고약한 땀이 뒤섞인 듯한 냄새도 떠돌아다니고 있었다.

경비병은 가비에로를 아리사 대위의 사무실로 데리고 갔다. 그는 까무잡잡하고 키가 작았으며, 1940년대 멕시코 영화의 배우처럼 짧은 콧수염을 기르고 있었다. 번쩍거리는 흰색 상의와 황갈색 바지를 입고 있었고, 옷깃에는 별로 눈에 띄지 않게 오렌지색과 초록색 가는 줄이 쳐진 배지가 달려 있었다. '첩보 부대야'라고 가비에로는 생각했다. '이제 재미있는 일이 벌어지는군.' 아리사는 경비병이 전하는 말을 듣더니, 아무 말도 하지 않고 고개를 끄덕였다. 그는 손을 이마로 가져가면서 경례 비슷한 행동을 하더니, 그에게 가도 좋다는 신호를 보냈다. 그런 다음 그가 밖으로 나가 누군가를 부르자, 역시 사복을 입고 있던 중위가 들어와 아리사 옆에 섰다. 그리고 아리사가 귀엣말로 하는 명령을 들었다. 막 도착한 중위는 고개를 끄덕이면서 가비에로에게 다가왔다. 그리고 어느 정도 예의를 갖추어 말했다. "나를 따라오십시오." 가비에로는 아리사에게 작별의 말도 하지 못한 채 그를 따라갔다. 가비에로는 활기 넘치는 복도와 사무실을 따라 자기를 데려가고 있는 장교의, 개인적 감정이 배제된 무조건적인 복종에 깊은 인상을 받았다. 그의 '오십시오'라는 말이 계속 귀에서 맴돌았다. 그것은 그가 전통적인 군인이 아니라는 것을 보여주는 신호였다. 사실 군 첩보 부대의 체계와 언어는 경찰과 동일했고, 이 세상의 그 어떤 경찰도 그런 어투를 사용하지는 않았다. 이런 것을 확인하자 그는 상대적인 안도감을 느꼈다. 무엇이 그를 기다리고 있을지 거의 예견할 수 있었다. 그가 참고 견뎌야 할 것은 단지 교활하고 지칠 줄 모르는 고양이와 쥐의 게임이었고, 고양이의 발톱을 피해 목숨을 부지한 채 도망치려고 애써야 했다. 그러나 불가능한 일은 아니었고, 그는 게임을 시작할 만반의 준비가 되어 있었다.

그들은 안마당을 지났다. 그곳에서는 해병대원 몇 명이 여섯 대의 기관총을 설치하고 있었다. 그들은 아무 말 없이 뙤약볕 아래서 일하고 있었다. 땀으로 얼룩진 부분이 겨드랑이 아래와 가슴에서 점점 커져가면서, 회색의 면직 군복을 거뭇거뭇하게 만들고 있었다. 가비에로와 그의 안내자는 금속 격자그물을 치고 강력한 전등을 켜놓은 복도로 들어갔다. 자체 발전기를 설치하여 가동하고 있음이 틀림없었다. 라플라타에는 그토록 강력한 전류가 없기 때문이었다. 그것은 곧 그들이 오랫동안 체류할 계획임을 의미했다. 두 사람은 여러 사무실 문을 지났다. 그 문들은 한쪽 복도에서 다른 복도로 서류 파일을 나르는 장교와 연락병들이 드나들면서 계속해서 열리고 닫혔다. 복도 끝에 다다르자, 중위는 원통형의 빗장이 있고 가운데에 조그맣게 들여다보는 구멍이 있는 철문 앞에서 걸음을 멈추었다. 그는 주머니에서 열쇠 꾸러미를 꺼냈고, 여러 번 시도 끝에 마침내 무거운 자물쇠에 맞는 열쇠를 찾아 문을 열었다. 그리고 가비에로에게 안으로 들어가라는 신호를 보냈고, 그의 뒤를 따라 들어와 문을 닫았다. 그곳은 감옥이었다. 두 개의 조그만 창문은 거의 천장 높이로 붙어 있었고 두꺼운 쇠창살이 쳐져 있었다. 창문에서 빛이 들어오고 있었다. 바닥은 하늘색 타일이었고, 역시 거의 삼 미터에 이르는 벽도 같은 타일로 발라져 있었다. 방 가운데에는 시멘트 책상이 놓여 있었고, 책상 가운데로는 조그만 홈이 지나고 있었다. 그 책상은 약간 앞으로 기울어져 있어서 긴 빨래판을 연상시켰다. 책상 아래에는 과두아 대나무 침대에 놓여 있던 매트리스와 그가 바지선에 실어놓았던 배낭이 있었다. 방 한쪽 구석에는 똑같이 생긴 세면대가 두 개 있었고, 그 위에는 비누가 놓여 있었으며, 옆에 수건들이 걸려 있었다. 다른 쪽 구석에는 어중간한 크기의 커튼 뒤로 변기가 있었는데, 커튼이 변기를 완전히 가리지는 못했다. 변기의 물탱크는 바로 천장 아래에 설치되어 있어서 변기 위에 올라가더라도 닿을 수 없었다. 장교는 신발을 벗고 허리띠를 풀라고 명령했다. 가비에로는 그가 시키는 대로 한 후, 그것들을 아무 말 없이 건네주었다.

"필요한 것이 있으면 문에 있는 구멍에 대고 손바닥을 두 번 치십시오. 밤이건 낮이건 누군가가 당신의 부름에 응할 것입니다. 하루에 세 번 식사를 가져다줄 것입니다. 군대 음식과 똑같은 음식이지요. 마음에 들지 않는다면, 당신이 머물고 있던 하숙집에서 원하는 음식을 가져다줄 수 있습니다. 이제 곧 당신을 소환할 것입니다. 여기서 모든 일은 아주 신속히 처리됩니다."

남자는 피곤하고 냉담한 어조로 말했다. 거의 가비에로의 마음을 진정시키려는 말투였다. 그러나 그가 말하는 내용은 전혀 그렇지 않았고, 가비에로는 온갖 추측에 몰두했다. 장교가 손에 죄수의 신발과 허리띠를 들고 나가려 하자, 가비에로는 그 테이블이 어떤 용도이며, 그 감옥은 어떤 목적을 가지고 있느냐고 물어보기로 했다. 중위는 테이블은 침대로 사용할 수 있을 것이며, 그 위에 매트리스를 펼쳐야 할 것이라고 설명했다. 그리고 더이상 말을 하지 않은 채 그곳을 나가더니, 열쇠로 문을 잠그고 빗장을 걸었다. 이 모든 것은 꼼꼼한 인내심을 가지고 실행되었다. 그 인내심은 그를 초조하게 만들면서도 어딘지 바보 같은 면이 있었다.

가비에로는 테이블 위에 매트리스를 펴고, 휴식을 취하기 위해 그 위에 누웠다. 다리가 약간 위로 올라가자, 그는 해부를 위해 준비된 시체 같다는 느낌을 받았다. 천장 한가운데에서 묵직한 쇠 그물망이 쳐져 있는 강력한 전등이 파란 불빛을 비추었다. 바닥과 벽 때문에 그런 색이 나왔다. 그것은 그 누구도 안정시키기에 적당하지 않은 수술실 분위기였다. 그곳은 취조실이었지만, 그들은 임시로 그가 안전하게 머물게 하기 위해 지금 있는 곳을 감옥으로 사용하고 있는 것이었다. 그는 그리스의 피레우스 항구에서 그와 비슷한 장소를 보았다는 사실을 기억했다. 지금 있는 곳이 감옥으로 준비되었을지도 모른다고 생각하자, 약간 마음이 놓였다. 하지만 그런 생각을 하지 않는 게 지금으로서는 더 나을 것이라고 가정할 여지는 있었다. 그는 잠을 잘 수 없었지만, 몸의 피로를 풀 수는 있었다. 그리고 피로가 풀리자 즉시 안도감을 느꼈고, 그런 감정은 그의 마음 상태에 즉각 반영되었다. 그는 법의 하수인들이 지배하던, 혼탁하고 불안하며 어두운 정체불명의 세계에 휩쓸렸던 순간들을 떠올렸다.

　그는 카불 근교에서 아프간의 경찰 순찰대에 검거되었던 때를 회상했다. 그들은 그가 페샤와르까지 몰고 가던 비쩍 마른 두 마리의 낙타에 실려 있는 짐을 조사해야겠다고 우겼다. 그것은 페샤와르의 관광객들에게 팔기 위한 카펫이었다. 가비에로는 상품 영수증과 판매 허가서를 보여주었다. 그러나 끝이 뒤틀리고 뻣뻣하며 시커멓고 거대한 콧수염을 한 경사는 안장과 낙타를 보호하고 있던 덮개 사이로 손을 넣어봐야겠다면서 고집을 굽히지 않았다. 그러고는 세공되지 않은 준보석으로 가득 차 있는 조그만 염소가죽 가방 두 개를 찾아냈다. 가비에로는 근처 마을의 감옥에 2주 동안 갇혀 있으면서 카불 당국의 결정을 기다렸다. 그는 죄수처럼 취급받지 않았고, 종종 간수들의 집으로 가서 식사를 하곤 했다. 그들은 천성적으로 건방지고 도도했지만, 자발적인 애정과 감동적인 친절로 그런 태도를 누그러뜨리는 사람들이었다. 그곳에서 그는 대상들과 산도적들의 만남에 관한 가장 멋지고 잊지 못할 이야기를 들었다. 도적들은 눈 덮인 지역에서 내려와 중앙 고원의 울퉁불퉁하고 험한 길에 공포를 퍼뜨리곤 했다. 또 그는 강으로 물을 길러 온 여자들을 유혹했던 가짜 회교도 수도사들의 업적에 관해서도 들었다. 그 수도사들은 오랫동안 복잡한 기술을 이용하여 여자들을 성적으로 착취해, 거의 미치기 직전으로 만들곤 했다. 아프가니스탄의 감옥에서 보낸 이 기간 동안 그는 지구상에서 가장 굴하지 않는 존경할 만한 민족 중 하나를 잘 알게 되었다. 아프간 당국은 준보석들의 국외 반출 비용과 그가 구속되어 있는 동안 소비한 음식 값에 해당하는 수수료를 요구했다. 뺨에 요란하게 키스를 하면서,

그의 동료이자 간수들은 너무나 다정하게 작별 인사를 했고, 그 때문에 그는 자신의 방랑 생활에 종지부를 찍고 진정으로 자신의 형제들이라고 생각할 수 있는 사람들과 살 수 있는 나라를 떠나고 있는 것 같은 기분이 들었다. 그는 그 세계의 주민들을, 다시 만날 희망을 잃어버린 모델로 자주 떠올렸다. 그런 사람들이 바로 그곳에 살고 있었고, 그는 그곳을 영원히 떠난 것이었다.

그러자 브리티시컬럼비아의 키티맷에 있는 감옥에서 두 달을 보냈을 때가 떠올랐다. 그는 원주민 소녀를 유괴했다는 죄목으로 수감되었다. 그는 마을의 어느 가게에서 그녀를 만났는데, 검고 놀란 것 같은 강렬한 시선과 담뱃빛 피부에 유혹되어 그녀와 대화를 나누었다. 그는 그녀의 피부가 부드럽고 벨벳 같을 것이라고 추측했다. 그녀는 알코올 중독인 아버지와 창녀인 어머니에 관한 복잡한 이야기를 들려주었다. 그리고 부모에게 끝없이 구타를 당했던 것과, 만에 정박중인 포경선의 선장들에게 팔려갈 뻔했다는 이야기도 해주었다. 가비에로는 그 이야기를 곧이곧대로 믿었고, 원주민 소녀를 바지선으로 데려갔다. 그 바지선으로 그는 근처 마을에 동물 가죽을 수송하고 있었다. 또한 적당한 기회가 오면 알래스카에서 밀수한 사냥용 무기를 수송하는 데 이용하기도 했다. 그 소녀는 자신의 관능성을 의식적으로 조절했고, 그래서 교묘한 에로티시즘의 매력을 지니고 있었다. 즉 아주 특별한 미적 감각 뒤에 인위적인 기교를 숨기고 있었던 것이다. 고아라던 그 소녀는 실은 거구의 폴란드 사람과 결혼한 몸이었고, 그 폴란드 사람은 자기 아내의 납치범을 목 졸라 죽이기 위해 찾고 있었다. 그의 사팔뜨기 눈과 항상 핏발 선 눈은 지독하게 사납고 모진 인상을 풍겼다. 그는 바지선 옆에서 가비에로를 기다리고 있었다. 그러나 다행히 가비에로가 미친 바르샤바 사람 손에 죽기 전에 경찰이 개입했다. 가비에로는 간음과 사기 죄목으로 감옥에서 그 대가를 치러야만 했다. 그는 판사가 선고를 내리는 순간 그런 죄목을 만들어냈다고 생각했다. 그 치안 판사는 반신이 마비된 난쟁이였고, 이유는 모르겠지만 가비에로를 처음 본 순간부터 싫어했다. 캐나다의 감옥에 감금된 그 몇 달은, 담요가 충분치 않아서 밤에 추위를 느끼지 않았다면 아마도 쾌적한 휴가로 기억될 수도 있을 만한 시기였다. 그곳에는 전 세계 방방곡곡에서 온 죄수들이 수감되어 있었는데, 거의 모두가 재산권을 침해한 죄로 죗값을 치르고 있었다. 다시 말하자면, 그 방면에서는 최고의 엘리트들이었다. 그는 그곳에서 절도와 그 다양한 유형에 관한 백과사전을 만들 수 있을 만큼 많은 것을 배웠지만, 가장 혹독하게 어려운 시기를 보낼 때도 그것을 사용하지는 않았다. 추위는 도저히 참을 수 없을 지경이었고, 교도소 당국은 각 죄수에게 군용 담요 하나만 제공할 수 있다고 주장했다. 그러자 항구의 냉동선에서 생선을 훔쳤다는 죄로 복역중이던 칠레인이 말했다. "의심의 여지 없이 이 담요는 군용 담요지. 하지만 인도의 황후가 이끄는 군대일 거야. 만일 캐나다 군인들이 이 담요를 사용했다면 아마 병사들은 오래전에 얼어죽었을걸."

출옥하자 폴란드의 거인이 감옥 밖에서 그를 기다리고 있었다. 눈에 눈물을 머금고 자기 아내가 다시 도망쳤다고 하면서, 이번 범인은 러시아 포경 선원이라고 말했다. 그러면서 배가 이미 캄차카의 페트로파블로프스크로 떠났기 때문에 되돌아오게 할 방법이 없다고 덧붙였다. 그는 가비에로에게 보드카를 한 잔 마시면, 두 사람 모두 아주 훌륭한 관능적 소양이 있는 여자를 잃어버린 것을 서로 위로할 수 있을 것이라면서 초대했다. 하지만 가비에로는 그 초대를 정중히 거절했다. 그는 이 문제가 감당 못할 싸움으로 끝날 것임을 알고 있었으며, 다시 감옥에서 얼어죽을 위험에 처하고 싶지는 않았다. 폴란드 사람은 바지선까지 그와 함께 갔다. 가비에로가 출발 준비를 하는 동안, 그 남자는 부두에 서서 남편으로서 최대의 수치를 맛보게 만든 그 러시아 포경 선원 때문에 잃어버린 기쁨과 환희의 목록을 계속 열거하고 있었다. 바지선이 부두에서 멀어졌지만, 폴란드 사람은 눈물로 젖은 손수건을 계속 흔들었다. 그가 가비에로에게 마지막으로 부탁한 것은 만일 어디에선가 여행을 하다가 원주민 아내를 만나게 되면, 남편이 아무런 원한도 없이 그녀에게 멋진 삶을 주려는 확고한 의도를 가지고 기다리고 있다고 전해달라는 것이었다.

라플라타에 어둠이 내리기 시작했다. 감방 문에서 그릇이 딸랑거리는 소리가 나자, 가비에로는 현재로 돌아왔다. 음식은 싱겁고 약간 씁쓸했다. 의심의 여지 없는 병영 음식이었다. 그는 그 음식을 거의 먹을 수 없었지만, 커피는 한 잔 더 갖다달라고 부탁했다. 경비원이 가져온 멀건 커피를 죄수는 기꺼이 마셨다. 침대는 약간 기울어졌고, 하늘색 벽과 수술실 같은 흰 천장이 귀신들의 잠을 깨웠다. 그 귀신들은 그를 편안하게 자도록 내버려두지 않았다. 아침 일찍 식사가 도착했다. 전날 저녁식사와 마찬가지로 맛없는 커피와 돌처럼 딱딱한 조그만 빵이었다. 그릇을 치우기 위해 경비 두 명이 왔다. 한 사람은 전날 그에게서 빼앗았던 허리띠와 신발을 가지고 왔다. 그리고 양은 쟁반을 치우러 온 경비병은 이렇게 말했다. "이제 당신을 아리사 대위에게 데려갈 사람들이 올 것입니다. 그러니 신발을 신고 허리띠를 매십시오. 세수할 시간은 있을 것입니다. 취조실에서는 기운을 차리고 두 눈을 크게 뜨고 있는 게 좋을 것입니다."

그는 상대적으로 예의를 갖춘 이 말투를 어떻게 해석해야 할지 몰랐다. 계속해서 존댓말을 썼고, 커피도 다시 가져다주었으며, 이제는 취조실에서 어떤 태도를 취해야 할지까지 미리 일러주고 있었다. 그것을 단지 동정 어린 행동에 불과하다고 생각할 수는 없었다. 무장한 군대에서는 신병이 들어오기 무섭게 그런 동정적 행위를 제거하는 법이었다. 아마도 해병대만의 독특한 행동일 수 있었다. 그러나 그런 예의 바른 말과 행동 앞에서 그는 자신의 운명을 결정할 사람들의 동정이나 관용에 대한 희망을 키우지는 않았다. 그는 한 세면대의 수도꼭지에서 이따금 가늘게 흘러나오는 흙탕물로 얼굴을 씻었다. 나머지 수도꼭지는 열리지 않았다. 수건으로 얼굴을 닦고 있는데, 문이 열렸다. 아침을 가져왔던 두 병사가 아리사 대위의 사무실로 그를 안내했다. 대위는 선 채로 책상 위에 놓인 몇 가지 서류를 검토하면서 그를 기다리고 있었다. 두 병사는 그곳을 떠났고, 대위는 가비에로에게 앉으라고 권했다. 대위는 손에 서류를 들고 사무실을 서성거렸다. 그러더니 다시 서류를 제자리에 놓고 양손을 책상 위에 올려놓았다. 그렇게 몸을 약간 기울인 자세로 그는 가비에로를 뚫어지게 쳐다보았다. 그는 새 셔츠를 입고 있었는데, 지난번과 마찬가지로 흰색이었고 주름진 곳 하나 없었다. 멕시코 영화의 주인공 같은 얼굴에는 표정이 전혀 없었다. 잠시 가비에로는 그가 절대로 말하지 않을 것이라고 생각했다. 하지만 약간 날카롭고 아무런 감정이 없는 목소리가 그런 생각이 잘못되었음을 깨닫게 했다.

"좋아요. 그럼 당신의 신원에 문제가 있다는 것부터 시작합시다. 그 문제 때문에 체포된 것은 아니지만, 그렇다고 문제가 되지 않는 것은 아닙니다. 당신은 키프로스 여권을 가지고 여행하고 있습니다. 가장 최근의 비자는 마르세유에서 받은 것으로, 일 년 반 전에 유효기간이 끝났습니다. 그 이전의 비자는 파나마시티와 글래스고, 그리고 안트베르펜에서 받았습니다. 직업은 선원이라고 되어 있습니다. 출생지는 적혀 있지 않습니다. 이런 조건의 여권은 실질적으로 내전 상태에 있는 국가의 당국자들을 안심시키기에는 무리가 있습니다. 이점에 관해 할 말 있습니까?"

"대위님, 제 여권에 문제가 있다는 말은 처음 듣습니다." 가비에로는 아주 설득력 있고 차분하게 대답했다. "저는 오랫동안 카리브해와 그곳의 섬들을 항해했습니다. 그 이전에는 지중해와 북해에 있었습니다. 아무도 제 신분증에 이의를 제기하지 않았습니다. 하지만 지금 저는 이곳의 상황 때문에 제 여권이 의심을 일깨울 수도 있다는 것을 깨닫고 있습니다."

"좋아요. 말했던 것처럼 이건 우리의 주요 관심사가 아닙니다. 그럼 직접 본론으로 들어가도록 합시다. 당신은 '알바레스 가족의 평원'에서 구입한 노새를 이용하여, 밀수업자를 통해 구입한 무기를 탐보 산마루로 옮겼습니다. 그 거래는 파나마시티와 킹스턴에서 이루어졌습니다. 세 명의 무기밀매업자가 군에 검거되었는데, 그들 역시 당신과 매우 흡사한 여권을 갖고 있었습니다. 그리고 그 여권에는 당신

여권에 찍힌 것과 같은 도시들의 영사관 도장이 찍혀 있습니다. 우리 체제의 안정을 위협하는 그 어떤 그룹에게라도 무기를 공급하는 행위는 처벌을 받습니다. 틀림없이 당신은 그걸 알고 있을 겁니다. 이 점에 관해 할 말이 있습니까?"

가비에로는 판 브란덴과의 만남, 판 브란덴의 제안과 산마루까지 상자를 운반하는 것과 관계된 이후의 모든 사건, 탐보에서 그를 맞이했던 두 외국인과의 관계, 그들의 행동과 그 행동에서 그가 유추할 수 있었던 것을 하나씩 모두 대위에게 이야기했다. 그리고 적절한 때마다 단호하고 강한 말투로, 노새가 벼랑 언저리로 굴러 떨어진 계곡 바닥에서 라벨 쪽지를 발견할 때까지 상자에 무엇이 들어 있었는지 전혀 모르고 있었다고 주장했으며, 그런 일이 있은 후 세구라 대위와 만났다고도 말했다. 그의 여권에 찍힌 도시들과 무기밀매업자들의 여권에 찍힌 도시들이 일치하는 것은 순전히 우연이라는 것도 강조했다. 그는 자기가 결코 무기밀매와 같은 사업에 참여한 적이 없으며, 무기밀매를 전담하는 사람들과 접촉한 적도 없다고 주장했다. 또한 그는 알래스카에서 매우 저렴한 가격으로 구입한 사냥용 엽총을 브리티시컬럼비아에서 몇 정 팔기는 했지만, 그것으로는 시골의 보안관도 쓰러뜨릴 수 없다고 밝혔다.

아리사 대위는 가비에로의 주장을 별로 고려하지 않는 것처럼 보였다. 그는 전과 동일한 어조로 말했다.

"대충 몇 가지만 말해보겠습니다. 철도를 건설하겠다는 조잡하고 서툰 이야기나, 브랜던이 출현했다가 사라진 것, 탐보에서 그의 친구들의 얼굴을 보고도 최소한의 의심도 하지 않았다는 건 도저히 이해가 가지 않습니다. 이상하다는 생각을 하지 못했습니까? 부둣가를 어슬렁거리는 가장 순진하고 경험 없는 아이도 믿지 않았을 그런 거짓말 뒤에 무언가 숨기는 게 있을 거라고 한 번도 생각해보지 않았습니까?"

"물론 의심했습니다." 가비에로는 동일한 어조로 계속 말했다. "판 브란덴 혹은 브랜던은 제가 보기에 항상 수상쩍은 인물이었습니다. 불모지에 있는 그의 친구들은 말할 나위도 없습니다. 그러나 저는 아마도 그들이 철도 건설 계약자들을 속이고 있을지도 모른다고 생각했습니다. 말이 나왔으니 덧붙이지만, 저는 오래전에 건설했다가 폐기된 일부 구간을 보았습니다. 그 건설을 다시 시작하겠다는 그들의 말은 제게 전혀 이상하게 들리지 않았습니다. 저는 단지 돈을 받았고, 그들이 저 위에서 하는 일에 관여하지 않았습니다. 제 모든 추측은 너무나 모호했고, 별로 믿을 만한 외모를 지니지 않은 사람들이 나중에는 가장 정직하고 일반적인 사람들이라는 것을 경험을 통해 배웠습니다."

"이제부터 내가 묻는 질문에는 예나 아니오로만 대답하십시오." 첩보 장교의 목소리가 약간 초조함을 띠면서 조금 더 날카로워졌다. "세구라 대위와 얘기하기 전에, 당신은 탐보 산마루로 가져가는 것이 무엇인지 알고 있었습니까? 어떤 낌새도 채지 못했고, 최소한의 의심도 해보지 않았습니까? 노새가 절벽으로 굴러 떨어지기 전까지, 그게 철도 건설에 필요한 자재라고 생각했습니까?"

'여기에 바로 함정이 있어'라고 가비에로는 생각했다. 그의 목숨은 의심의 여지 없이 그의 대답에 달려 있었다. 다시 차분한 어조로 그는 상자의 내용물을 전혀 몰랐으며, 그 사업에 연루된 외국인들에게 품을 수 있는 자연스러운 의심은 그들이 공사 계약자들을 속이고 있다는 쪽으로 기울었다고 다시 주장했다. 그리고 이번에는 아주 자세하게 세구라 대위와 어떻게 만났는지 얘기하고, 그를 통해 진실을 알게 되었다고 설명했다. 또한 세구라 대위가 라플라타에 아직 남아 있는 상자들을 갖고 마지막으로 탐보로 올라가는 것으로 협조를 해달라고 요청했으며, 배로 도착할 것이 있으면 어떤 것이든 알려달라고 부탁했다는 이야기를 했다. 그리고 광산에서의 경험을 통해 그것이 TNT 상자라는 것을 확인했다고 언급했다. 아리사 대위는 몇 번에 걸쳐 가비에로의 말을 끊고서 세구라 대위와의 만남과 아니발 알바레스 씨의 참여에 관한 몇 가지 측면을 더 자세히 말해달라고 요구했다. 그러면서 지나가는 말로 아니발 씨를 "우리가 완전히 신임하는 사람"이라고 덧붙였다. 가비에로가 이야기를 끝내자, 아리사는 잠시 몇 분간 침묵을 지켰다. 그 시간이 가비에로에게는 영원처럼 길게 느껴졌다. 마침내 아리사 대위가 말했다. 이번에는 약간 안도하는 듯한 느낌이 배어 있었다. 그것은 군대에서 훈련받은 목소리보다는 그의 얼굴에서 더 드러났다.

"당신이 행운아인지 아니면 전혀 행운이 없는 사람인지는 나도 모르겠습니다. 곧 알게 될 것입니다. 우리는 당신이 세구라 대위에 관해 진술한 것을 확인할 것이고, 그것이 아마도 당신의 상황을 결정지을 것입니다. 하지만 우리 모두가 사랑했던 세구라 대위는, 우리 모두가 그 용기와 동지애를 존경해 마지않았던 세구라 대위는 탐보 산마루의 창고와 광부들의 오두막을 포위하던 중 병사들과 함께 살해되었습니다. 중간 브로커가 적재된 무기를 가지러 온 순간, 세구라는 창고를 폭파시키면서 목표를 달성했습니다. 그런데 훨씬 큰 무장 세력이 대위와 그의 병력을 공격했습니다. 그 무장 세력은 훨씬 좋은 무기를 지니고 있었고, 수적으로도 압도적이었습니다. 우리 부대는 장렬하게 저항하며 싸웠지만, 그들을 당해낼 수 없었습니다. 세구라 대위는 싸움이 끝날 무렵 강력한 파편 수류탄을 맞았습니다. 나머지 병력도 그와 함께 전사했습니다. 좋습니다. 지금은 이게 전부입니다. 나는 당신이 말한 것과 관련된 몇 가지를 조사해야 합니다. 곧 다시 심문이 있을 겁니다."

아리사 대위는 자리에서 일어나 문으로 가서 당번 보초병을 불렀다. 감방으로 돌아오자, 가비에로는 자기가 빠졌던 함정에서 온전하게 빠져나갈 수 있는 희망을 방금 얻었다고 생각하면서, 그 희망을 유지하기 위해 면밀한 계산의 그물을 짜기 시작했다. 오후 내내 그는 아시시의 성 프란체스코의 삶에 관한 책을 읽었다. 그는 움브리아의 조화롭고 균형 잡힌 풍경을 떠올렸다. 후에 조토가 그의 프레스코화에서 그렸듯이, 프란체스코의 기적이 이상적인 환경을 발견했고, 그래서 그의 기적이 너무나 자연스럽게 일어난 곳이 바로 그곳이었다. 그리고 조토는 그런 기적들을 그의 프레스코화에서 그리게 되었던 것이다. 그러자 가비에로는 다시 차분함을 되찾았고, 현재의 불행과 아무도 침범할 수 없는 자기 존재의 숨겨진 부분은 거리가 있다면서 건전한 관계를 설정했다. 바로 그 숨겨진 부분에서 그의 진정한 운명에 대한 믿음의 물줄기가 솟아나고 있었다. 그날 밤에는 더 편히 잠을 자기 위해 매트리스를 바닥으로 내려놓았다. 불길한 조짐의 테이블은 가장 어두운 예감을 자아내고 있었다.

아침식사를 가져왔을 때, 경비병은 왜 매트리스를 바닥에 내려놓았느냐고 물었다.

"테이블이 기울어져서 잠을 잘 수 없습니다. 바닥이 더 편안합니다. 규정에 어긋나는 행동입니까?"

"아닙니다." 경비병이 말했다. "사실 저 테이블은 잠을 자기 위한 것이 아닙니다."

가비에로는 그 테이블이 실제로 어떤 용도로 사용되느냐고 물었다. 경비병은 죄수의 위조된 무지를 보고 믿을 수 없다는 미소를 짓고는 더이상 아무 말도 하지 않고 그곳을 떠났다. 가비에로 역시 더이상 알고 싶지 않았다. 모든 게 이미 말해진 것이나 다름없었다.

다음날 경비병들은 그를 안마당으로 데려가 습기가 좀 덜한 병영 이층의 창고로 탄약 상자를 옮기는 일을 돕도록 했다. 그는 배정된 업무를 수행하면서, 다시 군수 물자를 옮기게 된 것은 아이러니한 운명이라고 생각했다. 그날 밤에 그는 다음 날 아침 사령부로 가게 될 것이라는 통보를 받았다. 정말로 아침식사가 끝난 후 경비병들이 와서 그를 어느 사무실로 데려갔다. 그곳 창문은 강을 마주보고 있었다. 그들은 의자에 앉으라고 권하고는, 그를 그곳에 혼자 남겨두고 나갔다. 잠시 후 주름 하나 없이 완벽한 전투복을 입은 소령이 들어왔다. 그의 옷은 초록이 감도는 올리브빛이었고, 같은 색의 철모는 야구 선수의 헬멧 같았다. 뚱뚱한 체격에, 숨을 가쁘게 쉬었고, 눈은 약간 충혈되어 있었다. 그리고 턱수염은 희끗희끗했고 거만했다. 그는 쉬지 않고 담배를 피워댔으며 손은 약간 떨리고 있었다. 마치 군인으로 위장한 컨트리클럽의 회원 같았다. 약간 쉰 듯한 침착한 목소리로 그는 일상적인 몇 가지 질문을 했다. 아리사가 했던 질문과 유사했다. 질문이 끝나자 그는 금테 안경을 쓰고 책상 위에 놓인 자줏빛 서류철 안의 몇 가지 서류를 검토했다. 그러더니 보초에게 신호를 보냈고, 보초는 서류 몇 개를 가지러 들어왔다. 그러자 소령은 그 보초에게 죄수를 가리키면서 데려가라고 했다. 그는 고개를 들지도 않은 채 마치 가비에로가 존재하지도 않는 것처럼 계속 서류를 읽었다.

가비에로는 소령이 살펴보고 있던 몇 가지 서류가 손으로 쓰인 것임을 알 수 있었다. 그것은 수첩에서 뜯어낸 종이로, 피와 흙으로 뒤범벅되어 있었지만 분명하고 둥근 글씨체라 쉽게 읽을 수 있었다. 감방으로 돌아오자, 극복했다고 여겨졌던 불안감과 고민이 다시 그를 고통스럽게 만들었다. 그렇게 그날 낮과 밤의 대부분을 보냈다. 꿈에서 소령이 나타났다. 이번에는 정복을 입고 있던 소령이 아주 다정하고 약삭빠른 태도로 갈수록 복잡하고 지루한 일련의 군사 작전을 설명했다. 다음 날 아침 평소와 마찬가지로 그는 문소리에 잠을 깼다. 경비병들이 그에게 아침식사를 가져왔다. 한 경비병이 잠시 후에 그를 다시 첩보 부대 사무실로 데려갈 것이라고 알려주었다. 피로가 엄습하면서 그는 손발을 제대로 움직일 수 없었고, 입에서는 씁쓸한 맛이 느껴졌다. 온몸에 남아 있던 기운마저 빠졌다. 그는 며칠 동안 감방에 있으면서 기운을 축적해놓으려고 했지만, 그런 노력이 허사로 돌아간 것이었다. 이제 결정적인 시간이 온 것이 틀림없었다. 불행하게도 그 경비병은 지금까지 왔던 경비병들 중 가장 작았다. 가비에로의 몸은 알 수 없는 통증에 시달리면서 기운 빠진 자루처럼 되어버렸다. 그래서 그 어느 때보다도 경비병의 도움이 필요했지만, 그 경비병은 그를 제대로 부축해줄 수 없을 게 분명했다. 아침 내내 가비에로는 경비병이 데리러 오기를 기다렸다. 점심을 먹은 후 그는 숨 막힐 것 같은 더위 속에서 잠이 들었다가 문을 여는 경비병들의 발소리에 잠을 깼다. 비가 내리칠 것 같은 오후의 찜통 더위 속에서 그는 깊은 낮잠을 잤던 것이다. 축축하고 답답하며 숨쉴 수 없는 공기로 둘러싸인 탓인지 작은 소리도 둔탁하게 들렸다.

"대위님께서 당신과 얘기하고 싶어하십니다." 경비병이 설명했다. "옷을 입고 우리와 함께 갑시다."

다른 경비병은 문에서 기다리고 있었다. 가비에로는 수도꼭지의 미지근한 물을 수건에 적셔서 얼굴과 몸의 일부를 닦았다. 그리고 엠페라 부인이 보내준 깨끗한 셔츠와 반바지를 입었다. 선원 시절부터 보관하고 있던 옷들이었다. 그는 헝클어진 희끗희끗한 머리카락을 빗으로 빗고 두 병사 가운데에 서서 밖으로 나갔다. 앞마당을 지나면서 그의 다리는 보다 확고하고 단호하게 움직였다. 아리사 대위와 만날 것임을 알자 약간 정신이 들었다. 아리사 대위가 그의 운명을 결정지을 것이다. 그러자 한시도 방심할 수 없다는 걱정이 엄습했다. 그는 마치 각 칩의 움직임이 결정적일 수 있는 복잡한 노름을 앞둔 노름꾼처럼 느껴졌다. 그는 아리사의 사무실로 들어갔다. 경비병들은 문 밖에 남아 있다가 그가 들어가자 문을 닫았다. 첩보 장교는 엄지손가락으로 텍사스의 코퍼스 크리스티 훈련 기지의 졸업반지를 돌리고 있었다. 옷깃에 동일한 배지가 달려 있는 흠잡을 데 없는 상의가 계속해서 빛나고 있었다. 똑바른 콧수염이 방금 면도한 얼굴에서 유독 두드러지면서, 희미한 미소를 부각시키고 있었다. 그러나 가비에로는 그 미소의 진실성에 관해서는 그 어떤 꿈도 꾸지 않기로 마음먹었다.

"친구, 앉으십시오. 편안하게 앉으십시오." 그는 다른 사무실에서 가져온 회전의자를 가리키며 말했다. 그 의자는 가비에로의 작은 움직임에도 이리저리 위험하게 기울었다. 그래서 그는 그 빌어먹을 의자를 비교적 균형 있게 유지하기 위해 최선을 다해 가만히 있으려고 애를 썼다. 그 '친구'라는 말은 전날 인터뷰가 끝날 무렵 대위가 사용한 어휘에 이미 등장한 적이 있었다. 그때 그는 공모자의 어조로 그 말을 했기 때문에 가비에로의 의심을 일깨웠다. 가비에로는 자신의 반응과 대답을 조절하면서 그 게임을 하겠다고 마음먹었다.

"좋습니다." 아리사가 시작했다. "솔직하게 사실대로 말하겠습니다. 나는 물처럼 깨끗하고 분명한 문제라고 생각하지만, 여기서 우리는 다시 그 문제를 분명하게 해야 합니다. 당신에게 죄가 없다는 사실을 내게 설득할 사람은 없습니다. 나는 당신이 탐보 산마루로 가져갔던 것이 무엇인지 몰랐다는 사실을 받아들일 수가 없습니다. 한편 우리는 당신의 과거에 관한 정보를 수집했습니다. 키프로스에서 무기를 밀매했고, 마르세유에서는 해군을 매수했으며, 알리칸테에서는 금과 카펫을 밀매했고, 파나마에서는 매춘을 했습니다. 어쨌거나 당신의 행위를 모두 열거하려면 몇 시간은 족히 걸릴 것이기 때문에 더이상은 언급하지 않겠습니다. 그런 전력을 지닌 사람이 존재하지도 않는 철도 공사와 관련된 도구라고 생각하면서 무기들을 운반하지는 않았을 겁니다. 내가 이해할 수 없는 것은 당신이 수천 달러를 받을 수 있었는데도 왜 그 몇 푼 안 되는 돈에 만족했느냐는 것입니다."

"대위님, 대위님 생각은 지당합니다." 가비에로는 가능한 한 차분하고 정중하게 대답했다. "하지만 대위님은 저를 모르시기 때문에 어떻게 그런 일이 일어났는지 상상하실 수 없는 것입니다. 대위님이 언급하신 제 과거의 전력은 모두 사실입니다. 하지만 거기에는 숨겨진 것들이 있습니다. 대위님이 방금 열거하신 살풍경한 요약 목록에는 나타날 수 없는 것들입니다. 제 말을 믿어주십시오. 만일 제가 그것들이 무엇인지 한 번이라도 의심했더라면, 저는 이곳의 상황을 고려하여 그 벨기에 사람과 결코 연루되지 않았을 것입니다. 그들은 제가 일상적으로 제휴했던 부류의 사람들이 아닙니다. 저는 처음부터 그들을 수상쩍다고 생각했지만, 철도 건설이라는 명분으로 정부를 속이고 있는 거라고 거의 확신했습니다."

"좋습니다. 나는 잘 모르겠습니다." 아리사가 계속 말했다. "어찌되었든, 참모 본부는 세구라 대위가 당신과 아니발 알바레스를 만났던 바로 그날 밤에 손수 작성한 보고서를 손에 넣었습니다. 그 보고서는 당신이 전적으로 결백하다는 것을 보여주고 있으며, 당신이 우리와 기꺼이 협력하고 있다고 적고 있습니다. 모든 게 당신이 우리에게 말한 것을 확인하고 확증시켜주고 있습니다. 그것도 충분하지 않은 듯이, 레바논 정부는 대사관을 통해 우리에게 당신의 석방을 요청했고, 당신이 우리나라에 체류하는 동안 당신의 행동을 보증하겠다고 말했습니다. 외교공관의 요청에 우리가 응해야만 하는 데는 여러 복잡한 요인이 있습니다. 우리가 유엔의 이런저런 위원회에서 그들의 표를 필요로 하기 때문입니다. 일이 이렇게 진행되고 있습니다. 나는 당신에게 죄가 없다는 것에 의심을 갖고 있지만, 적절하게 이 일을 종결하여 서류를 참모 본부에 보내야만 합니다. 당신이 살아 있는 게 일을 더 복잡하게 만듭니다."

가비에로는 장교가 언급하는 내용을 정확하게 이해할 수 없었다. 그러나 장교가 그 문제를 있는 그대로 제시하자, 가비에로의 등에서는 식은땀이 흘렀다. 그는 그곳에 불필요한 혼란을 야기하지 않기 위해 그를 죽여야 할 필요가 있다는 말로 알아들은 것이었다. 그는 아직도 목숨이 붙은 채 살아가고 있는 것이 미안하다는 것처럼 어깨를 약간 들썩거렸다.

"당신은 살아서 나갈 것입니다. 다른 방법이 없습니다. 더이상 문제를 만들지 말고 여기서 사라지십시오. 빠르면 빠를수록 좋습니다." 대위는 죄수와 말하는 동안 검토하고 있던 모든 서류들을 서류철에 넣기 시작했다.

"제가 석방된다는 말입니까?" 가비에로는 믿지 못하겠다는 얼굴로 물었다. 그 얼굴은 애처롭고 어린아이 같은 표정을 짓고 있었다.

"그렇습니다. 지금 이 순간부터 당신은 자유의 몸이며, 가능하다면 지금 즉시 라플라타를 떠나야 합니다. 당신의 바지선이 부두에서 당신을 기다리고 있습니다. 군대가 관할하고 있는 이 지역에서 벗어나도록 하십시오. 강 하구에 있는 또 다른 초소에서 붙잡히면, 우리가 할 수 있는 일은 아무것도 없습니다. 그들은 중동 국가의 공식 성명을 기다리지 않을 겁니다. 아시겠습니까? 그들은 그렇게 행동하지 않습니다. 분명히 알아들었습니까?"

"예, 대위님. 완벽하게 알아들었습니다." 가비에로는 대답하면서 자신을 엄습하고 있던 어쩔 줄 모르는 안도감을 숨기려고 애썼다. "밤이 되기를 기다렸다가 떠나도록 하겠습니다. 그게 더 안전하리라고 생각합니다. 그래도 문제없겠습니까?"

"없습니다. 당신 마음대로 해도 좋습니다." 아리사는 퉁명스럽게 대답하면서 그 면담에 종지부를 찍었다. "저기 당신의 바지선이 있습니다. 우리 관할 지역을 통행할 수 있도록 여기 안전 통행증을 가져왔습니다. 도움이 되었으면 좋겠습니다. 지금 상황은 매우 혼란스럽습니다. 밤이 되자마자 떠나십시오. 그리고 다시는 만나지 않게 되길 바랍니다." 대위는 자기가 서명한 종이를 건네주었고, 거기에는 그 지역 사령부의 직인이 찍혀 있었다. 그는 작별 인사를 하기 위해 손을 내밀었고, 가비에로는 그 손을 잡았다. 그는 문으로 향했다. 그리고 그 문을 열려고 하는 순간, 다시 뒤로 돌아 아리사에게 물었다.

"한 가지 물어봐도 됩니까?"

"물론입니다. 무엇입니까?" 아리사가 초조한 표정으로 대답했다.

"만일 세구라의 보고서가 도착하지 않았고, 레바논 대사관이 제 목숨에 관심을 보이지 않았다면 저는 어떻게 되었을 것 같습니까?"

"당신 말입니까?" 웃음이 장교의 목에서 나오다가 말았다. "그걸 말이라고 합니까! 당신은 이미 오래전에 죽었을 겁니다. 자, 마음 편히 떠나십시오. 조심하십시오. 이곳은 당신 같은 사람이 있을 곳이 아닙니다. 내 말을 잘 기억하십시오."

가비에로는 자기 물건을 챙기기 위해 감방으로 갔다. 이제는 경비병이 동행하지 않았다. 옷가지와 다른 잡동사니들을 엠페라 부인이 준 배낭에 넣으면서, 그는 친구이자 한때 방랑 생활의 동반자였던 사람을 생각했다. 압둘 바슈르였다. 영원 속에 있는 그의 자리에서부터, 즉 푼찰에서 비행기 사고로 죽은 이후 그는 지구 사방에 있는 친척들과 친구들을 통해 아직도 그를 보살펴주고 있었다. 가비에로가 돌이킬 수 없는 애정과 향수를 안고 그를 생각하지 않은 채 보낸 날은 단 하루도 없었다. 이제 다시 한번 그는 가비에로의 목숨을 구해주었었다. 왈칵 눈물이 솟구쳤다. 그는 어렵게 마음을 가라앉히고 군부대를 나왔다. 전에는 아주 가까이에서 그를 살펴보았던 보초들이 이제는 아무 관심도 기울이지 않았다.

눈먼 여인의 하숙집으로 가는 도중에도 아리사 대위의 말이 계속 그의 귀에 울려 퍼졌다. "……이곳은 당신 같은 사람이 있을 곳이 아닙니다." 그는 아마도 이 세상에 자기가 있을 곳은 없을지도 모른다고 생각했다. 그의 방황을 멈추게 할 수 있는 나라는 없었다. 비에 젖은 안데스 산맥의 도시에서 오랫동안 수없이 술집과 카페를 함께 드나들었던 친구이자 시인처럼, 가비에로는 이렇게 말할 수 있었다. "나는 나라를 상상한다. 희미하고 안개 자욱한 나라다. 내가 살 수 있는 마술적이고 매혹적인 나라다. 그게 어떤 나라일까? 그 나라는 어디에 있을까? …… 그곳은 모술도 아니고 바스라도 아니며 사마르칸트도 아니다. 그곳은 칼스크로나도 아니고 아빌룬트도 아니며, 스톡홀름도 아니고 코펜하겐도 아니다. 카잔도 아니고 칸푸르도 아니며 알레포도 아니다. 호수의 도시 베네치아도 아니고, 공상의 도시 이스탄불도 아니며, 일드프랑스도 아니고 투르도 아니며 스트랫퍼드온에이번도 아니다. 바이마르도 아니고 야스나야 폴랴나도 아니며, 알제리의 공중목욕탕도 아니다." 그의 동료는 아마도 결코 가본 적이 없었을 도시들을 계속 떠올렸다. 가비에로는 생각했다. "난 그 도시들을 모두 가보았어. 그리고 그 많은 도시들에서 나는 인생의 가장 놀라운 부분들과 만났고, 지금은 이 빌어먹을 마을에서 빠져나가고 있어. 운명이 내게 할당한 모든 것들 중에서 가장 어리석은 함정에 왜 빠졌는지도 모른 채 말이야. 이제 내게 남은 것은 하구뿐이야. 삼각주에 있는 늪지뿐이야. 그게 전부야."

엠페라 부인은 초조하게 그를 기다리고 있었다. "석방되어서 얼마나 기쁜지 몰라요. 나치토가 내게 이야기해주었어요. 당신이 주둔 부대에서 나오는 것을 보고 이리로 달려와 소식을 전해주었어요. 나는 디젤을 더 가져오도록 그를 터키인에게 보냈고, 그것을 바지선으로 가져가라고 말했어요. 밤이 되면 즉시 떠나야 해요. 연료는 충분하니까 사흘 동안은 배가 멈추지 않을 거예요. 지금 해병대가 있는 기지에서는 멈추지 말아야 해요." 눈먼 여인은 모든 걸 생각하고 있었다. 그동안 몇 살은 더 먹은 것 같았다. 그녀의 머리카락은 더욱 하얘보였고 등은 더 굽은 것 같았다. 그녀는 아무 말도 하지 않은 채 눈먼 사람들의 깊은 체념으로, 군부대에 갇힌 자기 손님이 그곳에서 살아서 나올 것인지 죽어서 나올 것인지 궁금해했다. 그러면서 그의 불확실한 운명을 떠맡았던 것이다. 그런 생각을 하자 그는 몹시 감동을 받았다. 불확실한 삶을 사는 가비에로와, 산속의 한쪽 구석에서, 그러니까 흙탕물의 강둑에서 곁에 아무도 없이 잊힌 존재로 살아가는 그녀의 삶과는 전혀 흡사한 점이 없었다. 하지만 그런 그를 대하는 그녀의 사랑스러운 관심에는 모성애적인 면과 깊은 애정으로 이루어진 연대감이 스며들어 있었다.

엠페라 부인은 부엌에서 커피를 마시자고 권했다. 그녀는 그가 좋아하는 방식대로 커피를 만들어놓고 있었다. 가비에로의 물건들은 이미 강으로 가져갈 수 있도록 준비되어 그곳에 놓여 있었다. 배낭에 가져온 것을 덧붙이기만 하면 되었다. 나치토가 부두에서 돌아오면, 그는 짐을 한데 모아 바지선으로 가지고 내려갈 생각이었다. 그곳에서 토마시토가 배를 보살피면서, 작별 인사를 하고 엔진에 마지막 손질을 하기 위해 가비에로를 기다리고 있었다. 강한 커피향을 내뿜고 김이 모락모락 나는 블랙커피가 가득 담긴 두 개의 법랑 커피 잔을 두고 엠페라 부인은 그를 처음 만난 순간부터 간직하고 있던 것을 가비에로에게 말해주기 시작했다.

"오래전부터 당신에게 말해주고 싶었던 게 있었어요. 그 축복받은 노새들과 당신이 실어 나르던 빌어먹을 짐만으로도 걱정이 태산 같은데, 당신에게 더이상의 걱정과 괴로움을 안겨주면 안 될 것 같아서 이야기하지 않았던 거예요. 이제 그게 무언지 알아야 할 시간이 되었어요. 플로르 에스테베스는 몇 년 전에 이곳에 있었어요. 그녀는 이 집에 머물렀고, 우리는 친한 친구가 되었어요."

가비에로는 가슴 한가운데 아주 깊숙한 곳에서 조용한 충격을 받고 잠시 숨을 쉴 수가 없었다. 결코, 정말 한시도 '제독의 눈'이 있던 불모지대에서 그를 숨겨주었던 그 여자를 잊은 적이 없었다. 그는 오쿠리아레에서 거미에 물려 거의 썩어버린 다리를 이끌고 길가에 있던 그녀의 조그만 가게에 도착했다. 그녀의 검은 머리카락은 헝클어져 있었고, 그녀는 조용히 강도 높게, 거의 종교적이고 거의 식물처럼 사랑을 했다. 그녀의 거대한 분노는 주변의 모든 것을 황폐하게 만들었고, 그녀의 유순한 상냥함과 동정심은 모든 것이 제자리를 찾아가게 해줄 수 있었다. 플로르 에스테베스, 어떻게 그녀를 잊을 수 있겠는가? 슈란도 강에서 돌아와, 그는 그녀를 찾으러 산으로 올라갔지만 아무것도 찾을 수 없었다. 폐허가 된 채 버려진 가게만이 있을 뿐이었다. 그 도로의 가장 높은 곳, 그러니까 플로르가 살던 곳으로 그를 데려갔던 트럭 운전사는 오사 골짜기에 관해 언급했다. 그는 그곳으로 갔지만, 그 어디에서도 플로르를 찾지 못했다. 그는 심지어 강의 얕은 여울목에서 그녀가 언젠가 그곳으로 지나갈지도 모른다는 희망을 안고 여성복을 팔기도 했다. 그런데 갑자기 이곳에서, 마치 기적처럼 그녀의 자취가 나타난 것이다. 달랠 수 없는 슬픔으로 목이 메어, 그는 눈먼 여인에게 그녀에 관해 알고 있는 것을 이야기해달라고 부탁했다.

"당신에 관해 많이 얘기했어요." 엠페라 부인이 말했다. "그래서 처음 당신이 왔을 때, 이미 나는 오랜 친구처럼 당신을 잘 알고 있었어요. 플로르는 비밀경찰이 와서 감시초소로 사용하기 위해 집을 압류했기 때문에 가게를 떠나야만 했다고 했어요. 그다음에는 그 경찰들도 그곳을 떠난 것 같아요. 얼마 후 끔찍한 겨울이 닥쳤어요. 산사태가 나서 도로가 막혔고, 다른 곳으로 새로운 도로를 건설해야 했지요. 이제 아무도 그곳으로 돌아가지 않았고, 그 지역은 폐허가 되어버렸어요."

"엠페라 부인, 나는 그곳으로 돌아갔어요. 그러나 거기엔 아무것도 없었어요."

"플로르 에스테베스는 생계를 유지하기 위해 떠났어요." 눈먼 여인이 이야기를 계속했다. "가는 곳마다 그녀는 당신에 관해 물었어요. 강 하구의 큰 항구에서 그녀는 양장점을 차려서 파티용 옷과 웨딩드레스를 만들기도 하고 수선하기도 했어요. 조금씩 가게는 방향을 바꾸었고, 경찰이 못살게 굴기 시작했어요. 플로르는 모든 걸 팔아버리고 항구마다 발길을 멈추면서 강을 따라 올라가기 시작했어요. 이곳에 도착했을 때, 그녀는 열병으로 엉망이 되어 있었어요. 가지고 있는 돈은 한 푼도 없었지요. 그녀는 잠시 나와 함께 살면서 하숙집 일을 도와주었어요. 우리는 친한 친구가 되었지요. 아침이면 나는 그녀의 머리카락을 풀어주었어요. 머리카락은 야단법석이 되어 있었지만 아주 아름다웠어요. 그녀는 말라리아에서 회복되었고, 다시 아주 매력적인 여인이 되었어요. 마침내 석유 회사에서 일하는 선장이 그녀를 데려갔어요. 그 이후 그녀에 관한 소식은 듣지 못했어요. 그녀는 자기가 살아오면서 가장 괴로운 것이 무엇인지 자주 얘기하곤 했어요. 얼마나 많이 말했는지 당신은 상상도 못할 거예요. 그건 바로 당신이, 그녀가 당신을 버렸고 그녀가 더이상 당신을 사랑하지 않는다고 생각할지도 모른다는 것이었지요. 그녀는 이렇게 말하곤 했어요. '내가 그를 언젠가 단 일 분이라도 다시 볼 수 있게 된다면, 저 십자가를 짊어지고 죽어도 좋아요.' 이제 당신은 그녀의 진심을 알게 되었어요. 만일 그녀가 죽지 않고 살아 있다면, 헤아릴 수 없는 슬픔을 안고 살아가고 있을 거예요."

가비에로는 뭐라고 이야기해야 할지 몰랐다. 아니 오히려 덧붙일 말이 없다는 것을 깨달았다. 이미 밤이 되어 있었다. 그들은 조금 더 대화를 나누었다. 두 사람 모두 그의 출발을 염두에 두고 있었고, 작별 인사가 남기는 느낌, 즉 모든 것이 갑자기 과거를 향해 달려들고 현재는 의미가 없어지는 듯한 느낌을 받고 있었다. 마침내 엠페라 부인이 말했다.

"이제 가야 할 시간이에요. 조심해서 가세요. 여기 사람들은 많은 애정을 가지고 항상 당신을 기억할 거예요. 내게 읽어주던 책을 끝마치지 못한 게 유감이네요. 밤마다 나는 성 프란체스코와 대화를 하지요. 그가 얼마나 내게 위안을 주는지 당신은 몰라요. 당신이 남긴 그 선물과 기억을 나는 죽을 때까지 간직할 거예요. 눈먼 사람들은 그렇게 사랑하는 사람들을 기억하면서 삶에 대한 빚을 정리하고 어둠을 헤쳐나간답니다. 눈이 먼다는 것은 그리 나쁜 게 아니라는 걸 아나요? 내 생각에는 볼 게 그리 많이 있는 것 같지는 않아요. 당신 생각은 어떤가요?"

"맞습니다, 엠페라 부인." 가비에로는 감동하여 대답했다. "사실 우리가 봐야 할 것은 그리 많지 않습니다. 그렇게 얼마 없긴 하지만, 가끔씩은 잊어버리는 게 나을 때도 있습니다."

그는 자리에서 일어났다. 그리고 그를 안기 위해 이미 일어나 있던 눈먼 여인에게 다가갔다. 여주인은 아무 말 없이 그를 껴안았다. 눈물도 흘리지 않았고 흐느끼지도 않았다. 모든 걸 알고 있던 그녀는 이 남자가 자기 곁을 떠나는 동시에 인생과 작별을 하고 있다는 느낌을 받았다.

가비에로는 토마시토가 기다리고 있는 부두로 내려갔다. 나치토는 바지선까지 가방을 옮겨주겠다고 고집을 피웠다. 이미 엔진은 시동이 걸려 있었고, 붕붕거리는 소리를 내면서 가끔씩 기침을 했다. 그것은 그 배가 나이를 많이 먹었고, 임시로 수리되었으며, 얼마 가지 못할 기계라는 것을 보여주는 증상이었다. 가비에로는 노인과 작별하면서, 그의 눈에서 뜨거운 애정의 불똥이 급히 지나가는 것을 보았다고 믿었다. 심각한 표정을 지으며 머리를 조심스럽게 빗은 나치토는 엠페라 부인이 준 새 옷을 멋지게 차려입고 있었다. 가비에로는 그의 뺨을 어루만지고는, 한마디도 없이 바지선으로 뛰어내렸다. 청년의 눈은 젖어 있었다. 가비에로는 암파로 마리아와 안달루시아의 마하와 같은 그녀의 자태를 생각했다. 노인은 한쪽 발로 바지선을 밀었다. 그러자 바지선은 강 한복판을 향해 천천히 나아갔다. 강물에 몸을 맡기면서, 바지선은 마치 알지 못하는 치명적인 세계로 들어가듯이 밤을 헤치며 나아갔다. 가비에로는 뒤를 돌아보지 않은 채 손을 흔들어 작별을 고했다. 키의 손잡이에 기댄 그의 모습은 그토록 오랫동안 추구했던 휴식을 찾아 떠나면서 기억의 무게를 이겨낸 피곤한 카론처럼 보였다. 그는 그런 휴식을 위해 그 어떤 대가도 지불할 필요가 없는 것 같았다.

# 부록

　가비에로의 마지막 나날들에 관해서는 여러 판본이 있다. 가장 오래된 것은 너무나 과장되어 진지하게 받아들일 수 없는 제목을 가지고 있다. 그 제목은 '마크롤 가비에로의 몇 가지 기억할 만한 상상과 그의 여러 여행과 관련된 몇 가지 경험, 그리고 그가 가장 잘 알고 있는 오래된 목표를 적은 목록에 관한 자세한 이야기'[*]이다. 짧고 출처가 매우 의심스러운 이 작품에 서술된 가비에로의 죽음은 너무 문학적이라서 믿을 수가 없다. 이후 보다 그럴듯해 보이는 산문 작품에서 몇몇 사람들은 우리 친구의 죽음에 관한 묘사를 발견했다고 생각했다. 문제의 그 산문 작품에는 '거주지'라는 제목이 붙어 있으며, 오늘

---

[*] *Summa de Maqroll el Gaviero*, Barral Editores, Barcelona, 1973, p. 63.

날에는 거의 구할 수 없는 책『해외 병원들에 대한 요약』*에 나타난다. 마지막으로 「아름다운 죽음」에서 서술된 몇 가지 상황에 부합하는 현실과 보다 밀접하다고 보이는 판본이 있다. 우리가 아래에 옮겨 적을 그 판본은 루트비히 첼러, 엔리케 몰리나와 곤살로 로하스 같은 가비에로의 친구들이자 동료들이 대부분 침묵을 지키면서 반대했던 것이다. 특히 곤살로 로하스는 이 사건을 법정으로 가져가서 그 무엇보다도 술 먹고 여자와 사랑을 하면서 함께 수많은 탈선 행위를 했던 동료이자 공범자였던 옛 친구의 실종을 반박하겠다고 위협했다. 우리는 그 판본의 진위에 관해 논쟁할 자격이 없는 사람들이기 때문에, 이런 단서를 달고 몇 년 전에 출판된『대상隊商』**이라는 책에 실린 문제의 증언을 옮겨 적는다. 이 책은 가비에로의 다른 경험도 포함하고 있는데, 그것들은 모두 매우 믿을 만하다. 일반적인 문체보다 조금 더 긴 구절로 쓰인 이 기록은 '습지에서'라는 제목을 가지고 있으며, 다음과 같이 말한다.

습지로 들어가기 전에, 가비에로는 자기 인생의 몇몇 순간을 살펴볼 기회를 갖게 되었다. 그런 순간마다 그가 살아온 나날의 이유, 즉 언제나 죽음의 점잖은 부름을 이겨낼 수 있었던 일련의 동기들이 규칙적이고 유쾌할 정도의 지속성을 지니며 샘솟았다.
예전에 산지로 중유를 실어 나르는 데 사용되었으나 이미 오래전에 그런 일에서 은퇴한 녹슨 바지선을 타고 그들은 강을 내려갔다.

---

* *Reseña de los Hospitales de Ultramar*, i.d., p. 151.
** *Caravansary*, Fondo de Cultura Económica, Mexico, 1981, p. 55.

디젤 엔진은 천식 환자처럼 그르렁거리며 쇠와 쇠가 부딪치는 파국적인 굉음을 내면서 힘들게 선박을 움직이고 있었다.

바지선의 승객은 모두 네 명이었다. 그들은 과일로 식사를 대신했는데, 과일은 지옥과 같은 기계의 고장을 수리하려고 뭍에 내렸을 때 주운, 채 익지도 않은 것들이 대부분이었다. 가끔씩 그들은 진흙탕의 강물 위를 떠다니는 죽은 동물들의 고기를 먹어치우기도 했다.

여행자 중 두 명은 자기들을 쳐다보던 물쥐 하나를 먹은 후에 조용히 경련을 일으키면서 숨을 거두었다. 그 물쥐는 두 사람이 자신을 죽이자 화들짝 눈을 크게 뜨면서 확고한 분노를 드러냈는데, 그것은 설명할 수 없는 고통스러운 죽음 앞에서 발광한 듯이 백열을 내뿜는 두 개의 뾰루지처럼 보였다.

그리하여 가비에로는 사창가의 싸움에서 부상을 입고 내륙의 어느 항구에서 배를 탔던 한 여인과 남게 되었다. 그녀의 옷은 찢어졌고, 제멋대로인 검은 머리카락은 군데군데 말라붙은 피에 눌려 있었다. 그녀에게서는 과일향과 고양이 냄새 사이의 달콤쌉싸래한 냄새가 났다. 여자의 상처는 쉽게 아물었지만 말라리아에 걸려, 엔진 조정실과 키의 손잡이를 보호하고 있던 불안한 함석 지붕의 금속 지지대 사이에 걸려 있던 그물침대에 누워 있어야만 했다. 가비에로는 여자가 떠는 것이 고열 때문인지 아니면 스크루의 진동 때문인지 알 수 없었다.

가비에로는 두꺼운 판자 의자에 앉아서 강물 한가운데로 나아가도록 키를 잡았다. 습지로 가까이 갈수록 더욱 자주 모습을 드러내는 소용돌이나 모래톱을 피하려고 하지 않은 채 그냥 강물을 따라 배가 가도록 놔두었다. 습지에서 강은 바다와 뒤섞이기 시작하면서 짭짤하고 질척질척한 수평선으로 조용히, 그리고 순순히 나아갔다.

어느 날 갑자기 엔진이 조용해졌다. 쇠로 만든 부속들이 수많은 세월 동안 마구 버둥거리며 악전고투한 끝에 마침내 손을 들고 말았음이 분명했다. 커다란 침묵이 여행자들을 엄습했다. 바지선의 평평한 뱃머리와 부딪치면서 생기는 물거품 소리와 아픈 여인의 희미한 신음 소리를 자장가 삼아 가비에로는 열대의 잠의 세계로 들어갔다.

바로 그때 달랠 수 없는 배고픔으로 인해 정신은 명료하나 헛소리를 하는 섬망 상태에서, 그는 자신의 인생에서 가장 친숙하고 가장 자주 모습을 드러냈던 신호들을 분리해낼 수 있었다. 그 신호들은 때로 인생에서 그의 실체를 살찌워주던 것들이었다. 마크롤 가비에로가 강의 입구에 있는 습지로 떠내려가면서 회상했던 그 몇몇 순간들의 실체는 다음과 같다.

손에서 떨어져 안트베르펜 항구의 거리를 구르다가 마침내 하수구에서 사라져버린 동전 하나.

수문이 열리기를 기다리는 동안 화물선 갑판에 옷을 걸던 소녀의 노래.

알아들을 수 없는 언어로 말하던 어느 여인과 함께 잠을 잔 나무 침대를 금빛으로 치장해준 태양.

라아레나에 도착하면 시원해져 기운을 회복할 것임을 알려준 숲속의 공기.

터키령 리마논의 술집에서 기적의 메달을 파는 행상꾼과 나누던 대화.

희망을 잃어버리면 항상 달려오던 커피 농장의 여인, 그 여인의 목소리를 잠재우던 시끄러운 급류 소리.

불길, 모라비아의 높은 성벽을 무자비하게 핥던 화염.

스트랜드 거리의 지저분한 술집에서 유리잔이 쨍그랑거리는 소리. 그곳에서 그는 지켜보는 사람들의 무관심 속에서 천천히 전혀 놀랍지 않게 해결되는 악의 또 다른 얼굴이 있다는 것을 배웠다.

보스포루스해협을 굽어보는 창문이 있는 이스탄불의 음침한 방에서 벌거벗은 채 서로 뒤엉켜 고대의 욕망 의식을 흉내 내던 두 늙은 창녀의 거짓 신음 소리. 나이를 전혀 드러내지 않던 뺨으로 화장먹이 흘러내리는 동안, 그 연기자들의 눈은 더러움에 얼룩진 벽을 바라보고 있었다.

비아나의 왕자와 가졌던 상상 속의 긴 대화. 그리고 아라곤 가문의 불행한 상속자의 있을 법하지 않은 유산을 구해주려고 가비에로가 세웠던 프로방스에서의 행동 계획.

정성 들여 청소하고 기름칠하면 부드럽게 움직이는 무기의 몇몇 부속품들.

기차가 불타는 계곡에 정차했던 그 밤. 유백색의 별빛 속에서 거의 눈에 보이지 않는 커다란 바위를 때리던 커다란 물소리. 바나나 숲속에서의 울음소리. 녹처럼 침식되는 고독. 어둠 속에서 발산되던 식물들의 훈기.

메스꺼움과 꿈으로 이루어진 그의 창백하고 쓸모없는 존재보다 항상 더 현재적이고 더 사랑받는 또 다른 사람이 될 때까지 축적된 그의 과거에 관한 모든 이야기들과 거짓말.

랑파르 강변로의 허름한 호텔에서 그를 깨워, 단지 하느님만이 다른 사람들에 관해 알고 있을 한밤중의 그 강변에 그를 남겨두었던 나무 쪼개지는 소리.

자신이 죽음의 손에 있다는 것을 알고 있는 사람의 자율적으로 빠르게 떨리는 속눈썹. 이제는 더이상 참고 견딜 수 없는 여자의 모습을 간직하기 위해 원한이 아니라 역겨운 감정을 가지고 그녀를 죽여야만 했던 남자의 속눈썹.

모든 기다림. 협상이나 절차, 여행, 혹은 공백의 나날들, 잘못된 여행 일정과 같은 미련한 행동 속에서 사용했던 이름 없는 시간의 모든 무의미한 행위. 죽음을 향해 살며시 나아가는 상처 입은 어둠 속에서, 사용할 권리가 있다고 생각하지만 사용하지 않고 남은 것들을 지금 요구하는 그런 모든 삶.


며칠 후 세관 선박은 맹그로브 사이에서 좌초된 바지선을 발견했다. 엄청나게 부어서 일그러진 여자는 참을 수 없는 악취를 내뿜고 있었고, 그 악취는 끝없는 습지처럼 넓게 퍼져 있었다. 가비에로는 키 손잡이 아래 웅크린 채 누워 있었고, 야위고 말라버린 몸은 태양의 징벌을 받아 시들어버린 뿌리 더미와 같았다. 아주 크게 뜨고 있던 그의 눈은 가깝고 이름 없는 무(無)를 향해 고정되어 있었다. 그곳은 죽은 자들이, 그들이 살아서 방황하던 시절 동안 누릴 수 없었던 영원한 안식을 발견하는 장소였다.

# 실낙원의 부재 앞에서 느끼는 절망과 좌절

알바로 무티스의 작품을 살펴보면, 시와 산문의 경계가 유동적이고, 마크롤 가비에로가 거의 50년 동안 그의 시와 소설의 중심인물로 등장하며, 그 인물은 문학과 역사 분야에 해박한 지식을 가지고 있다. 작가가 멕시코 감옥에서 보낸 15개월은 그의 문학에서도 매우 중요하게 작용하는데, 비평가들은 무티스 작품의 중심 주제가 우연과 운명의 관계, 가난, 절망, 파멸과 죽음, 향수, 여행, 우정, 사랑, 그리고 불가능한 것을 성취하기 위한 투쟁 등이라는 점에 대부분 동의한다. 이런 주제들은 주인공 마크롤의 모험을 통해 적절히 표현된다. 작중인물인 마크롤은 무티스가 만든 그의 분신으로, 작가는 "나의 자료를 적는 또 다른 나"라고 설명한다.

알바로 무티스는 1923년 8월 25일에 콜롬비아의 보고타에서 태어났다. 아버지는 산티아고 무티스 다빌라였고, 어머니는 카롤리나 하라미요 앙헬이었다. 무티스는 자신이 '콘베르소'(강제로 기독교도로 개종해야 했던 스페인계 유대인)의 후손이라고 증언한다. 부모의 성(姓)에서는 콜롬비아의 가장 오래된 가문과 연관된다는 것을 알 수 있다. 18세기에 콜롬비아에 도착한 그의 아버지는, 알렉산드르 폰 훔볼트의 친구이자 '누에바 그라나다 왕립 식물원' 원장이던 호세 셀레스티노 무티스의 형제인 마누엘 무티스의 후손이었다. 그의 어머니는 주로 커피와 사탕수수를 재배했던 부유한 지주 가문 출신이었다. 무티스의 외할아버지는 톨리마 주에 '코에요'라는 농장을 소유하고 있었는데, 무티스는 이 농장에서 지낸 경험을 바탕으로 안데스 산지의 계곡과 고원에서 이루어지는 시골의 삶과 자연을 그려냈다.

산티아고 무티스 다빌라는 열여덟 살이었을 때 호르헤 올긴 대통령의 개인비서가 되었고, 후에는 페드로 넬 오스피나 대통령의 개인비서로도 일했다. 프랑스어를 유창하게 구사했던 무티스 다빌라는 1925년에 콜롬비아 외교사절로 브뤼셀에 파견된다. 그렇게 알바로 무티스는 세 살 때 부모와 함께 벨기에로 간다. 거기서 그는 생 미셸 예수회 학교에서 공부를 시작한다. 그는 벨기에에서 9년을 보내면서 그 문화에 너무나 깊이 빠져든 나머지, 심지어 자기의 모국어는 프랑스어라고 말하기도 한다.

그 기간에 그는 여름방학 때마다 콜롬비아로 돌아와 코에요 농장에서 지낸다. 콜롬비아로 오거나 유럽으로 떠날 때 건너야 했던 대서양 여행을 통해 무티스는 바다를 사랑하게 되고, 배와 기항지들에 매력을 느끼게 된다. 1934년에 산티아고 무티스 다빌라가 서른세 살의 나이로 갑작스럽게 죽음을 맞이하면서 그의 가족은 콜롬비아로 돌아온다. 무티스의 가족은 당시 콜롬비아의 부유한 가족들이 그랬듯 보고타에 정착하지만, 코에요 농장 생활과 대도시 생활을 번갈아가면서 한다.

보고타에서 무티스는 '로사리오 성모 학교'를 다닌다. 당시의 그는 당구를 몹시 사랑하고 학업에는 무관심했지만, 엄청나게 많은 책을 읽는 학생이었다. 그는 쥘 베른, 조지프 콘래드, 찰스 디킨스 등의 작품을 읽는다. 그리고 학교에서 콜롬비아의 가장 유명한 시인 중 한 사람인 에두아르도 카란사의 영향을 받는다. 그는 무티스에게 시를 가르쳐주고 학교 도서관을 이용하여 더욱 많은 책을 읽도록 용기를 북돋운다. 교과서 이외의 작품들만 탐닉하고 숙제에는 관심을 기울이지 않자 교장 선생님에게 혼이 나지만, 무티스는 이렇게 대답한다. "신부님, 저는 해야 할 중요한 일들이 너무 많아서 공부를 하면서 시간을 허비할 수가 없습니다." 그는 고등학교를 끝내지 않고 중퇴한다.

무티스는 열여덟 살의 나이에 첫 결혼을 한다. 그는 첫번째 아내 미레야 두란 솔라노와의 사이에 세 아이, 마리아 크리스티나, 산티아고, 호르헤 마누엘을 낳는다. 결혼 즉시 가족의 재산에 의존해 살지 말고 직장을 구하라는 어머니의 지시에 의해, 그는 라디오 방송국에서 여러 가지 일을 한다. 먼저 6개월간 문화 프로그램의 사회자로 일한 후, 국립 라디오 방송국에서 아나운서로 일하고, 마지막으로 무티스의 스승이었던 시인 레온 데 그레이프의 형제인 오토 데 그레이프 아래서 고전음악 프로그램의 진행자로 일한다. 1947년부터 1956년까지 그는 첫 시집을 출판하면서, 콜롬비아 보험회사의 잡지 『삶』의 편집자로 일한다. 또한 '바바리아' 맥주회사와 '란사' 항공사, 그리고 마지막으로 스탠더드 오일의 자회사인 '에소'의 홍보부에서 일한다.

그는 에소의 홍보 책임자로 일하면서 과도한 아량을 베풀고 회사 기금을 무분별하게 사용하여 곤경에 처한다. 무티스는 이에 관해 여러 번 말했지만, 자세한 것은 아직 밝혀지지 않고 있다. 하지만 그가 회사 기금을 자의적으로 사용하여 친구들에게 마구 저녁을 샀으며, 예술과 정치 분야의 친구들을 돕기도 했다는 것은 분명하다. 그리고 그들 중 몇몇은 당시 권력을 잡고 있던 구스타보 로하스 피니야 독재 체제에 반대하고 있었다. 1959년 엘레나 포니아토브스카와의 인터뷰에서 그는 이렇게 설명한다.

보고타에서 나는 스탠더드 오일의 자회사인 '에소'의 홍보부장이었습니다. 나는 그 회사의 자선기금을 잘못 관리했다는 이유로 고발을 당했습니다. 그 고발 내용 중 많은 것이 사실입니다. 그러나 나는 내 조국의 독재자에게 박해를 받고 있던 정치 망명자나 다른 사람들을 도와주는 것을 자선행위라고 생각했습니다. 어쨌거나 부인할 수 없는 혼란이 있었고, 그 책임은 내게 있습니다. …… 나는 그 돈을 마치 내 돈처럼 사용하기 시작했습니다. 나는 수혜자들을 내 마음대로 선정했고, 그래서 문제에 휘말리게 된 것입니다.

1955년에 부정회계 혐의로 체포될 위험에 처하자, 무티스는 멕시코로 도망한다. 그리고 1년 넘게 그는 멕시코 지성인들과 바쁜 문화 생활을 즐긴다. 하지만 근심이 없었던 것은 아니어서, 그는 항상 콜롬비아 당국이 멕시코 정부에게 영향력을 행사할지도 몰라 두려워했다. 때마침 그는 콜롬비아 정보요원의 미행을 받고 있다는 사실을 알게 된다. 결국 그는 체포되고, 국외추방의 위협을 받는다. 그러나 콜롬비아로 강제 송환되지는 않는다. 대신 변호사들이 그 사건에 관해 논의하는 동안, 멕시코의 레쿰베리 감옥에 억류되어 15개월 동안 수감된다. 그리고 1957년 12월 22일에 당시 콜롬비아 대통령인 알베르토 예라스가 무죄를 선언하면서 무티스는 석방된다.

레쿰베리 교도소에 수감되기 전, 무티스는 멕시코시티의 '바르바차노스 홍보회사'에서 일하고 있었는데, 그가 감옥에 있는 동안 그의 고용주는 무티스의 가족에게 그의 월급을 계속 보내주었다. 1957년 말 레쿰베리 감옥을 떠나면서, 무티스는 홍보회사 대표를 찾아가 관대한 아량을 베풀어주어 고맙다는 말을 전한다. 그러자 대표는 마치 아무 일도 없었던 것처럼 무티스를 예전의 자리에 임명한다.

1962년에 무티스는 멕시코시티에 있는 21세기 폭스와 컬럼비아영화사 라틴아메리카 대표사무소로 직장을 옮긴다. 그곳에서 라틴아메리카 전역에 해당 영화사의 영화를 판매하는 업무를 맡는다. 이 일로 인해 그는 라틴아메리카를 비롯한 세계 전역을 돌아다니게 되면서 많은 경험을 하게 되고, 그것은 그의 소설에 반영된다. 그는 60세인 1983년에 컬럼비아영화사를 은퇴하고, 그 이후부터 글쓰기에 전념하고 있다. 사실 대부분의 그의 작품은 퇴직 이후에 발표된다.

미레야 두란 솔라노와 이혼한 후, 1954년에 무티스는 마리아 루스 몬타네와 결혼하여 딸 마리아 테레사를 낳는다. 그러나 이 두번째 결혼은 그가 레쿰베리에 수감된 시절을 이겨내지 못한다. 무티스는 몇 년간 혼자 살다가 1966년에 다시 결혼한다. 세번째 아내는 카르멘 미라클레 펠리우로, 프란시네라는 어린 딸이 있는 과부였다. 프란시네는 무티스에게 니콜라스라는 손자를 선사하고, 그 손자는 무티스의 작품 『바다와 육지 3부작』의 3부에 등장하는 하밀이라는 인물 창조에 영감을 준다.

1980년대 초 이전에는 상대적으로 적은 학자와 비평가들이 알바로 무티스에게 관심을 보였고, 그들의 대부분은 콜롬비아 출신이었다. 하지만 한 명의 특별한 예외가 있는데, 그가 바로 멕시코의 시인 옥타비오 파스이다. 1959년에 파스는 무티스의 가두판매 시집인 『재앙의 요소들』뿐만 아니라 무티스가 1959년에 출간한 『해외 병원들에 대한 요약』이라는 제목의 책에 실은 몇몇 시들을 극찬한다. 그가 작품 활동을 한 지 30년이 지난 1980년만 하더라도, 그의 작품에 관한 비평이나 서평은 60개 정도에 지나지 않았다. 그러나 1980년까지 출판된 그의 작품은 상대적으로 매우 적었다는 사실도 부인할 수 없다.

『저울』과 『재앙의 요소들』, 그리고 『해외 병원들에 대한 요약』을 출판한 이후, 1960년에 무티스는 옥중 회고록인 『레쿰베리의 일기』를 발표하면서, 그 책에 「전략가의 죽음」 「샤라야」 「첫닭이 울기 전에」라는 세 편의 단편을 함께 포함시킨다. 이후 20편의 시가 수록된 『잃어버린 작업』과 1970년까지 출판된 모든 시를 한데 모아 『마크롤 가비에로 일람』을 출간한다. 또한 1973년에 그의 첫 소설 『아라우카이마 저택』을 출간하면서 또다시 「전략가의 죽음」과 「샤라야」를 포함시킨다.

무티스는 오랜 친구이자 최고의 문학친구인 가브리엘 가르시아 마르케스를 자주 만난다. 두 사람은 1949년에 처음 만났다. 1954년에 마르케스에게 〈엘 에스펙타도르〉의 기자 자리를 얻어준 사람이 바로 알바로 무티스였다. 아마도 그에 대한 보답인지, 1954년 3월에 마르케스는 『재앙의 요소들』을 극찬하는 기사를 신고, 무티스와의 인터뷰를 게재한다. 그것은 무티스의 초기 작품에 관해 콜롬비아 국내에서 다룬 최초의 글 중 하나이다.

1961년 마르케스가 멕시코시티에 도착했을 때 무티스는 기차역까지 마중을 나갔다. 그리고 무티스는 마르케스를 멕시코의 문학 엘리트들에게 소개해주고 후안 룰포의 『페드로 파라모』를 읽어보라고 조언하는데, 이 소설은 후에 『백년의 고독』에 커다란 영향을 미치게 된다. 또한 무티스는 1966년에 『백년의 고독』을 탈고한 마르케스를 오후마다 찾아가기도 했다. 그리고 1982년에는 마르케스가 노벨 문학상을 받을 때 함께 스웨덴으로 가서 축하해주기도 한다. 그리고 1993년에 무티스의 70회 생일을 기념하여 콜롬비아 정부가 '보야카 대훈장'을 수여하자, 마르케스는 그 기념식장에서 무티스를 기리는 연설을 한다. 이 연설문은 후에 『몰락한 시대의 우정』과 『내 친구 무티스』라는 제목으로 출간된다. 마르케스는 무티스의 시에서 작중인물로 등장하기도 하는데, 『바다와 육지 3부작』에 실린 시 「알람브라 3부작」과 산문 「마크롤 가비에로와 화가 알레한드로 오브레곤의 만남과 음모에 관한 진정한 이유」가 대표적인 사례다.

마르케스가 1982년에 노벨 문학상을 수상하자, 세인들의 관심은 그의 친구들, 특히 왕성한 문학 활동을 하고 있는 무티스에게 쏟아진다. 1980년대 초반과 중반에 그는 시집 『대상隊商』『밀사들』『장엄한 연대기와 왕국의 찬사』를 발표한다. 1982년에는 무티스의 아들이자 시인이며 비평가인 산티아고 무티스 두란이 알바로 무티스의 작품 선집인 『시와 산문: 알바로 무티스 *Poesia y prosa: Alvaro Mutis*』를 콜롬비아 문화부에서 출간한다. 그리고 1985년에 산티아고 무티스는 다시 자기 아버지의 작품들을 『시』와 『산문』이라는 두 권의 책으로 엮어서 콜롬비아 문화부에서 출간한다.

콜롬비아 문화부에서 간행되어 일반 대중들에게 널리 보급된 이 책들은 그때까지 발표된 알바로 무티스의 작품을 모두 포함하고 있을 뿐만 아니라 그의 작품에 대한 중요한 비평까지 담고 있다. 그 결과 많은 독자들과 비평가들은 그의 작품이 주제적 차원에서 일관성을 띠고 있을 뿐만 아니라 미학적 차원에서도 꾸준히 발전해오고 있다는 사실을 알게 된다. 1980년대 중반에 무티스는 이미 라틴아메리카 문학계에서 상당히 중요한 작가로 여겨지고 있었다. 그의 명성은 1986년 초에 마크롤과 그의 세계에 관한 일련의 소설을 출판하면서 더욱 높아진다. 1986년부터 1993년까지 마크롤에 관한 일곱 편의 소설이 출판된다. 『제독의 눈』 『비와 함께 오는 일로나』 『트램프 증기선의 마지막 기항지』 『아름다운 죽음』 『아미르바르』 『압둘 바슈르, 배를 꿈꾸는 사람』 『바다와 육지 3부작』을 발표한다. 이 일곱 편의 소설은 한 권으로 엮여 『마크롤 가비에로의 시련과 슬픔』(1995)으로 출간된다. 이 중에서 무티스의 대표 소설로 여겨지는 『제독의 눈』 『비와 함께 오는 일로나』 『아름다운 죽음』을 묶어 소개한다는 것을 밝혀두고 싶다. 이 세 편의 소설로 우리 독자들은 마크롤 가비에로의 세계를 충분히 음미할 수 있을 것이라고 생각한다.

1983년에 무티스는 콜롬비아의 안티오키아 대학이 수여하는 국가

시문학 상을 탄다. 그리고 1988년에는 멕시코의 '아스텍 독수리' 공로훈장을 받는다. 이후 무티스는 멕시코, 이탈리아, 프랑스, 콜롬비아, 스페인 등지에서 여러 상과 훈장을 받는다. 1997년에만 그는 네 개의 주요 문학상을 받는데, 이탈리아의 그린차네 카보우르상과 로소네 도로상, 그리고 스페인의 아스투리아스 왕자상과 소피아 왕비상이 그것이다. 그리고 2001년에는 스페인에서 세르반테스상을 받는다.


## 레쿰베리의 경험과 마크롤 3부작

15개월에 걸친 레쿰베리 감옥의 경험은 무티스에게 변신의 기회를 제공한다. 그는 감옥으로 찾아온 엘레나 포니아토브스카에게 이렇게 고백한다. "감옥은 끔찍스러운 기분, 완전한 절망의 상태를 느끼게 합니다. 쇠창살과 벽, 죄수들과 가난함이…… 모든 감각이 너무나도 환영적인 것에 집중되고, 날이 갈수록 여기서 나간다는 것이 불가능해 보이고 이상해 보입니다."

그 경험은 그에게 한계에 대해 가르쳐준다. 그는 그곳에서 절망에 빠진 인간들을 본다. 그리고 가장 절망에 빠진 범죄자들과 친구가 되어 그들을 돌봐주면서, 그들 역시 친절하고 관대한 행위를 할 수 있는 사람이라는 것을 깨닫게 된다. 감옥에서의 경험은 평생 동안 그에게 도움이 되었을 뿐만 아니라 마크롤 가비에로라는 인물의 핵심을 구성하게 만든 동기가 된다. 즉, 우리는 다른 사람들을 평가할 수 없으며, 인내와 관용의 정신을 길러야 한다는 것이 마크롤의 주요 사상을 형성하게 된다.

감옥 생활은 무티스를 개인뿐만 아니라 작가로서도 깊이 있게 만든다. 미학적 탐구에 치중되어 있던 주제는 이제 심오한 실존적 차원을 획득한다. 이것은 마크롤 가비에로에게 레쿰베리 교도소의 경험을 투사하는 것에서 잘 드러난다. 1997년 포니아토브스카와 인터뷰를 하는 동안 자신의 삶을 되돌아보면서, 무티스는 자기의 글쓰기는 증언의 성격을 띠고 있다고 말한다. 그는 감옥에 갇혔던 시절로 돌아가 자신의 작품에서 그것이 어떤 의미를 갖는지 감개무량하게 말한다.

레쿰베리가 없었다면 나는 일곱 편의 소설을 쓰지 못했을 것이며, 지금 당신이 보는 그 어떤 것도 쓰지 못했을 겁니다. 실제로 그것은 매우 풍요로운 경험이었습니다. 나는 이 말을 수없이 반복했지만, 다시 말할 필요가 있을 겁니다. 감옥에서 당신은 백계무책입니다. 감옥에서 일어나는 것은 절대적 진실입니다. 당신은 모든 특권을 상실하고, 당신에게는 감금이라는 횅뎅그렁하고 잔인한 상황을 제외하곤 아무것도 주어진 게 없습니다. 하지만 그건 매우 건전한 것이지요…… 물론 나는 그런 경험을 다시 하고 싶지는 않지만, 내가 단편집과 일곱 편의 소설을 쓸 수 있었다는 점은 의미가 있다고 말할 수 있습니다. 나는 시만 썼습니다. 레쿰베리가 없었다면 『마크롤 가비에로 일람』은 존재하지 않았을 것입니다. 내가 당신에게 말하고자 하는 것은 이겁니다. 가비에로를 중심인물로 삼는 내 첫번째 소설 『제독의 눈』은 1986년에 출간되었습니다. 그 작품을 끝냈을 때 수많은 자료들이 흘러나와 다른 여섯 편의 소설이 이루어지기 시작했습니다. 나는 순수 허구인 이 소설들이 감옥에서의 내 삶에서 나왔다는 걸 알았습니다. 이건 의심의 여지가 없습니다. 그리고 나의 고독, 감옥에서 나 자신과 홀로 있게 만든 내면의 관점이 없었다면 네 권의 시집도 가능하지 않았을 겁니다.

마르케스는 언젠가 "본질적으로 작가는 단 한 권의 책만 쓴다. 비록 그 책이 상이한 제목을 달고 수많은 책으로 나오는 한이 있어도 그렇다. 발자크, 콘래드, 멜빌, 카프카의 경우가 그렇고, 포크너의 경우도 예외가 아니다"라고 지적했다. 알바로 무티스에게 그 '한 권의 책'은 특정한 주제에 바탕을 두거나 단 한 장소에 집중하는 것이 아니라 단 하나의 인물인 마크롤에게 초점을 맞춘다. 이 이름은 무티스가 만들어낸 것이다. 매우 이국적으로 보이게 하고, 그가 어디 출신인지 모르게 만들기 위해 선택한 이름이다. 무티스는 결코 마크롤의 출생지를 알려주지 않는다. 그리고 그를 신체적으로 묘사하지도 않는다. 그는 작품에서 '마크롤 가비에로'로 알려져 있다. 스페인어로 '가비에로'는 망보는 사람이다. 일반적으로는 배의 망대에서 수평선을 쳐다보면서 다른 선박이나 고래, 폭풍이 접근하는지 살펴보는 소년이다.

이런 점에서 '가비에로'는 여러 의미를 지닌다. 우선 그것은 마크롤이 모험에 대한 열정을 영원히 간직하는 소년으로 남아 있고자 함을 보여준다. 그러나 동시에 상징적으로 망대는 그가 다른 사람들보다 더 멀리, 보다 정확하게 보게 해주는 이점을 가진다. 마크롤의 경험의 깊이와 다양성은 그의 성격에 소년다움과 더불어 피로감을 부여한다. 또한 바다를 건너 이 항구에서 저 항구로 움직이며 살아가는 '가비에로'는 무티스에게 방황이라는 영원한 주제를 구체화시키게 만들어준다.

무티스는 마크롤이 자신의 분신이라고 지적한다. 1993년에 에두아르도 가르시아 아길라르와의 인터뷰에서 그는 이렇게 말한다.

명성, 권력, 행위, 이 모든 것은 무(無)로 끝납니다. 이것이 마크롤 가비에로의 존재이유입니다. 그 불쌍한 사람은 내가 짊어지고자 했던 모든 걸 짊어지며, 내가 되고자 했지만 결코 될 수 없었던 모든 것을 짊어지고, 내 과거의 모든 것을 공유합니다. 그래서 그 결과는 우리 두 사람의 적절한 혼합이라고 말할 수 있습니다.

그래서 마크롤은 무티스가 깊이 간직하고 있는 신념을 구체화하는 인물이라고 말할 수 있다. 그 신념이란 쇠퇴와 몰락은 피할 수 없는 것이지만, 동시에 역사에는 그 어떤 목적론도 없다는 것이다. 또한 모든 것은 허영이며, '그저께'—특히 7세기의 비잔티움 제국, 콘스탄티노플의 몰락, 나폴레옹 시절, 시몬 볼리바르의 마지막 몇 달처럼 우리에게서 다소 떨어져 있는 시절—는 현대의 사건만큼 흥미롭다는 것이다. 마크롤은 자신을 만든 무티스와 마찬가지로 현재의 조건과 과거의 유혹에 맞서 우리가 할 수 있는 최선의 것은, 운명 속의 변화를 감수하며 그런 변화에 적응하는 일임을 보여준다. 또한 무티스에게는 삶에 대한 미학적 자세가 도덕적 자세보다 더 중요하다는 확신이 배어 있다.

이런 확신과 그의 배경과 그의 문학적 취향을 알게 되면, 알바로 무티스가 20세기 콜롬비아 작가들과는 달리 왜 몽테뉴, 샤토브리앙, 보들레르, 랭보, 위스망스, 프루스트, 셀린, 생 종 페르스, 발레리 그리고 아폴리네르와 더 가까운지 알 수 있다. 어린 시절을 벨기에에서 보낼 때 그는 이런 작가들을 직접 보았다. 그리고 사춘기 시절과 청년 시절에, 즉 콜롬비아로 돌아와서 이들의 작품을 읽었다. 어떤 의미에서 그는 그 작가들에 대한 독서를 결코 멈추지 않았다. 이것은 그의 문학적 분신인 마크롤 역시 독서를 멈추지 않는 것과도 일치한다. 지중해나 인도양, 카리브해나 태평양의 황폐한 중간 기항지에 있건, 파나마에 있건, 안데스의 고지나 밀림에 있건, 마크롤은 계속해서 책을 읽는다. 그것은 장 프랑수아 드 공디의 『레츠 추기경의 회고록』일 수도 있고, 샤토브리앙의 『무덤 저쪽의 회상』일 수도 있으며, 벨기에 리니 왕자의 회고록일 수도 있고, 『아시시의 성 프란체스코의 일생』일 수도 있다.

마크롤이 중심인물로 등장하는 무티스의 첫 소설은 『제독의 눈』이다. 그는 이 작품을 바르셀로나에 있는 자신의 에이전트 카르멘 발셀스에게 보내면서, 그 작품에 대한 그녀의 의견을 물어본다. 그리고 얼마 후 그녀가 그 원고를 알리안사 출판사에 팔았다는 것을 알고 충격을 받는다. 그는 그것이 아직 소설의 형태를 갖추지 않았다고 강하게 항의하지만, 그 작품은 1986년에 출판된다. 그렇게 무티스는 소설가로서 본격적인 첫발을 내딛게 된다.

『제독의 눈』의 대부분은 마크롤이 보관한 일기로 구성되어 있다. 그리고 프롤로그를 통해 그것을 어떻게 발견했는지에 대해 서술하지만, 그것은 허구를 감추려는 오래된 문학적 속임수에 불과하다. 프롤로그는 바르셀로나의 중고 서점에서 화자(무티스)가 어떻게 그가 그토록 오랫동안 찾아 헤매던 책 『오를레앙 공작 루이의 살해에 관한 파리 재판관의 조사서』와 마주치게 되었는지를 서술한다. 그는 공원의 벤치에 앉아 구입한 그 책을 읽기 시작한다. 그런데 뒤표지 안에 있는 커다란 주머니에서 떨리는 손으로 쓴 글자로 가득한 종이가 떨어진다. 그것이 바로 마크롤 가비에로의 일기이며, 화자 무티스가 『제독의 눈』으로 소개하는 작품이다.

이런 상황과 사건의 우연적 일치는 독자들에게 불신감을 자아내기에 충분하다. 하지만 그것이 바로 무티스의 요점이기도 하다. 우연은 무티스의 작품에서 큰 역할을 한다. 모든 소설에서 작중인물들은 계속해서 우연에 의해 수많은 기항지와 여러 산맥, 강과 해변, 여러 대륙의 여러 도시에서 만난다. 그런 놀라운 우연의 일치나 우연적 만남이 가장 일상적인 사건들처럼 제시되는 것이다. 효과 면에서 그런 전략은 거대한 세상을 마치 우연적 만남이 일상의 일처럼 벌어지는 조그만 마을로 변화시킨다. 그렇게 무티스의 작품에서 대우주는 소우주처럼 다루어져 있다. 윌리엄 포크너나 마르케스와 같은 작가들이 소우주를 통해 대우주를 보여주는 것과는 반대이다.

마크롤의 일기는 물에서 시작한다. 그는 아마존 강으로 마나우스까지 여행했고, 그곳에서 아마존 지류 중 하나인 슈란도 강을 거슬러 올라가 산맥, 즉 안데스 산맥에 도착한다. 그의 애인 플로르 에스테베스의 자금 융통으로 이루어진 그의 계획은 산의 고지에 위치한 제재소에서 목재를 구입하여 그것을 강 아래로 가져와 보다 높은 가격으로 되파는 것이다. 그런 거래로 얻은 수익금으로 그는 여생을 편안하게 살고자 한다. 거의 모든 마크롤 소설에는 사업계획이 등장하며, 그 계획은 너무나 비현실적이라 항상 일그러진다. 마크롤은 이런 것을 알고 있지만, 그의 행동은 변하지 않는다. 이것은 일기에 적힌 내용에서 잘 드러난다. "내게는 항상 똑같은 일이 일어났다. 내가 추진하는 사업들은 불확실성, 즉 사기와 잔꾀의 낙인이 찍힌 저주와도 같은 것을 지니고 있었다. 그리고 나는 이곳에 있다. 모든 게 어떻게 끝나버릴지 알면서도 바보처럼 상류로 가고 있다."

『제독의 눈』은 콘래드의 소설과 시시포스의 신화, 그리고 카프카와 유사성을 띤다. 그것은 탐험 이야기이며, 금지된 자연의 광활함과 탐탁지 않은 세계로 깊숙이 들어가는 여행을 서술한다. 그렇게 마크롤은 힘들면서도 불가능한 목표를 추구한다. 가령 몇몇 사람과 상류로 여행하는 동안, 그들은 그에게 불가능한 계획을 포기하도록 설득하지만 아무 소용이 없고, 결국 그 여행에서 마크롤은 간신히 목숨을 건진다. 열대의 열병에 걸려 삶과 죽음의 경계를 넘나들기도 하고, 그 지역의 게릴라들은 그의 목숨을 위협한다. 그가 여행 도중에 먼저 만났던 군 소령은 그를 위험에서 구출하여 자기 수상비행기로 그를 밀림에서 데려간다. 마크롤은 마침내 제재소에 도착하지만, 초소의 보초는 "그 어떤 방문객도 이 시설로 들어올 수 없습니다"라고 말하고, 결국 마크롤의 계획은 실패하고 만다.

목재를 손에 넣으려는 그의 목표가 마지막 순간에 결국 좌절되는 것은 카프카의 『소송』이나 『성』에서 보이는 허망함을 연상케 한다. 소설의 끝에서 독자는 일종의 부록과 만난다. 그것은 마크롤이 플랑드르 호텔의 문구점에서 쓴 글이다. 거기서 그는 자기가 평생의 사랑인 플로르 에스테베스에게 어떻게 돌아가려고 노력했는지, 그리고 두 사람이 함께 살았고 그가 건강을 회복하는 동안 함께 사랑을 나누었던 식당이자 여관인 '제독의 눈'으로 어떻게 돌아가려고 노력했는지 설명한다. 마크롤은 슈란도 강과 고지를 여행하면서 종종 그녀를 생각했다. 이제 그는 플랑드르의 호텔에서 글을 쓰면서, '제독의 눈'으로 돌아갔지만 단지 폐허만 발견했다고 서술한다. 그리고 애인인 플로르 없이 자기가 어떻게 참고 견뎌야 할지 모르겠다고 고백한다.

이 소설은 가망 없는 사업계획 혹은 불가능한 꿈, 그것을 얻으려는 탐색, 탐색의 실패라는 유형으로 이루어져 있다. 그러면서 무티스는 삶과 사랑, 우정과 다른 보편적 주제의 의미에 관해 묵상한다. 각 소설에는 위험이 존재한다. 또한 각 소설마다 아주 멋진 여자가 등장한다. 항상 관능적이고 아름다우며, 중심인물이 밤을 참고 견딜 수 있도록 해준다. 또한 그런 여자는 마크롤에게 지혜와 안락의 샘이다. 『제독의 눈』의 플로르 에스테베스, 『비와 함께 오는 일로나』의 일로나가 그렇다. 한편 한 소설에 두 명의 중심 여자가 등장하기도 한다. 가령 『아름다운 죽음』에서 한 여자(눈먼 하숙집 주인)는 현명하고, 다른 여자(암파로 마리아)는 아름다우며 젊다. 또한 『비와 함께 오는 일로나』의 일로나와 라리사처럼 훌륭한 여자와 위험한 여자가 짝을 짓기도 한다.

『비와 함께 오는 일로나』에서 마크롤은 파나마시티에서 무일푼이 되어 조그만 싸구려 호텔로 들어간다. 알바로 무티스의 허구세계를 특징짓는 깜짝 놀랄 우연의 일치 중 하나로, 그는 호텔 로비의 슬롯머신에 동전을 넣고 있던 일로나와 만난다. 트리에스테에서 태어난 일로나 그라보브스카는 마크롤의 옛 애인이었고, 또한 마크롤의 가장 친한 친구인 압둘 바슈르의 연인이기도 했다. 일로나와의 만남은 불가피하게 마크롤을 섹스로 이끈다. 사랑을 나눈 후에 두 사람은 부자가 되고 노년을 조용히 살며 압둘 바슈르가 그토록 구입하고 싶어하던 배를 살 수 있도록 충분한 돈을 벌 수 있는 계획을 구상하기 시작한다.

그들의 계획은 아름답고 이국적인 여자들이 근무하는 고급 사창가를 만드는 것이었다. 여자들에게 비행기 여승무원 제복을 입히고서, 파나마에 기착하는 동안 자신들의 몸을 팔아 은밀하게 돈을 버는 국제 항공사 여승무원들이라고 주장하는 것이었다. 그 사업은 플랑드르의 금괴 밀수 계획보다 더 수지가 맞았지만, 동양 카펫 밀수사업보다는 덜 성공적이었다. 그러나 얼마 후 그들은 매춘 사업에 싫증을 내고 파나마를 떠나기로 결심한다. 그들이 그곳을 떠나기 전에 일로나는 매춘부 중 하나인 라리사에게 살해된다. 압둘 바슈르가 그의 배 '트리에스테의 요정' 호를 끌고 파나마에 도착하여 정박하기 전에, 라리사가 살고 있던 버려진 배의 선실 폭발로 목숨을 잃은 것이다.

『아름다운 죽음』에서 무티스는 콜롬비아의 강과 산으로 다시 돌아온다. 그리고 마크롤은 높이 솟은 산맥 기슭에 있는 항구도시 라플라타에 자리 잡는다. 미스터리한 벨기에 사람 판 브란덴에게 고용된 마크롤은 내용물이 무엇인지 알지 못하는 몇 개의 상자를 노새에 싣고, 노새만 접근할 수 있는 탐보 산마루의 철도 건설 현장으로 운반한다. 그 여행의 첫날 여정은 강 언저리에서 약간 고지에 있는 커피 농장까지이다. 커피 농장에서 그는 관능적인 암파로 마리아를 만나 사랑을 나눈다. 둘째 날의 여정은 그곳에서 험준한 산길을 따라 광부들의 오두막으로 올라가는 것이다. 그리고 사흘째는 광부들의 오두막에서 철도 건설 현장으로 가는 여정이다. 마크롤은 짐을 옮기면서도 철도 건설 기계를 보지 못하고, 그래서 그 계획을 의심하게 된다. 그리고 마침내 자기가 그 지역의 게릴라들에게 총기를 운반해주고 있다는 사실을 알게 된다. 여러 계획과 책략이 얽히면서, 암파로 마리아는 목숨을 잃고 군대가 게릴라를 평정하기 위해 도착한다. 마크롤은 체포되어 총기 밀수로 처형될 위험에 처한다. 하지만 그는 자기가 무엇을 운반했는지 모른다고 주장하고, 그런 반란 행위에 개입되었다는 분명한 증거가 나타나지 않자 석방된다. 그러면서 그 지역을 떠날 수 있는 허가를 받고, 숨을 헐떡거리는 엔진이 달린 낡은 바지선을 타고 강 아래로 떠나간다.

무티스는 콜롬비아 작가지만 국제주의자라고 할 수 있다. 그의 모델은 대부분 유럽이다. 그가 가장 자주 인용하는 작가는 프랑스 작가들이며 그가 가장 좋아하는 도시는 파리다. 그가 가장 좋아하는 작가로는 찰스 디킨스, 로버트 루이스 스티븐슨 그리고 조지프 콘래드가 있다. 그가 가장 큰 영향을 받았던 시인은 스페인의 안토니오 마차도와 칠레의 파블로 네루다이다. 그가 콜롬비아에 살았던 시기(1923~1925, 1934~1956)는 얼마 되지 않는다. 하지만 그는 자신을 철저하게 콜롬비아 사람으로 여긴다. 몇몇 콜롬비아 비평가들이 그를 반 콜롬비아 사람이라고 비판하자 그는 이렇게 대답했다.


콜롬비아는 나에게 없어서는 안 될 곳입니다. 내가 지속적으로 사용하는 모든 것, 내 삶을 유지시켜주고 있는 모든 것들이 콜롬비아에 있으며, 그것들은 콜롬비아적인 것들입니다. 누군가가 콜롬비아에 대해 비판적이고 분노의 행동을 취한다면, 그것은 그에게 콜롬비아가 매우 중요하다는 것을 보여줍니다. 나는 본질적으로 콜롬비아 사람이며, 내 시보다 더 진정한 증거는 없습니다.

콜롬비아는 일련의 거짓말 위에 놓여 있다. 가령 콜롬비아는 아메리카에서 가장 오래된 민주국가라고 말하지만, 사실 그 민주주의는 계속되는 야만과 폭력을 간신히 숨기고 있다. 또한 콜롬비아는 시인들의 땅이라고 일컬어진다. 과거에는 그랬을지 모르지만, 그런 말은 현재에는 더이상 진실이 아니다. 또한 이 세상에서 가장 훌륭한 스페인어는 콜롬비아에서 말하는 스페인어라고 주장하지만, 사실 현학적인 문법학자들이 콜롬비아의 스페인어를 라틴아메리카의 스페인어 중에서 가장 형식적이고 가장 생동적이지 않게 만들었기 때문이다. 이런 특징 속에는 슬픔과 괴로움이 잠재되어 있다. 즉, 망명의 쓰라림과 무한한 잠재력이 있는 조국과 그 문화가, 부패와 탐욕과 폭력과 부정으로 인해 하찮은 국가로 전락했다는 사실을 보는 괴로움이 있다. 마크롤은 그런 문화의 산물이며, 동시에 그에 대한 해답인 것이다.

송병선

| | |
|---|---|
| 1923년 | 8월 25일, 변호사이자 외교관인 아버지 산티아고 무티스 다빌라와 어머니 카롤리나 하라미요 앙헬 사이에서 태어남. |
| 1924~1932년 | 부모와 함께 유럽으로 여행함. 예수회 신부들이 운영하는 벨기에 브뤼셀의 생 미셸 학교에 입학함. 외할아버지 헤로니모 하라미요 우리베가 소유한 톨리마 소재의 별장 '코에요'에서 여러 차례 방학을 보냄. |
| 1932~1940년 | 영어권 작가들, 특히 찰스 디킨스와 조지프 콘래드의 소설을 읽음. 이후 그의 문학에 영향을 미칠 프랑스와 벨기에 상징주의 시인들의 작품을 읽음. 아버지가 33세의 나이로 세상을 떠남. 가족들은 안트베르펜에서 배를 타고 3주간의 항해 끝에 콜롬비아의 부에나벤투라 항구에 도착하여 보고타에 정착함. |
| 1940년 | 로사리오 성모 학교에 입학하여 고등학교 과정을 마침. 그곳에서 시인 에두아르도 카란사의 콜롬비아 문학 수업을 들음. 프랑스 초현실주의 시인과 라틴아메리카 시인들의 작품을 비롯하여 모험소설과 여행소설 등을 읽음. 콜롬비아 시인들인 레온 데 그레이프, 아우렐리오 아르투로, 호르헤 살라메아 등을 알게 됨. |
| 1941년 | 미레야 두란 솔라노와 결혼. 뉴스 아나운서로 콜롬비아 국립 라디오 방송국에 들어감. |
| 1942~1945년 | '신세계' 방송국과 국립 라디오 방송국에서 여러 문화 프로그램을 진행함. 나치의 탄압으로 희생된 시인들을 위해 폴란드 대사관에서 발행하는 소식지 〈우리와 여러분들의 자 |

유를 위하여〉의 편집인으로 일함. 대통령 알폰소 로페스 푸마레호와 우정을 나눔.

1946년      첫번째 책『향내 나는 얼룩말 *La cebra perfumada*』을 쓰지만 출판되지 않음. 첫번째 시「밀물」을 신문 〈엘 에스펙타도르〉의 주말 부록에 게재함. 콜롬비아 보험회사가 발행하는 잡지『삶』의 책임을 맡음.

1947년      생 종 페르스의 시에 영향을 받은「잔잔한 물」「마크롤 가비에로의 기도」「여행」을 출판. 호르헤 살라메아가 멕시코 대사로 임명되면서 그가 맡고 있던 〈오늘의 문학〉이라는 문화 프로그램을 이끌게 됨.

1948년      시「두려움」을 알베르토 살라메아가 편집인으로 있는 신문 〈이유〉의 문학 부록에 게재함. 4월 8일에 카를로스 파티뇨와 함께 쓴 시집『저울 *La balanza*』이 출간됨. 그러나 다음날 보고타에서 자유당 지도자 호르헤 엘리에세르 가이탄이 암살되면서 폭동이 일어나.『저울』이 모두 불타버림. 무티스는 콜롬비아 보험회사 홍보 책임자와 '란사' 항공사의 홍보 책임자로 일함.

1949년      가르시아 마르케스를 알게 됨.

1951년      바랑키야에서 알폰소 푸엔마요르, 헤르만 바르가스, 알바로 세페다 사무디오를 알게 됨.

1952년      9월 6일, 라우레아노 고메스가 이끄는 콜롬비아 정부가 보수당과 공모하여 〈엘 티엠포〉와 〈엘 에스펙타도르〉 신문사, 알폰소 로페스 푸마레호의 자택, 자유당 국가지도부 사무실 등이 불에 타버림. 9월 18일, 알바로 무티스는 〈엘 에스펙타도르〉와 인터뷰를 하고, 그 글은 '여러 세대 동안 묵은 소송의 작품'이라는 제목의 기사로 발표됨. 여기서 무티스는 작가의 사회적 의무와 문학의 사회적 역할에 관해 이야기함.

1953년     석유회사 '에소'의 홍보 책임자로 일함. 에르난도 테예스와 페르난도 로페스 미켈센과 우정을 나눔. 시집 『재앙의 요소들 *Los elementos del desastre*』을 출판함. 신세계 방송국 국장으로 독재정권의 검열에 저항하다가 공산주의자로 고발됨. 하지만 이해에 무혈 군사 쿠데타에 성공하여 집권한 로하스 피니야 장군에 의해 그가 보수주의자이며 독실한 가톨릭 신자인 산티아고 무티스 다빌라의 아들임이 알려지면서 위험에서 벗어남.

1954년     마리아 루스 몬타녜와 결혼하고 딸 마리아 테레사를 낳음.

1955년     석유회사 '에소' 홍보실의 기금 남용으로 고발됨. 재판을 피하기 위해 멕시코로 가서 정착함. 옥타비오 파스와 친분을 나누고, 파스의 소개로 후안 룰포, 엘레나 포니아토브스카, 후안 호세 아레올라, 카를로스 푸엔테스 등의 멕시코 지식인들을 알게 됨.

1956년     콜롬비아-멕시코 범인인도조약에 따라 인도 절차가 진행되는 동안 체포되어 15개월 동안 멕시코의 레쿰베리 교도소에서 보냄. 감옥에서 시와 단편소설을 씀.

1957년     알베르토 예라스 대통령이 그의 무죄를 선언하여 감옥에서 석방됨.

1959년     시인 호르헤 가이탄 두란과 비평가 에르난도 발렌시아 고엘켈이 이끄는 잡지 『신화』(26호)의 부록으로 『해외 병원들에 대한 요약 *Reseña de los Hospitales de Ultramar*』을 출간함.

1960년     단편집이자 옥중회고록인 『레쿰베리의 일기 *Diario de Lecum-berri*』를 베라크루스 대학에서 출간함.

1961년     소설 『아라우카이마 저택 *La mansion de Araucaima*』을

쓰면서, 영국의 황량한 성이 아닌 라틴아메리카의 풍요로운 자연을 바탕으로 해서도 공포 이야기를 쓸 수 있다는 것을 보여줌. 이해에 멕시코시티에 정착한 마르케스와 긴밀한 우정을 나누기 시작함.

1962년     20세기 폭스 영화사의 라틴아메리카 판매 책임자로 일하면서 쉴 새 없이 여행함.

1963년     어머니 카롤리나 하라미요 앙헬이 세상을 떠남.

1964년     『잃어버린 작업 *Los trabajos perdidos*』을 출간함.

1965년     알바르 데 마토스라는 필명으로 잡지 『스놉』에 글을 쓰게 됨.

1966년     카르멘 미라클레 펠리우와 세번째 결혼을 함. 곤살로 아랑고와 허무주의 운동이 후원하는 보고타의 '카시우스 클라이' 국가상을 받음.

1973년     『아라우카이마 저택』과 『마크롤 가비에로 일람 *Summa de Maqroll el Gaviero*』 출간.

1974년     콜롬비아 국가 문학상을 수상함.

1977년     옥타비오 파스가 설립하고 이끄는 『플루랄』 『귀환』 등의 문학잡지에 글을 씀. 작가들과 인터뷰하는 텔레비전 프로그램인 〈만남〉의 사회자로 일함.

1978년     『아라우카이마 저택』이 다른 네 편의 단편과 함께 출판됨. 단편 중에는 마르케스에게 시몬 볼리바르의 마지막 생애를 소설화하도록 영감을 준 「마지막 얼굴」이 포함됨.

1981년     멕시코시티에서 시집 『대상 *Caravansary*』 출간.

1982년     마르케스가 노벨 문학상 수상자로 선정됨. 마르케스를 축하하기 위해 스톡홀름으로 여행하고, 그곳에서 마르케스의 요청으로 노벨 문학상 축하연의 연설문을 써줌. "내게 라틴아메리카의 고독에 관해 쓰고 싶다고 말했습니다. 그는 스웨덴으로 가기 며칠 전에 이 연설문에 마침표를 찍으면서, 내게 스페인 국왕이 주재하는 축하연에서 읽을 또 다른 연설문을 써야 한다고 말했지요. 하지만 수많은 인터뷰 요청 때문에 그는 시간이 없었고, 그래서 유럽으로 가는 비행기 안에서 쓰겠다고 마음먹었습니다. 익히 예상할 수 있듯이 그는 한 줄도 쓰지 못했습니다. 비행기를 탈 때마다 공포에 사로잡혔기 때문이지요. 스톡홀름에 도착하자, 나는 수많은 사람이 모여 있던 그의 스위트룸으로 갔습니다. 그러자 이렇게 말하더군요. '일 초도 시간이 나지 않아. 그러니 당신이 연설문을 좀 써줘.'"

| | |
|---|---|
| 1983년 | 콜롬비아의 안티오키아 대학에서 수여하는 국가 시문학상을 수상. |
| 1984년 | 시집 『밀사들 Los emisarios』 출간. |
| 1985년 | 『장엄한 연대기와 왕국의 찬사 Cronica regia y alabanza del reino』를 출판함. |
| 1986년 | 마크롤 가비에로가 주인공으로 등장하는 첫번째 소설 『제독의 눈 La nieve del almirante』을 마드리드에서 출간함. 시 창작을 그만두고 소설 쓰기에 전념함. |
| 1987년 | 소설 『비와 함께 오는 일로나 Ilona llega con la lluvia』 출간. |
| 1988년 | 콜롬비아의 바예 대학에서 명예박사 학위를 받음. 소설 『비와 함께 오는 일로나』로 하비에르 비야우루티아 상을 받음. 멕시코 정부가 수여하는 아스텍 독수리 공로훈장을 받음. |
| 1989년 | 소설 『아름다운 죽음 Un bel morir』과 『트램프 증기선의 마지막 기항지 La ultima escala del Tramp Steamer』 출간. 『제독의 눈』으로 프랑스의 메디치 외국문학상을 받음. |
| 1990년 | 소설 『아미르바르 Amirbar』 출간. 『제독의 눈』으로 이탈리아에서 노니노상을 받음. |

| 1991년 | 소설『압둘 바슈르, 배를 꿈꾸는 사람 *Abdul Bashur, son-ador de navios*』출간. |
|---|---|
| 1993년 | 8월 25일에 콜롬비아, 멕시코, 스페인에서 70회 생일을 기념함.『바다와 육지 3부작 *Triptico de mar y tierra*』을 출판함. |
| 1995년 | 마크롤 가비에로에 관한 일곱 편의 소설을 엮은『마크롤 가비에로의 시련과 슬픔 *Empresas y tribulaciones de Maqroll el Gaviero*』출간. |
| 1996년 | 보고타에서 세르히오 카브레라 감독이 제작한 영화 〈비와 함께 오는 일로나〉가 개봉됨. |
| 1997년 | 베네치아 영화제의 〈비와 함께 오는 일로나〉 상영에 참가함. "너무나 감격스러워 내 감정은 눈물이 되었습니다"라고 소감을 피력함. 이탈리아의 그린차네 카보우르상과 로소네 도로상, 스페인의 아스투리아스 왕자상과 소피아 왕비상을 받음. 문학 작품에 관한 에세이와 강연 원고를 묶은『마크롤의 배경 *Contextos para Maqroll*』을 출판함. |
| 1998년 | 무티스가 레쿰베리 감옥에서 멕시코 작가 엘레나 포니아토브스카에게 보낸 열두 통의 편지가 인터뷰와 함께 출간됨. |
| 2000년 | 아들인 시인 산티아고 무티스가 준비한 선집『강연과 세상에 관해 *De lecturas y algo del mundo*』가 출판됨. |
| 2001년 | 세르반테스상 수상. |
| 2002년 | 미국의 노이스타트 문학상 수상. |
| 2004년 | 라틴아메리카 문학 전문 잡지『라틴아메리카 노트 *Cuadernos Hispanoamericanos*』가 알바로 무티스 특집호를 발행함. |

## 문학동네 세계문학전집 발간에 부쳐

세계문학은 국민문학 혹은 지역문학을 떠나 존재하는 문학이 아니지만 그것들의 총합도 아니다. 세계문학이라는 용어에는 그 나름의 언어와 전통을 갖고 있는 국민문학이나 지역문학의 존재를 인정하면서 그것을 넘어서는 문학의 보편적 질서에 대한 관념이 새겨져 있다. 그 용어를 처음 고안한 19세기 유럽인들은 유럽문학을 중심으로 그 질서를 구축했지만 풍부한 국민문학의 전통을 가지고 있는 현대의 문학 강국들은 나름의 방식으로 세계문학을 이해하면서 정전(正典)의 목록을 작성하고 또 수정한다.

한국에서도 세계문학 관념은 우리 사회와 문화의 변화 속에서 거듭 수정돼왔다. 어느 시기에는 제국 일본의 교양주의를 반영한 세계문학 관념이, 어느 시기에는 제3세계 민족주의에 동조한 세계문학 관념이 출현했고, 그러한 관념을 실천한 전집물이 출판됐다. 21세기 한국에 새로운 세계문학전집이 필요하다는 것은 명백하다. 우리의 지성과 감성의 기준에 부합하는 세계문학을 다시 구상할 때가 되었다.

문학동네 세계문학전집은 범세계적으로 통용되는 고전에 대한 상식을 존중하면서도 지난 반세기 동안 해외 주요 언어권에서 창작과 연구의 진전에 따라 일어난 정전의 변동을 고려하여 편성되었다. 그래서 불멸의 명작은 물론 동시대 세계의 중요한 정치·문화적 실천에 영감을 준 새로운 작품들을 두루 포함시켰다.

창립 이후 지금까지 한국문학 및 번역문학 출판에서 가장 전문적이고 생산적인 그룹을 대표해온 문학동네가 그간 축적한 문학 출판 경험을 바탕으로 새로운 세계문학전집을 펴낸다. 인류가 무지와 몽매의 어둠 속을 방황하면서도 끝내 길을 잃지 않은 것은 세계문학사의 하늘에 떠 있는 빛나는 별들이 길잡이가 되어주었기 때문이다. 우리가 자부심과 사명감 속에서 그리게 될 이 새로운 별자리가 독자들의 관심과 애정에 힘입어 우리 모두의 뿌듯한 자산이 되기를 소망한다.

문학동네 세계문학전집 편집위원
민은경, 박유하, 변현태, 송병선, 이재룡, 홍길표, 남진우, 황종연

지은이 **알바로 무티스**

1923년 콜롬비아의 보고타에서 태어났다. 1946년 「밀물」을 발표한 이후로 꾸준히 시를 써왔고, 기업 홍보부, 영화사 등에서 근무하며 얻은 경험이 반영된 많은 소설을 출간했다. 1986년부터 1993년까지 발표한 '마크롤 가비에로'에 관한 일곱 편의 소설로 명성을 높였으며, 1989년 메디치 외국문학상, 2001년 세르반테스상을 수상했다.

옮긴이 **송병선**

한국외대 스페인어과를 졸업하고, 콜롬비아의 카로 이 쿠에르보 연구소에서 석사 학위를, 하베리아나 대학교에서 문학박사 학위를 취득했다. 하베리아나 대학교 전임교수를 역임했으며, 현재 울산대학교 스페인·중남미학과 교수로 재직중이다. 저서로 『영화 속의 문학 읽기』 『보르헤스의 미로에 빠지기』 〈붐 소설〉을 넘어서』 등이 있으며, 역서로 『판탈레온과 특별봉사대』 『거미여인의 키스』 『콜레라 시대의 사랑』 『내 슬픈 창녀들의 추억』 등이 있다.

세계문학전집 024
마크롤 가비에로의 모험

초판 인쇄 2010년 3월 8일
초판 발행 2010년 3월 15일

지은이 알바로 무티스 | 옮긴이 송병선 | 펴낸이 강병선
책임편집 이은현 이승희 이도겸 오동규 | 독자모니터 김형철
디자인 윤종윤 송윤형 한충현 김민하 | 저작권 김미정 한문숙
마케팅 정민호 이지현 김도윤 | 온라인 마케팅 이상혁 한민아
제작 안정숙 서동관 김애진 | 제작처 유림문화(인쇄) 시아북바인딩(제본)

펴낸곳 (주)문학동네
출판등록 1993년 10월 22일 제406-2003-000045호
주소 413-756 경기도 파주시 교하읍 문발리 파주출판도시 513-8
전자우편 editor@munhak.com | 대표전화 031) 955-8888 | 팩스 031) 955-8855
문의전화 031) 955-3576(마케팅), 031) 955-2687(편집)
문학동네카페 http://cafe.naver.com/mhdn

ISBN 978-89-546-1002-5 04870
      978-89-546-0901-2 (세트)

**www.munhak.com**